焙烤食品行业培训教程

[法]斯特凡妮·德·蒂尔坎　著
沈　默　译

图解烘焙创意百科

中国轻工业出版社

图书在版编目（CIP）数据

图解烘焙创意百科 /（法）斯特凡妮·德·蒂尔坎著；
沈默译 . — 北京：中国轻工业出版社，2023.11
焙烤食品行业培训教程
ISBN 978-7-5184-3331-5

Ⅰ . ①图… Ⅱ . ①斯… ②沈… Ⅲ . ①烘焙—糕点加
工—技术培训—教材 Ⅳ . ① TS213.2

中国版本图书馆 CIP 数据核字（2020）第 259102 号

审 图 号：GS 京（2023）0701 号
责任编辑：贺晓琴　方　晓　　责任终审：唐是雯　　整体设计：锋尚设计
策划编辑：史祖福　贺晓琴　方　晓　　责任校对：朱燕春　　责任监印：张　可

出版发行：中国轻工业出版社（北京东长安街6号，邮编：100740）
印　　刷：北京博海升彩色印刷有限公司
经　　销：各地新华书店
版　　次：2023年11月第1版第1次印刷
开　　本：889×1194　1/16　印张：23.5
字　　数：542千字
书　　号：ISBN 978-7-5184-3331-5　定价：198.00元
邮购电话：010-65241695
发行电话：010-85119835　传真：85113293
网　　址：http://www.chlip.com.cn
Email：club@chlip.com.cn
如发现图书残缺请与我社邮购联系调换
200548J4X101ZYW

序言

提起糕点我们能想到什么？修女泡芙、圣-奥诺黑蛋糕、法式草莓蛋糕、歌剧院蛋糕、朗姆酒巴巴蛋糕、苹果挞、羊角面包、苹果夹心面包、千层卷蛋糕、布里欧修面包……糕点是无尽的甜梦。

正因如此，我们购买糕点，来庆祝美好生活中的重要时刻：生日聚会、家庭聚餐、晚宴或午餐，它们给平淡无奇的日常生活带来喜悦。糕点不仅是宴席的美丽句点，也是全新一天的开始。

品尝糕点是一种享受，也是倍感幸福的时光：奶油和慕斯，口感酥脆、柔软或软糯的面团，美味的馅料，都带来满足感。
糕点是精致的：它们极具美感，拥有漂亮的形状和难忘的风味，将味道和质感巧妙融合。
糕点也是地方历史的映照，趣闻轶事赋予它们非凡的个性和力量，在品味美食的同时，这份厚重为我们带来无与伦比的感受。

在糕点店的橱窗前，谁不曾看得眼花缭乱？我不得不承认，我很享受看到它们，想象它们的味道、奶油的质感、面包的柔软以及饼干的酥脆。如今，大师的作品具有令人难以置信的颜色、形状和质感。我也会不禁去想象这些糕点是为谁，为什么，以及怎样来到我们身边的。

从前，装饰繁复的糕点如同珠宝一般用透明玻璃罩盖住，放置于精致私密的闺房中。如今，糕点越来越多样且极具时尚感，糕点制作专业知识在您的眼前揭开了面纱。

我忍不住想去了解和探索糕点的秘密，最重要的是知道如何制作它们。但这绝非易事，制作糕点需要精准度和组织力，也需要投入时间和耐心。也许最后一点是最困难的，因为糕点通常不是在一分钟后就能享用的，您必须等待食材拌匀、面团松弛、奶油成形、巧克力凝固……
以及像所有美食家一样，我相信必须融入一点自己对美食的信念、幻想和热爱。

在开始学习本书中的制作方法前，您需要购买原材料。我强烈建议您采购质量最好的食材。在购买时请注意，您可以去采购性价比很高的食材，但要确保购买新鲜鸡蛋、纯黄油、优质巧克力、果干粉或全脂奶油。这些决定了糕点的味道和质感。

这本书将使您学习或重新探索糕点制作。本书通过多样化的食材和搭配，打开您的视野，令您获得新的美食体验。书中简明的图案、实用的表格、新颖的结构图、多彩的糕点食谱会令您耳目一新、垂涎三尺。

在学习每一章起始部分的基本食谱后，您便可以融入自己的想法来制作糕点。这种振奋人心的趣味体验也使我乐于进行糕点制作。有机会改造和制作中意的糕点是极大的荣幸；创造、想象和重塑自己所爱的事物，这是多么奇妙的事啊。这一切都会为您带来欢乐。

斯特凡妮 · 德 · 蒂尔坎

阅读说明

这本书非常直观。每一部分均采用统一的排版形式，以便轻松查找所需的信息或食谱。以下为示例页，从基本食谱及其衍生食谱中，您将获得无穷无尽的烹饪创意！

基本食谱及其衍生食谱

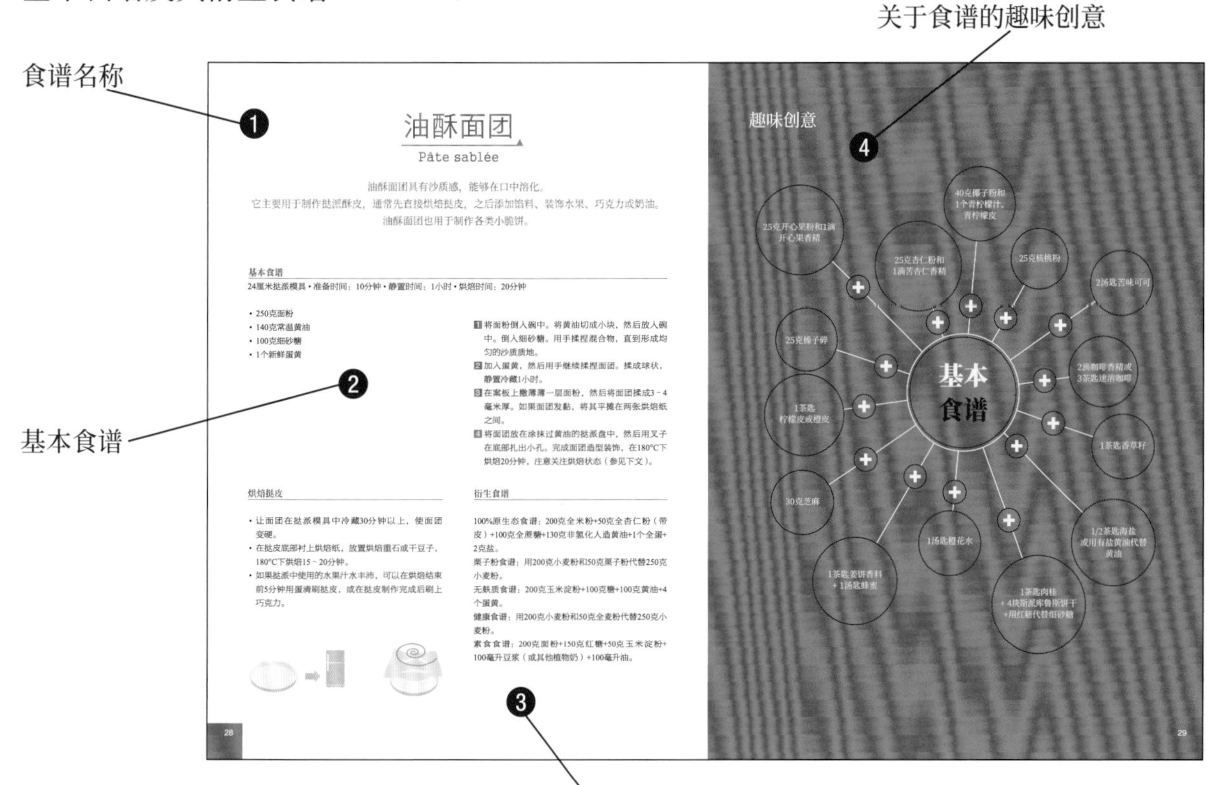

油酥面团

Pâte sablée

油酥面团具有沙质感，能够在口中溶化。
它主要用于制作挞派酥皮，通常先直接烘焙挞皮，之后添加馅料、装饰水果、巧克力或奶油。
油酥面团也用于制作各类小脆饼。

基本食谱

24厘米挞派模具・准备时间：10分钟・静置时间：1小时・烘焙时间：20分钟

- 250克面粉
- 140克常温黄油
- 100克细砂糖
- 1个新鲜蛋黄

1 将面粉倒入碗中。将黄油切成小块，然后放入碗中。倒入细砂糖。用手揉捏混合物，直到形成均匀的沙质质地。
2 加入蛋黄，然后用手继续揉捏面团。揉成球状，静置冷藏1小时。
3 在案板上撒薄薄一层面粉，然后将面团揉成3～4毫米厚。如果面团发黏，将其平摊在两张烘焙纸之间。
4 将面团放在涂抹过黄油的挞派盘中，然后用叉子在底部扎出小孔。完成面团造型装饰，在180°C下烘焙20分钟，注意关注烘焙状态（参见下文）。

烘焙挞皮

- 让面团在挞派模具中冷藏30分钟以上，使面团变硬。
- 在挞皮底部衬上烘焙纸，放置烘焙重石或干豆子，180°C下烘焙15～20分钟。
- 如果挞派中使用的水果汁水丰沛，可以在烘焙结束前5分钟用蛋清刷挞皮，或在挞皮制作完成后刷上巧克力。

衍生食谱

100%原生态食谱：200克全米粉+50克全杏仁粉（带皮）+100克全蔗糖+130克非氢化人造黄油+1个全蛋+2克盐。
栗子粉食谱：用200克小麦粉和50克栗子粉代替250克小麦粉。
无麸质食谱：200克玉米淀粉+100克糖+100克黄油+4个蛋黄。
健康食谱：用200克小麦粉和50克全麦粉代替250克小麦粉。
素食食谱：200克面粉+150克红糖+50克玉米淀粉+100毫升豆浆（或其他植物奶）+100毫升油。

28

趣味创意

基本食谱

25克开心果粉和1滴开心果香精
40克椰子粉和1个青柠檬汁、青柠檬皮
25克杏仁粉和1滴苦杏仁香精
25克核桃粉
2汤匙苦味可可
25克榛子碎
2滴咖啡香精或3茶匙速溶咖啡
1茶匙柠檬皮或橙皮
1茶匙香草籽
30克芝麻
1/2茶匙海盐或用有盐黄油代替黄油
1汤匙橙花水
1茶匙姜饼香料+1汤匙蜂蜜
1茶匙肉桂+4块斯派库鲁斯饼干+用红糖代替细砂糖

29

不添加麸质、鸡蛋、牛奶的食谱，有机食谱和轻食食谱

用基本面团制作的创意甜品

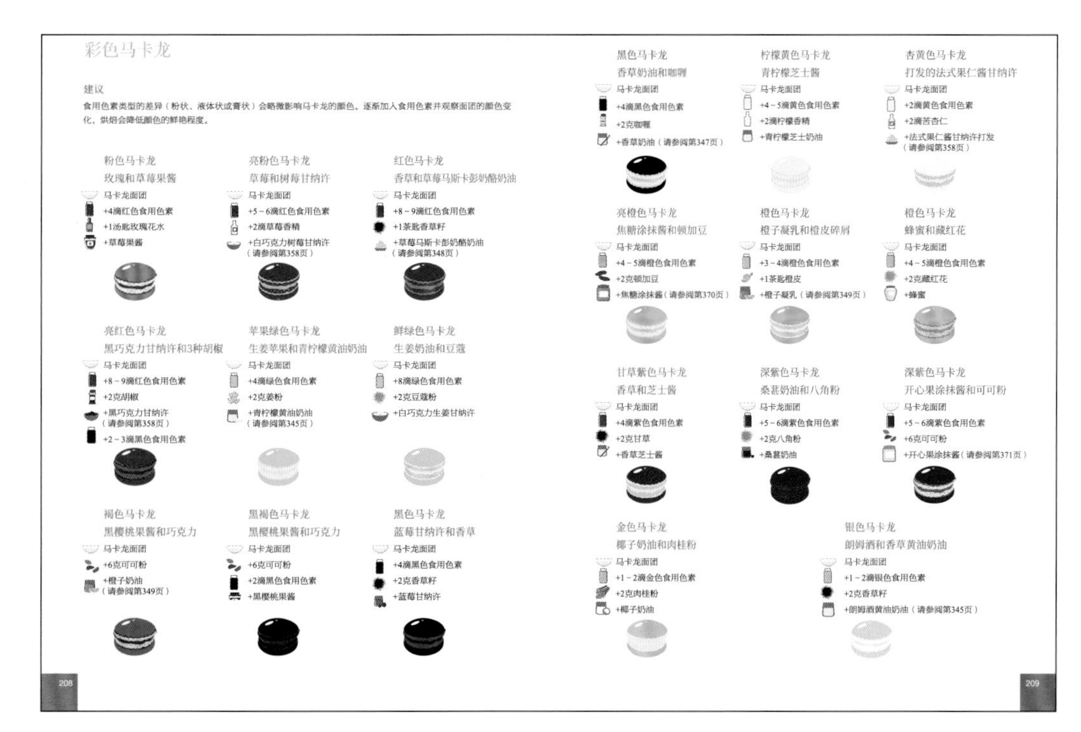

彩色马卡龙

建议

食用色素类型的差异（粉状、液体状或膏状）会略微影响马卡龙的颜色。逐渐加入食用色素并观察面团的颜色变化，烘焙会降低颜色的鲜艳程度。

粉色马卡龙
玫瑰和草莓果酱
马卡龙面团
+4滴红色食用色素
+1汤匙玫瑰花水
+草莓果酱

亮粉色马卡龙
草莓和树莓甘纳许
马卡龙面团
+5～6滴红色食用色素
+2滴草莓香精
+白巧克力树莓甘纳许（请参阅第358页）

红色马卡龙
香草和草莓马斯卡彭奶酪奶油
马卡龙面团
+8～9滴红色食用色素
+1茶匙香草籽
+草莓马斯卡彭奶酪奶油（请参阅第348页）

亮红色马卡龙
黑巧克力甘纳许和3种胡椒
马卡龙面团
+8～9滴红色食用色素
+2克胡椒
+黑巧克力甘纳许（请参阅第358页）
+2～3滴黑色食用色素

苹果绿色马卡龙
生姜苹果和青柠檬黄油奶油
马卡龙面团
+4滴绿色食用色素
+2克姜粉
+青柠檬黄油奶油（请参阅第345页）

鲜绿色马卡龙
生姜奶油和豆蔻
马卡龙面团
+8滴绿色食用色素
+2克豆蔻粉
+白巧克力生姜甘纳许

褐色马卡龙
黑樱桃果酱和巧克力
马卡龙面团
+6克可可粉
+橙子奶油（请参阅第349页）

黑褐色马卡龙
黑樱桃果酱和巧克力
马卡龙面团
+6克可可粉
+2滴黑色食用色素
+黑樱桃果酱

黑色马卡龙
蓝莓甘纳许和香草
马卡龙面团
+4滴黑色食用色素
+2克香草籽
+蓝莓甘纳许

208

黑色马卡龙
香草奶油和咖喱
马卡龙面团
+4滴黑色食用色素
+2克咖喱
+香草奶油（请参阅第347页）

柠檬黄色马卡龙
青柠檬芝士酱
马卡龙面团
+4～5滴黄色食用色素
+2滴柠檬香精
+青柠檬芝士奶油

杏黄色马卡龙
打发的法式果仁酱甘纳许
马卡龙面团
+2滴黄色食用色素
+2滴苦杏仁
+法式果仁酱甘纳许打发（请参阅第358页）

亮橙色马卡龙
焦糖涂抹酱和顿加豆
马卡龙面团
+4～5滴橙色食用色素
+2克顿加豆
+焦糖涂抹酱（请参阅第370页）

橙色马卡龙
橙子凝乳和橙皮碎屑
马卡龙面团
+3～4滴橙色食用色素
+1茶匙橙皮
+橙子凝乳（请参阅第349页）

橙色马卡龙
蜂蜜和藏红花
马卡龙面团
+4～5滴橙色食用色素
+2克藏红花
+蜂蜜

甘草紫色马卡龙
香草和芝士酱
马卡龙面团
+4滴紫色食用色素
+2克甘草
+香草芝士酱

深紫色马卡龙
桑葚奶油和八角粉
马卡龙面团
+5～6滴紫色食用色素
+2克八角粉
+桑葚奶油

深紫色马卡龙
开心果涂抹酱和可可粉
马卡龙面团
+5～6滴紫色食用色素
+6克可可粉
+开心果涂抹酱（请参阅第371页）

金色马卡龙
椰子奶油和肉桂粉
马卡龙面团
+1～2滴金色食用色素
+2克肉桂粉
+椰子奶油

银色马卡龙
朗姆酒和香草黄油奶油
马卡龙面团
+1～2滴银色食用色素
+2克香草籽
+朗姆酒黄油奶油（请参阅第345页）

209

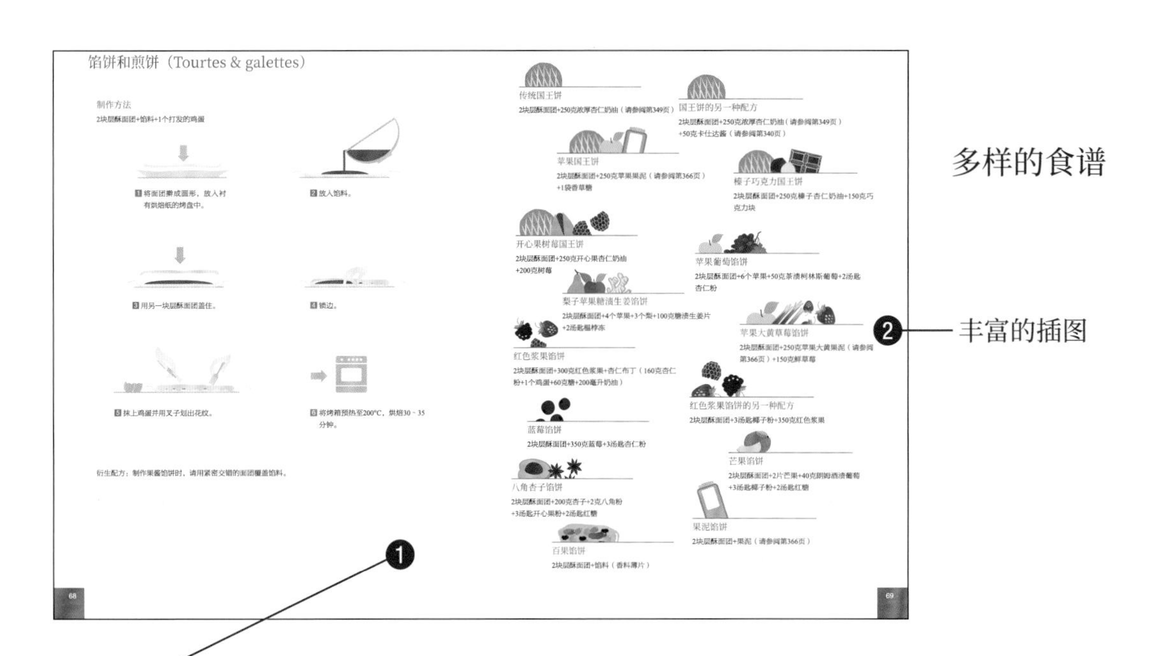

馅饼和煎饼（Tourtes & galettes）

制作方法

2块层酥面团+馅料+1个打发的鸡蛋

1 将面团擀成圆形，放入衬有烘焙纸的烤盘中。

2 放入馅料。

3 用另一块层酥面团盖住。

4 锁边。

5 抹上鸡蛋并用叉子划出花纹。

6 将烤箱预热至200℃，烘焙30~35分钟。

衍生配方：制作果酱馅饼时，请用紧密交错的条状面团覆盖馅料。

传统国王饼

国王饼的另一种配方

苹果国王饼

榛子巧克力国王饼

开心果树莓国王饼

苹果葡萄馅饼

梨子苹果糖渍生姜馅饼

苹果大黄草莓馅饼

红色浆果馅饼

红色浆果馅饼的另一种配方

蓝莓馅饼

芒果馅饼

八角杏子馅饼

果泥馅饼

百果馅饼

68

69

多样的食谱

❷ 丰富的插图

❶ 制作方法分步图解

经典糕点

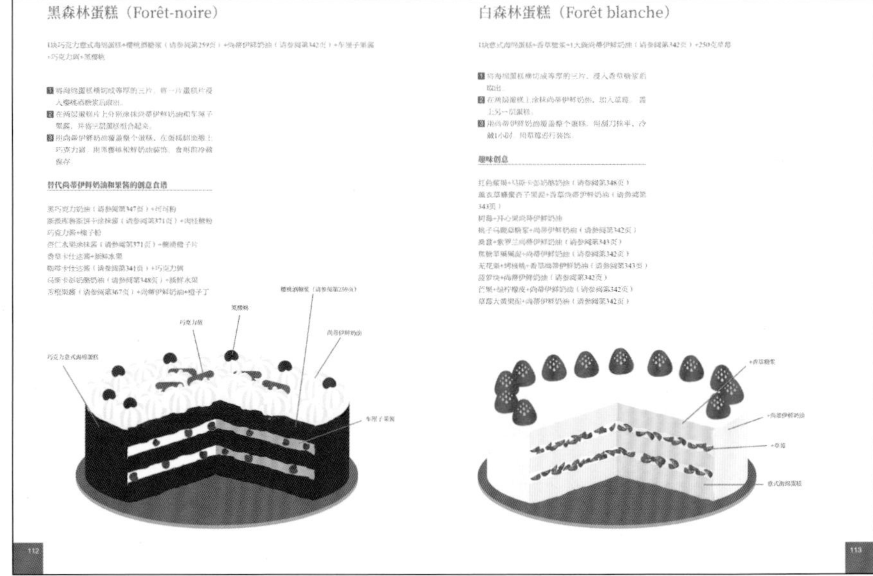

黑森林蛋糕（Forêt-noire）

替代尚蒂伊鲜奶油和浆果的创意食谱

白森林蛋糕（Forêt blanche）

趣味创意

112

113

世界的可丽饼

每个国家都有自己的可丽饼！这些厚度不一的饼点遍着全球的餐桌，有的充当早餐，有的用于晚餐，还有的则作为甜点。让我们来看看几种不同的可丽饼。

英国烤面饼（Crumpets）

制作10个英国烤面饼

美式松饼（Pancakes）

制作15个松饼

瑞典薄饼（Plättar）

制作10个瑞典薄饼

俄罗斯软饼（Blinis）

制作10~12个俄罗斯软饼

摩洛哥煎饼（Baghrirs）

制作15个摩洛哥煎饼

印度米饼（Kallappam）

制作12个印度米饼，需提前一晚准备

仅表示该甜点的主要制作地区

274

275

地方特色糕点

目录

基础知识

面粉和淀粉

Farines et fécules

小麦面粉

法国小麦粉可按精制程度分类：如T45型面粉、T55型面粉、T65型面粉。T后面的数字越小，面粉就越精制，即去掉了更多的麸皮。面粉中的麸质蛋白令面团具有良好的弹性，也使面团更易于发酵，从而使糕点更加膨松。

T45型面粉是法国商店中最常见的面粉，通常，各类糕点均可用这种面粉制作。这是一种细腻的小麦粉，富含淀粉，易于搅拌均匀。

T55型面粉主要用于制作维也纳蛋糕、布里欧修面包、比萨饼或挞派，由于麸皮含量较高，因此面团的弹性较小。

T65型面粉是有机面粉，因为它的组成成分更全面，且经过加工去除了农药。它适用于制作法式硬面包和比萨饼。

T80型面粉适用于制作除维也纳蛋糕外的几乎所有糕点。

T110型面粉是全麦面粉，您可以在有机商店购买。

T150型面粉是全麦麸质面粉。您可以在有机商店购买。

这些是所谓的“乡村”面粉，这几种面粉呈棕色，味道各异且风味浓郁。您还能在市场上见到谷物粉、斯佩耳特小麦粉、黑麦粉、大麦粉、燕麦粉和玉米粉。

无麸质面粉

制作糕点通常使用小麦粉。我们在制作时也使用无麸质面粉或面包粉。无麸质面粉不能制作法式硬面包。

您可以在有机商店购买到以下各种无麸质面粉。

米粉适宜制作亚洲美食。用于制作蛋糕时，可降低糕点的热量。

带有原产地命名保护（AOP）标志的栗子粉通常来自科西嘉岛，可为蛋糕、煎饼、脆饼或挞皮增添风味。

棕色的黑麦面粉独具乡村风味，适用于制作面包、饼干或姜饼。

荞麦粉可用于制作布列塔尼煎饼。它带有一点坚果味。

您还能在市场上找到大豆粉、鹰嘴豆粉、木薯粉、椰子粉、小米粉、藜麦粉、高粱粉。

这些粉带来了新的味道，常用于素食制作或有机烹饪。

淀粉

淀粉比面粉更细，来自植物中提取的淀粉浆。淀粉没有特别的味道，不含麸质。

淀粉常用于糕点制作，可以令面团在发酵膨胀的同时更轻盈，并使奶油更浓稠。加热淀粉前，必须先用少量液体将淀粉稀释。烘焙时间也需相应缩短。

玉米淀粉是最常见的淀粉。它是纯淀粉，可替代蛋糕中50%的面粉，也可以完美且迅速增稠牛奶奶油。

马铃薯淀粉可以代替蛋糕中的小麦粉，并且可以为奶油或调味酱汁增稠。

竹芋粉是从马兰塔（Maranta）的根茎中提取的淀粉，来自南美。它主要用于奶油增稠。

大米淀粉主要用于制作无麸质面包。它必须与另一种无麸质面粉混合。

黄油、牛奶和植物奶、奶油

Beurres, laits et laits végétaux, crèmes

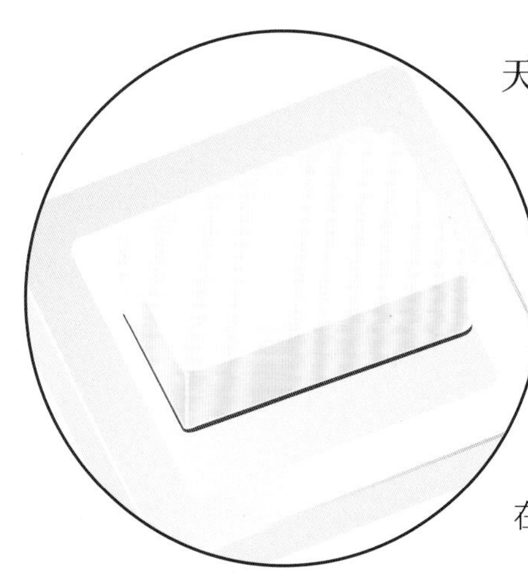

天然黄油

黄油是通过搅打奶油和牛奶获得的乳液。每100克黄油中含有18克无脂肪物质和16克水。

黄油能提升糕点的风味和质感。

黄油应放在密封的容器中冷藏保存，以避免吸附冰箱中的异味。

在制作蛋糕时，通常使用常温的黄油，而在制作千层酥点心时，则使用经冷藏的黄油。

在准备工作开始前，请务必仔细阅读食谱。

人造黄油

人造黄油是一种由植物或动物液体油脂、水和脱脂牛奶及其他成分组成的混合物。

人造黄油常用于制作咸酥面团、酥脆面团、千层酥点心或奶油。

对牛奶过敏人士或素食主义者可用植物性人造黄油替代黄油。

黄油分类

- 原生态手工黄油：未经巴氏杀菌的黄油，具有浓郁的牛奶和奶油风味。它通常可直接食用。
- 经巴氏杀菌的奶油中提取的优质黄油：非常适宜制作糕点。
- 优质黄油具有良好的风味，被广泛用于烘焙。
- 咸黄油或半咸黄油中含少许盐，适宜烘焙。
- 有法国原产地命名保护认证（AOC）标识的黄油是地方特产黄油。它们主要用于无需烘焙的原料制作，如黄油奶油。

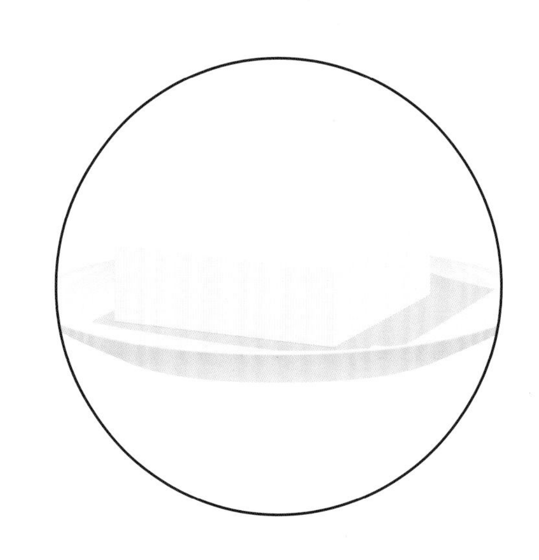

牛奶

牛奶具有许多种类：

- 生牛奶的口感最顺滑，味道也最丰富。生牛奶主要在有机商店中出售，且保存时间较短。它能使奶油更滑腻美味。
- 更常见的新鲜巴氏杀菌牛奶看起来很像生牛奶，但保存时间更长。市面上可购买到全脂和脱脂牛奶。
- 超高温灭菌牛奶可长时间保存。这种牛奶非常常见，它的味道较淡，油脂感也较弱。

乳糖不耐受人士可用不含乳糖的植物奶代替传统牛奶。

植物奶通常顺滑而芳香。它们可以代替牛奶，可使用天然豆奶或香草豆奶、杏仁奶、榛子奶或椰子奶。

奶油

奶油仅来自牛奶。淡奶油含15%脂肪，而奶油至少含32%脂肪。

由于添加了乳酸菌，经巴氏杀菌的奶油很稠。它的味道浓郁有酸味。

经超高温灭菌的奶油呈液态，可长期保存。可用于制作蛋糕。

掼奶油或巴氏杀菌的液态鲜奶油被广泛用于制作糕点、尚蒂伊鲜奶油或甘纳许。

生奶油或农场奶油是从新鲜牛奶中分离出脂肪的高浓度奶油。这种奶油未经消毒和巴氏灭菌，保存时间较短。它可用于制作部分蛋糕，例如牛奶油蛋糕或奶皮蛋糕。

在有机商店中购买的植物奶油可以代替传统的牛奶奶油。虽然味道有所不同，但可保持同样的质感。

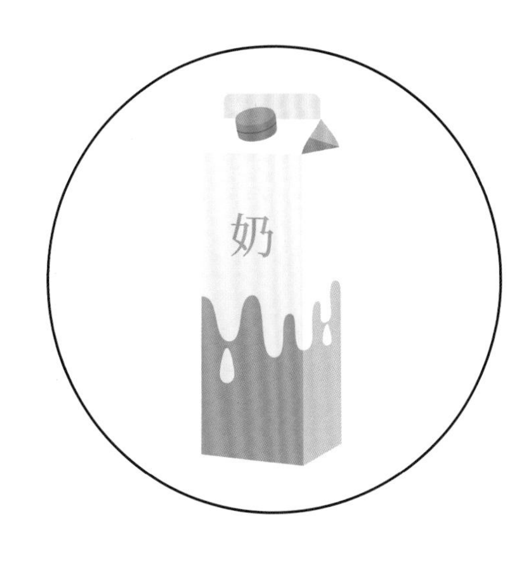

糖

Sucres

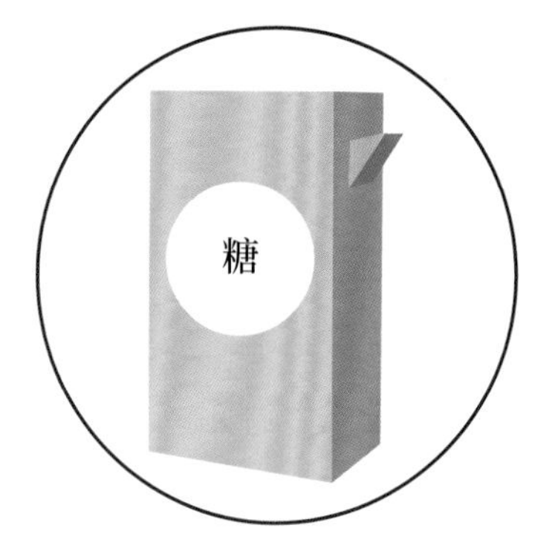

糖来自甜菜或甘蔗。它由葡萄糖和果糖组成。

糕点用糖的分类

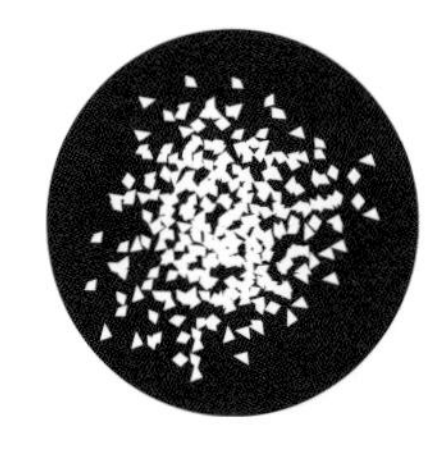

细砂糖：主要用于烘焙。它易于溶解，适合在面霜或所有类型的糕点或蛋糕中使用。

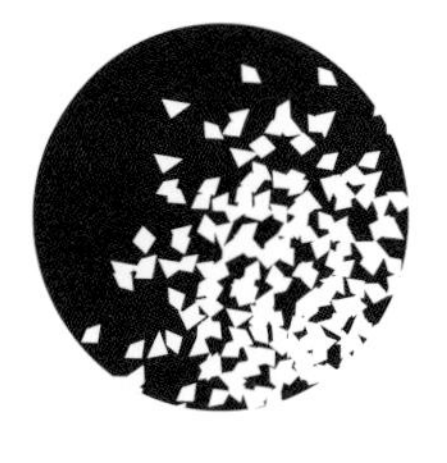

冰糖：颗粒较大的冰糖通常用于装饰或脆饼制备，以增加酥脆感。

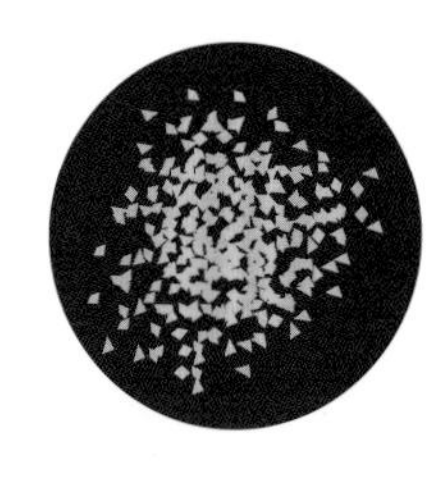

蔗糖：颜色为白色或红棕色，是从甘蔗中提取的。请勿与粗红糖混淆。

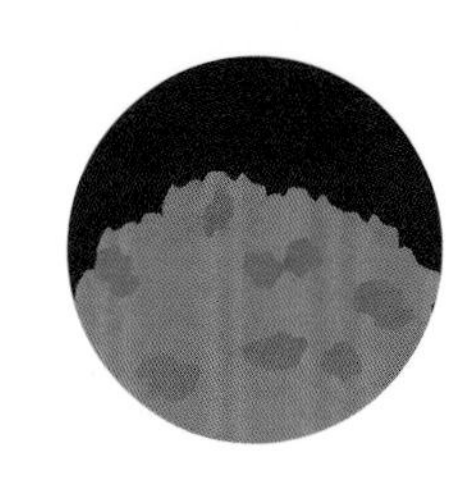

马斯科瓦多糖：味道丰富而有香气，会为蛋糕和饼干带来令人愉悦的气息。它是一种红糖，可以在有机商店中购买。

椰子糖：常见于素食甜品，带有微妙的椰子味，呈金色。

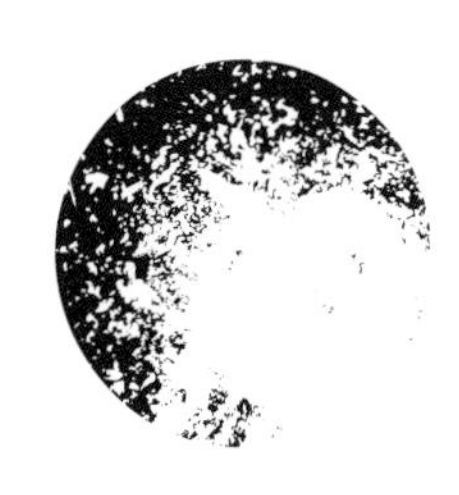

糖粉：是添加淀粉的冰糖碎，是制作马卡龙的重要原料。它也用于蛋糕或馅饼的糖粉造型装饰。

糖粒或糖珠：在烘焙过程中不融化的、非常坚硬的白糖珠或白糖粒。

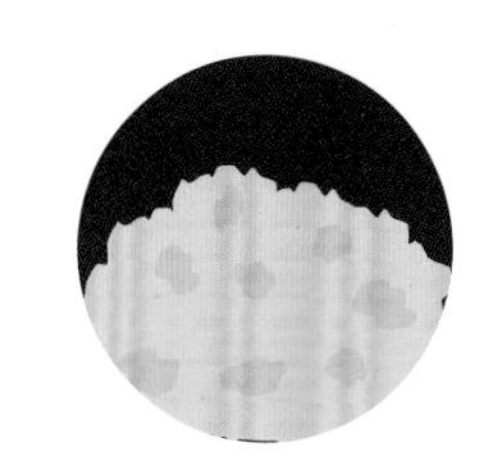

粗红糖：呈棕色，质地酥脆，有少许辛辣味，通过甘蔗糖浆结晶制成。

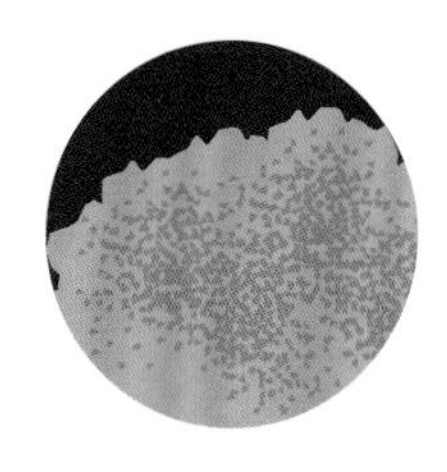

棕糖或红糖：棕糖是从甘蔗或甜菜中提取的，仅经过一次精制。

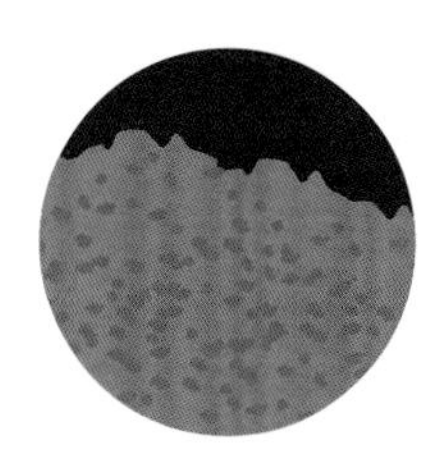

拉帕杜拉有机原蔗汁结晶糖（Rapadura）：呈棕褐色，来自甘蔗。这是一种未经精制的糖。

液体糖

糖蜜：具有高甜度和少许香味，呈棕色。它用于制作产量较大的小蛋糕、华夫饼或蛋糕。

龙舌兰糖浆：具有极高的甜度，无特殊味道，呈金色。适宜制作冰淇淋、水果慕斯或蛋糕。50克龙舌兰糖浆的甜度相当于150克糖。

枫糖浆：呈琥珀色，具有强烈的枫糖味。它可用于制作蛋糕、松饼、冰淇淋，或为可丽饼、华夫饼及戚风蛋糕浇汁。

小麦糖浆：无色，略带小麦味。可用于制作奶油、慕斯或蛋糕。也可以直接抹在可丽饼或华夫饼上。

蔗糖糖浆：无特殊味道，颜色透明。由于它不会结晶，因此非常适合制作冰淇淋、雪葩或沙冰。

葡萄糖浆：呈半透明，无特殊味道，常用于烘焙糕点、制作糖果或冰淇淋。它是一种专业原料。

大米糖浆：它是糙米发酵的产物。味道类似于龙舌兰糖浆。它的甜度不及白糖。在烘焙过程中会融化为糖液。

糖的优质替代品

甜叶菊：甜叶菊粉或甜叶菊汁是一种甜味剂。甜叶菊无热量且甜度高。100克糖相当于2克甜叶菊。它在受热状况下性状稳定，能承受180°C烘焙。

白桦糖：从白桦树皮中提取的白桦糖与白糖的甜度相当。

蜂蜜：蜂蜜的甜度高于白糖，50克蜂蜜相当于100克白糖。蜂蜜呈液体或结晶状，有很多种类（洋槐、迷迭香、冷杉、鲜花等）。

酵母

Levures

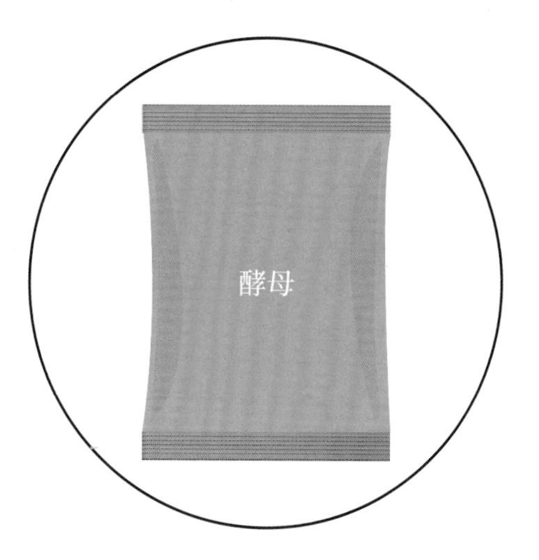

酵母的作用是使面团膨大或膨胀。新鲜的酵母由活菌组成，使用前必须先在温水中稀释。使用前，应将其发酵15 ~ 20分钟。

酵母的分类

新鲜的面包酵母通常为42克装的小方块。它非常易碎，必须在温热的液体中稀释。它具有独特的风味。在面包店中，酵母被广泛用于制作法式硬面包或比萨面团。

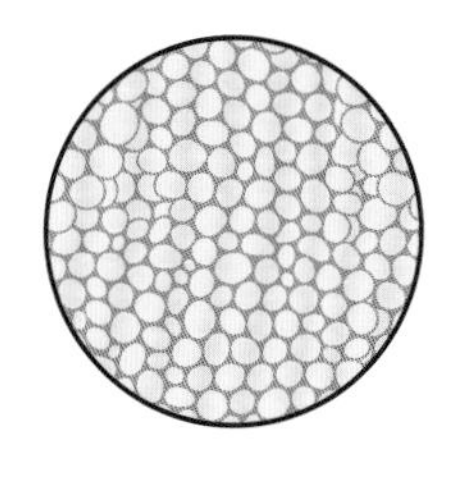

脱水的有机酵母或活性干酵母呈小球状，需要重新水化。这种酵母可以分装在小袋中，更为实用。

速溶干酵母呈小薄片状，无需在液体中浸泡即可使用。

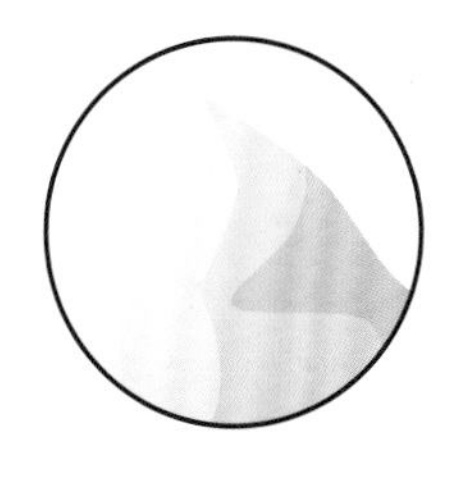

化学酵母、发酵粉或泡打粉不是酵母，因为它不是活性产品，而是碳酸氢钠和焦磷酸钠。用于制作玛德琳蛋糕、松饼、杯子蛋糕或曲奇饼干。它必须与面粉混合。

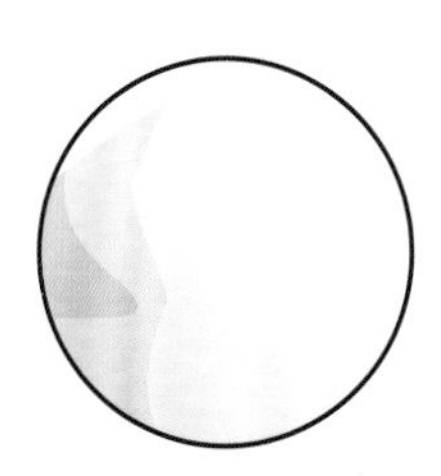

小苏打即碳酸氢钠，通常呈白色细粉末状。数茶匙小苏打可用于1千克面粉。小苏打受热可充当酵母，使糕点充气膨胀，更易消化。在部分食谱中，可用小苏打代替酵母。

烹饪小贴士

Aides culinaires

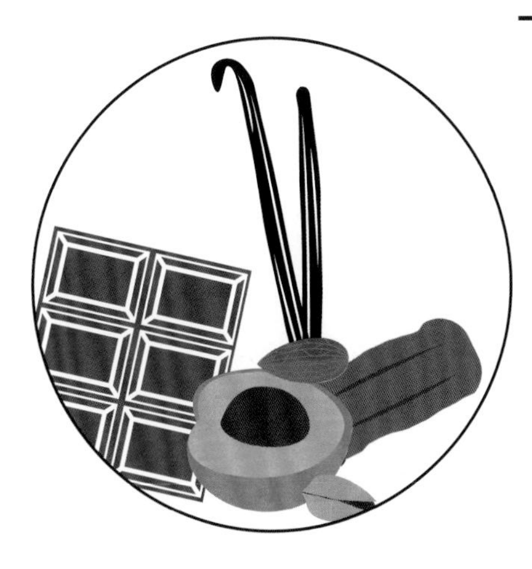

您可以为所有糕点赋予新的口味、质感、颜色和创意。

香料：香草、肉桂、豆蔻、姜、丁香、甘草、八角、肉豆蔻、顿加豆、埃斯佩莱特辣椒等。

种子：白芝麻或黑芝麻、南瓜子或苋菜籽。

炒粉或烤粉：法式果仁糖、榛子、山核桃、开心果或杏仁。

饼干脆片：斯派库鲁斯饼干[①]（spéculoos）、兰斯粉红饼干或蕾丝薄饼。

法式软糖：开心果软糖、榛子软糖、杏仁软糖、芝麻软糖、牛轧糖或焦糖。

涂抹酱：巧克力、斯派库鲁斯饼干、花生、白巧克力、黑巧克力或牛奶巧克力。

以果酱或果泥为基础原料的制备：草莓、覆盆子、杏子、百香果、栗子等，以及柠檬或橙子冻。

巧克力片：用于制作冰点和甘纳许。

巧克力块。

糖浆。

蜜饯：橙子、柠檬、姜、柚子或樱桃。

干果：榛子、杏仁、开心果、山核桃、腰果、核桃或巴西栗。

奶油软糖和甘纳许：在准备就绪后水浴融化即可。

浇汁：制作挞派的最终步骤。

成品原料：松饼、纸杯蛋糕、小蛋糕、巧克力慕斯、奶油、布丁。

琼脂和明胶片。

各种糖类装饰。

食用色素：单色、闪光色、虹彩色、金色或银色。呈粉末、凝胶或液体形式。

葡萄糖浆。

天然提取物或人工香料（香草、咖啡、橙花水、玫瑰花水、苦杏仁提取物等）。

---

① 斯派库鲁斯饼干是一种流行在荷兰和比利时的饼干。斯派库鲁斯饼干的厚度较薄，表面呈棕色，制作过程中加入了白胡椒等香料。——译者注

模具

Moules

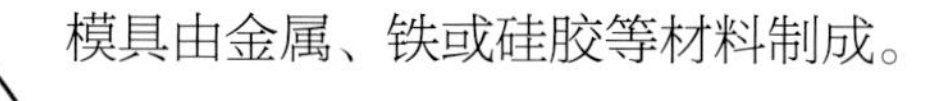

模具由金属、铁或硅胶等材料制成。

如果使用金属材质的模具，最好选择有不粘涂层的。如果倾向使用硅胶材质模具，请选择优质模具，即充分了解其耐热性。优质的硅胶有一定硬度，并且带有支撑模具的零件，以便可直接将模具放入烤箱。

在制作部分糕点（如奶酥蛋糕或克拉芙缇蛋糕）时，建议使用陶瓷模具。

常用模具

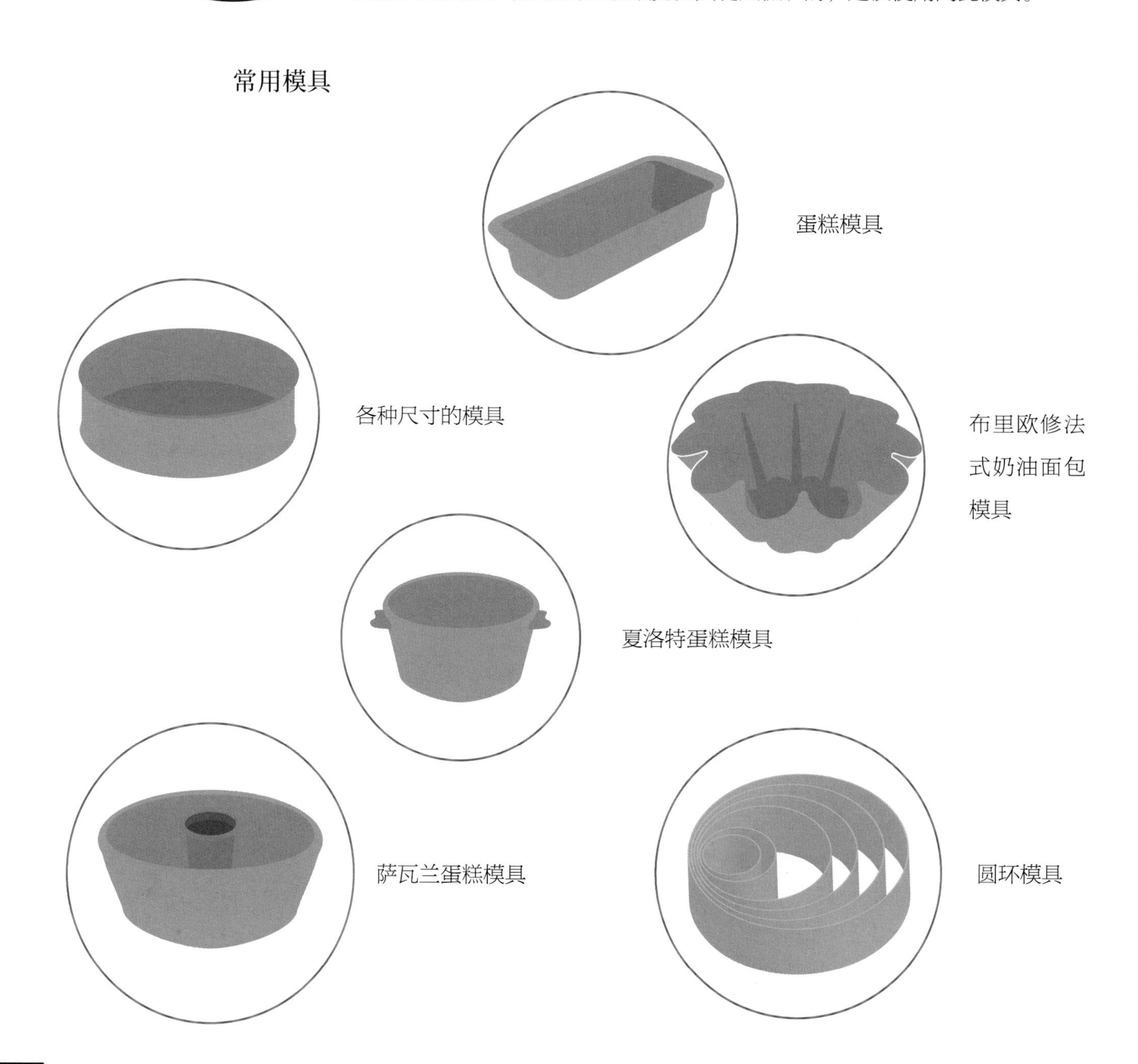

挞派模具

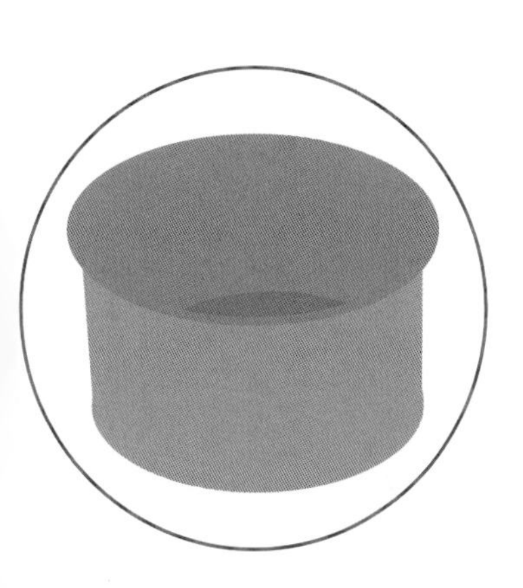

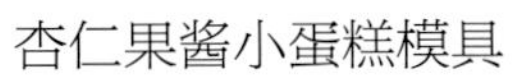

杏仁果酱小蛋糕模具

搭扣模具，用于制作馅饼或芝士蛋糕

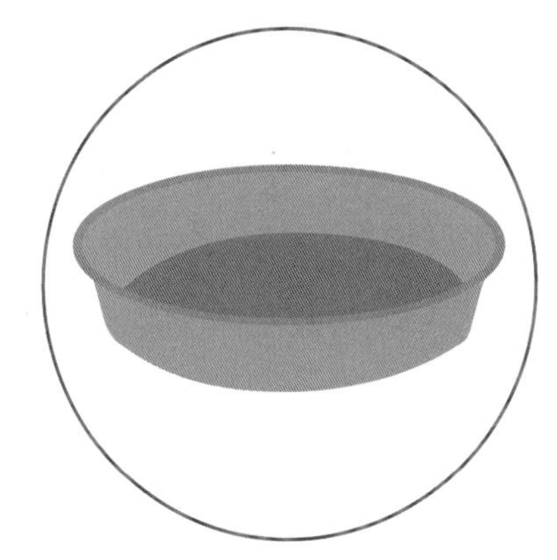

克拉芙缇蛋糕或奶酥蛋糕盘

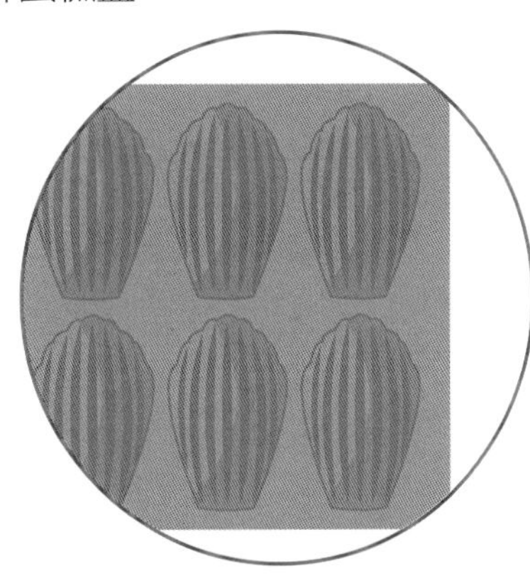

玛德琳小蛋糕模具

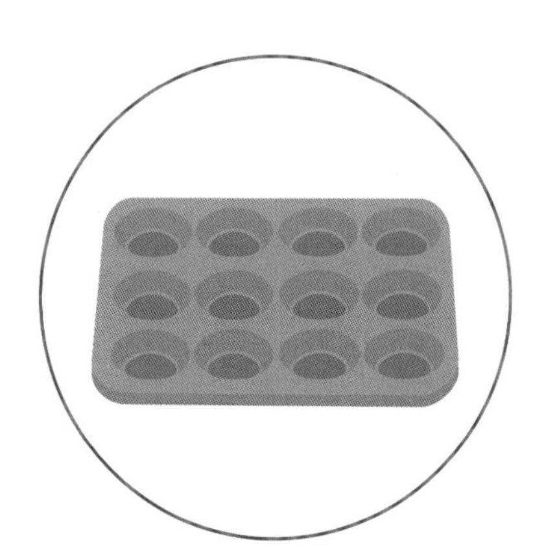

玛芬蛋糕模具

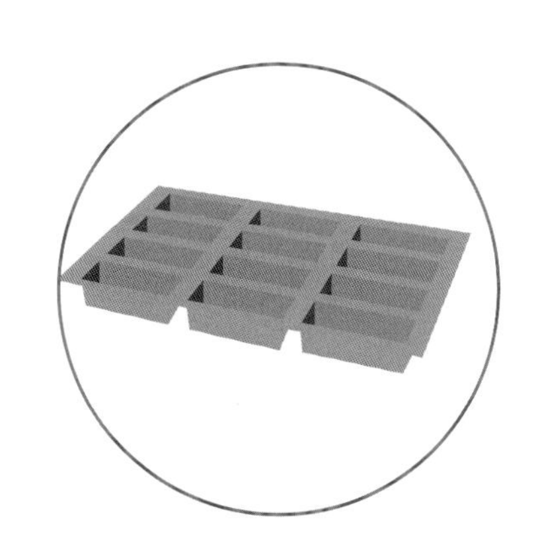

迷你蛋糕模具盘（费南雪蛋糕、萨瓦兰蛋糕）

异形模具

如何选择挞派模具

Bien choisir son moule à tarte

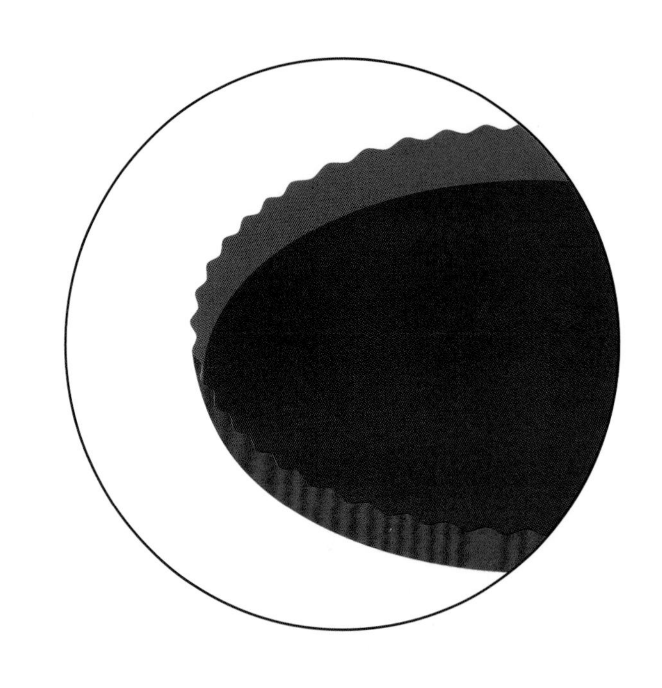

不粘涂层不锈钢模具

这种模具的底部通常可拆卸，易于蛋糕脱模。

使用这种模具烘焙受热均匀。

在使用模具前必须先刷油。

马口铁模具

马口铁导热良好，适用于挞派烘焙。在使用模具之前，需要为模具刷油。

通常可实现完美脱模。

新鲜水果不粘模具

这种挞派模具的边缘有沟槽，以便使面团的边缘更硬。

它适用于制作汁水充沛的水果挞派。

为使烘焙顺利完成，在使用前必须为模具刷油。

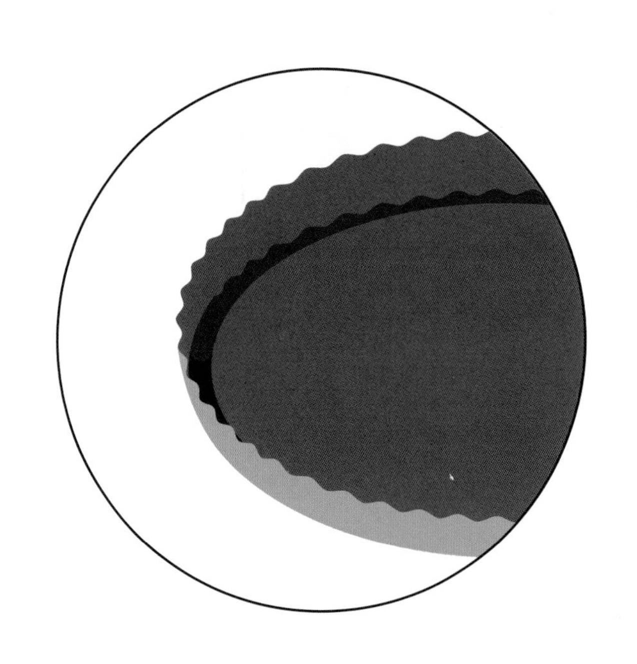

硅胶模具

请选择优良品牌的专业级硅胶模具。请注意模具的耐热性。在使用前请勿为模具刷油。硅胶模具易于脱模，但由于模具较软，从烤箱中取出时需多加小心。

陶瓷或玻璃模具

如果想直接在模具中展示作品，请使用此类模具。这种模具通常造型美观、色彩丰富并带有装饰图案。用这类模具会延长烘焙时间，但会令糕点均匀受热。在使用前必须先刷油。注意避免忽冷忽热。

异形模具

造型形状通常边缘带有凹槽，呈尺寸不一的圆形。

也会看到正方形或长方形模具，这样更便于制作，比如可以将其切成薄片、三角形或心形。

长方形模具

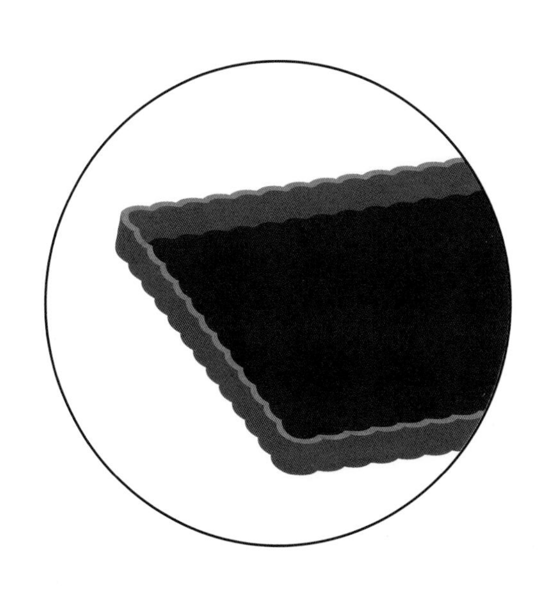

基本工具

Ustensiles de base

烘焙工具会为您的准备工作带来便利并节约时间。

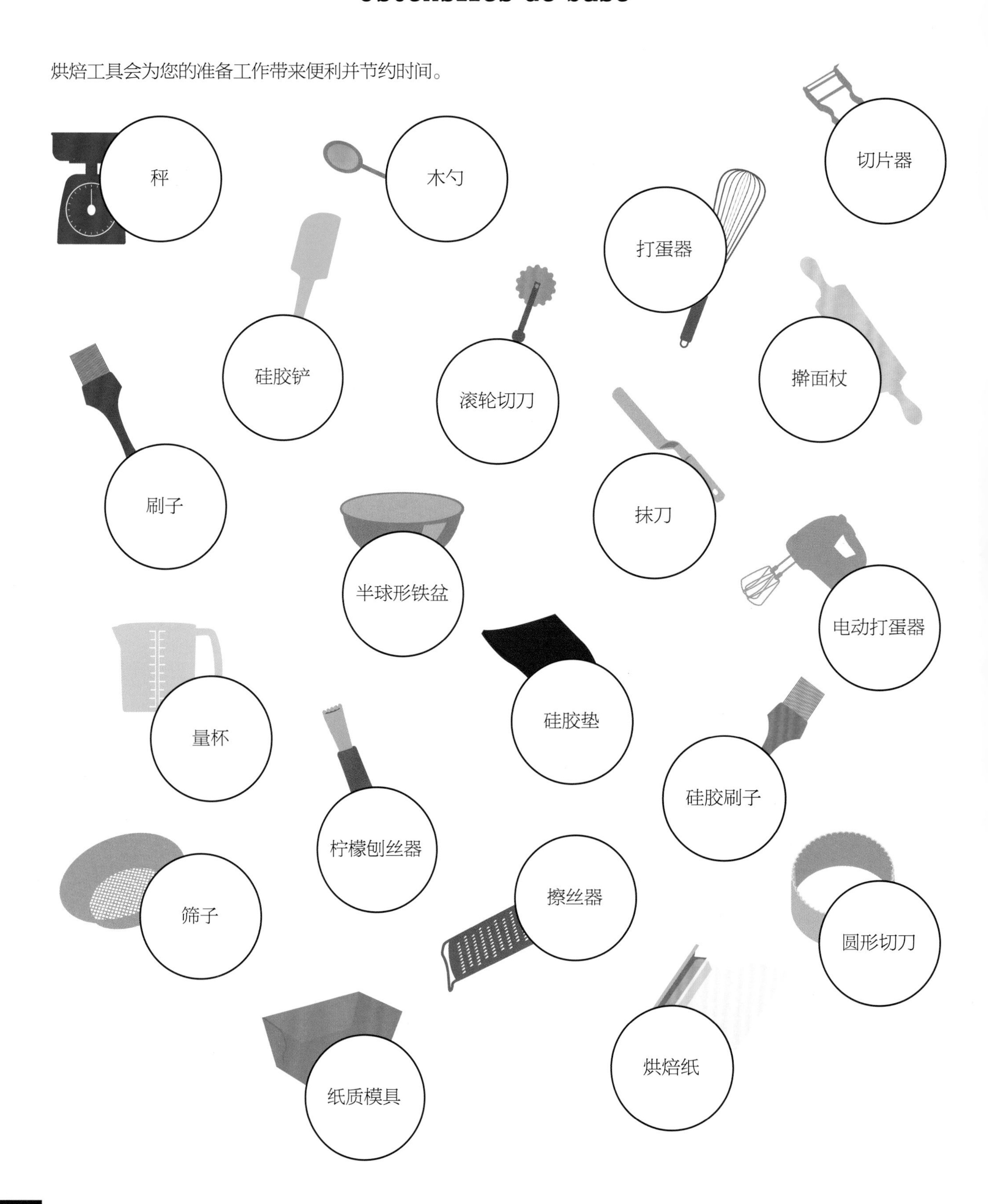

装饰工具

Ustensiles de déco

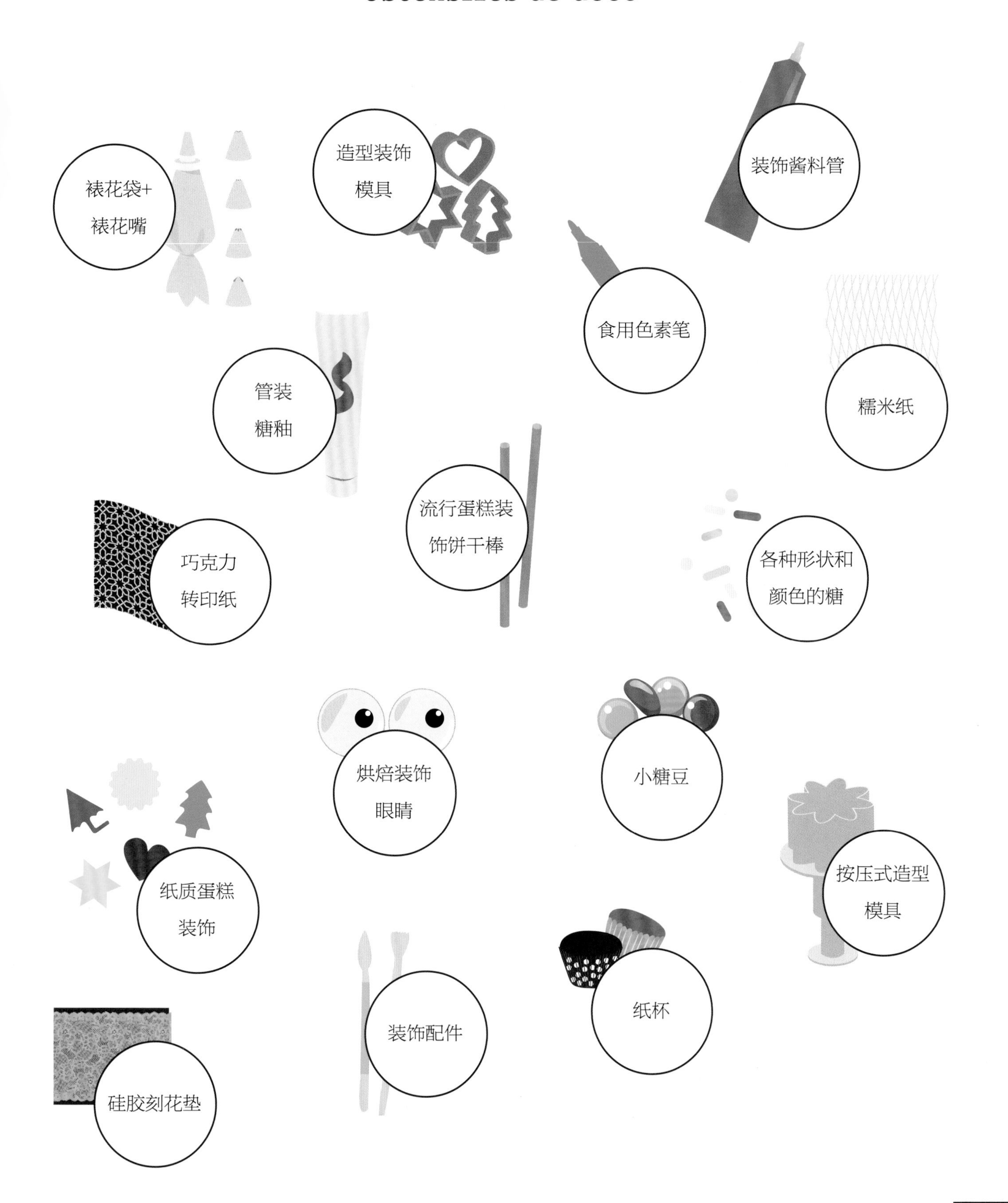

烘焙词汇

Glossaire

擀（ABAISSER）：用擀面杖将面团压平并伸展。

上釉（ABRICOTER）：用糕点刷在糕点上刷一层果冻、糖浆、果泥或果酱，使其变得有光泽。

面糊（APPAREIL）：原料在烘焙前的混合物。

隔水加热（BAIN-MARIE）：将装有制备物的容器放在沸水锅上，使其融化或缓慢加热。

搅打或揉和（BATTRE）：用力处理混合物以改变其黏稠度、形状和颜色。

涂黄油（BEURRER）：在将黄油倒入面团之前，将黄油掺入混合物或涂在模具上。

蛋清打发（BLANCHIR）：用打蛋器搅打蛋清和糖粉的混合物，使其变成透明泡沫状并使其体积增加2倍。

烫煮（BLANCHIR）：指将水果浸入沸水中以便去皮。

焦糖化（CARAMÉLISER）：将糖放入平底锅中，用小火加热，使其变为焦糖或变干，也指在烤箱中使甜点上色。

垫纸（CHEMISER）：在模具底部及侧面铺上烘焙纸。

澄清（CLARIFIER）：过滤制备物使糖浆、黄油或果酱变得清澈透明。

烘焙挞皮（CUIRE À BLANC）：烘焙无馅料的面团。

烘干（DESSÉCHE）：用小火加热混合物（如泡芙面团），以去除多余的水分。

稀释（DÉTENDRE）：在面团或容器中加入液体以进行软化。

和面（DÉTREMPE ）：将水和面粉混合搅拌。

涂蛋液（DORER）：在面团上刷蛋黄或打发的蛋清，使表面更加酥脆。

摆盘（DRESSER）：将制备物和谐地摆放在盘中。

切长薄片（EFFILER）：沿长边切成薄片。

去皮（ÉMONDER）：将干果煮几分钟后晾干去皮。

裹糖衣（ENROBER）：将食物完全浸入混合物、甘纳许、奶油软糖或奶油。

筛撒面粉（FARINER）：将制备物放在模具或案板上，撒上面粉。

焰烧（FLAMBER）：将酒精洒在热甜点上，用火焰点燃。

膨胀（FOISONNER）：搅拌蛋清、奶油或其他种类的制备物，使其体积增大。

面皮套模（FONCER）：将面团平摊在模具的底部和侧面。

制出凹槽（FONTAINE）：在面粉堆上挖一个洞，以便放入原料制作面团。

酿馅（FOURRER）：在勺子或套筒的帮助下填充制备物。

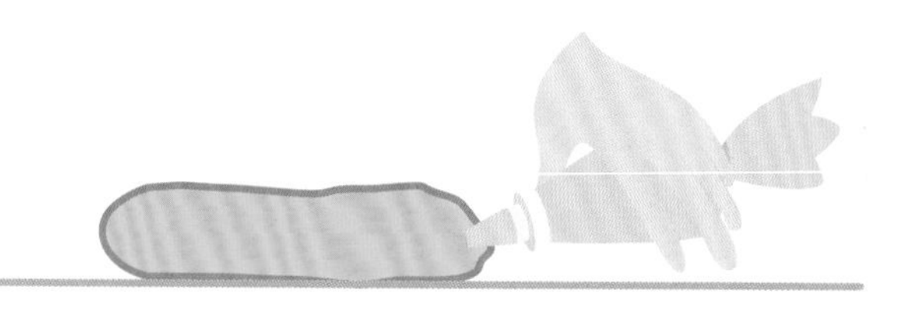

微微滚动（FRÉMIR）：将液体加热至接近沸腾。

覆镜面（GLACER）：用薄糖衣、巧克力、奶油软糖、冰糖或甘纳许覆盖制备物。

浸透（IMBIBER）：将制备物浸入糖浆、利口酒或酒中。

浸泡（INFUSER）：将原料放入沸腾的液体中，以使其香味扩散。

增稠（LIER）：在液体中加入面粉、淀粉、奶油或鸡蛋，使其质地更浓厚。

浸渍（MACÉRER）：将水果浸泡在液体中，以获取水果的味道。

覆蛋白霜（MERINGUER）：为制备物覆盖蛋白霜。

打发（MONTER）：用打蛋器打发制备物，使其体积增大。

加汁水（MOUILLER）：在制备物中加入汁水。

浇汁（NAPPER）：将果酱、奶油和甘纳许倒在制备物上，将其完全覆盖。

整形（PARER）：修剪制备物，使其形状美观。

揉和（PÉTRIR）：用手或食品加工机搅打，获得光滑均匀的混合物。

捏（PINCER）：用手指或挞皮钳在面团边缘制出条纹。

戳（PIQUER）：用叉子在面团上扎孔，以避免其在烘焙时膨胀。

膏（POMMADE）：将黄油混合均匀，使其像油膏一样柔滑。

掺入或撒上杏仁碎（PRALINER）：将杏仁碎加入面糊或奶油。

浓缩（RÉDUIRE）：保持沸腾，通过蒸发减少液体的体积。

留用（RÉSERVER）：搁置待用。

缎带状（RUBAN）：使混合物光滑均匀，从锅铲中流下时会呈缎带状延展而不会破裂。

划条纹（STRIER）：用叉子在制备物上划线。

过筛（TAMISER）：用筛子将面粉、糖、干果粉、可可粉或发酵粉中的团块去除。

混合均匀（TRAVAILLER）：将制备物混合搅拌以使其质地均匀光滑。

取下橙皮（ZESTER）：用小刀、柠檬刨丝器或削皮器取下柑橘类水果的果皮。

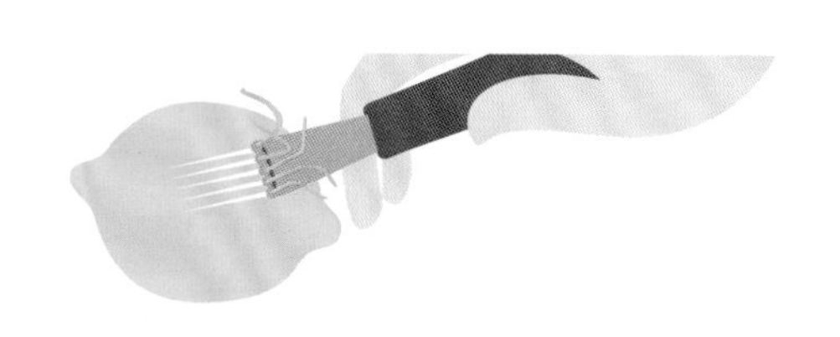

挞派酥饼面团

油酥面团

Pâte sablée

油酥面团具有沙质感，能够在口中溶化。
它主要用于制作挞派酥皮，通常先直接烘焙挞皮，之后添加馅料、装饰水果、巧克力或奶油。
油酥面团也用于制作各类小脆饼。

基本食谱

24厘米挞派模具 • 准备时间：10分钟 • 静置时间：1小时 • 烘焙时间：20分钟

- 250克面粉
- 140克常温黄油
- 100克细砂糖
- 1个新鲜蛋黄

1. 将面粉倒入碗中。将黄油切成小块，然后放入碗中。倒入细砂糖。用手揉捏混合物，直到形成均匀的沙质质地。
2. 加入蛋黄，然后用手继续揉捏面团。揉成球状，静置冷藏1小时。
3. 在案板上撒薄薄一层面粉，然后将面团揉成3 ~ 4毫米厚。如果面团发黏，将其平摊在两张烘焙纸之间。
4. 将面团放在涂抹过黄油的挞派盘中，然后用叉子在底部扎出小孔。完成面团造型装饰，在180°C下烘焙20分钟，注意关注烘焙状态（参见下文）。

烘焙挞皮

- 让面团在挞派模具中冷藏30分钟以上，使面团变硬。
- 在挞皮底部衬上烘焙纸，放置烘焙重石或干豆子，180°C下烘焙15 ~ 20分钟。
- 如果挞派中使用的水果汁水丰沛，可以在烘焙结束前5分钟用蛋清刷挞皮，或在挞皮制作完成后刷上巧克力。

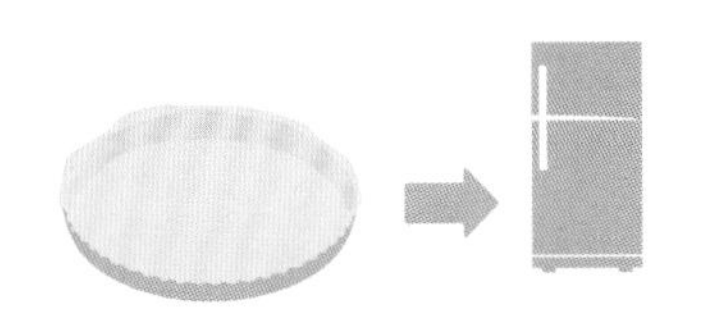
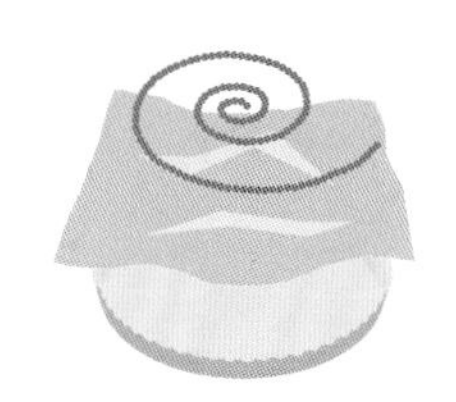

衍生食谱

100%原生态食谱：200克全米粉+50克全杏仁粉（带皮）+100克全蔗糖+130克非氢化人造黄油+1个全蛋+2克盐。

栗子粉食谱：用200克小麦粉和50克栗子粉代替250克小麦粉。

无麸质食谱：200克玉米淀粉+100克糖+100克黄油+4个蛋黄。

健康食谱：用200克小麦粉和50克全麦粉代替250克小麦粉。

素食食谱：200克面粉+150克红糖+50克玉米淀粉+100毫升豆浆（或其他植物奶）+100毫升油。

趣味创意

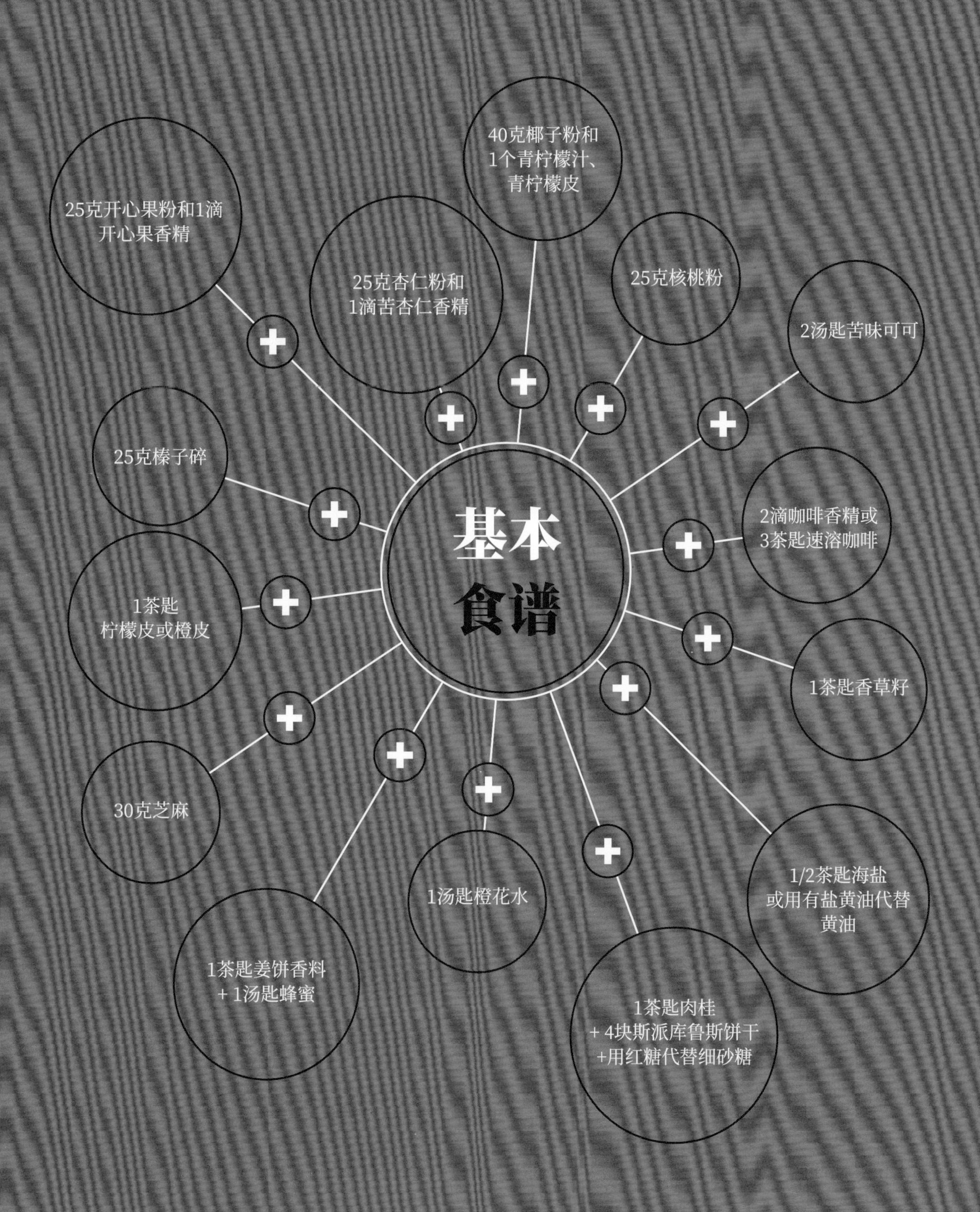
基本
食谱
25克开心果粉和1滴
开心果香精
40克椰子粉和
1个青柠檬汁、
青柠檬皮
25克杏仁粉和
1滴苦杏仁香精
25克核桃粉
2汤匙苦味可可
25克榛子碎
2滴咖啡香精或
3茶匙速溶咖啡
1茶匙
柠檬皮或橙皮
1茶匙香草籽
30克芝麻
1汤匙橙花水
1/2茶匙海盐
或用有盐黄油代替
黄油
1茶匙姜饼香料
+1汤匙蜂蜜
1茶匙肉桂
+4块斯派库鲁斯饼干
+用红糖代替细砂糖

简易挞派酥饼

砂糖酥饼

摊开面团，用造型切刀切开，撒上砂糖。在预热至180°C的烤箱中烘焙15 ~ 20分钟。

蛋黄酥饼

- 在油酥面团表面刷上蛋黄，使其呈金黄色并有光泽。
- 在预热至180°C的烤箱中烘焙15 ~ 20分钟。

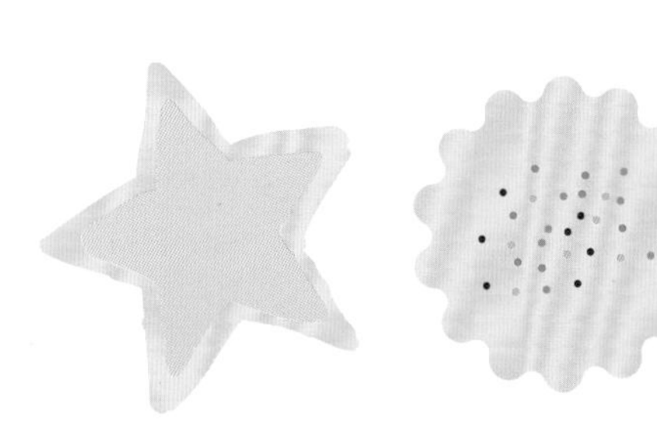

节庆酥饼

- 摊开面团，用造型切刀切开，撒上装饰糖。在预热至180°C的烤箱中烘焙15 ~ 20分钟。
- 在成品酥饼上装饰糖粉（或杏仁糖），并涂上少许蜂蜜或果酱。

夏朗德式酥饼

用1块油酥面团+1/2杯牛奶+2汤匙当归碎制成一个大圆饼底，撒上当归并刷上牛奶。在预热至180°C的烤箱中烘焙15 ~ 20分钟。

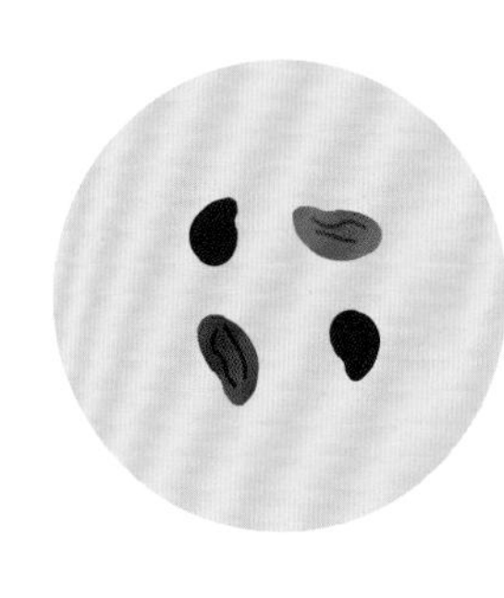

葡萄干酥饼

将1块油酥面团+125克葡萄干+砂糖揉成葡萄干面团。将面团制成条状，在糖中滚过。冷藏静置2小时以上，切片。在预热至180°C的烤箱中烘焙15 ~ 20分钟。

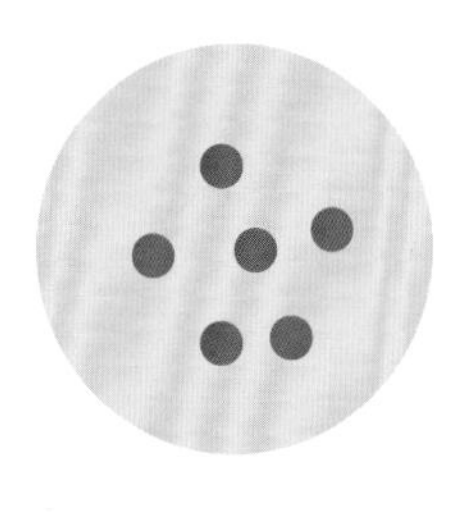

巧克力榛子酥饼

将1块油酥面团+150克黑巧克力豆或牛奶巧克力豆+2汤匙榛子粉揉成榛子面团。

将面团制成条状，在榛子粉中滚过。冷藏静置2小时以上，切片。在预热至180°C的烤箱中烘焙15 ~ 20分钟。

巧克力酥饼

1个油酥面团+125克巧克力+125克糖粉+5汤匙水
将巧克力隔水加热至融化，加入糖和水，搅拌至质地均匀。

咖啡酥饼

1个油酥面团+4汤匙咖啡+250克糖粉
将面团搅拌至质地均匀，冷藏。

樱桃酒酥饼

1个油酥面团+150克糖粉+1个蛋清+1汤匙樱桃酒
混合所有原料，搅拌至质地均匀，冷藏。

朗姆酒酥饼

1个油酥面团+250克糖粉+2汤匙朗姆酒+2汤匙水
充分混合所有原料，搅拌至质地均匀，冷藏。

柑橘酥饼

1个油酥面团+250克糖粉+4汤匙柠檬或柑橘汁
搅拌至质地紧实，冷藏。

挞皮余料使用指南

在搅拌器中将切下的挞皮制成粉末，存放在密闭的罐子中。
用法：

— 加入黄油可迅速制成油酥面团。
— 将挞皮粉撒在挞皮底部，可吸收水果汁（黄香李、李子、樱桃）。
— 制作奶酥蛋糕：4 汤匙黄油 +4 汤匙红糖 +4 汤匙面粉 +4 汤匙挞皮粉。
— 将巧克力沾上挞皮粉，制成松露巧克力。

组合式挞派酥饼

果酱酥饼

1块油酥面团+1罐果酱

用造型切刀切出圆形，然后将其中的一半切成圆圈。在预热至180°C的烤箱中烘焙15 ~ 20分钟。将少许果酱涂抹在冷却的圆形酥饼上。盖上圆圈形酥饼。

三明治酥饼

1块油酥面团+1块冰淇淋

将油酥面团切成等大的矩形。在预热至180°C的烤箱中烘焙15 ~ 20分钟，静置冷却。将冰淇淋放在一块矩形酥饼上，盖上另一块矩形酥饼。

红色浆果挞

圆形酥饼+尚蒂伊鲜奶油+红色浆果

将奶油装饰在圆形酥饼上，放置几颗红色浆果，即刻享用。

巧克力酥饼

矩形酥饼+200克黑巧克力

先在矩形烤盘中铺上烘焙纸（约平板电脑大小），或使用硅胶模具。将黑巧克力隔水加热至融化。

将巧克力倒入模具底部。

将酥饼放在巧克力上，静置。待巧克力变硬后脱模。

无比派（Whoopies）

圆形酥饼+甘纳许（请参阅第358页）+苦味可可粉

将少许甘纳许涂抹在酥饼上，盖上另一块等大的酥饼。撒上苦味可可粉。

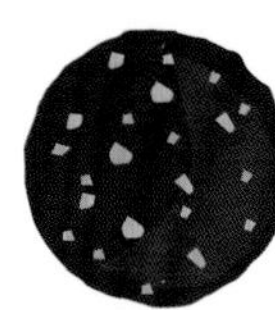

巧克力球

150克酥饼碎+150克黑巧克力+100克黄油+50克糖粉

用黄油将巧克力融化，然后加入糖粉，搅拌。加入酥饼碎，制成松露状。将它们放在装饰纸上，静置冷却。

趣味迷你蛋糕

酥饼边角料+浓稠的涂抹酱（斯派库鲁斯饼干、花生、巧克力，请参阅第370页）+白巧克力制成大块酥饼碎

逐渐加入涂抹酱以获得糊状混合物。用手掌将混合物制成球状，冷藏静置1小时。将巧克力隔水加热至融化。将球穿上木扦，然后浸入融化的白巧克力中。捞出静置晾干。

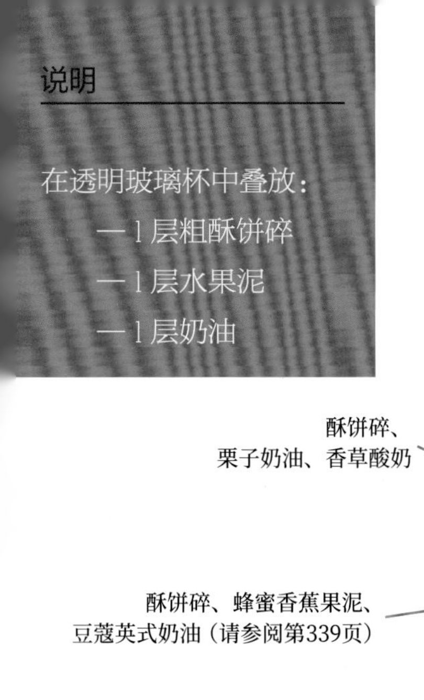

说明

在透明玻璃杯中叠放：

—1层粗酥饼碎

—1层水果泥

—1层奶油

酥饼碎甜品杯

酥饼碎
+树莓果酱
（请参阅第335页）
+新鲜树莓
+酥饼碎
+马斯卡彭奶酪奶油
（请参阅第348页）

酥饼碎
+1/2茶匙浓咖啡
+巧克力奶油
（请参阅第347页）
+酥饼碎
+马斯卡彭奶酪奶油
（请参阅第348页）

酥饼碎
+1/2茶匙意大利柠檬酒
（limoncello）
+马斯卡彭奶酪奶油
（请参阅第348页）
+酥饼碎
+1/2茶匙意大利柠檬酒
+马斯卡彭奶酪奶油
（请参阅第348页）

酥饼碎
+焦糖酱（请参阅第334页）
+香蕉切片
+酥饼碎
+肉桂英式奶油（请参阅第339页）

酥饼碎
+巧克力酱（请参阅第332页）
+梨子鲜果块
+酥饼碎
+焦糖奶油

酥饼碎
+草莓果酱（请参阅第335页）
+新鲜草莓
+酥饼碎
+掼奶油（请参阅第346页）

酥饼碎
+芒果果酱（请参阅第335页）
+热带水果泥（请参阅第366页）
+酥饼碎
+开心果卡仕达酱（请参阅第341页）

酥饼碎
+黑加仑奶油
+红色浆果
+酥饼碎
+香草卡仕达酱
（请参阅第340页）

酥饼碎
+咖啡利口酒
+香草奶油
（请参阅第347页）
+酥饼碎
+梨子果酱
（请参阅第366页）

酥饼碎
+桃子利口酒
+桃子和杏子鲜果块
+酥饼碎
+香草尚蒂伊鲜奶油
（请参阅第343页）

馅料需要烘焙的水果挞

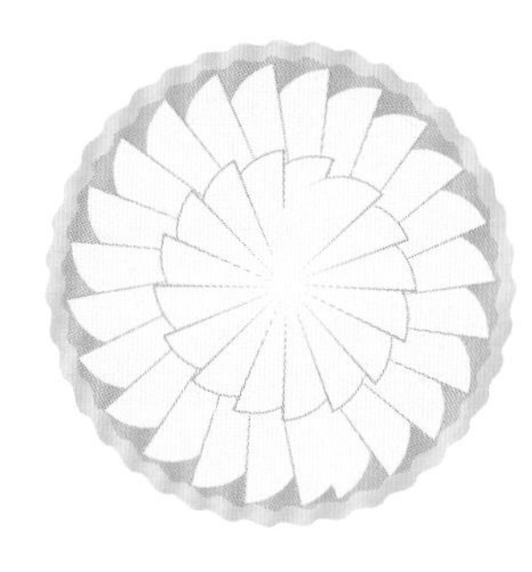

苹果挞

1块油酥面团+4个煮苹果+1袋香草糖+1汤匙红糖+6块榛子大小的黄油

- 用油酥面团填满挞派模具的底部，冷藏静置。
- 将烤箱预热至180°C。将苹果去皮切片。
- 将挞皮从冰箱中取出，放入烤箱烘焙15 ~ 20分钟。
- 从烤箱中取出挞皮，将苹果片叠放在挞皮上。撒上香草糖和红糖，然后放上黄油。烘焙40分钟。

梨和杏仁奶油挞

1块油酥面团+4个梨+150克鲜奶油+100克杏仁粉+60克糖

- 用油酥面团填满挞派模具的底部，冷藏静置。在这段时间将梨切块。
- 将烤箱预热至180°C。将梨切瓣，取下中间较硬的部分。
- 将挞皮从冰箱中取出，放入烤箱烘焙15 ~ 20分钟。
- 将梨放在挞皮上，烘焙15 ~ 20分钟。在碗中将奶油、糖和杏仁粉混合搅拌。将混合物浇在挞饼上，继续烘焙20分钟。

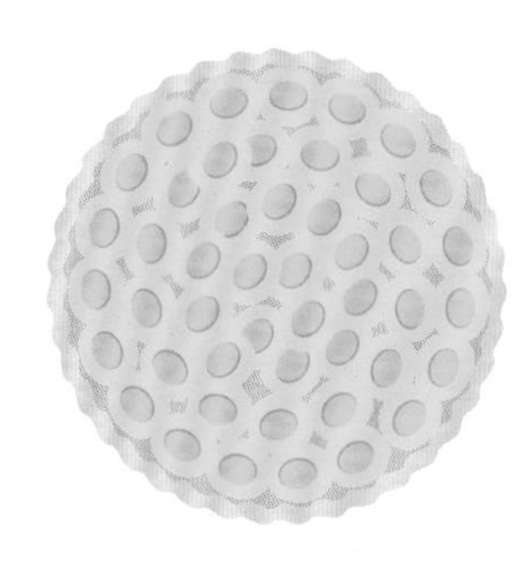

黄香李挞

1块油酥面团+800克去核的布拉斯李子+3汤匙杏仁粉+2汤匙糖

- 用油酥面团填满挞派模具的底部，冷藏静置。在这段时间将李子切块。
- 将烤箱预热至180°C，挞皮底部扎出小孔，撒上杏仁粉，放入李子和糖。烘焙40分钟。

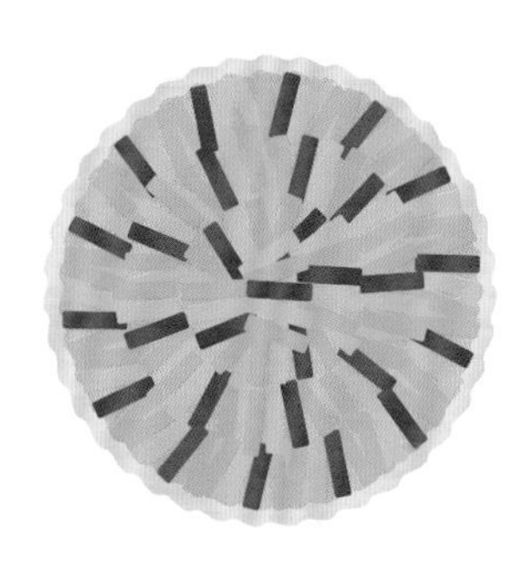

大黄和香草布丁挞

1块油酥面团+500克大黄+200毫升稠奶油+1个鸡蛋+1汤匙糖+50克杏仁粉

- 用油酥面团填满挞派模具的底部，冷藏静置。在这段时间准备大黄。
- 将大黄择净，切成约3厘米长的段。在碗中搅打奶油、鸡蛋和糖。冷藏保存。
- 将烤箱预热至180°C，将挞皮从冰箱中取出，用叉子将挞皮底部扎出小孔，撒上杏仁粉。将大黄放在挞皮上，烘焙20分钟。填入布丁馅料，烘焙10 ~ 15分钟。

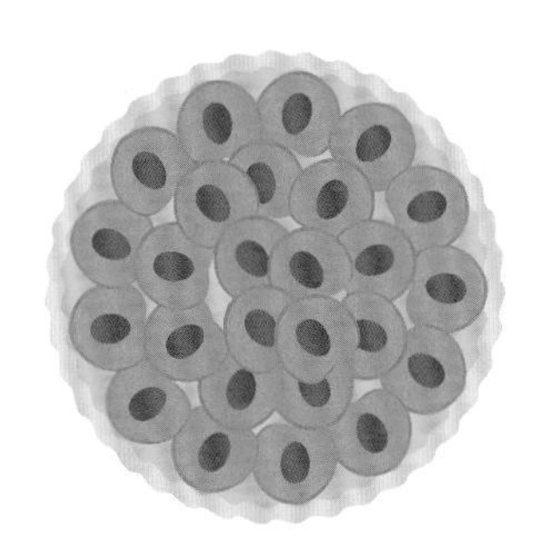

杏子（或其他多汁水果）挞

1块油酥面团+10个大杏子+3汤匙红糖

- 用油酥面团填满挞派模具的底部，冷藏静置。在这段时间准备杏子。将杏子清洗干净并切成两半。
- 预热烤箱。从冰箱中取出挞皮。撒上红糖，将杏子依次放在挞皮上。再次撒上红糖。烘焙40分钟。

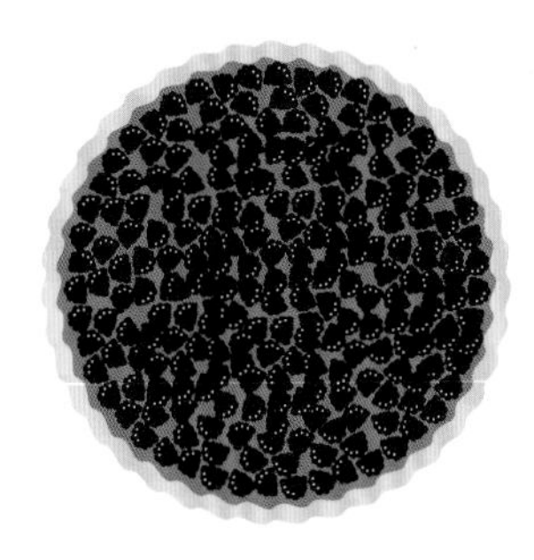

桑葚挞

1块油酥面团+250克桑葚+3汤匙玉米粉+2个鸡蛋+150克糖粉+150毫升新鲜奶油

- 用油酥面团填满挞派模具的底部，冷藏静置30分钟。
- 将烤箱预热至180°C。为挞皮撒上玉米粉，放上桑葚。
- 将鸡蛋打入碗中，加入糖粉，搅打至起泡后加入奶油，倒在桑葚上。烘焙35 ~ 40分钟。

添加水果的简单食谱

1块油酥面团+5个苹果+2汤匙坚果粉+2汤匙红糖+3 ~ 4块榛子大小的黄油

1块油酥面团+300克红色浆果+2汤匙开心果+2汤匙糖

1块油酥面团+250克杏子+2汤匙杏仁粉+2汤匙红糖

1块油酥面团+250克李子+2汤匙小块黄油+1茶匙肉桂

1块油酥面团+5 ~ 6个梨+2汤匙美洲山核桃粉+2汤匙糖+3 ~ 4块榛子大小的黄油

1块油酥面团+300克蓝莓+2汤匙杏仁粉+2汤匙糖

1块油酥面团+300克醋栗+2汤匙杏仁粉+3汤匙糖

1块油酥面团+300克无花果+2汤匙坚果粉+2汤匙蜂蜜+1汤匙糖

1块油酥面团+300克树莓+2汤匙坚果粉+2汤匙糖

1块油酥面团+3个苹果+2个梨子+1个榅桲+2汤匙红糖+2汤匙糖+3 ~ 4块榛子大小的黄油

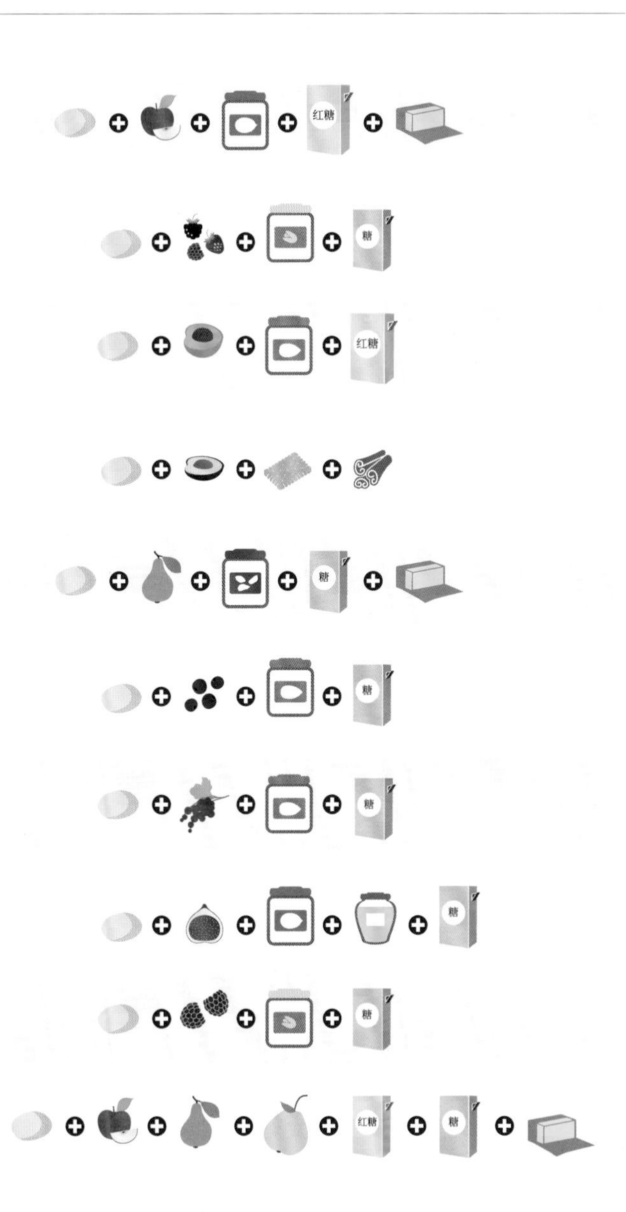

馅料无需烘焙的水果挞

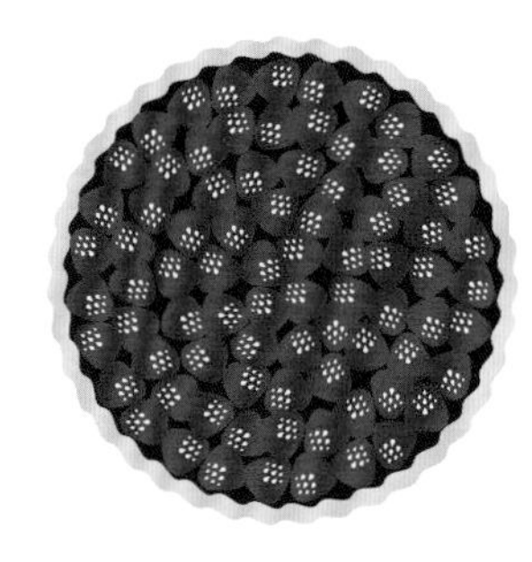

草莓醋栗果冻挞

1个表面涂抹过蛋清的成品挞皮（请参阅第28页）+1盒草莓+3汤匙醋栗果冻+1汤匙糖

- 清洗并择净草莓，切成两半。
- 将挞皮底部抹上醋栗果冻，并摆上草莓。
- 视需要撒上糖，并补充醋栗果冻。用刷子在草莓上刷果冻液，使草莓醋栗果冻挞看起来更诱人。

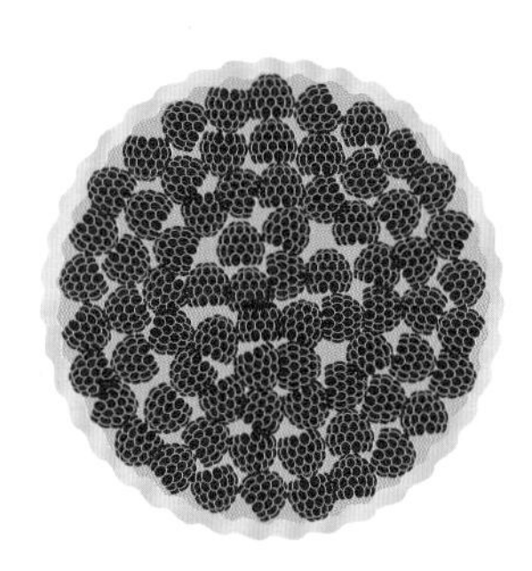

树莓和开心果卡仕达酱挞

1个成品挞皮（请参阅第28页）+开心果卡仕达酱（请参阅第341页）+1盒树莓

- 用开心果卡仕达酱覆盖挞皮，摆上树莓。

蓝莓果泥蛋白酥挞

1个成品挞皮（请参阅第28页）+500克蓝莓果泥（请参阅第366页）+50克白巧克力 +3个蛋清+100克糖粉

- 将白巧克力涂在挞皮底部。冷却后放入蓝莓果泥。
- 将蛋清与糖粉打发，制成蛋白酥。将蛋白酥放在蓝莓果泥上，在烤箱中烘焙几分钟。

林兹蛋糕

1块油酥面团+1汤匙肉桂粉+50克黑巧克力+1大罐树莓果酱

- 将油酥面团填满挞派模具的底部和边缘。将剩余的挞皮切成条状，用于表面装饰。
- 在挞皮上撒上肉桂粉，冷藏静置30分钟。
- 预热烤箱。烘焙挞皮（请参阅第28页）。请记得同时烘焙装饰条。
- 用隔水加热过的黑巧克力涂抹挞皮底部，晾干后倒入树莓果酱，并放上装饰条。

柠檬挞

1个成品挞皮（请参阅第28页）+柠檬凝乳（请参阅第349页）+几片糖渍柠檬

- 将柠檬凝乳涂抹在挞皮底部，放入几片糖渍柠檬。冷藏静置2小时后品尝。

1个成品挞皮（请参阅第28页）+百香果马斯卡彭奶酪奶油（请参阅第348页）+1个芒果鲜果块

1个成品挞皮（请参阅第28页）+1盒野生草莓+香草卡仕达酱（请参阅第340页）

1个成品挞皮（请参阅第28页）+1罐阿玛蕾娜樱桃果酱+巧克力甘纳许（请参阅第358页）

1个成品挞皮（请参阅第28页）+热带水果混合物+白巧克力甘纳许（请参阅第358页）

1个成品挞皮（请参阅第28页）+1片薄菠萝片+朗姆酒卡仕达酱（请参阅第341页）

1个成品挞皮（请参阅第28页）+草莓大黄果泥（请参阅第366页）+蛋白酥（请参阅第292页）

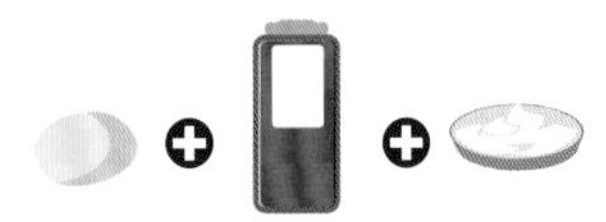

1个成品挞皮（请参阅第28页）+250克红色浆果混合物+掼奶油（请参阅第346页）

1个成品挞皮（请参阅第28页）+250克矢车菊+香草卡仕达酱（请参阅第340页）

1个成品挞皮（请参阅第28页）+6个咸黄油煮梨+奶油

1个成品挞皮（请参阅第28页）+1盒车厘子糖浆果酱+巧克力慕斯（请参阅第326页）

1个成品挞皮（请参阅第28页）+4～5个油桃+马沙拉葡萄酒马斯卡彭奶酪奶油

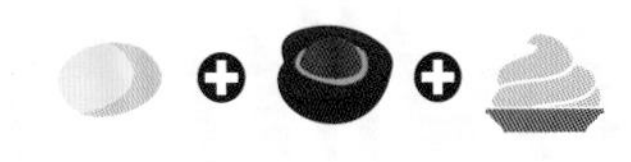

无水果挞派

特浓黑巧克力挞

1个成品挞皮（请参阅第28页）
+黑巧克力甘纳许（请参阅第358页）
+2汤匙黑巧克力屑

- 将甘纳许倒在挞皮底上，放置至完全冷却。
- 放入黑巧克力屑。

咖啡尚蒂伊鲜奶油挞

1个成品挞皮（请参阅第28页）
+白巧克力甘纳许和摩卡咖啡甘纳许（请参阅第358页）
+尚蒂伊鲜奶油（请参阅第342页）

- 将甘纳许倒在挞皮底上，放置至完全冷却。
- 上桌前装饰尚蒂伊鲜奶油。

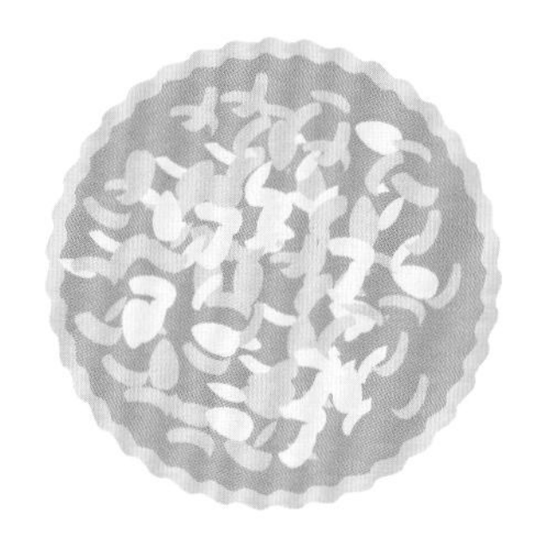

杏仁奶油挞

1块油酥面团
+200克杏仁片
+2汤匙蜂蜜
+2汤匙糖
+4汤匙新鲜奶油

- 预热烤箱。
- 将蜂蜜、糖和奶油倒入碗中，搅拌至顺滑，加入杏仁片。
- 将面团从冰箱中取出，用叉子在底部扎孔。
- 将混合物倒入面团底部，烘焙30分钟后，在温热时享用。

焦糖挞

1个成品挞皮（请参阅第28页）
+170毫升鲜奶油
+13块焦糖
+160克黑巧克力
+45克淡黄油
+巧克力粉或巧克力屑

- 将鲜奶油倒入平底锅中，加入焦糖，小火加热至融化，放入黑巧克力。搅拌混合物至质地均匀。
- 离火，加入小块黄油。
- 将混合物倒在挞皮上，放凉，加入巧克力粉或巧克力屑。

栗子酱挞

1个成品挞皮（请参阅第28页）
+1大盒栗子奶油和1小盒奶油
+4汤匙新鲜浓奶油
+4汤匙糖渍栗子碎

- 将栗子奶油倒入碗中，然后加入奶油和新鲜浓奶油搅拌直至混合物质地光滑。倒入挞皮，并用糖渍栗子碎装饰。

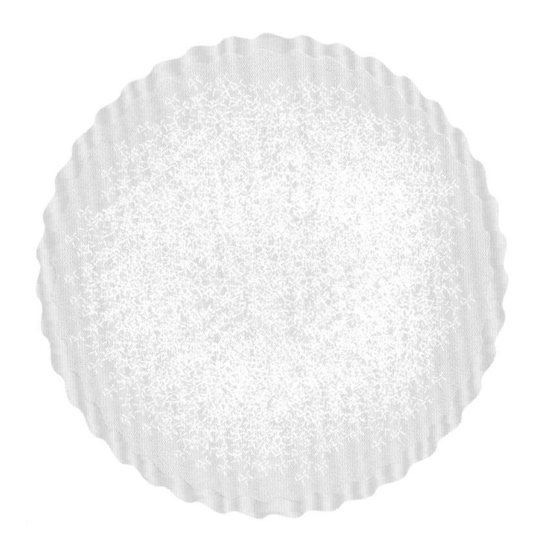

巴黎椰子布丁挞

1块油酥面团
+1升草莓牛奶
+4个鸡蛋
+100克红糖
+75克玉米淀粉
+80克（+2汤匙）椰子粉
+1汤匙朗姆酒

- 将草莓牛奶倒入锅中，煮沸。
- 将鸡蛋打入碗中，加入红糖，然后一边用打蛋器搅打蛋液，一边放入玉米淀粉、椰子粉（80克）和朗姆酒。将沸腾的草莓牛奶倒入混合物，搅拌均匀。倒回锅里，小火加热并搅拌，使其变稠。当制备物浓稠时关火并冷却。
- 预热烤箱至180°C。
- 将布丁挞从冰箱中取出，烘焙40分钟。在烘焙中途盖上烘焙纸，以避免布丁表面烤焦。凉凉后上桌，撒上椰子粉（2汤匙）。

布列塔尼油酥面团

130克细砂糖+3个蛋黄 +150克淡黄油+200克面粉 +1袋发酵粉 +2克盐

- 将蛋黄和细砂糖搅打出泡沫。
- 用刮刀加入淡黄油，搅打至混合物光滑。
- 加入面粉、发酵粉和盐，揉成面团。
- 用保鲜膜包住面团，冷藏静置2小时。
- 将面团擀成0.5厘米厚的面饼。
- 将面饼用造型切刀切开，或置于衬有烘焙纸的直径为22厘米的挞派模具中。
- 预热烤箱至180°C，烘焙15 ~ 20分钟。

衍生食谱

杏仁食谱：用150克面粉+50克杏仁粉代替200克面粉。
轻黄油食谱：用人造黄油代替黄油。
咸黄油食谱：用咸黄油或海盐黄油代替黄油。
栗子食谱：用150克面粉+50克栗子粉代替200克面粉。
健康食谱：使用全麦面粉。
轻食食谱：面粉和玉米淀粉用量各一半。
开心果食谱：用150克面粉+50克开心果粉代替200克面粉。
红糖食谱：用红糖代替糖。

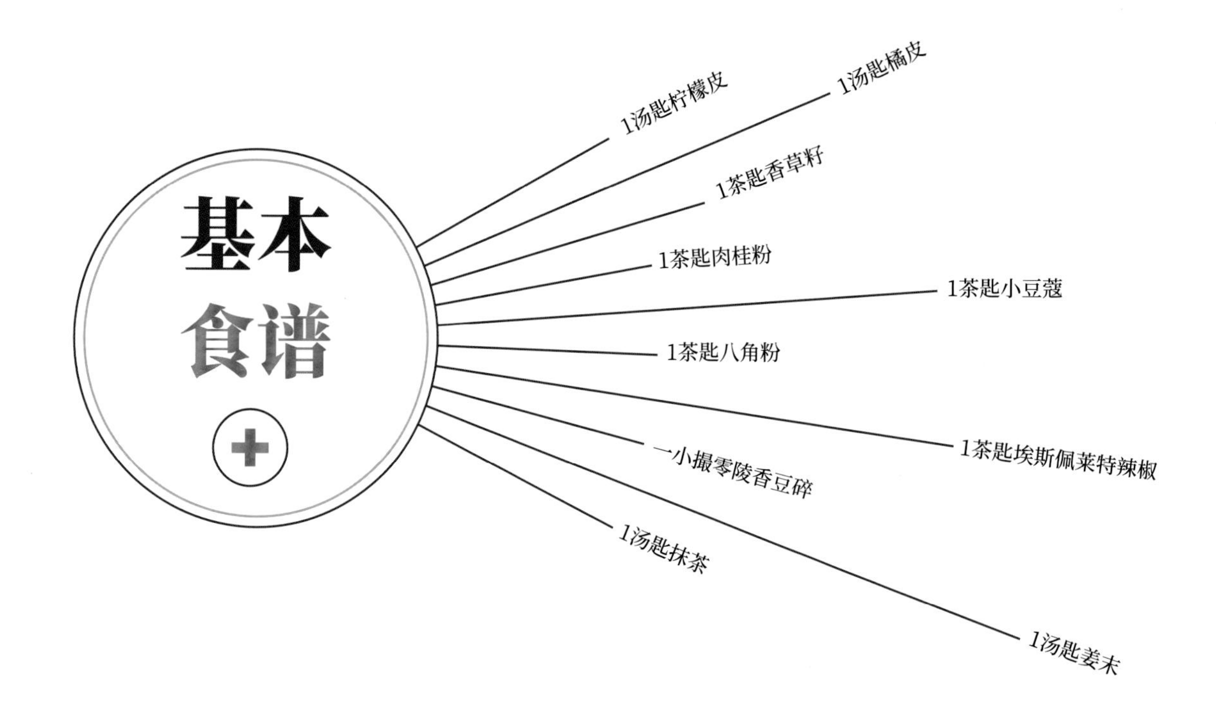

布列塔尼油酥面团水果挞

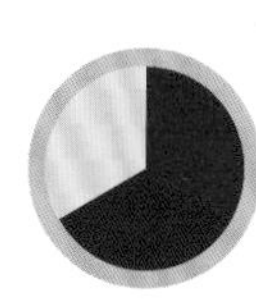

1块布列塔尼油酥面团
+250克草莓
+香草卡仕达酱（请参阅第340页）
+黑醋栗淋面（请参阅第356页）

1块布列塔尼油酥面团
+250克树莓
+开心果卡仕达酱（请参阅第341页）
+1汤匙糖粉

1块布列塔尼油酥面团
+柠檬凝乳（请参阅第349页）

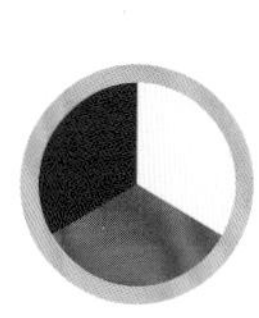

1块布列塔尼油酥面团
+250克红色浆果
+马斯卡彭奶酪奶油（请参阅第348页）
+草莓淋面（请参阅第356页）

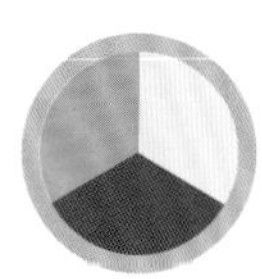

1块布列塔尼油酥面团
+4～5片香蕉切片
+巧克力卡仕达酱（请参阅第340页）
+焦糖酱（请参阅第334页）

1块布列塔尼油酥面团
+200克糖渍水果
+朗姆酒卡仕达酱（请参阅第341页）

1块布列塔尼油酥面团
+200克成簇黑醋栗
+草莓配巴伐利亚奶油（请参阅第346页）

1块布列塔尼油酥面团
+250克梨子糖浆
+杏仁奶油（请参阅第349页）

1块布列塔尼油酥面团
+250克无花果
+香草卡仕达酱（请参阅第340页）
+1汤匙蜂蜜

1块布列塔尼油酥面团
+200克杏子
+牛轧糖奶油

布列塔尼面团无水果挞

1块布列塔尼油酥面团
+白巧克力甘纳许（请参阅第358页）
配绿柠檬皮

1块布列塔尼油酥面团
+咖啡卡仕达酱（请参阅第340页）
+黑巧克力屑

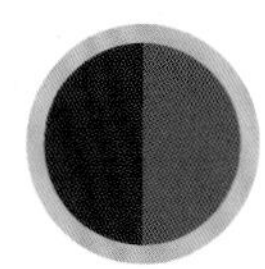

1块布列塔尼油酥面团
+巧克力卡仕达酱（请参阅第340页）
+2汤匙可可粉

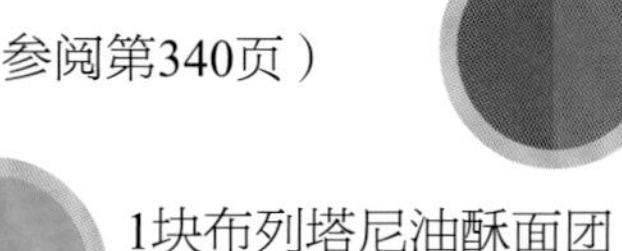

1块布列塔尼油酥面团
+奶油
+2汤匙糖果块

1块布列塔尼油酥面团
+牛轧糖奶油
+2汤匙开心果粉

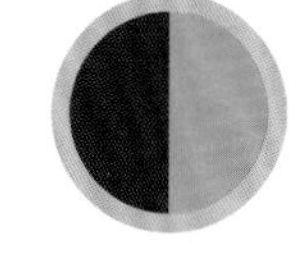

1块布列塔尼油酥面团
+黑巧克力甘纳许（请参阅第358页）
+3汤匙烤干果

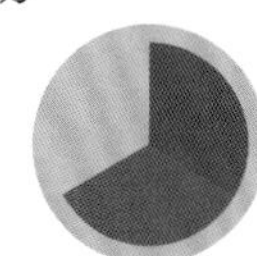

1块布列塔尼油酥面团
+牛奶巧克力甘纳许（请参阅第358页）
+3汤匙焦糖坚果

1块布列塔尼油酥面团
+樱桃酒掼奶油
（请参阅第346页）

1块布列塔尼油酥面团
+白巧克力生姜甘纳许（请参阅第358页）
+2汤匙姜糖块

1块布列塔尼油酥面团
+马沙拉葡萄酒马斯卡彭奶酪奶油

芝士蛋糕

柠檬芝士蛋糕

1块油酥面团+1千克芝士奶油 +320克细砂糖+4个鸡蛋+1个黄柠檬榨汁+2汤匙柠檬皮+1汤匙黄油（每个模具）

- 在模具上涂抹黄油。在模具底部放入面团。冷藏。
- 将芝士奶油倒入碗中，加入细砂糖、鸡蛋、柠檬汁和柠檬皮。用打蛋器搅打，直到形成光滑的奶糊。
- 预热烤箱至150°C。
- 将奶糊填充在面团上。将一个较大的模具装满水，用于水浴加热，将装有水的模具放入烤箱中，然后放入芝士蛋糕模具。烘焙1小时30分钟至1小时40分钟。
- 关闭烤箱，将蛋糕留在有余温的烤箱中，直至其表面出现裂纹。从烤箱中取出芝士蛋糕，待其冷却。冷藏一晚后享用。

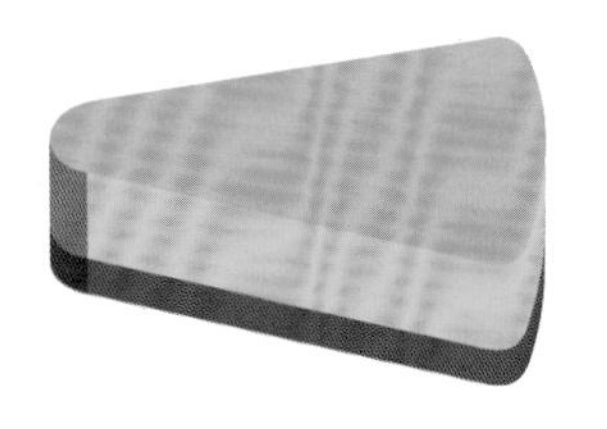

橘子芝士蛋糕：用橘子代替柠檬

巧克力芝士蛋糕：用3汤匙可可粉代替柠檬

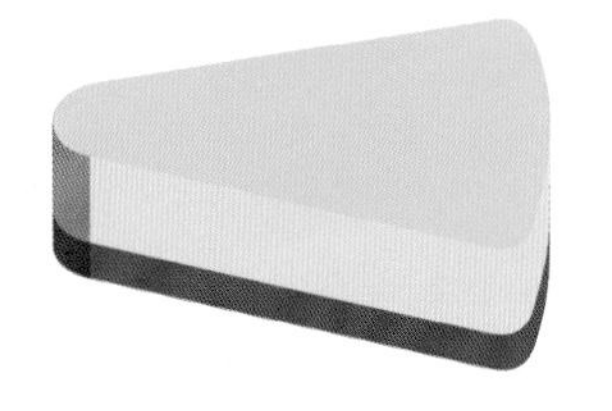

开心果芝士蛋糕：用120毫升液体奶油和150克开心果粉代替柠檬

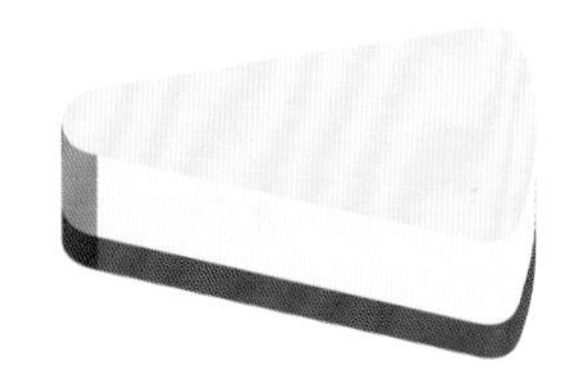

椰子芝士蛋糕：用1汤匙椰子香精代替柠檬

咖啡芝士蛋糕：用1杯浓咖啡代替柠檬

其他创意蛋糕

香蕉太妃派（Banoffee pie）

1个成品挞皮（请参阅第28页）+800毫升炼乳+3个香蕉+250毫升鲜奶油+1汤匙可可粉

- 在开水锅中将封闭的罐装甜炼乳小火煮1小时。打开罐头，将产生的牛奶酱倒在挞皮上。
- 将香蕉切成薄片，在挞皮上放一圈。
- 搅打鲜奶油，然后倒在香蕉上。
- 撒上可可粉，充分冷藏后享用。

巧克力冻

60克挞皮碎+200克果仁巧克力+30克软焦糖块或软糖块+60克榛子+2克盐

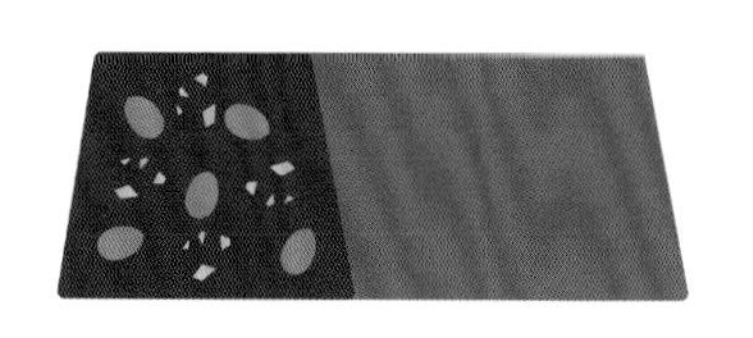

- 将巧克力隔水加热融化，待其温热时加入挞皮碎、焦糖块和榛子，撒少许盐。
- 涂上巧克力，搅拌均匀后倒入小陶罐或模具中，冷藏一晚。

巧克力香肠

75克油酥面团+100克黑巧克力+50克黄油+1个鸡蛋+50克（+2汤匙用于装饰）糖粉+4个香草味或原味棉花糖

- 将油酥面团切成小块。将黑巧克力融化，离火加入小块黄油，搅拌均匀。加入1个鸡蛋和糖粉。充分搅拌。
- 将棉花糖切成小块，加入巧克力以及油酥面团，充分搅拌。
- 将烘焙纸铺开，将制成香肠形的制备物放在纸上。撒上装饰糖粉。
- 包一层锡纸定形。冷藏静置一晚。

柠檬-巧克力酱方砖

1个刚制成的温热矩形挞皮（请参阅第28页）+200克巧克力酱+5个鸡蛋+250克糖+5汤匙面粉+3个柠檬的果汁和果皮

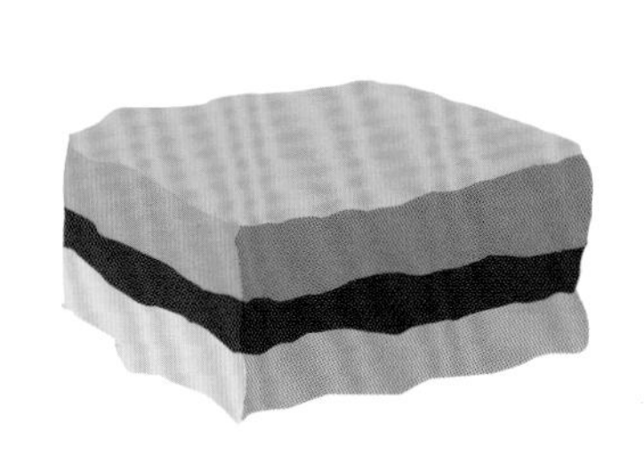

- 首先准备柠檬奶油。将鸡蛋打入碗中，加入糖搅打均匀，加入面粉、柠檬汁和柠檬皮，搅拌。
- 将巧克力酱涂在温热的油酥面团上，用铲刀抹平，然后倒入柠檬奶油。
- 烘焙40分钟。
- 待其完全冷却后切成正方形。

水油酥面团

Pâte brisée

水油酥面团质地光滑细腻。制作水油酥面团十分简单。
可以用它制作各类水果挞及馅饼。

基本食谱

24厘米挞派模具 • 准备时间：15分钟 • 静置时间：2小时 • 烘焙时间：35 ~ 40分钟

- 125克常温淡黄油
- 250克小麦粉
- 1茶匙盐
- 30克细砂糖
- 1250毫升冷水

1 将黄油切成小块，放入碗中。加入小麦粉、盐和细砂糖。用木勺搅拌，直到混合物呈沙质。一边搅拌，一边加冷水。

2 获得质地均匀的面团后，用保鲜膜包裹，冷藏2小时。

3 将烤箱预热至200°C。在案板上撒小麦粉，将面团擀成3毫米厚的面饼。

4 在模具中衬上烘焙纸，烘焙挞皮（请参阅第28页），在烘焙前装填挞皮。

衍生食谱

100%原生态食谱：60克大米粉+60克荞麦粉+2汤匙橄榄油+5克榛子牛奶+1茶匙糖。

使用双粒小麦粉：用200克小麦粉+50克双粒小麦粉代替250克小麦粉。

榛子粉食谱：用200克面粉+50克榛子粉代替250克小麦粉。

杏仁酱食谱：225克小麦粉+1袋香草糖+2汤匙杏仁酱+125毫升水（可视杏仁酱的浓稠程度适量增减）。

牛奶食谱：200克面粉+100克淡黄油+125克糖+2个蛋黄+50毫升牛奶。

无麸质食谱：250克大米粉+2克盐+50克红糖+125克黄油+1个蛋黄+50毫升水。

素食食谱：200克小麦粉+650毫升橄榄油+650毫升水+1茶匙糖粉。

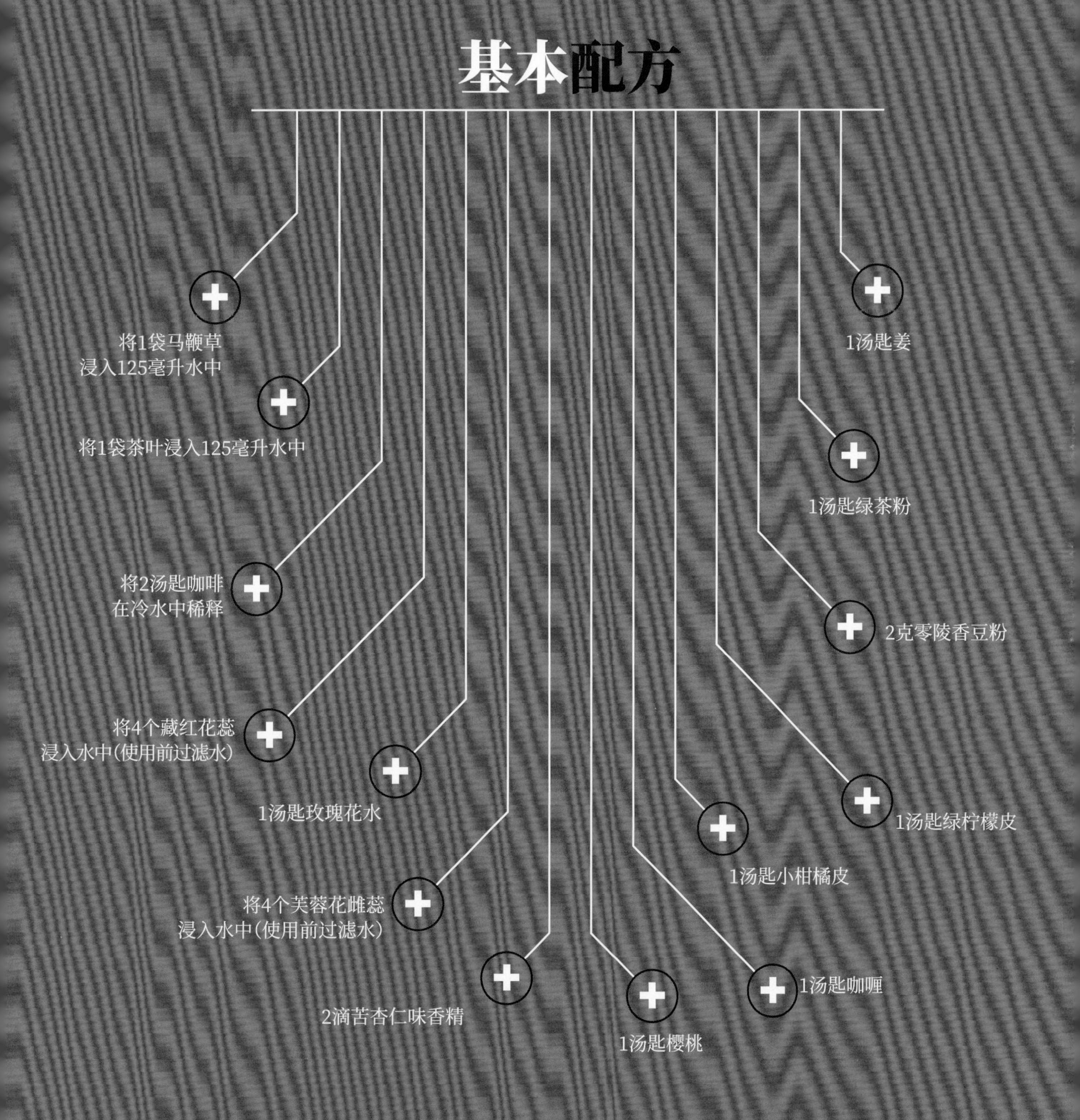
基本配方
将1袋马鞭草
浸入125毫升水中
将1袋茶叶浸入125毫升水中
将2汤匙咖啡
在冷水中稀释
将4个藏红花蕊
浸入水中(使用前过滤水)
1汤匙玫瑰花水
将4个芙蓉花雌蕊
浸入水中(使用前过滤水)
2滴苦杏仁味香精
1汤匙樱桃
1汤匙咖喱
1汤匙小柑橘皮
1汤匙绿柠檬皮
2克零陵香豆粉
1汤匙绿茶粉
1汤匙姜

水油酥面团果酱饼

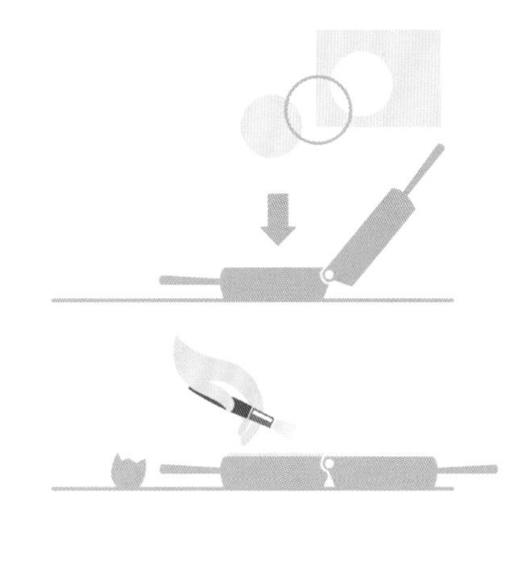

1 将水油酥面团放在撒有面粉的案板上。用模具或造型切刀将面团切成直径8 ~ 9厘米的圆形。

2 将圆面团放在糕点模具中。用蛋清刷模具边缘，使面团良好贴合。

3 填充馅料。

4 用模具将果酱饼封口。

5 用蛋黄为果酱饼着色，然后将它们放在衬有烘焙纸的烤盘上。

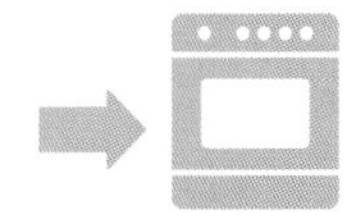

6 将烤箱预热至180°C烘焙20 ~ 25分钟。

馅料创意

苹果果泥（请参阅第366页）+一小撮肉桂
草莓大黄果酱（请参阅第367页）
梨子果泥+巧克力片
橘子果酱（请参阅第367页）
桑葚果酱（请参阅第367页）
核桃粉+苹果块+葡萄干配朗姆酒
杏子片和杏仁粉
香蕉片和黑巧克力
干果粉+黄油+糖+樱桃酒
无花果切片+香草糖

如果没有果酱饼模具

1 将圆面团放在案板上。
2 用馅料填充半个饼皮。
3 用蛋清刷饼皮边缘，合上饼皮，得到半圆形的果酱饼。捏住果酱饼的边缘，封口。
4 用蛋黄为果酱饼着色，将烤箱预热至180°C烘焙20 ~ 25分钟。

迷你挞派和迷你蛋糕（Tartelettes & Mignardises）

制作迷你挞派和迷你蛋糕有两种方式：使用或不使用成品挞皮。

不使用成品挞皮

1 为制作迷你挞派或迷你蛋糕的模具涂抹黄油。
2 放入面皮并填馅。在预热至180°C的烤箱中烘焙20分钟。

使用成品挞皮

1 将面团放入制作迷你挞派或迷你蛋糕的模具中。用叉子在面团上扎孔，放入烘焙纸和烘焙重石。
2 在预热至180°C的烤箱中烘焙20分钟。冷却后填馅。

馅料创意

榅桲果酱（请参阅第367页）+苹果片

梨切块+2克丁香粒+香草糖

椰子粉+菠萝薄片

香草布丁备料

玉米粉+黄香李+一小撮肉桂

开心果粉+杏子

面包屑+李子+红糖

杏仁粉+樱桃+杏仁片

苹果和梨子果酱+焦糖

牛奶酱+香蕉片

水果果泥（请参阅第366页）+糖粉

时令水果沙拉

果泥、果酱和果冻（请参阅第366页）

甘纳许（请参阅第358页）

海盐焦糖酱

巧克力慕斯（请参阅第326页）

自制风味鲜奶油（紫罗兰、香草、巧克力、柠檬、咖啡……）（请参阅第343页）

香草卡仕达酱（请参阅第340页）+草莓

开心果卡仕达酱（请参阅第341页）+新鲜树莓

栗子酱+橘子皮

世界各地的水油酥面团糕点

加拿大脆饼

（Croquants canadiens）

1块水油酥面团
+1个鸡蛋
+10克融化的黄油
+25克糖
+100毫升枫糖浆
+125克核桃、松子、杏仁、榛子混合物
+1茶匙芝麻

1 揉和水油酥面团，将其放在抹过黄油的方形模具中。
2 将鸡蛋打在碗中，用叉子搅打。放入其他所有原料。
3 搅拌，倒在模具中的面团上。
4 在预热至160°C的烤箱中烘焙20分钟。待面团冷却后切成矩形。

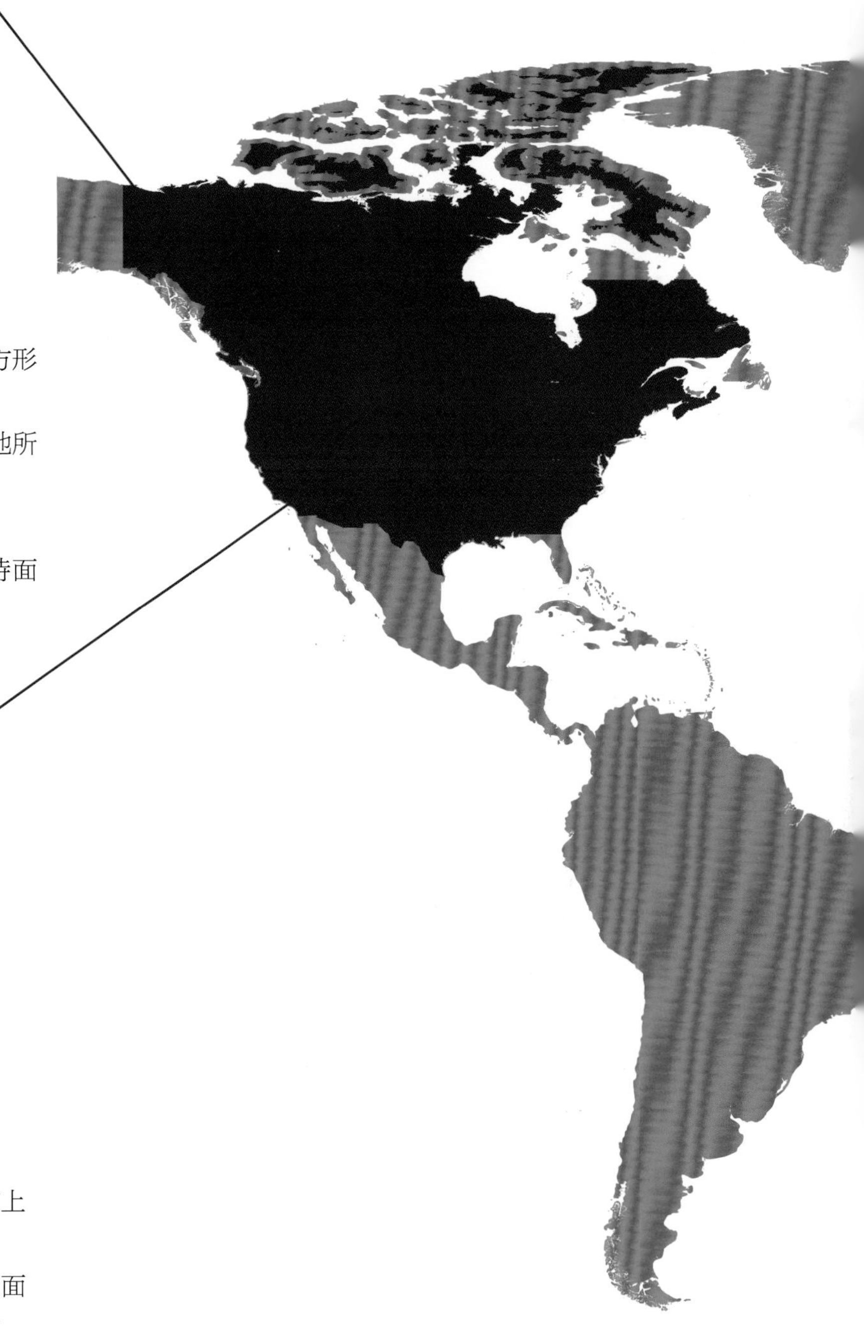

美国柠檬方糕

（Carrés au citron-USA）

1块水油酥面团
+2汤匙柠檬汁
+1汤匙柠檬皮
+200克糖
+2汤匙添加酵母的面粉
+糖粉

1 将烤箱预热至160°C。
2 在方形模具或25厘米×35厘米的烤盘上铺上水油酥面团，用叉子戳孔并烘焙10分钟。
3 将柠檬汁倒入碗中，加入柠檬皮、糖和面粉并充分搅拌。倒入制作完成的酥皮中，再烘焙20～25分钟。
4 冷却后撒上糖粉，切成正方形。

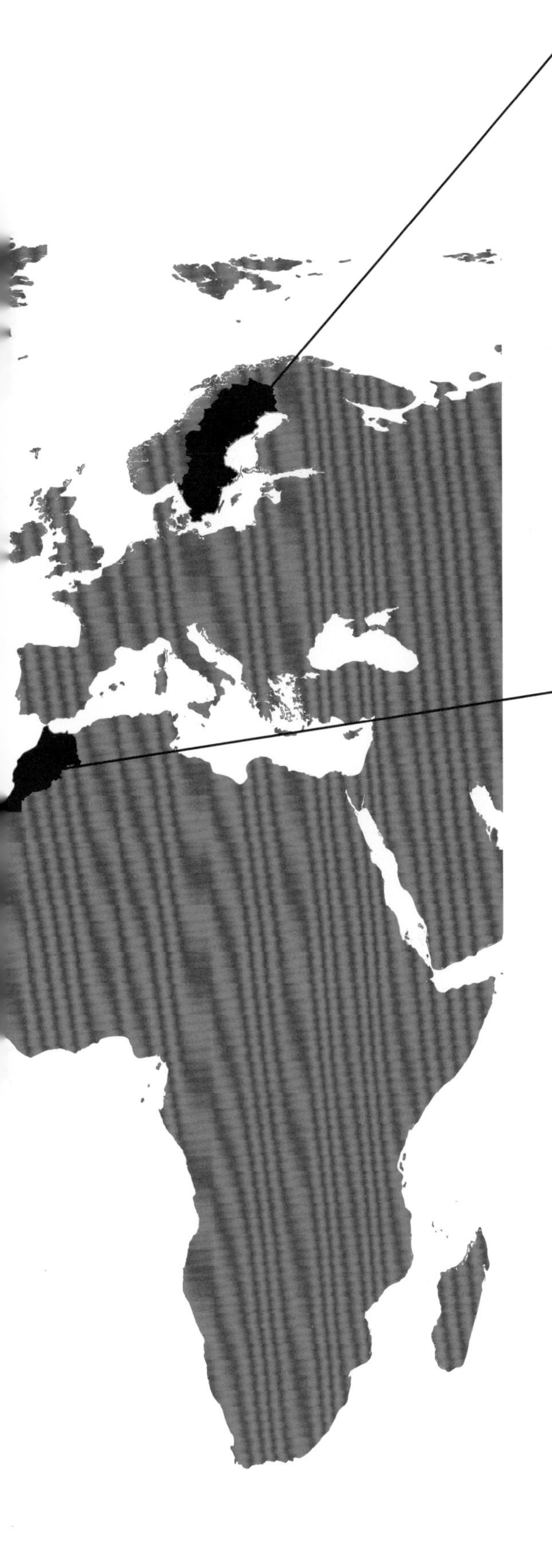

瑞典苹果挞

(Gâteau suédois aux Pommes)

1块水油酥面团+500克苹果+3汤匙糖+2汤匙葡萄干+1个柠檬榨汁+一小撮肉桂粉+150克杏仁粉+2汤匙融化的黄油+2汤匙糖+2个鸡蛋+100毫升朗姆酒

制作糖霜：5汤匙糖粉+1汤匙朗姆酒

1 将水油酥面团铺在模具中。

2 将苹果去皮，然后用切片器切成薄片。加入糖、葡萄干、柠檬汁和肉桂粉，轻轻混合。

3 将混合物倒在面团上，并在预热至180°C的烤箱中烘焙20分钟。

4 将杏仁粉、融化的黄油、鸡蛋、糖和朗姆酒在碗中混合搅拌。将混合物浇在挞饼上，继续烘焙15分钟。

5 将糖粉和朗姆酒混合搅拌，以制作糖霜。倒在热苹果挞上，静置一晚后品尝。

摩洛哥杏仁饼

(Babouches aux amandes-Maroc)

1块水油酥面团

+杏仁膏

+杏仁

+蜂蜜

1 用刀将水油酥面团切成三角形。

2 在面团中间加一卷杏仁膏，然后卷成香烟状。弄湿面团，封口。在上面放一个杏仁。

3 在预热至180°C的烤箱中烘焙20分钟。水油酥面团必须烤至金黄。

4 浸入蜂蜜中。

● 仅表示该甜点的主要制作地区

水果挞派

尼斯柠檬挞

1块水油酥面团+2个未经处理的柠檬+2个鸡蛋+1个蛋清+150克糖+1茶匙玉米淀粉

1 在预热至180°C的烤箱中烘焙挞皮（请参阅第28页）。
2 将柠檬去皮并榨汁。分离蛋清和蛋黄。
3 将蛋黄和75克糖在碗中打发。加入柠檬汁、玉米淀粉和柠檬皮。将混合物倒入锅中，用小火加热直至变稠。
4 将剩余的糖与蛋清打发。将混合物小心地加入冷却的柠檬奶油中。
5 将混合物倒在挞皮上，继续烘焙20分钟。

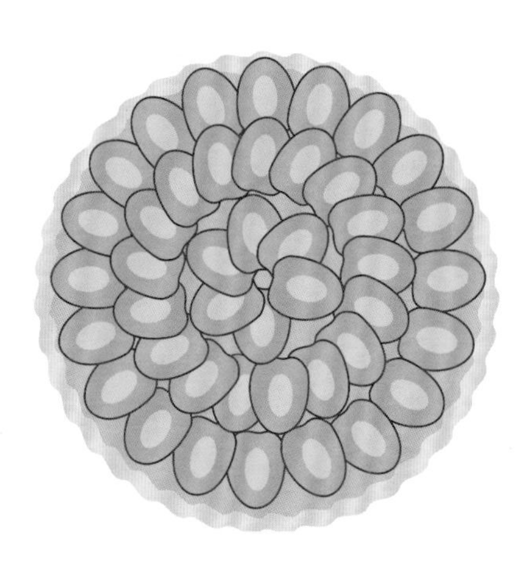

简易李子挞（黄香李、紫李）

1块水油酥面团+2汤匙玉米粉+500克去核紫李子+1汤匙糖+1茶匙肉桂粉

1 将烤箱预热至200°C。
2 揉和水油酥面团，将其放在抹过黄油的模具中。用叉子在挞皮底部戳孔。撒上玉米粉。
3 将李子依次放在挞皮上，烘焙35 ~ 40分钟。
4 上桌前撒上糖和肉桂粉。

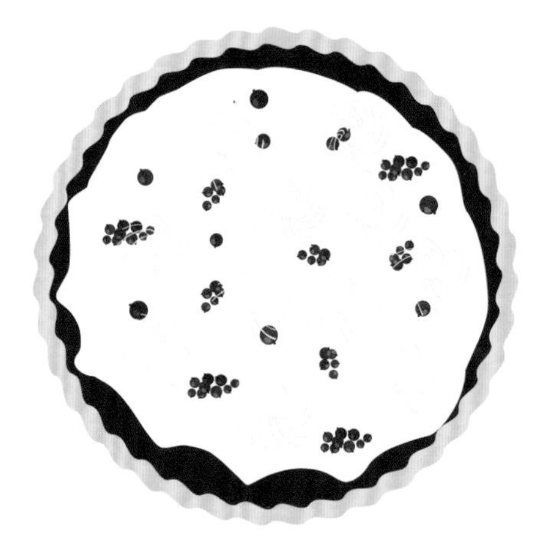

醋栗蛋白酥挞

1块水油酥面团+2个蛋黄+100克糖+30克常温黄油+80克坚果粉+500克醋栗串（或红色浆果组合）+150毫升牛奶+3个蛋清+150克糖

1 揉和水油酥面团，将其放在抹过黄油的模具中。用叉子在挞皮底部戳孔，冷藏。将烤箱预热至160°C。
2 将蛋黄倒入碗中，加入100克糖和黄油。用力搅打。倒入坚果粉和牛奶。
3 将醋栗放在挞皮上，然后倒入混合物。
4 搅拌蛋清和150克糖，直至打发。倒入挞皮中，烘焙40 ~ 45分钟。

路易斯·菲利普挞

1块水油酥面团+5个梨+100克杏仁粉+75克糖+60克常温淡黄油+2个蛋黄+1/2个柠檬榨汁+1汤匙君度酒

1. 揉和水油酥面团，将其放在抹过黄油的模具中。冷藏保存，在此时间准备其他食材。
2. 将梨削皮并切成两半，去核，留存备用。
3. 将杏仁粉倒入碗中，加入糖和黄油，混合搅拌。加入蛋黄、柠檬汁和君度酒，制成糊状。
4. 将烤箱预热至180°C。
5. 将梨放在挞皮上，倒入其他混合物。烘焙25 ~ 30分钟。冷却后品尝。

经典苹果派

2块水油酥面团+6个大苹果+160克细砂糖+2汤匙面粉+1茶匙肉桂粉+1汤匙柠檬汁+2克盐+30克黄油条+1个高边挞派模具

1. 将烤箱预热至220°C。
2. 将苹果削皮并去核，切片。
3. 将细砂糖、面粉、肉桂粉、柠檬汁和盐倒入碗中，加入苹果并搅拌均匀。
4. 将一块水油酥面团放在撒有面粉的案板上擀平。将水油酥放入高边挞派模具中。放入苹果混合物并撒上黄油条。
5. 将另一块水油酥面团擀成模具的直径。将其放在苹果混合物上，然后将底层面皮的边缘折放在上层。用叉子扎面团以便封口。用刀在苹果派中间划十字，以使蒸汽逸出。
6. 由于苹果派经常溢出模具，因此需将模具放在烤盘上，烘焙20分钟。将烤箱降低至180°C。
7. 继续烘焙35 ~ 40分钟。从切口处溢出的果汁呈浓稠状。将苹果派放在烤架上冷却。

趣味创意

+30克朗姆酒渍葡萄
+1个蛋黄和牛奶
+300克红色浆果
+30克干烤坚果
用2汤匙杏仁粉代替面粉

经典糕点：法式苹果挞（Tarte Tatin）

1块水油酥面团+250克咸黄油+250克糖+1.5千克苹果

1. 在锅中融化200克咸黄油，加入200克糖。将焦糖加热，在烧煳前停止加热。
2. 将苹果去皮，切成小块。
3. 将焦糖倒入饼盘中，并将苹果凸面放在模具的底部。
4. 撒上剩余的糖，然后将剩余的咸黄油切成条状放在苹果上。
5. 将面团擀平放在苹果上，将边缘塞在饼盘侧面。
6. 将烤箱预热至180°C烘焙25 ~ 30分钟。
7. 脱模，与掼奶油（请参阅第346页）一起食用。

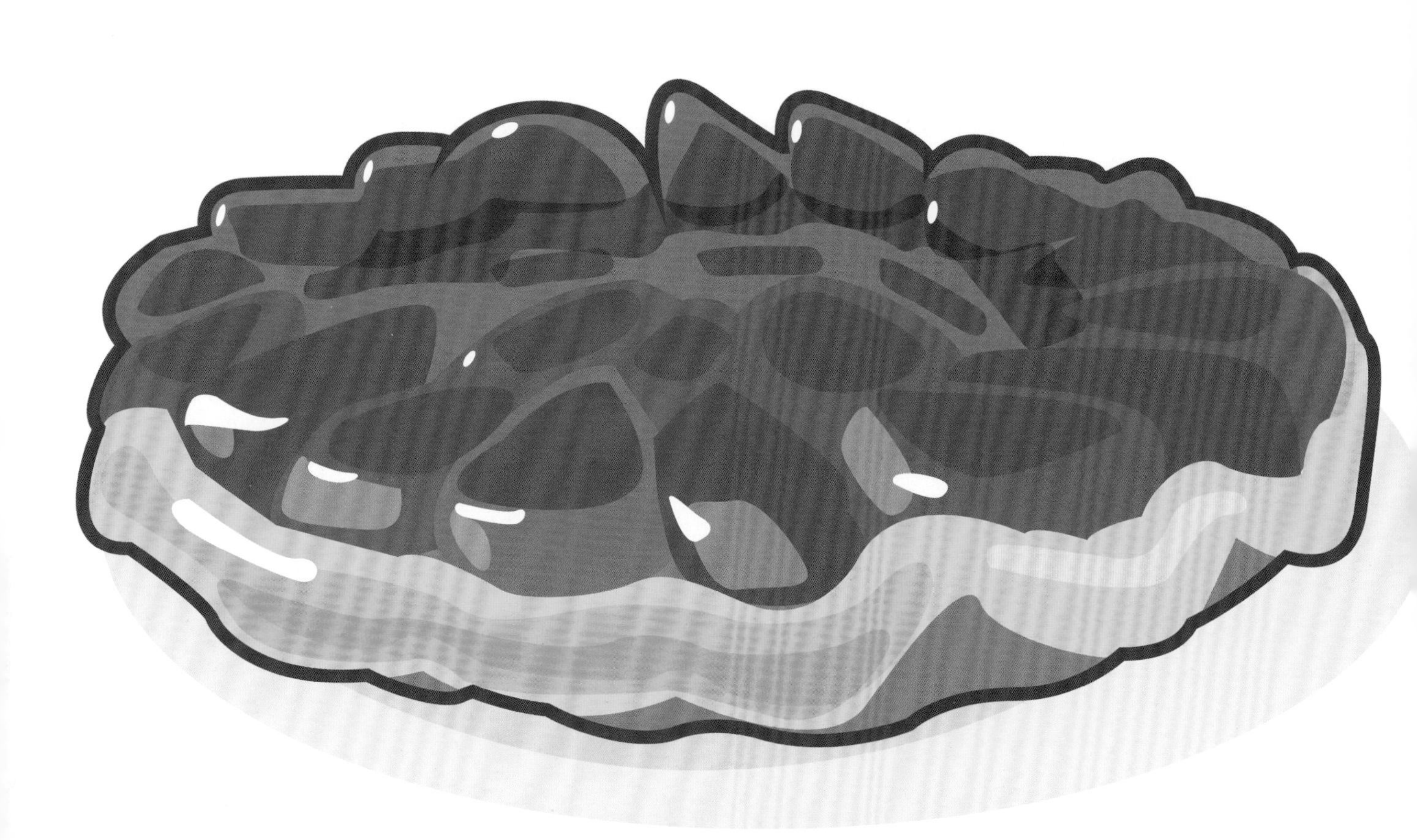

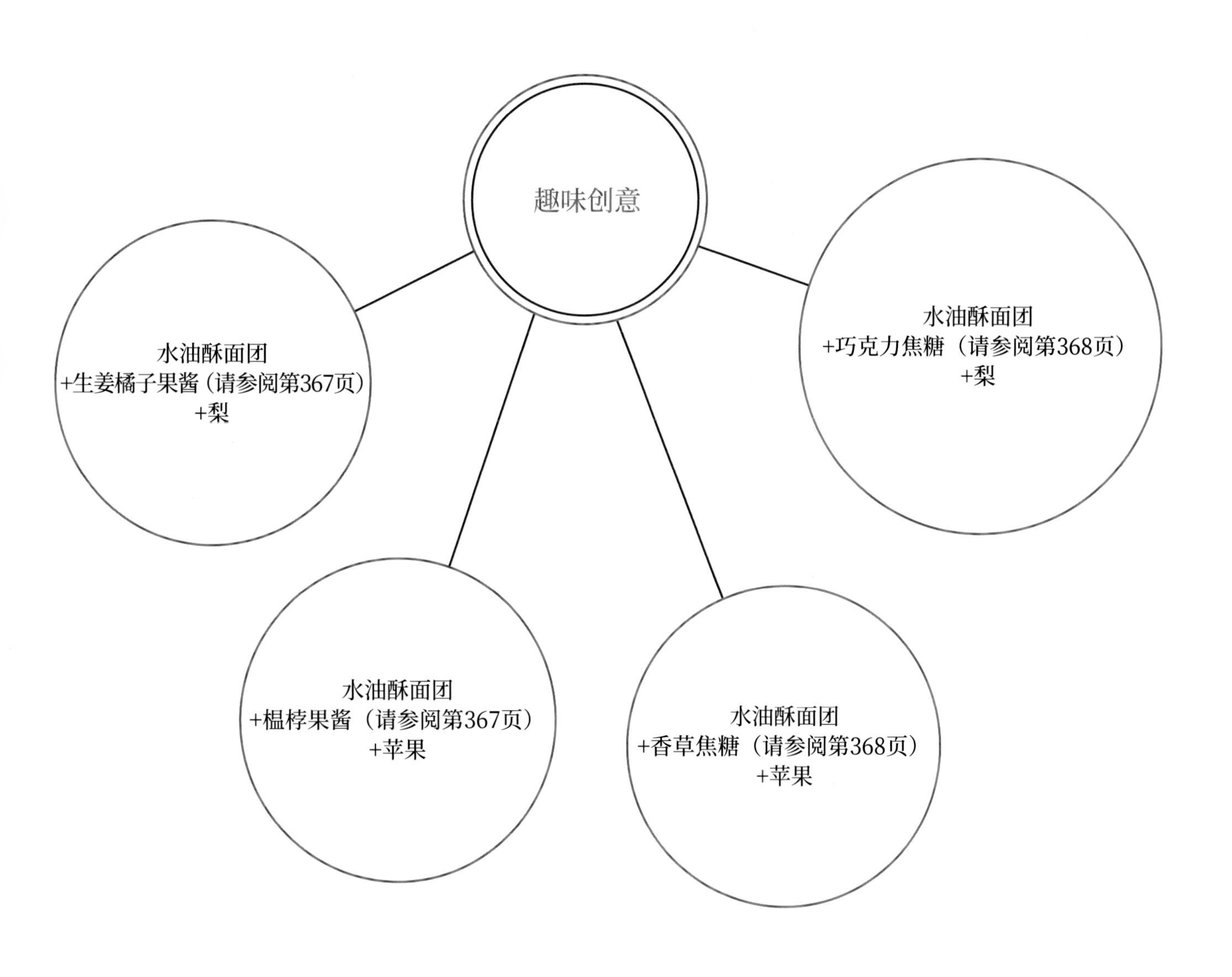

搭配温热或冷却的法式苹果挞

— 冷藏英式奶油。
— 香草、肉桂或杏仁牛奶冰淇淋球。
— 新鲜浓奶油。
— 尚蒂伊鲜奶油。
— 咸黄油焦糖酱。
— 醋栗果酱。
— 白奶酪慕斯蛋糕。
— 枫丹白露蛋糕。

无水果挞派

白奶酪派

1块水油酥面团+500克沥干费塞勒奶酪+1汤匙面粉+200克浓奶油+200克精糖+1袋香草糖+4个鸡蛋

1 将烤箱预热至200°C。
2 将奶酪倒入碗中，然后加入面粉，用手搅拌。依次添加浓奶油、精糖、香草糖和鸡蛋。充分搅拌。
3 将面团放在高边模具中。
4 倒入混合物并烘焙45分钟。

胡桃派

1块水油酥面团+225克山核桃+3个鸡蛋+80克红糖+1袋香草糖+25毫升软化糖浆+12毫升液体奶油+1茶匙朗姆酒+30克融化的无盐黄油+2克盐

1 在模具中铺上水油酥面团，静置。冷藏约30分钟。将烤箱预热至220°C。
2 在锅中将山核桃煎几分钟。用刀将山核桃大致切碎。
3 将鸡蛋打入碗中，搅拌均匀，然后加入红糖、香草糖、软化糖浆、液体奶油、朗姆酒、无盐黄油和盐。 充分搅拌混合物。加入切碎的山核桃。
4 从冰箱中取出挞皮。将混合物倒在挞皮上，放上剩下的山核桃。
5 烘焙10分钟。降低烤箱温度，在预热至180°C的烤箱中烘焙约30分钟。

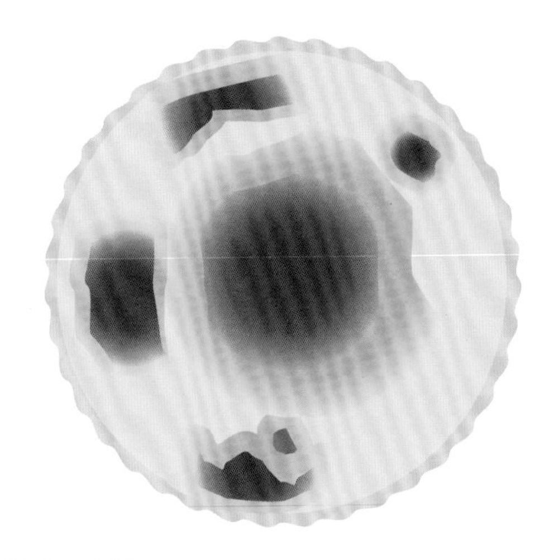

巴黎布丁挞

1块水油酥面团+1升新鲜全脂牛奶+25克黄油+2茶匙香草籽+3个鸡蛋+120克玉米淀粉 +150克精糖+3汤匙朗姆酒

1. 将面皮放在模具中，用叉子在挞皮底部戳孔，冷藏静置。将烤箱预热至180°C。
2. 将牛奶倒入锅中，加入黄油和香草籽，煮沸。
3. 将鸡蛋打入碗中，加入玉米淀粉和精糖。用奶油搅拌器搅拌。将沸腾的牛奶倒入混合物中。将混合物放入搅拌皿中。搅拌至浓稠加入朗姆酒并按需要混合。
4. 倒在挞皮上，烘焙50分钟。

趣味创意

+100克去核李子
+150克樱桃（或将朗姆酒替换为樱桃酒）
+2个梨子切块
+2个苹果磨碎
+4个熟杏子，在面团上摆成圆圈，倒入布丁

枫糖浆挞

1块水油酥面团+1100毫升枫糖浆+100毫升淡奶油+200克红糖+2个鸡蛋

1. 将挞皮放入涂抹过黄油的模具中，冷藏保存。
2. 倒入枫糖浆、淡奶油和红糖，小火加热。待混合物质地均匀时，离火并冷却。
3. 将烤箱预热至150°C。
4. 鸡蛋打入枫糖浆混合物中，并用打蛋器用力搅拌。倒在挞皮上，烘焙20分钟。
5. 将烤箱温度升高为200°C，继续烘焙8 ~ 10分钟。待枫糖浆冒泡时完成制备。在饼盘中冷却。
6. 待次日享用。

用成品水油酥挞皮制成的挞派糕点

橙皮白巧克力甘纳许（请参阅第 358 页）+ 热带水果
法式果仁酱巧克力甘纳许 + 新鲜芒果片
黑巧克力甘纳许（请参阅第 358 页）+ 树莓摩卡
甘纳许（请参阅第 358 页）+ 巧克力屑牛轧糖
甘纳许（请参阅第 358 页）+ 红色浆果
香草英式奶油（请参阅第 338 页）+ 苹果丁焦糖
杏仁奶油（请参阅第 346 页）+ 新鲜红色浆果
法式果仁酱甘纳许（请参阅第 358 页）+ 干果橙皮
巧克力甘纳许（请参阅第 358 页）+ 香草糖浆浸渍梨
橙子凝乳（请参阅第 349 页）
百香果凝乳（请参阅第 349 页）+ 芒果 + 菠萝 + 杨桃
柚子卡仕达酱

层酥面团

Pâte feuilletée

层酥面团是将普通面团与黄油交替折叠制成的面团。
为使烘焙后的层酥点心轻盈酥脆，制作完美层酥面团大约需要完成6次折叠。
这种面团适宜制作甜酥面包和其他各式点心。

基本食谱

制作1千克层酥面团 • 准备时间：40分钟 • 静置时间：6小时 • 烘焙时间：在预热至180°C的烤箱中烘焙25 ~ 30分钟

- 500克常温黄油
- 400克面粉
- 200毫升冷水
- 4克盐

1. 在冷水中溶解盐，制成盐水。
2. 将面粉倒入一个大碗中，加入盐水，迅速混合成糊状。不要过度揉和。
3. 制成面团，用保鲜膜包裹，冷藏1小时。
4. 用木铲将碗中的黄油软化。
5. 在案板上撒一层面粉。
6. 用刀将面团横切。将面团擀成约2厘米厚的面饼，并切成正方形。
7. 在面饼中间加黄油。将面饼各部分叠在黄油上，获得新的面团。
8. 将面团擀成长宽为之前三倍的矩形面饼。 这个步骤称之为包裹（tourage）。将面团两侧向中间折叠，完成第一次包裹。
9. 将面团旋转90°，然后将其擀成一个较长的矩形。再将其两侧向中间折叠，完成第二次包裹。冷藏静置1小时。
10. 为完成6次折叠，需重复此操作2次，每次静置2个小时。
11. 冷藏保存，直至使用时取出。

建议和窍门

- 可准备大量层酥面团，冷冻保存，待使用时取出。可分开包装已备使用。
- 使用砂糖而不是冰糖或糖粉。
- 使用优质黄油而不是人造黄油。
- 新鲜酵母会带来不同的味道，建议使用在面包店或超市购买的新鲜酵母。
- 建议使用T45型或T55型面粉。T45型面粉可使面团更有弹性也更紧实。T55型面粉可使面团更柔软。在制作层酥面团时，建议使用等比例的T45型和T55型面粉。
- 面团重量取决于模具的尺寸：
  20 ~ 22厘米：面团约200克，四人份。
  24厘米：面团约250克，六人份。
  28厘米：面团约300克，八人份。
- 建议使用金属模具。

快速层酥面团

制作一个挞皮 • 准备时间：35分钟 • 静置时间：1小时 • 烘焙时间：在预热至180°C的烤箱中烘焙25 ~ 30分钟

- 200克面粉
- 250克常温黄油
- 2汤匙糖粉
- 2茶匙盐
- 90毫升冷水

1 将面粉倒入大碗中。加入黄油、糖粉和盐。
2 用手搅拌，直至黄油被面粉完全吸收。
3 倒入冷水并揉和面团，直到混合物质地均匀且光滑。将面团冷藏静置1小时。

反向层酥面团

制作1千克层酥面团 • 准备时间：1小时 • 静置时间：6小时 • 烘焙时间：在预热至180°C的烤箱中烘焙25 ~ 30分钟

- 350克面粉+150克面粉
- 150毫升冷水
- 1汤匙白醋
- 150克融化的温热黄油+370克常温淡黄油
- 18克盐

1 将面粉过秤。
2 在碗中加入冷水、白醋和盐。 混合搅拌，加入350克面粉和融化的温热黄油。
3 用手揉和面团，直到面团光滑均匀。制成面团，用保鲜膜包裹后冷藏静置2小时。
4 在另一个碗中，将黄油在室温下切成小块，加入150克面粉。用指尖搅拌混合。直至面团光滑柔软。
5 将较厚的面团放在长方形模具中。
6 用保鲜膜包裹并冷藏静置2小时。
7 将面团放在撒上面粉的案板上，擀成长方形。
8 在矩形中放入第二次制作的混合物。折叠两侧进行包裹。将面团擀成9毫米厚的面饼。向中间折叠。
9 然后将面团对折，呈钱夹状。用保鲜膜包裹并冷藏静置2小时。
10 将面团从冰箱中取出，沿长边纵向卷起。再次对折。用保鲜膜包裹并冷藏静置2小时。第三次重复该步骤，将面团两侧向中间折叠。完成制作。

发酵层酥面团

制作约8个羊角面包、巧克力面包……
准备时间：1小时
静置时间：1小时30分钟
烘焙时间：在预热至200°C的烤箱中烘焙15 ~ 20分钟

250克T65型面粉
200克常温淡黄油
125毫升温水

制作酵母
50克面粉
1/2袋面包酵母
5克温牛奶
25克糖
5克盐

1. 制作酵母。将面包酵母溶解在温牛奶中。
2. 将面粉倒入碗中，加入糖、盐和酵母奶制品。搅拌均匀，发酵30分钟。
3. 将面粉、黄油块和温水倒入大碗中，用手揉和面团，直至面团光滑均匀。加入酵母并拌匀。将面团滚成球。
4. 在案板上撒面粉。将面团擀成矩形。从两侧向中心折叠。
5. 将面团向右旋转四分之一圈，然后重复以上步骤两次。用保鲜膜包裹，在使用前冷藏静置1小时。
6. 制作糕点（请参阅第82页），将糕点放在烤盘上，让它们在温暖的地方发酵1小时以上，直到面团膨胀一倍。
7. 在预热至200°C的烤箱中烘焙15 ~ 20分钟。

简单创意

加香精

加3 ~ 4滴开心果、苦杏仁、橙子或柠檬味香精

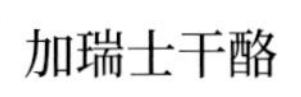

加瑞士干酪

240克面粉+240克饼干+120克常温黄油+2克盐

加咖啡

将10克速溶咖啡加入黄油

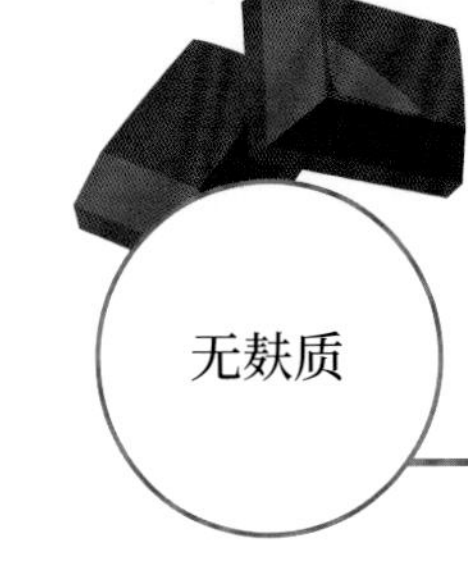

无麸质

330克瑞士干酪+330克无麸质面粉+50克黄油（外层面团）+150克黄油

加巧克力

将50克可可粉加入黄油

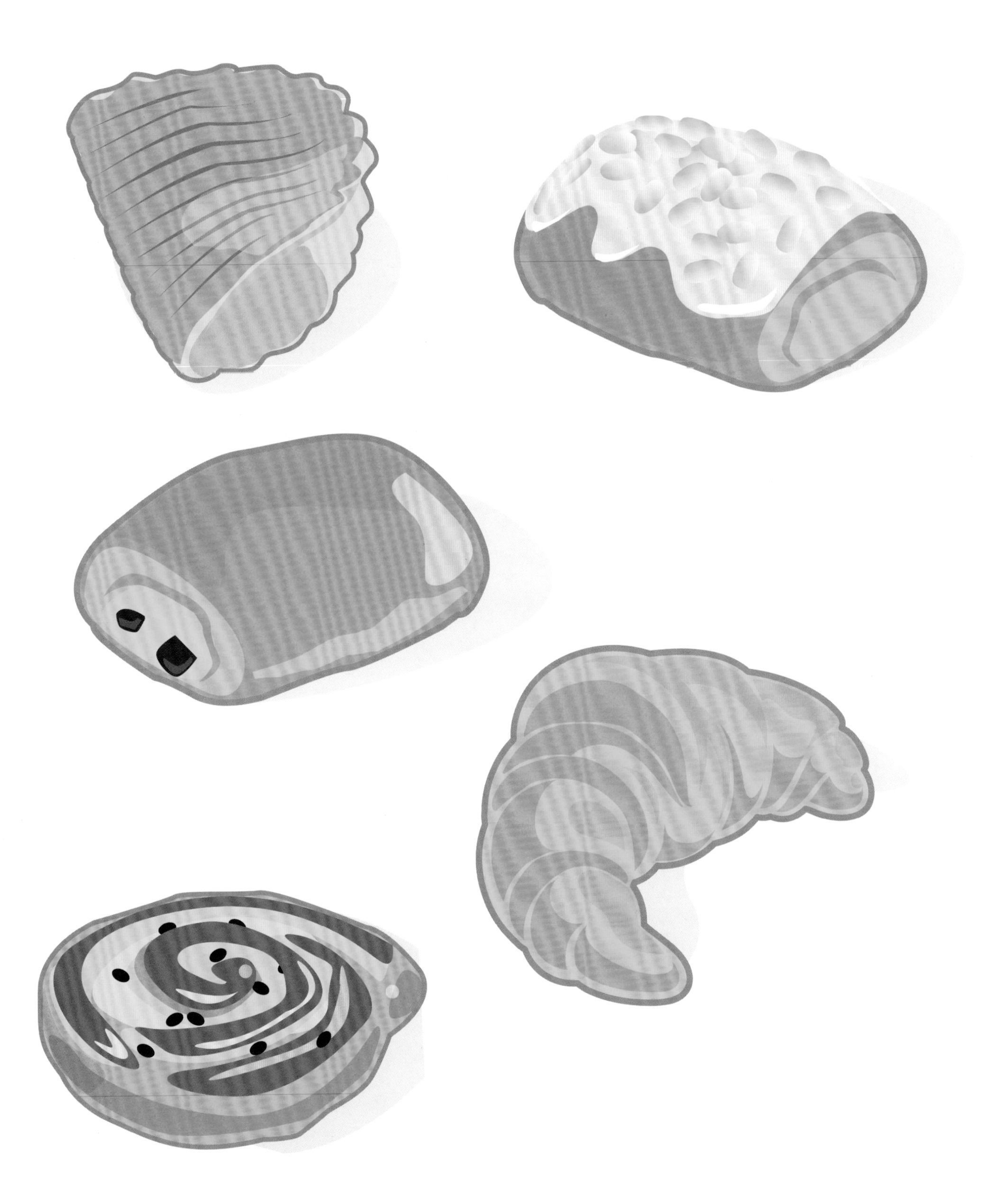

水果挞派

苹果花朵挞

1块层酥面团

5汤匙苹果果酱（或用15克糖和少量水将5个苹果浓缩成苹果果酱）

6个苹果

1汤匙糖

4 ~ 5片黄油

1 将面团擀平，用叉子在挞皮底部戳孔。均匀地倒入苹果果酱。

2 洗净苹果并移去核。用切片器或削皮器将苹果切成薄片或长条。

3 从较厚的片开始，将苹果卷成玫瑰状。如果苹果片较小，则将它们组合在一起并固定。将苹果玫瑰放在苹果果酱上，果皮一侧朝上。

4 撒上糖并加入黄油。

5 在预热至180°C的烤箱中烘焙30分钟。

趣味创意

制作迷你苹果挞时，可先将苹果切成4瓣，然后用切片器或削皮器切片。

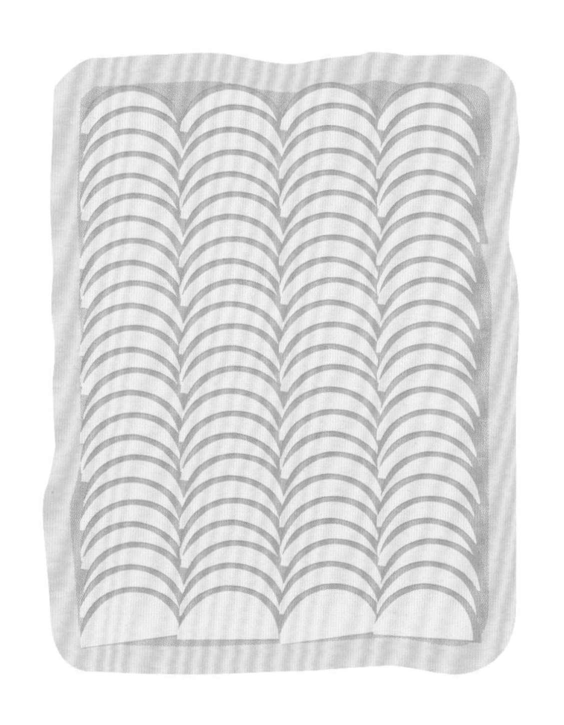

精致苹果挞

1块层酥面团

6个苹果

1汤匙糖

1茶匙肉桂粉

5 ~ 6片黄油

1 揉和层酥面团，将其放在矩形模具中。用叉子在挞皮底部戳孔。

2 将苹果洗净去皮，然后用切片器切成薄片。将苹果薄片依次放在面团上。

3 将糖和肉桂粉在碗中混合，然后撒在馅饼上。加入黄油。

4 将烤箱预热至200°C烘焙20分钟。

橙子挞

1块层酥面团
50克杏仁粉
4个橙子
3个鸡蛋
140克精糖
30克玉米淀粉
100毫升新鲜浓奶油

1 将面团放在模具中。用叉子在挞皮底部戳孔。撒上杏仁粉，冷藏保存。
2 清洗橙子，然后去皮。将橙子榨汁。
3 将鸡蛋打入碗中，加精糖，打出泡沫。加入玉米淀粉和奶油，搅拌均匀。
4 倒入橙汁和橙皮。搅拌混合物，应使其光滑均匀。
5 将烤箱预热至180°C倒入混合物并烘焙45分钟。

趣味创意

- 6 ~ 7个绿柠檬+柠檬皮
- 5个黄柠檬+柠檬皮
- 2个粉红葡萄柚+柚子皮
- 2个橙子+1个黄柠檬+1或2个绿柠檬+柠檬皮
- 200毫升柚子汁+柚子皮
- 200毫升菠萝汁
- 200毫升复合果汁
- 200毫升石榴和树莓汁
- 200毫升橘子汁+橘子皮
- 2个橙子+2个血橙+橙子皮

加泰罗尼亚草莓挞

1块层酥面团
500克草莓
3个鸡蛋
100克细糖
30克玉米淀粉
2汤匙柠檬汁
0.5升新鲜全脂牛奶

1 洗净草莓并去蒂。留存备用。
2 将层酥面团放在挞派盘中，然后用叉子在底部戳出小孔。在预热至200°C的烤箱中将挞皮烘焙20分钟。
3 将鸡蛋打入搅拌皿中并用搅拌机搅拌。加入细糖，继续搅拌，然后加入玉米淀粉。将混合物搅拌均匀。
4 倒入柠檬汁，然后逐渐倒入牛奶，搅拌均匀，呈奶油状。
5 小火加热奶油，直至奶油变得浓稠光滑。
6 然后将其倒在层酥挞皮上。冷却后放上草莓。

无花果蜂蜜挞

1块层酥面团
1汤匙杏仁粉
10个无花果
2汤匙蜂蜜

1 揉和层酥面团，将其放在挞派模具中。用叉子在挞皮底部戳孔。

2 撒上杏仁粉。冷藏保存。

3 清洗无花果并切片。

4 将烤箱预热至180°C。

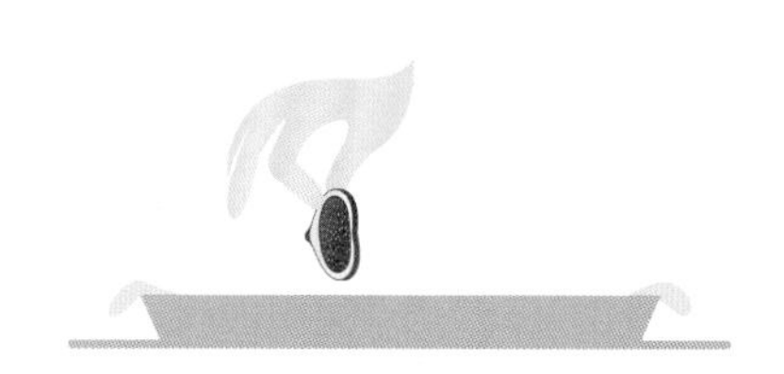

5 将无花果片在挞上摆成圆形。

6 涂抹上蜂蜜，烘焙25分钟。

菠萝挞

层酥面团+菠萝片
+2汤匙椰子粉
+糖+朗姆酒

梨子挞

层酥面团+梨
+2汤匙杏仁粉
+2汤匙杏仁碎

树莓开心果挞

成品层酥挞皮
+开心果卡仕达酱
（请参阅第341页）
+新鲜树莓

蓝莓挞

层酥面团+蓝莓
+2汤匙面包屑 +糖

巧克力椰子挞

成品层酥挞皮+新鲜椰子块
+椰子奶油+巧克力屑

杏子挞

层酥面团+杏子
+开心果粉+红糖

意式柠檬挞

成品层酥挞皮+柠檬凝乳（请参阅第349页）
+柠檬酒马斯卡彭奶酪奶油（请参阅第348页）

榅桲苹果核桃挞

层酥面团+苹果
+榅桲+2汤匙核桃粉
+红糖+肉桂粉

阿尔萨斯挞

成品层酥挞皮+250克干酪
+2汤匙新鲜浓奶油+1汤匙樱桃酒
+1汤匙高度樱桃酒

巧克力梨子挞

层酥面团+100克巧克力块+梨
+2汤匙坚果粉+糖

无水果挞派

杏仁奶油挞

2块层酥面团
75克常温黄油
75克精糖
75克杏仁粉
1个鸡蛋+1个蛋黄
35毫升鲜奶油
1汤匙朗姆酒
1汤匙橙皮

皇家糖霜

15克面粉
125克糖粉
1个蛋清
1个柠檬榨汁

1 将黄油切成小块，放入碗中。加入精糖和杏仁粉，充分搅拌。加入鸡蛋、奶油、朗姆酒和橙皮，打匀混合物。
2 将层酥面团擀平，放入模具中，在模具边缘留出一定的余量。倒入杏仁奶油。
3 擀出另一块与模具中心大小相同的面团。
4 将面团放在杏仁奶油上。压紧模具边缘，然后去掉多余的面团。用切下的面团准备装饰条。
5 在准备皇家糖霜时，请将制备品冷藏保存。
6 搅拌面粉和糖粉。加入蛋清和柠檬汁。
7 将混合物摊在挞皮上。将装饰条交叉摆放在杏仁奶油挞上。用蛋黄为装饰条着色。
8 将烤箱预热至180°C。在预热烤箱时将面团冷藏。烘焙30分钟。

焦糖布丁千层酥挞

1块层酥面团
250毫升全脂牛奶
150毫升鲜奶油
50克蔗糖
4个蛋黄
1/2茶匙香草籽

1. 将层酥面团擀成面皮，将其放在挞派模具中。用叉子在挞皮底部戳孔，在预热至180°C的烤箱中将挞皮烘焙20分钟。
2. 将全脂牛奶和鲜奶油倒入锅中加热。
3. 将适量蔗糖倒入碗中，然后加入蛋黄和香草籽。搅拌至奶油成形。搅拌奶油牛奶混合物。
4. 将烤箱降温至120°C。
5. 将奶油倒入模具中，烘焙40分钟。
6. 冷却后冷藏保存。
7. 上桌前，撒上用明火灼烤的剩余蔗糖。也可冷藏后享用。

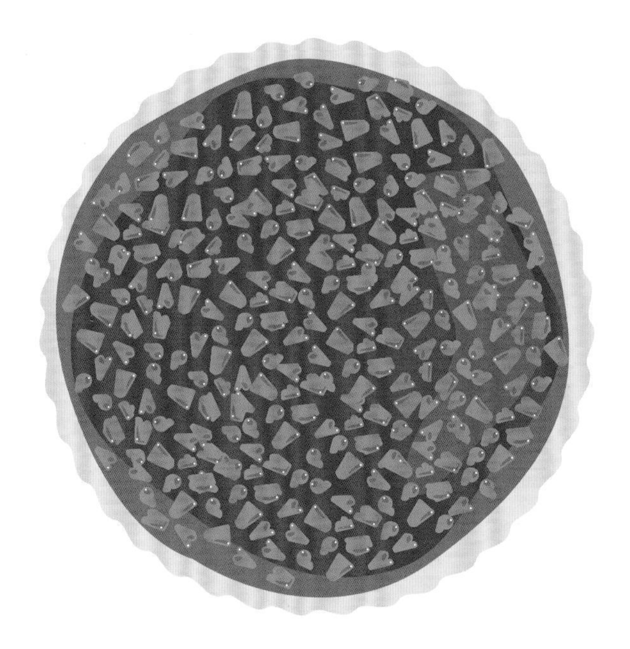

佩里戈尔核桃挞

1块层酥面团
180克核桃
70克细砂糖
200毫升鲜奶油
2汤匙蜂蜜
2个蛋黄
1汤匙可可粉

1. 将面团放在模具中，用叉子在挞皮底部戳孔，冷藏静置。
2. 将核桃切碎。
3. 加热锅并撒上细砂糖。呈焦糖色时停止加热并加入奶油。混合搅拌。
4. 加入核桃和蜂蜜，然后加入蛋黄。充分搅拌。
5. 将混合物倒入挞皮。将烤箱预热至180°C。烘焙30 ~ 35分钟。
6. 冷却后享用。撒上可可粉。

啤酒挞

1块层酥面团
140克红糖
5个鸡蛋
2汤匙鲜奶油
200毫升淡啤酒
30克融化的黄油

1. 将面团放在模具中。用叉子在挞皮底部戳孔。撒上红糖。
2. 将鸡蛋打入碗中，加入鲜奶油和淡啤酒，打发。加入黄油并搅拌。
3. 将烤箱预热至200°C。
4. 倒入混合物并烘焙30 ~ 35分钟。

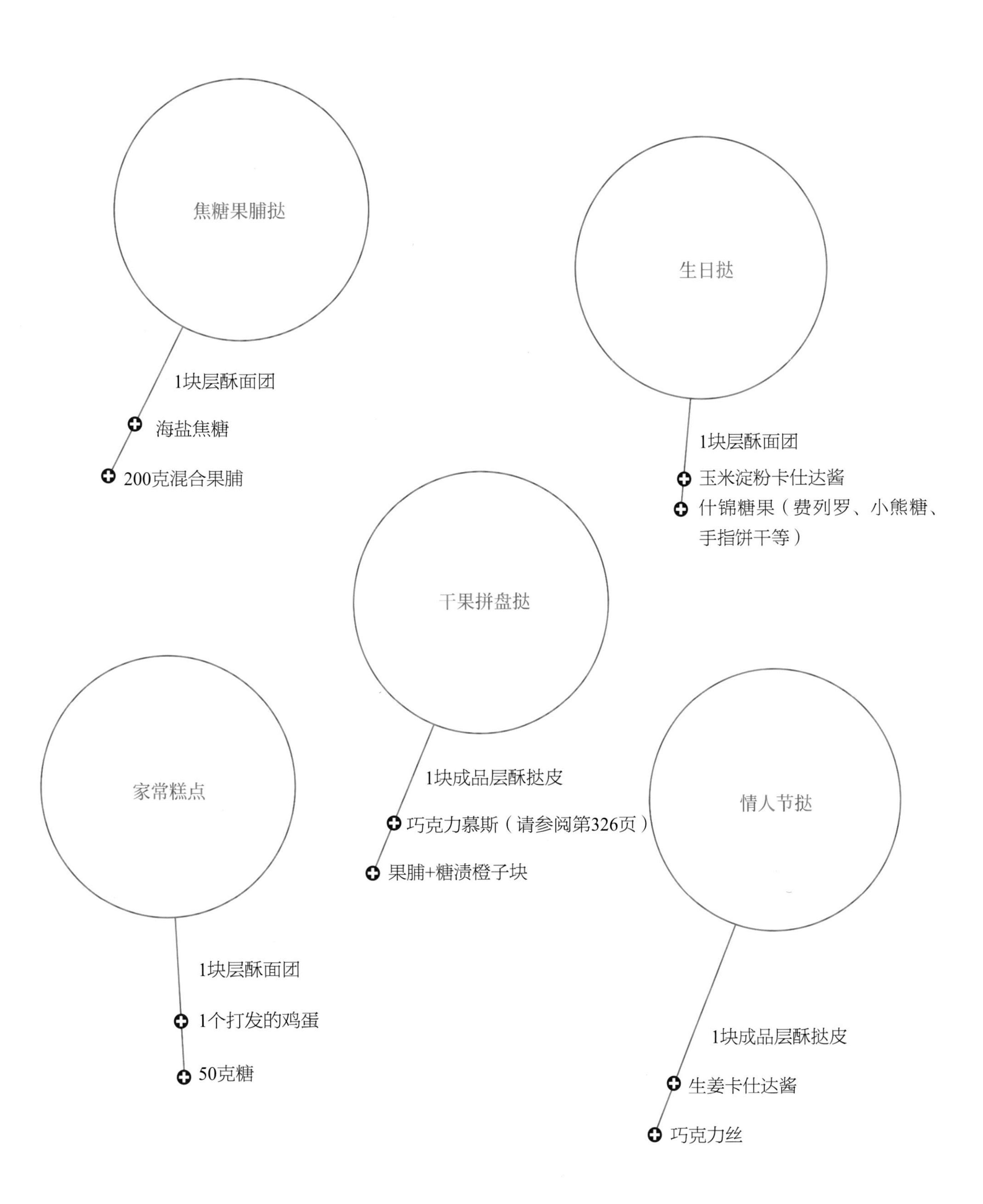
焦糖果脯挞
1块层酥面团
海盐焦糖
200克混合果脯
生日挞
1块层酥面团
玉米淀粉卡仕达酱
什锦糖果（费列罗、小熊糖、手指饼干等）
干果拼盘挞
1块成品层酥挞皮
巧克力慕斯（请参阅第326页）
果脯+糖渍橙子块
家常糕点
1块层酥面团
1个打发的鸡蛋
50克糖
情人节挞
1块成品层酥挞皮
生姜卡仕达酱
巧克力丝

馅饼和煎饼（Tourtes & galettes）

制作方法

2块层酥面团+馅料+1个打发的鸡蛋

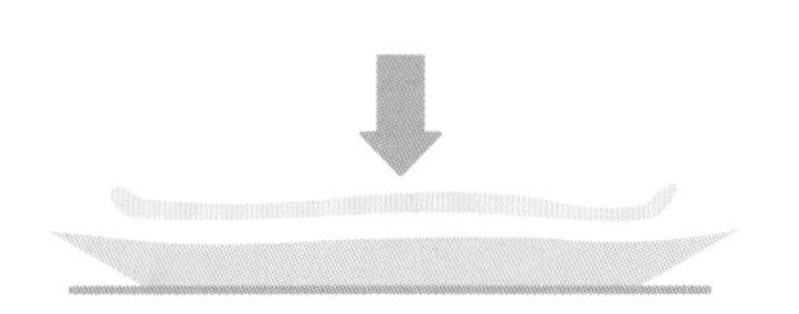

1 将面团擀成圆形，放入衬有烘焙纸的烤盘中。

2 放入馅料。

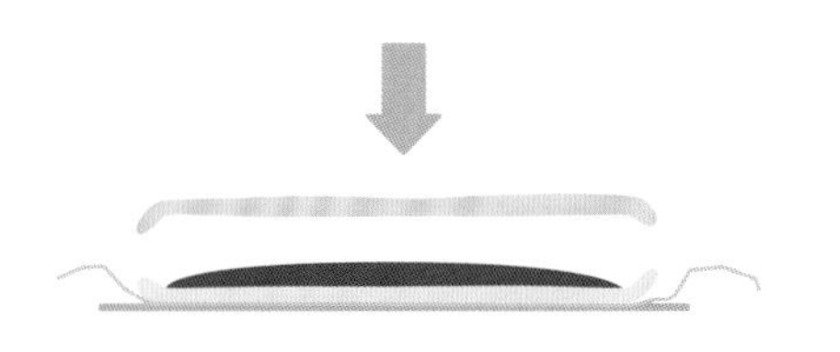

3 用另一块层酥面团盖住。

4 锁边。

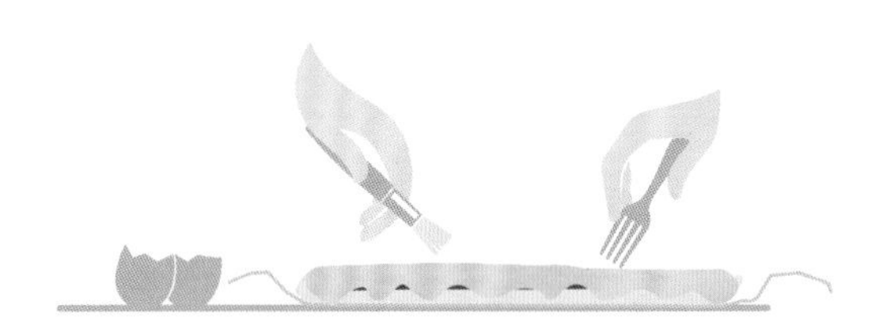

5 抹上鸡蛋并用叉子划出花纹。

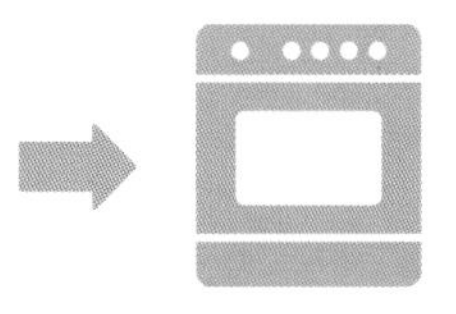

6 将烤箱预热至200°C，烘焙30 ~ 35分钟。

衍生配方：制作果酱馅饼时，请用紧密交错的面团覆盖馅料。

传统国王饼

2块层酥面团+250克浓厚杏仁奶油（请参阅第349页）

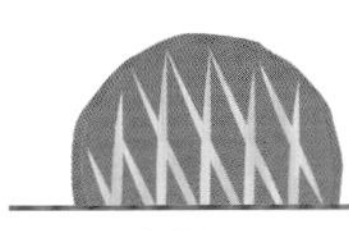

国王饼的另一种配方

2块层酥面团+250克浓厚杏仁奶油（请参阅第349页）
+50克卡仕达酱（请参阅第340页）

苹果国王饼

2块层酥面团+250克苹果果泥（请参阅第366页）
+1袋香草糖

榛子巧克力国王饼

2块层酥面团+250克榛子杏仁奶油+150克巧克力块

开心果树莓国王饼

2块层酥面团+250克开心果杏仁奶油
+200克树莓

苹果葡萄馅饼

2块层酥面团+6个苹果+50克茶渍柯林斯葡萄+2汤匙杏仁粉

梨子苹果糖渍生姜馅饼

2块层酥面团+4个苹果+3个梨+100克糖渍生姜片
+2汤匙榅桲冻

苹果大黄草莓馅饼

2块层酥面团+250克苹果大黄果泥（请参阅第366页）+150克鲜草莓

红色浆果馅饼

2块层酥面团+300克红色浆果+杏仁布丁（160克杏仁粉+1个鸡蛋+60克糖+200毫升奶油）

红色浆果馅饼的另一种配方

2块层酥面团+3汤匙椰子粉+350克红色浆果

蓝莓馅饼

2块层酥面团+350克蓝莓+3汤匙杏仁粉

芒果馅饼

2块层酥面团+2片芒果+40克朗姆酒渍葡萄
+3汤匙椰子粉+2汤匙红糖

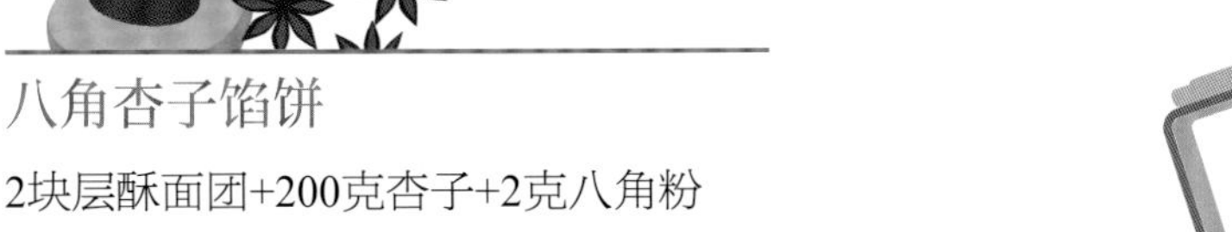

八角杏子馅饼

2块层酥面团+200克杏子+2克八角粉
+3汤匙开心果粉+2汤匙红糖

果泥馅饼

2块层酥面团+果泥（请参阅第366页）

百果馅饼

2块层酥面团+馅料（香料薄片）

挞派制作装饰建议

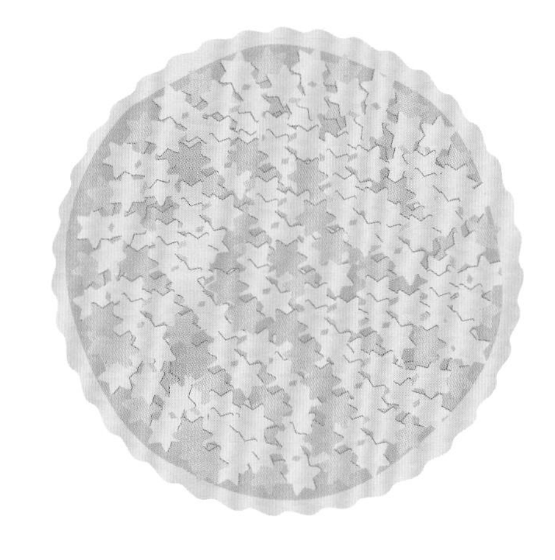

用造型切刀将面团切成心形、星形、字母状，装饰在挞派上。可将它们叠放，以增加厚度。

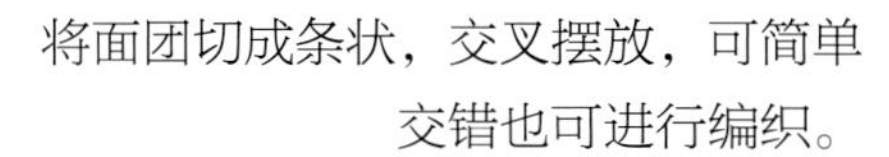

将面团切成条状，交叉摆放，可简单交错也可进行编织。

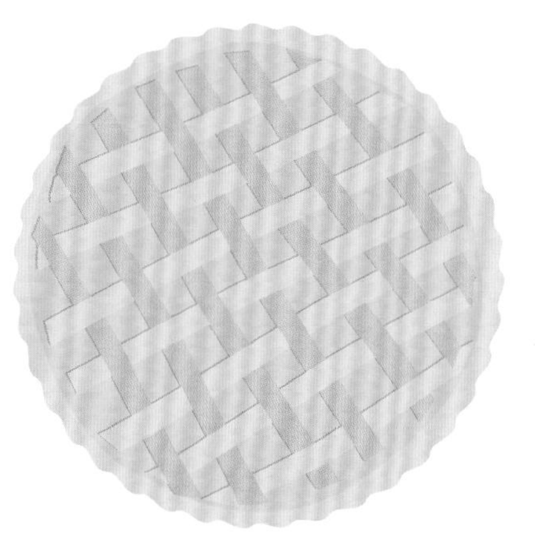

将另一块面团用造型切刀切下圆形、心形和星形，盖住馅料。

用花朵、蔓藤花纹等形状的面团进行装饰。

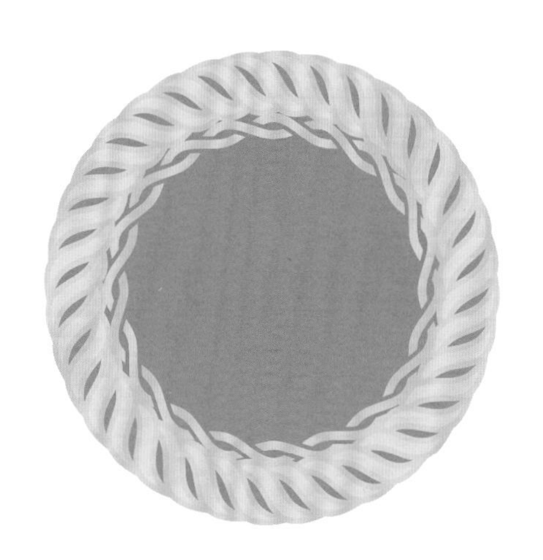

用皇冠状的花纹为挞派锁边。

用造型切刀将面团切成各种形状：叶子、花朵……

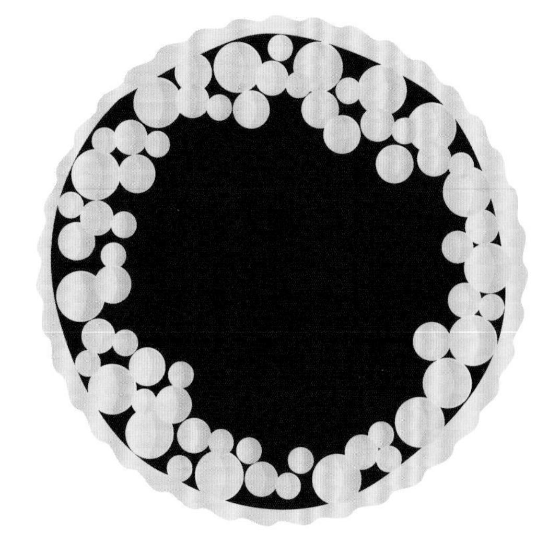

在面团上装饰小面球。

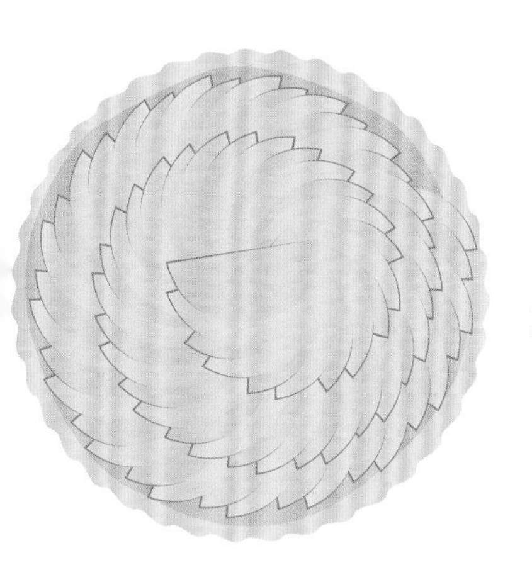

旋风挞（将水果切片，依次摆放至面团的中心）。

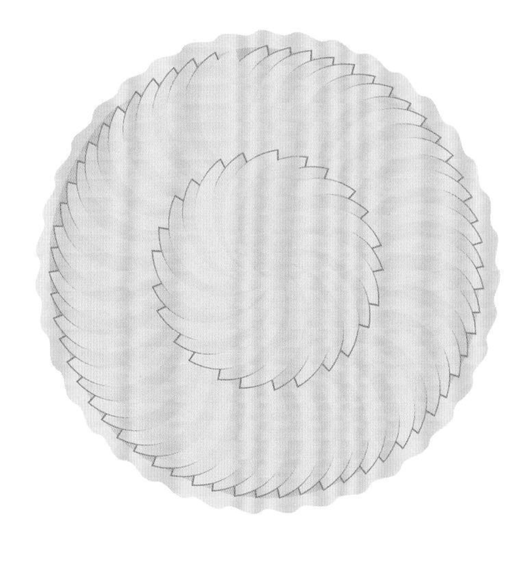

将水果切成薄片，
依次摆放至水果挞的中心。

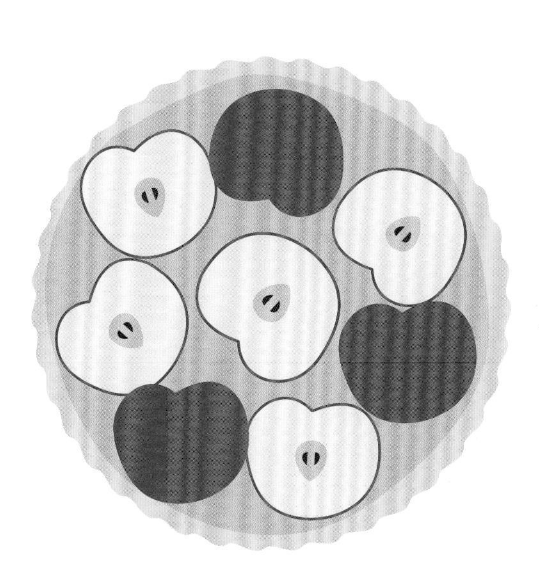

用整个水果或切半的水果（半个梨、半个苹果）装饰挞派。

酥皮水果（Douillons / Bourdelots）

酥皮水果是指将抹上苹果白兰地、糖和黄油的梨或苹果，包裹在涂抹过蛋液的正方形层酥面团中。莫泊桑笔下的“Bourdelots”和埃克多·马洛笔下的“Douillons”都是这一诺曼底特产的代名词。

1块层酥面团
3个小苹果
3汤匙糖
20克咸黄油
1汤匙苹果白兰地
1个蛋黄

制作方法

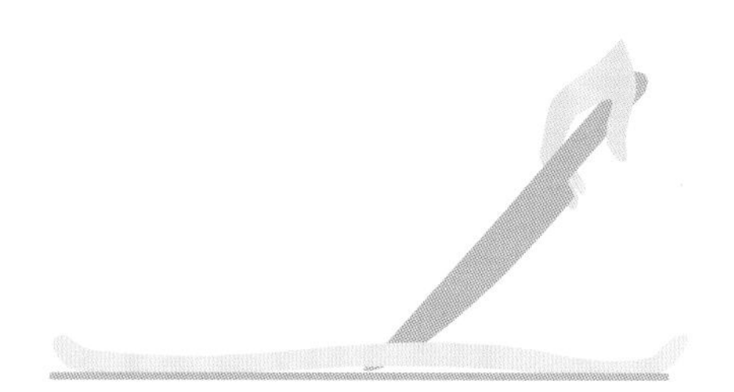

1 将层酥面团擀平，分成三份。

2 洗净苹果并用去核器将苹果去核。

3 将苹果放在一块面团上。

4 在每个苹果的中心处加入少许糖和黄油。浇上苹果白兰地。

5 用面团在苹果的顶部封口，为确保密封良好，可用水黏合面团。

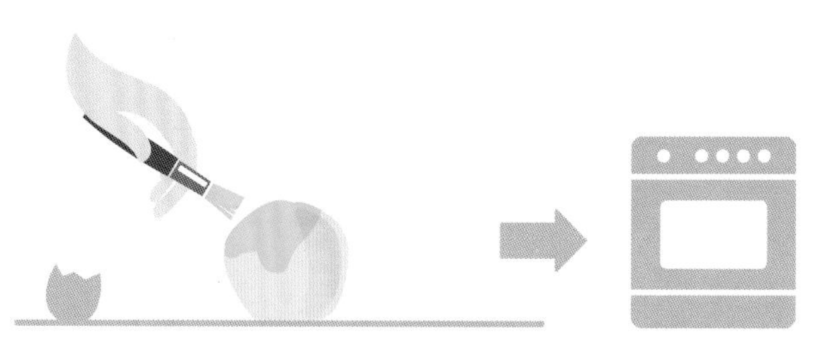

6 刷上蛋黄液，在预热至180°C的烤箱中烘焙35 ~ 40分钟。

酥皮苹果馅料的另一种配方

用30克杏仁粉、30克黄油、30克糖和1个蛋黄制作面团，放入苹果中。

醋栗果冻

将醋栗果冻放入苹果中。

榲桲果冻和杏仁碎

将榲桲果冻放入苹果中。撒上杏仁碎并烘烤。

焦糖

将2块焦糖放入苹果中。

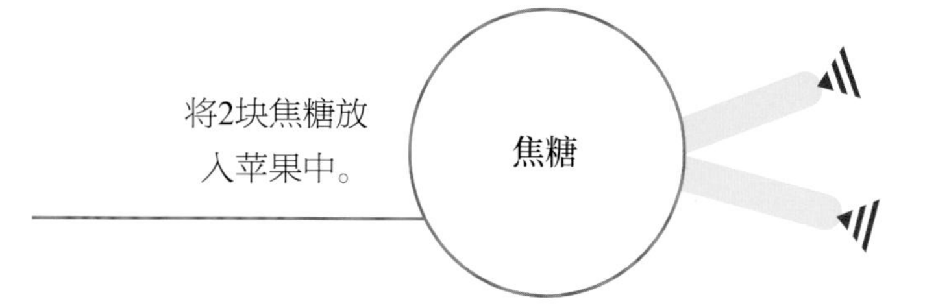

装饰制作物

将榲桲果冻放入苹果中。撒上杏仁碎并烘烤。

用较小的梨代替苹果

梨+蜂蜜+黄油+杏仁碎

梨+糖+黄油+梨子酒

梨+糖+黄油+巧克力

梨+糖+黄油+混合干果

圆酥面包或蝴蝶酥（Feuilletés roulés & palmiers）

制作方法

1块层酥面团+自选馅料

1 将面团擀成圆形。抹上馅料。

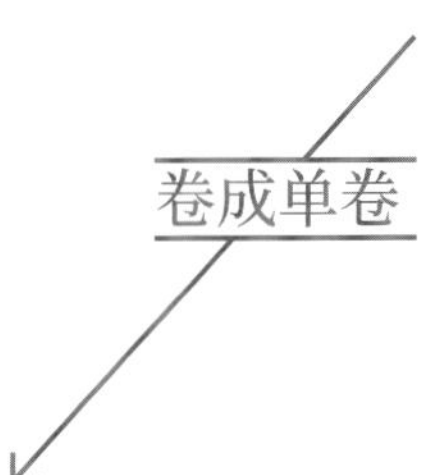

卷成单卷　　卷成双卷

2 制作圆酥面包时，将面团卷成一个卷。用保鲜膜包裹后冷藏（或冷冻30分钟）使其变硬。

2 制作蝴蝶酥时，需将面团两侧向内卷。用保鲜膜包裹后冷藏。

3 将面团切片。放在烤盘上，在180°C的烤箱中烘焙25 ~ 30分钟。

3 切片。放在烤盘上，在180°C的烤箱中烘焙25 ~ 30分钟。

馅料创意

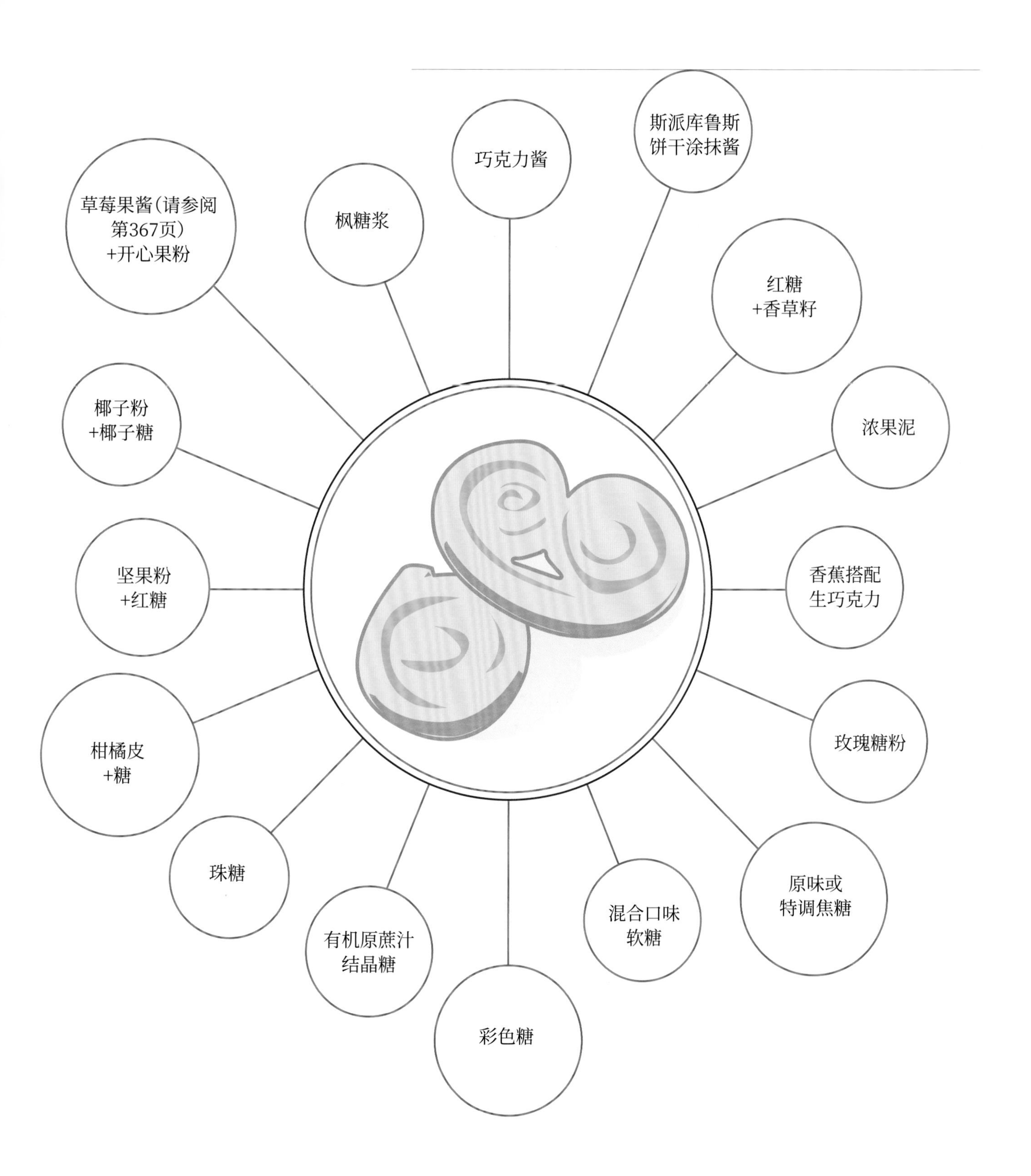

斯派库鲁斯
饼干涂抹酱
巧克力酱
枫糖浆
草莓果酱(请参阅
第367页)
+开心果粉
红糖
+香草籽
浓果泥
椰子粉
+椰子糖
坚果粉
+红糖
香蕉搭配
生巧克力
柑橘皮
+糖
玫瑰糖粉
珠糖
原味或
特调焦糖
混合口味
软糖
有机原蔗汁
结晶糖
彩色糖

层酥面包（Bouchées feuilletées）

甜味酥棒

1块层酥面团+1个蛋黄+红糖

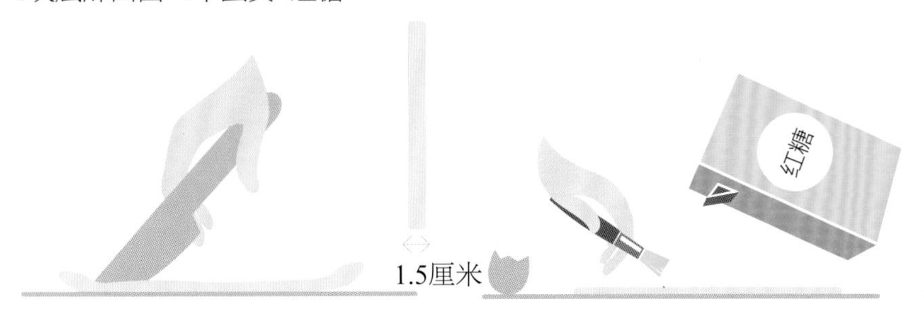

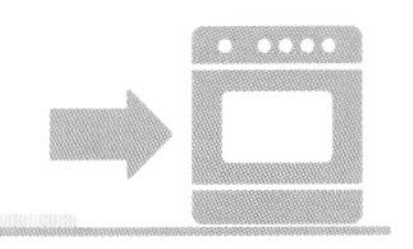

1 将层酥面团切成1.5厘米宽的条。

2 刷上蛋液并撒上红糖。

3 放在烤盘上，在180°C的烤箱中烘焙约25分钟。

香草巧克力酥棒

1块层酥面团+1个蛋黄+香草糖+巧克力粒

1 将层酥面团切成1.5厘米宽的条。
2 刷上蛋液并撒上香草糖和巧克力粒。
3 放在烤盘上，在180°C的烤箱中烘焙约25分钟。

法式果仁糖酥棒

1块用于切条的层酥面团+1个蛋黄+法式果仁糖

1 将层酥面团切成1.5厘米宽的条。
2 刷上蛋液并撒上法式果仁糖。
3 放在烤盘上，在180°C的烤箱中烘焙约25分钟。

玫瑰糖螺旋棒

1块层酥面团+1个蛋黄+玫瑰糖碎

1 将层酥面团切成1.5厘米宽的条。
2 刷上蛋液并撒上玫瑰糖碎。
3 旋转层酥面团条。摆放在烤盘上并烘焙。

趣味创意

彩色糖	糖+肉桂粉
糖粉	糖+四香粉（指由胡椒、姜、肉蔻、丁香组成的调味料）
焦糖碎	糖+巧克力棒
牛轧糖碎	星形糖
枫糖浆	彩色糖球
椰子糖	甜叶菊糖粒

卡仕达酱千层卷

1块5厘米宽的层酥面团+卡仕达酱（请参阅第340页）+1个蛋黄+红糖

1. 将卡仕达酱抹在层酥面团条上，旋转。
2. 刷上蛋液并撒上红糖。
3. 在预热至180°C的烤箱中烘焙15 ~ 20分钟。

趣味创意

巧克力卡仕达酱（请参阅第341页）
肉桂卡仕达酱（请参阅第341页）+1个蛋黄+糖+可可粉
开心果卡仕达酱（请参阅第341页）+1个蛋黄+干树莓碎
摩卡卡仕达酱（请参阅第341页）+1个蛋黄+咖啡巧克力碎

香蕉巧克力果酱面包或意式饺子

1块层酥面团+香蕉片+巧克力+1个蛋黄

1. 将层酥面团用造型切刀切成小方块。将香蕉片和巧克力放在方形面团上。
2. 用另一块方形面团盖住（或使用果酱面包制作模具）锁边并装饰面皮。
3. 刷上蛋黄液。在预热至180°C的烤箱中烘焙15分钟。

趣味创意

焦糖苹果块
梨切块+巧克力粒
柠檬凝乳（请参阅第349页）
橙子凝乳（请参阅第349页）
果干泥（请参阅第366页）
浓厚杏仁奶油（请参阅第349页）
巧克力涂抹酱（请参阅第370页）
花生黄油+醋栗果酱
斯派库鲁斯饼干涂抹酱（请参阅第371页）+糖渍橙子块

多层水果挞

1块层酥面团+1个水果+蜂蜜+干果或香料粉

1. 将层酥面团擀平，用造型切刀切出圆形或方形。
2. 将水果放在面皮中心，浇上蜂蜜。
3. 撒上干果或香料粉。
4. 在预热至180°C的烤箱中烘焙15分钟。

建议搭配

黄香李+坚果粉+糖+肉桂粉
紫李子+香草糖
杏子+开心果粉+糖
桃子（白色或黄色）+杏仁碎
树莓+开心果粉
桑葚+杏仁粉+糖
李子+糖
菠萝+椰子粉+糖
猕猴桃+糖
芒果+蜂蜜+柠檬皮

经典糕点：千层酥（Millefeuille）

1块层酥面团+细砂糖+卡仕达酱（请参阅第340页）
+白色翻糖（请参阅第351页）

1 将层酥面团擀平，切成3个相同大小的矩形。将矩形面皮放在衬有烘焙纸的烤盘上。撒上细砂糖。
2 将面皮上放在烘焙纸和烤架上。烘焙20～25分钟，然后在烤架上充分冷却。
3 组合千层酥。在裱花袋中加入一勺卡仕达酱，涂在第一层长方形酥皮上。放上第二层矩形酥皮，并重复以上步骤。
4 放置最后一层酥皮。
5 用白色翻糖上釉，使千层酥表面光滑均匀。

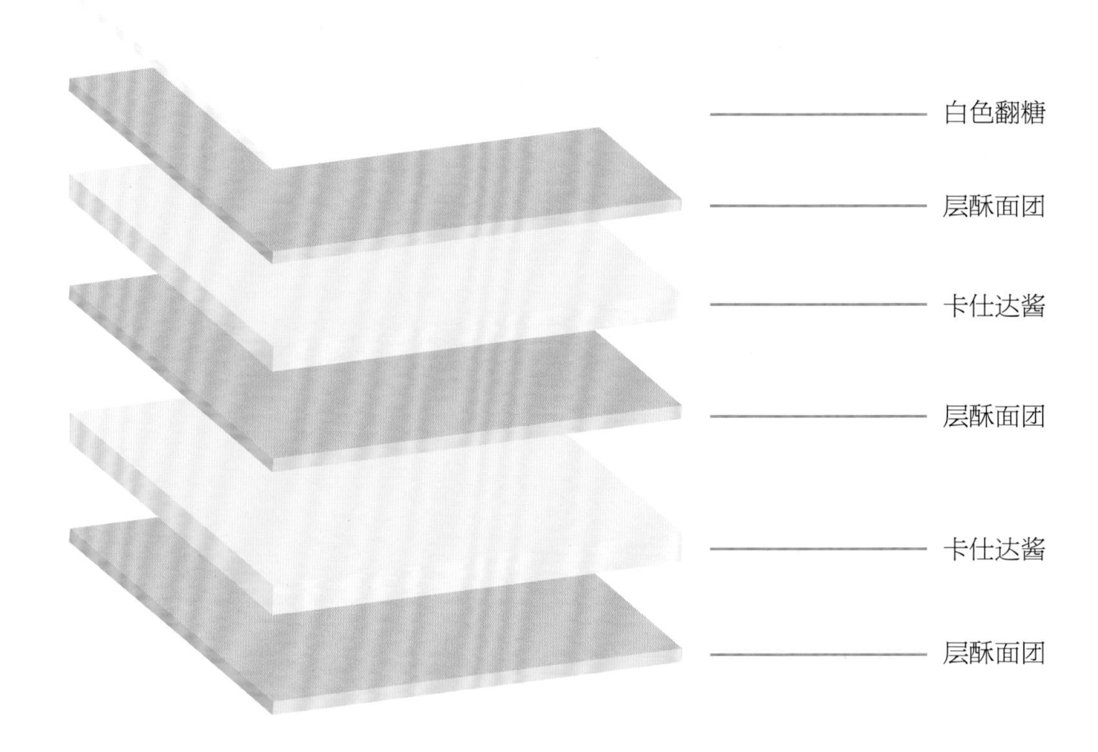

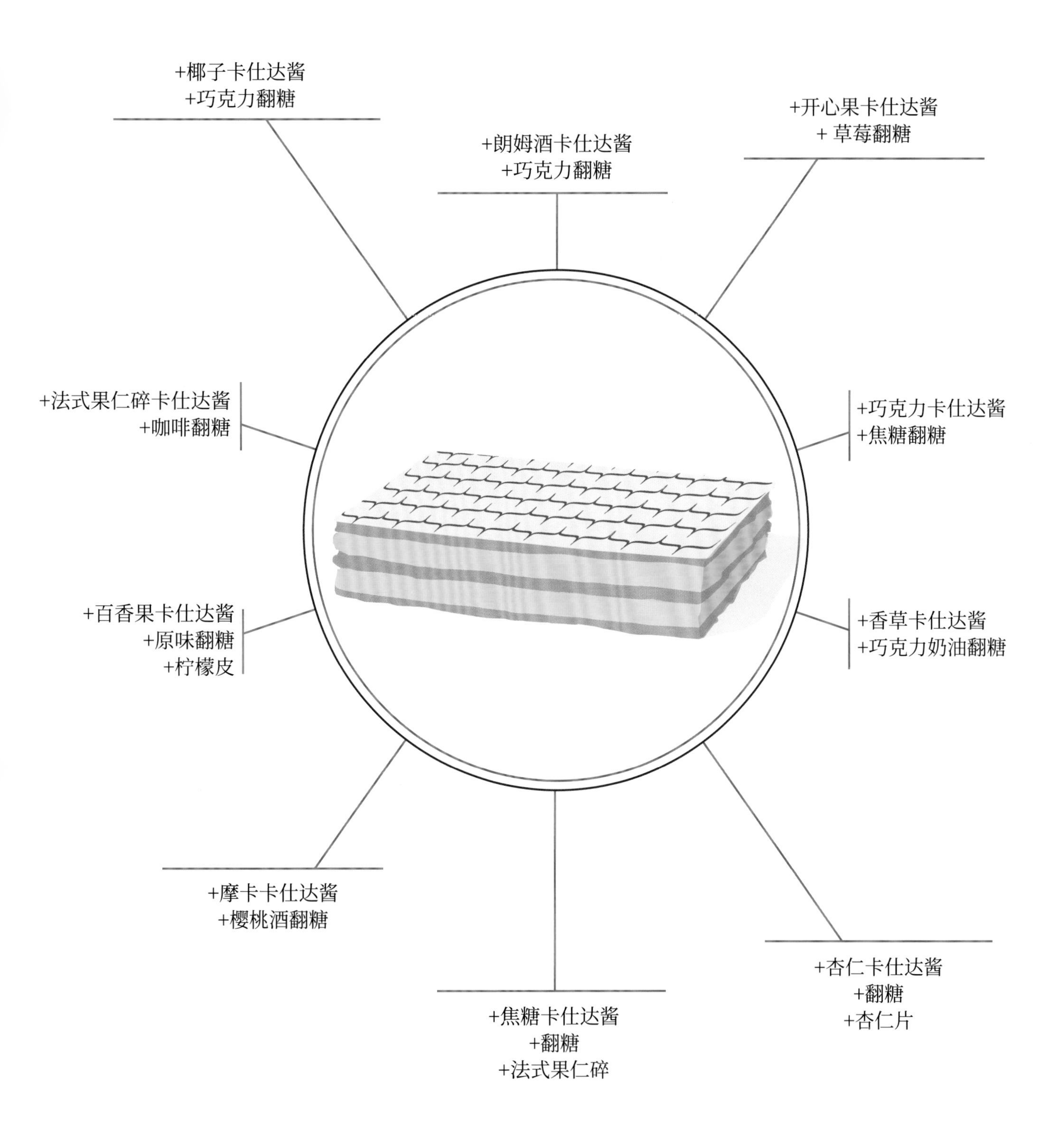

+椰子卡仕达酱
+巧克力翻糖
+朗姆酒卡仕达酱
+巧克力翻糖
+开心果卡仕达酱
+ 草莓翻糖
+法式果仁碎卡仕达酱
+咖啡翻糖
+巧克力卡仕达酱
+焦糖翻糖
+百香果卡仕达酱
+原味翻糖
+柠檬皮
+香草卡仕达酱
+巧克力奶油翻糖
+摩卡卡仕达酱
+樱桃酒翻糖
+杏仁卡仕达酱
+翻糖
+杏仁片
+焦糖卡仕达酱
+翻糖
+法式果仁碎

其他层酥面包

布里欧修式面包挞

1块层酥面团
1块巧克力涂抹酱（请参阅第370页）
1汤匙坚果粉
1汤匙红糖
2克肉桂粉

1. 将层酥面团擀平，抹上巧克力涂抹酱。卷起面皮。冷冻30分钟。
2. 将面皮卷切成2厘米宽的段，垂直放置在衬有烘焙纸的烤盘上或顺次摆放在矩形模具中。
3. 搅拌坚果粉、红糖和肉桂粉，撒在面包卷上。
4. 在预热至180°C的烤箱中烘焙20 ~ 25分钟。

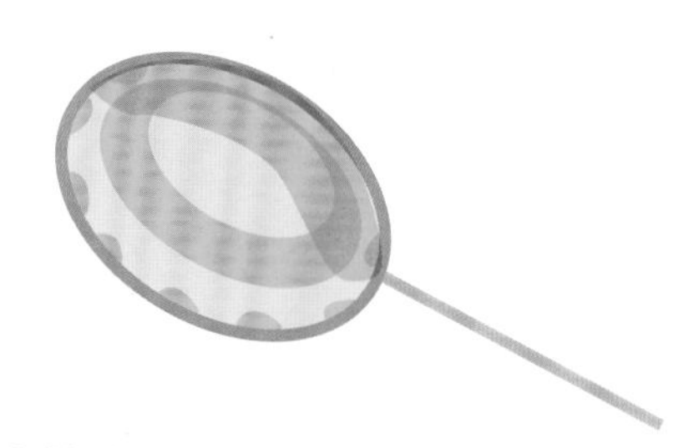

波普小点心

1块层酥面团+1份馅料+1个蛋黄+糖+木扦

1. 将层酥面团切成圆形。将馅料填满圆形一半的位置，戳入木扦。
2. 盖上另一块圆形面皮并锁边。刷上蛋黄液，在预热至180°C的烤箱中烘焙15分钟。

螺旋花朵面包

2块层酥面团
3汤匙巧克力涂抹酱面团（请参阅第370页）
3汤匙焦糖涂抹酱面团（请参阅第370页）
1个蛋黄

1. 将层酥面团擀成圆形。用叉子在巧克力涂抹酱面团底部戳孔。
2. 擀平第二块面团并戳孔。将面团放在焦糖涂抹酱面团上，从内向外戳孔。
3. 用玻璃杯在中间位置做出圆圈（花心）。
4. 将面团切为16份，制成面皮条。
5. 将面皮条向右转3圈，然后向左，再向右……如此循环往复（花瓣）。
6. 刷上蛋黄液。将烤箱预热至180°C烘焙25 ~ 30分钟。

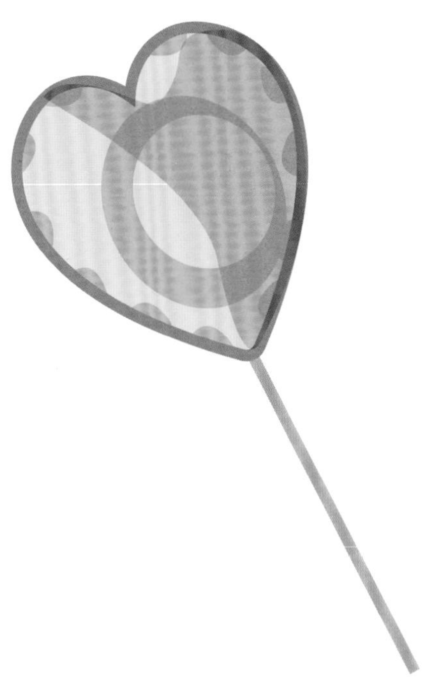

心形点心

1块层酥面团+浓厚杏仁奶油（请参阅第349页）+1个蛋黄+糖+木扦

1 将面团擀平，用造型切刀切出两块心形面皮。在一块面皮中心位置涂抹浓厚杏仁奶油。
2 在心形边缘刷蛋黄液，叠放上另一块心形面皮，锁边，贴合面团。
3 放在烤盘上，在180°C的烤箱中烘焙15 ~ 20分钟。
4 出炉时穿上木扦。

衍生创意

花朵状：1块层酥面团+巧克力酱+1个蛋黄
球状：1块层酥面团+凝乳+1个蛋黄+红糖
三角形：1块层酥面团+斯派库鲁斯饼干涂抹酱（请参阅第371页）+1个蛋黄+糖+橙皮粉
松树形：1块层酥面团+栗子酱+1个蛋黄+绿色糖

建议和窍门

• 用彩色糖、开心果粉、杏仁粉、玫瑰糖、法式果仁糖进行装饰，可制成五颜六色的成簇小点心。

葡式蛋挞

制作12个
1块层酥面团
500毫升牛奶
1个香草豆荚
250克糖
35克面粉
2克盐
5个鸡蛋
3汤匙柠檬汁

1 将牛奶倒入锅中，将香草豆荚切开，然后小火煮。
2 在大碗中倒入糖、面粉和盐。加入牛奶并用力搅拌。
3 加入4个蛋黄和1个全蛋并搅拌，然后倒入柠檬汁。混合搅拌。
4 擀平层酥面团，放入小模具中，倒入馅料。
5 将烤箱预热至200°C，烘焙约10分钟。

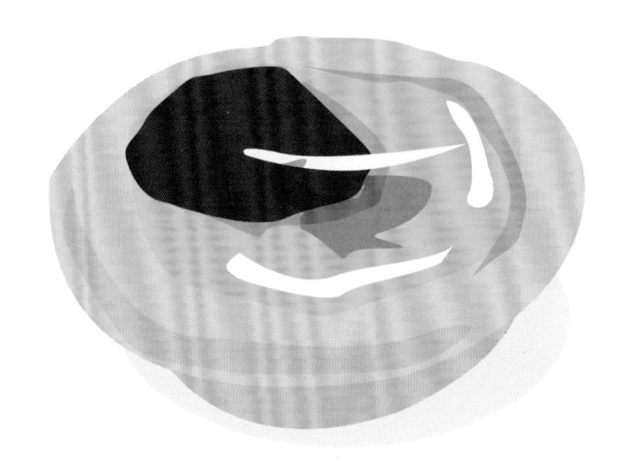

维也纳蛋糕（Viennoiseries）

羊角面包（Croissant）

1块发酵层酥面团+1个鸡蛋

1 将层酥面团擀平，切成尖头的三角形。
2 将面团从三角形底部卷起。
3 放在烤盘中，在温暖处发酵2小时。羊角面包的体积将扩大一倍。
4 涂抹上一个打发的鸡蛋。
5 在预热至180°C的烤箱中烘焙约15分钟。

衍生创意

1块巧克力
杏仁奶油（请参阅第346页）+杏仁碎
苹果果酱
焦糖
玫瑰糖
巧克力酱
坚果奶油（请参阅第346页）+可可粉

巧克力面包（Pain au chocolat）

1块发酵层酥面团+2根巧克力条+1个鸡蛋

1 将面团擀平。将1根巧克力条切成若干块。
2 将巧克力块放在面团的末端，卷起面团，以包裹巧克力块。
3 将第二根巧克力条放入面团，并将其余面团卷起，包住巧克力条。
4 静置巧克力面包（底部封口），放在衬有烘焙纸的烤盘上。
5 将巧克力面包置于温暖处发酵2小时，使其体积膨胀一倍。
6 刷上鸡蛋液，在预热至180°C的烤箱中烘焙15分钟。

衍生创意

法式果仁酱巧克力
白巧克力
黑巧克力
橙子巧克力
巧克力牛轧糖

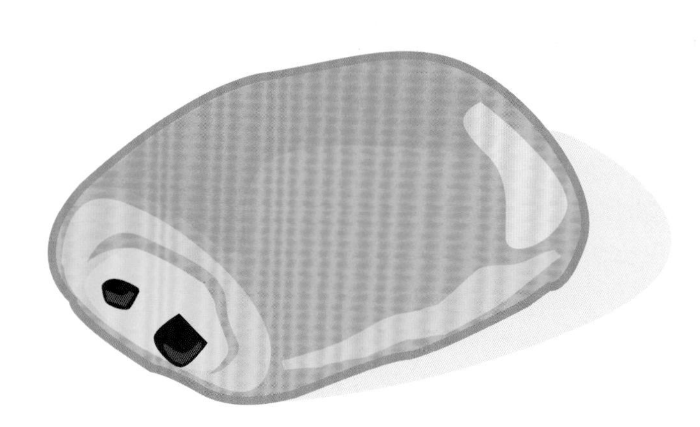

香草阿尔萨斯蝴蝶面包（Bretzel à la vanille）

1块发酵面团+香草卡仕达酱+1个鸡蛋+糖粉

1. 将面团擀平并切成1.5厘米宽、30厘米长的条。
2. 将面条卷成蝴蝶面包的形状。
3. 将面包放在衬有烘焙纸的烤盘上，在温暖处静置2小时，待面包发酵膨胀。
4. 在空心处加入一勺香草卡仕达酱。
5. 刷上蛋液，在预热至180°C的烤箱中烘焙15～20分钟。
6. 撒上糖粉。

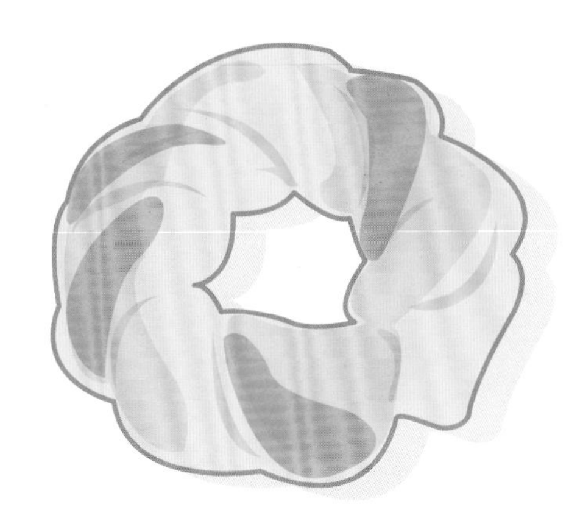

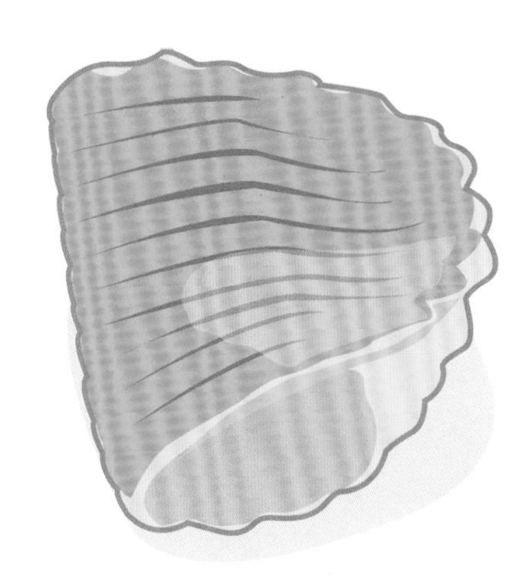

苹果果酱饼（Chausson aux pommes）

1块发酵面团+苹果果酱+1个鸡蛋

1. 将面团擀平。用造型切刀切出圆形面皮。
2. 将苹果果酱填充圆形面皮一半的位置。
3. 用苹果果酱饼锁边密封。将矩形面皮放在衬有烘焙纸的烤盘上。
4. 在温暖处静置2小时发酵。
5. 刷上蛋液。
6. 在预热至180°C的烤箱烘焙约15分钟。

衍生创意

草莓大黄果泥（请参阅第366页）
杏子果泥（请参阅第366页）
苹果+葡萄+肉桂粉
杏仁奶油（请参阅第346页）+苹果果泥（请参阅第366页）

编织皇冠面包（Couronne tressée）

1块发酵面团+1个鸡蛋+红糖

1. 将面团擀平并切成1厘米宽、20厘米长的条状。
2. 将条状面团编织起来，摆成圆形，并将首尾捏合。放置在衬有烘焙纸的烤盘上。
3. 置于温暖处，待体积膨胀一倍。
4. 涂抹打发的鸡蛋并撒上红糖。
5. 在预热至180°C的烤箱中烘焙15～20分钟。

衍生创意

1块发酵面团+1个鸡蛋+红糖+肉桂粉
1块发酵面团+1个鸡蛋+红糖+法式果仁糖
1块发酵面团+1个鸡蛋+玫瑰糖粗粉
1块发酵面团+1个鸡蛋+红糖+杏仁粉
1块发酵面团+1个鸡蛋+红糖+杏仁碎
1块发酵面团+1个鸡蛋+红糖+开心果碎
1块发酵面团+1个鸡蛋+红糖+巧克力粒
1块发酵面团+1个鸡蛋+红糖+焦糖粒
1块发酵面团+1个鸡蛋+红糖+糖渍水果块
1块发酵面团+1个鸡蛋+红糖+斯派库鲁斯饼干粉

蛋糕

蛋糕面团

Pâte à cake

一种长方形的蛋糕，有原味蛋糕，也有用水果和葡萄干制成的蛋糕。

基本食谱

制作1个蛋糕（6 ~ 8人份）• 准备时间：10分钟 • 烘焙时间：40分钟

- 170克糖
- 3个鸡蛋
- 160克面粉
- 1/2袋发酵粉
- 150克黄油
- 在模具中提前抹黄油+面粉

1 在大碗中倒入糖，加入鸡蛋并用力打发。

2 加入面粉和发酵粉。小火融化黄油，倒入大碗中，充分搅拌。

3 将烤箱预热至180°C。在蛋糕模具中涂抹黄油和面粉，倒入面团。烘焙约40分钟。

衍生食谱

100%有机食谱：用半全麦粉代替面粉，用原生态蔗糖代替糖。

咸黄油食谱：用咸黄油代替黄油。

栗子粉食谱：用110克面粉+50克栗子粉代替160克面粉。

杏仁粉食谱：用110克面粉+50克杏仁粉代替160克面粉。

榛子粉食谱：用110克面粉+50克榛子粉代替160克面粉。

核桃粉食谱：用110克面粉+50克核桃粉代替160克面粉。

杏仁酱（榛子酱、芝麻酱）食谱：去掉黄油，并加入30克面粉+1袋酵母+150克杏仁酱（榛子酱、芝麻酱）（烘焙15 ~ 20分钟）。

无黄油食谱：4个鸡蛋+60克淀粉+60克面粉+200克砂糖+1/3袋酵母+自选香精。

无麸质食谱：3个鸡蛋+120克糖+2克盐+4汤匙橄榄油+150克米粉+50克淀粉+1茶匙小苏打+自选馅料（苹果、果酱、柠檬、橘子、香蕉等）。

基本
食谱
1个橙子皮及橙汁
1汤匙香草籽
3块125克的巧克力
1个黄柠檬皮及柠檬汁
125克玫瑰果仁糖
2汤匙可可粉+125克巧克力粒
2汤匙杏仁酱碎+2滴苦杏仁味香精
1汤匙抹茶
2汤匙开心果涂抹酱+100克树莓
2汤匙焦糖酱+1个苹果切丁油煎
1个苹果磨碎+1茶匙香草籽
125克糖渍水果
2汤匙玫瑰水+2汤匙花朵蜂蜜
5个杏切片+1茶匙香草籽
1汤匙香料(姜、肉桂、四香粉、斯派库鲁斯饼干粉等)
1茶匙甘草+1个苹果磨碎+1个梨磨碎
2片香蕉+1个柠檬榨汁+柠檬皮
100克榛子碎+70克巧克力粒
125克朗姆酒渍柯林斯葡萄
3汤匙速溶咖啡
2汤匙橙花
10块糖切丁

大理石蛋糕

香草巧克力大理石蛋糕

125克黄油+200克糖+3个鸡蛋+6汤匙新鲜全脂牛奶+250克面粉+1包发酵粉+2克盐+1茶匙香草香精+25克可可粉

1. 将烤箱预热至180°C。在蛋糕模具中涂抹黄油和面粉。分离蛋清和蛋黄。
2. 将黄油和糖倒入大碗中，用打蛋器搅拌。加入蛋黄，然后缓慢倒入牛奶。加入面粉和发酵粉，并用木勺搅拌。
3. 在蛋清中加入2克盐，打发。加入步骤2中并轻轻揉成面团。
4. 将面团分成两份。在其中一个面团中加入香草香精，在另一个面团中加入可可粉。将面团倒入模具中，将巧克力面团和香草面团交替叠放。
5. 烘焙40分钟脱模，在烤架上冷却。

如何制作大理石纹切面?

2层（巧克力、香草）

3层（香草、巧克力、香草）

多层（1汤匙香草和1汤匙巧克力交替加入模具中，直至模具填满）

各种颜色的大理石蛋糕

香草-树莓

+1茶匙香草籽

+树莓果酱（请参阅第335页）

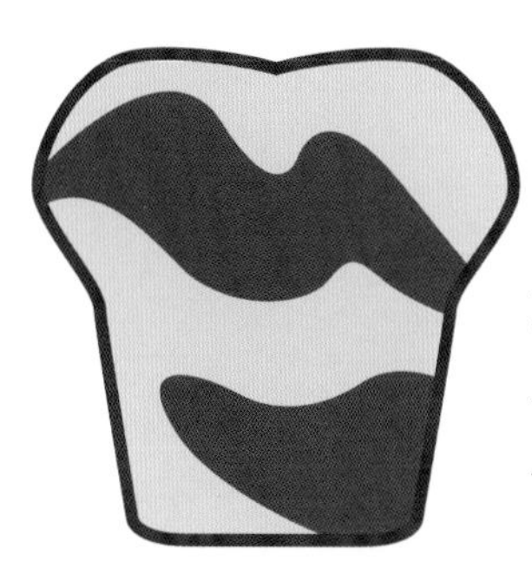

巧克力-开心果

+25克可可粉

+1汤匙开心果涂抹酱

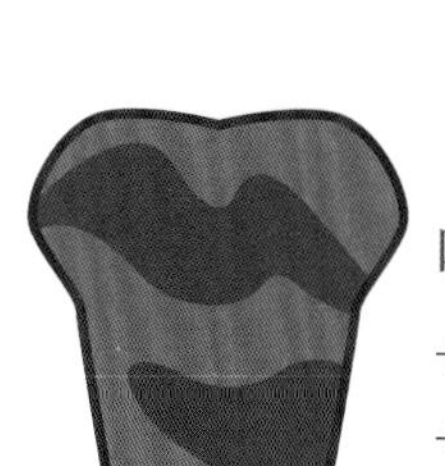

咖啡-巧克力

+2汤匙咖啡粉

+25克可可粉

榛子-巧克力粒

+1茶匙榛子香精

+50克巧克力粒

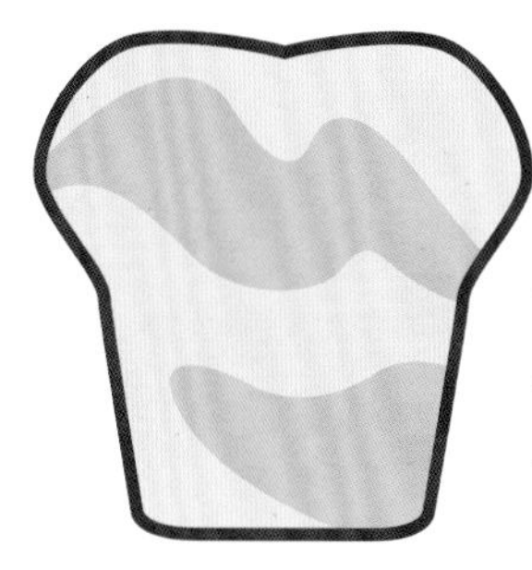

香蕉-枫糖浆

+1个香蕉磨碎

+2汤匙枫糖浆

蜂蜜-斯派库鲁斯饼干

+2汤匙花朵蜂蜜

+2汤匙斯派库鲁斯饼干粉（或1茶匙斯派库鲁斯香精）

柠檬-橙子

+2滴柠檬香精

+2滴橙子香精

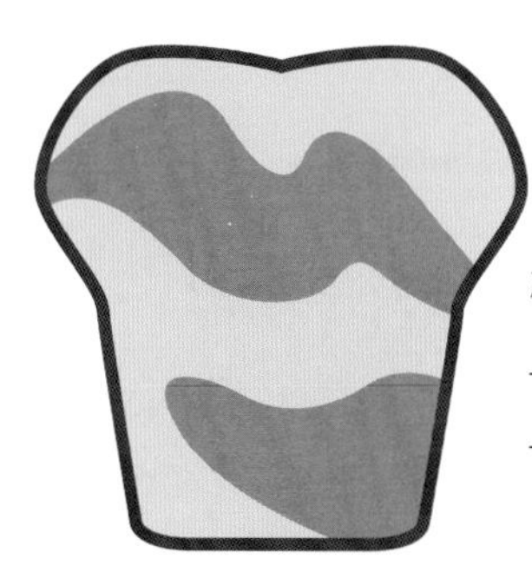

橙花-开心果

+1汤匙橙花

+1汤匙开心果涂抹酱

炼乳-巧克力

+3汤匙炼乳

+25克可可粉

磅蛋糕

磅蛋糕（Quatre-quarts），又名四合蛋糕，由等量的四种主要成分组成。可以先为鸡蛋称重，然后准备等量的黄油、面粉和糖。

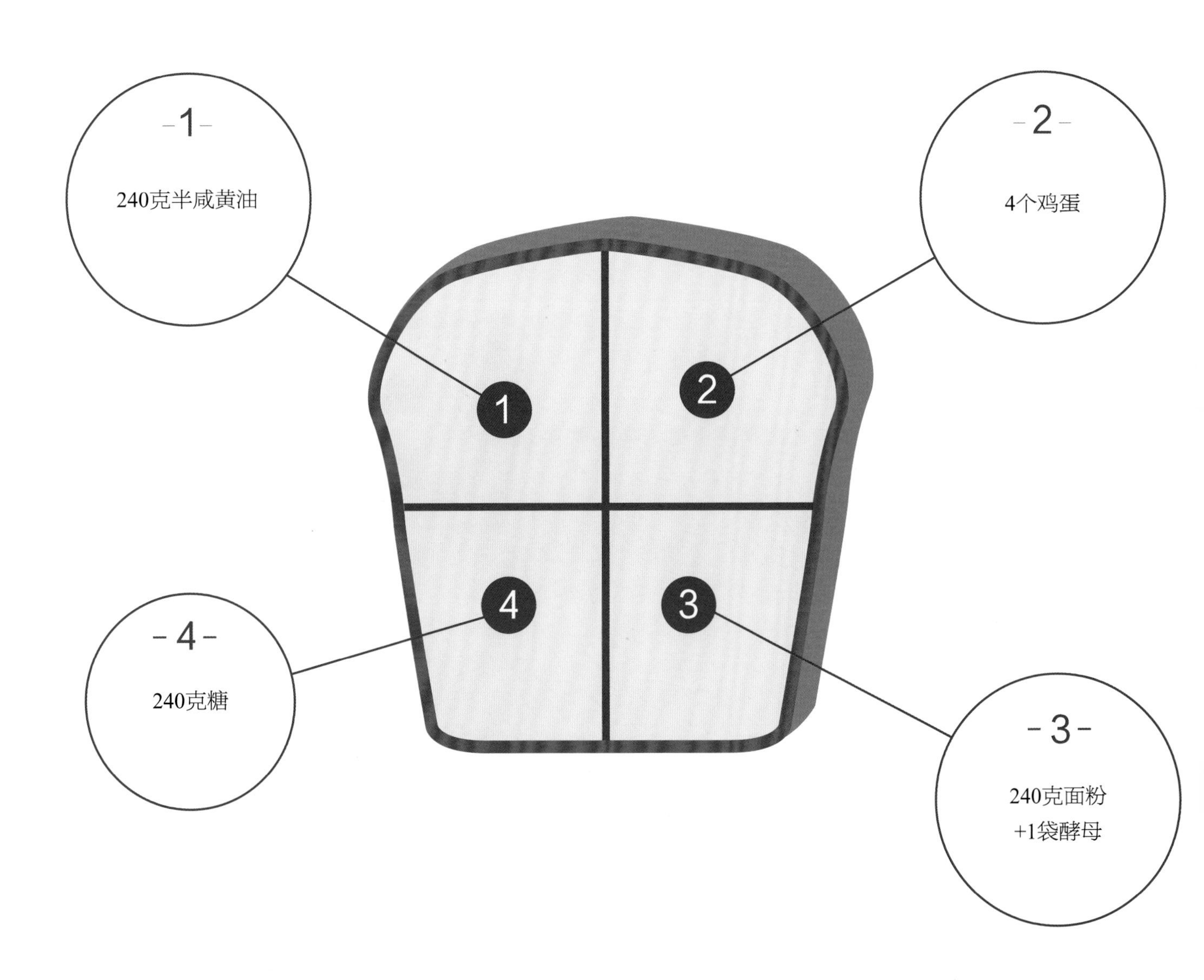

基本食谱

1 小火融化黄油。

2 在大碗中倒入糖和鸡蛋，用力搅打。加入黄油搅拌，然后倒入面粉和酵母。

3 将烤箱预热至180°C。将混合物倒入涂抹过黄油和面粉的蛋糕模具中。烘焙40分钟。

磅蛋糕的创意调味

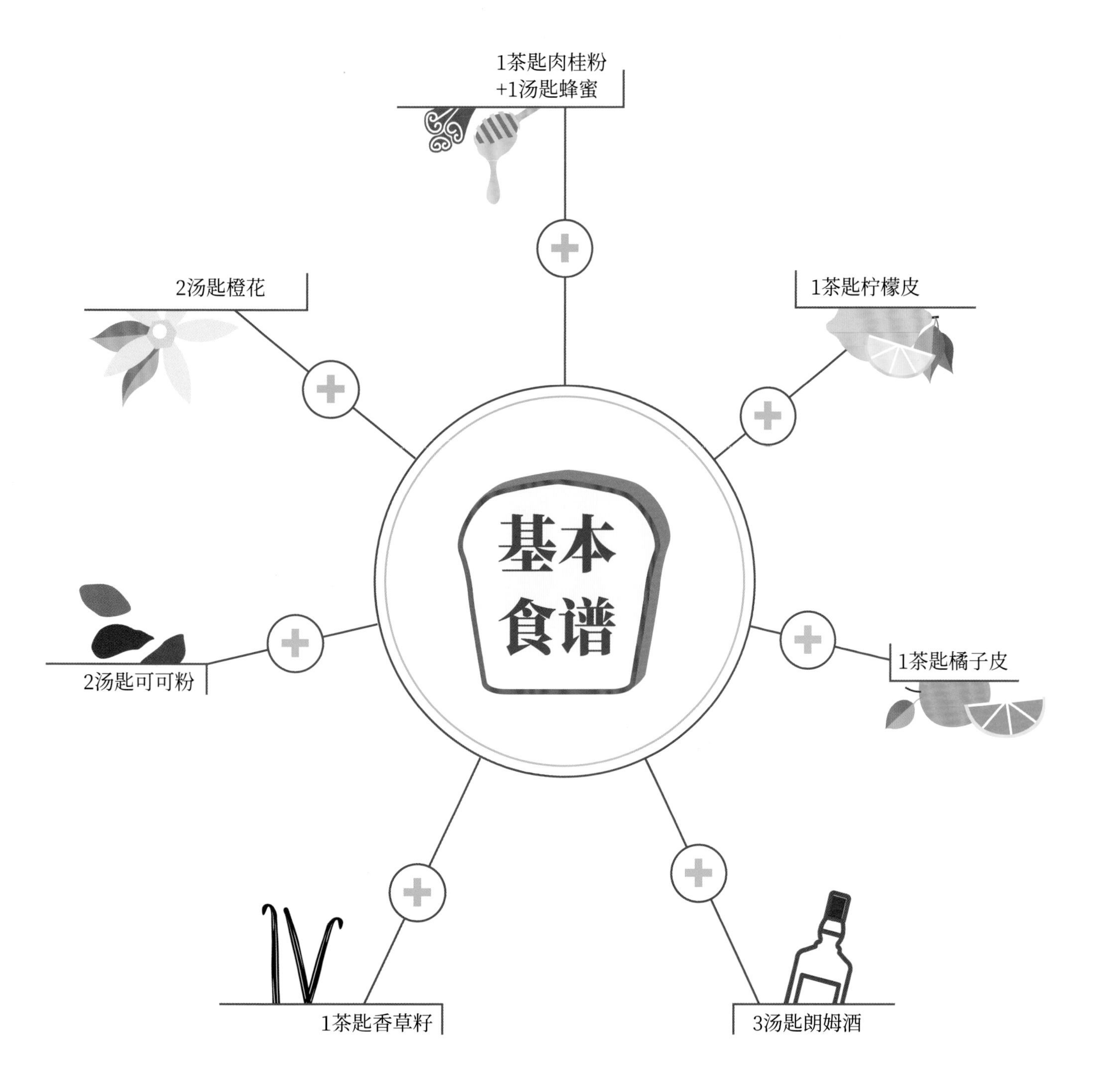

俄罗斯大黄蛋糕Crakinoskis à la rhubarbe

1块磅蛋糕面团+1汤匙香草籽+少许大黄丁+糖

- 在2个圆形模具中放入0.5厘米厚的面团，放入大黄丁和香草籽。然后装满模具。
- 撒上糖，在预热至180℃的烤箱中烘焙。

新奇蛋糕

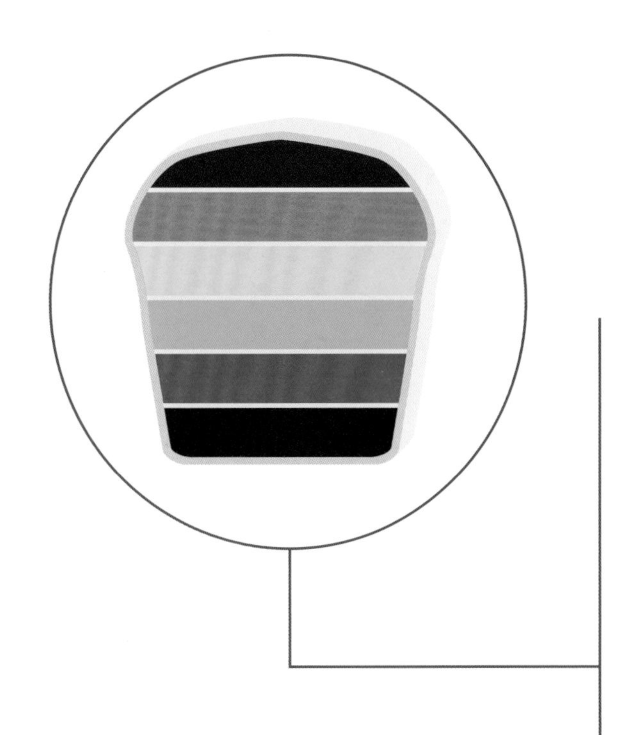

彩虹蛋糕

2块原味蛋糕面团+6种食用色素+马斯卡彭奶酪奶油（请参阅第348页）

1 将面团分为六等份。将每份面团加上食用色素调成不同的颜色。
2 将彩色面团倒入涂抹过黄油的蛋糕模具中。在预热至180°C的烤箱中烘焙15分钟。分别烘焙每份面团，冷却。
3 在每层蛋糕上抹上马斯卡彭奶酪奶油，组装成一个完整的蛋糕。然后用马斯卡彭奶酪奶油涂抹整个蛋糕表面。

香草心新奇蛋糕

1块香草磅蛋糕面团+1块巧克力磅蛋糕面团

1 将香草磅蛋糕面团放入涂抹过黄油的蛋糕模具中，在预热至180°C的烤箱中烘焙40分钟。脱模并静置冷却。

2 将蛋糕切成厚片，用造型切刀在蛋糕片中心切出心形。

3 将巧克力磅蛋糕面团缓慢倒入蛋糕模具中。放入心形香草蛋糕并固定好。倒入剩余的巧克力磅蛋糕面团，在预热至180°C的烤箱中烘焙40分钟。

4 待蛋糕冷却后，蛋糕切片时将看到心形。

衍生创意

柠檬面团
+橙子星形蛋糕

巧克力面团
+开心果圆形蛋糕

树莓面团
+柠檬心形蛋糕

开心果面团
+巧克力星形蛋糕

橙子面团
+巧克力松树形蛋糕

肉桂果酱面团
+橘子雪花形蛋糕

巧克力粒面团
+榛子花朵形蛋糕

香草巧克力棋盘蛋糕

1个巧克力蛋糕面团+1个香草蛋糕面团+5汤匙巧克力涂抹酱（请参阅第370页）+黑巧克力淋面（请参阅第354页）

1. 用相同的蛋糕模具烘焙两个蛋糕。冷却后，将其冷藏1小时。
2. 用刀修整两块蛋糕的顶部。将两块蛋糕切成等高等长的条块。
3. 将所有巧克力蛋糕条摆放在矩形盘中，交替放置巧克力和香草蛋糕条。在蛋糕条之间抹巧克力涂抹酱。
4. 用黑巧克力淋面为蛋糕上釉，用抹刀抹平，冷藏一晚。

棋盘蛋糕创意

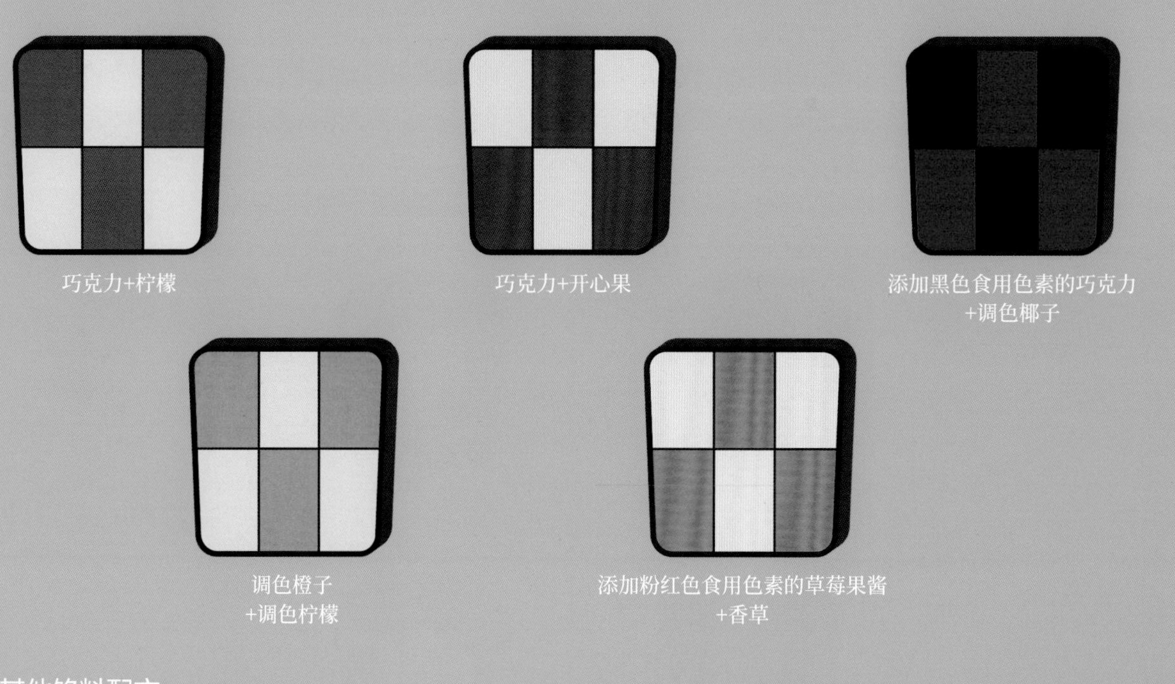

巧克力+柠檬

巧克力+开心果

添加黑色食用色素的巧克力+调色椰子

调色橙子+调色柠檬

添加粉红色食用色素的草莓果酱+香草

其他馅料配方

- 斯派库鲁斯饼干涂抹酱（请参阅第371页）
- 白巧克力甘纳许（请参阅第358页）
- 牛奶巧克力甘纳许（请参阅第358页）
- 巧克力马斯卡彭奶酪奶油（请参阅第348页）

夹心蛋糕

奥利奥蛋糕

1块原味磅蛋糕面团+1盒奥利奥饼干

1 先将一半原味磅蛋糕面团填入模具中。
2 在中心位置放入奥利奥饼干，压实，填入另一半原味磅蛋糕面团。
3 在预热至180°C的烤箱中烘焙15分钟。

衍生创意

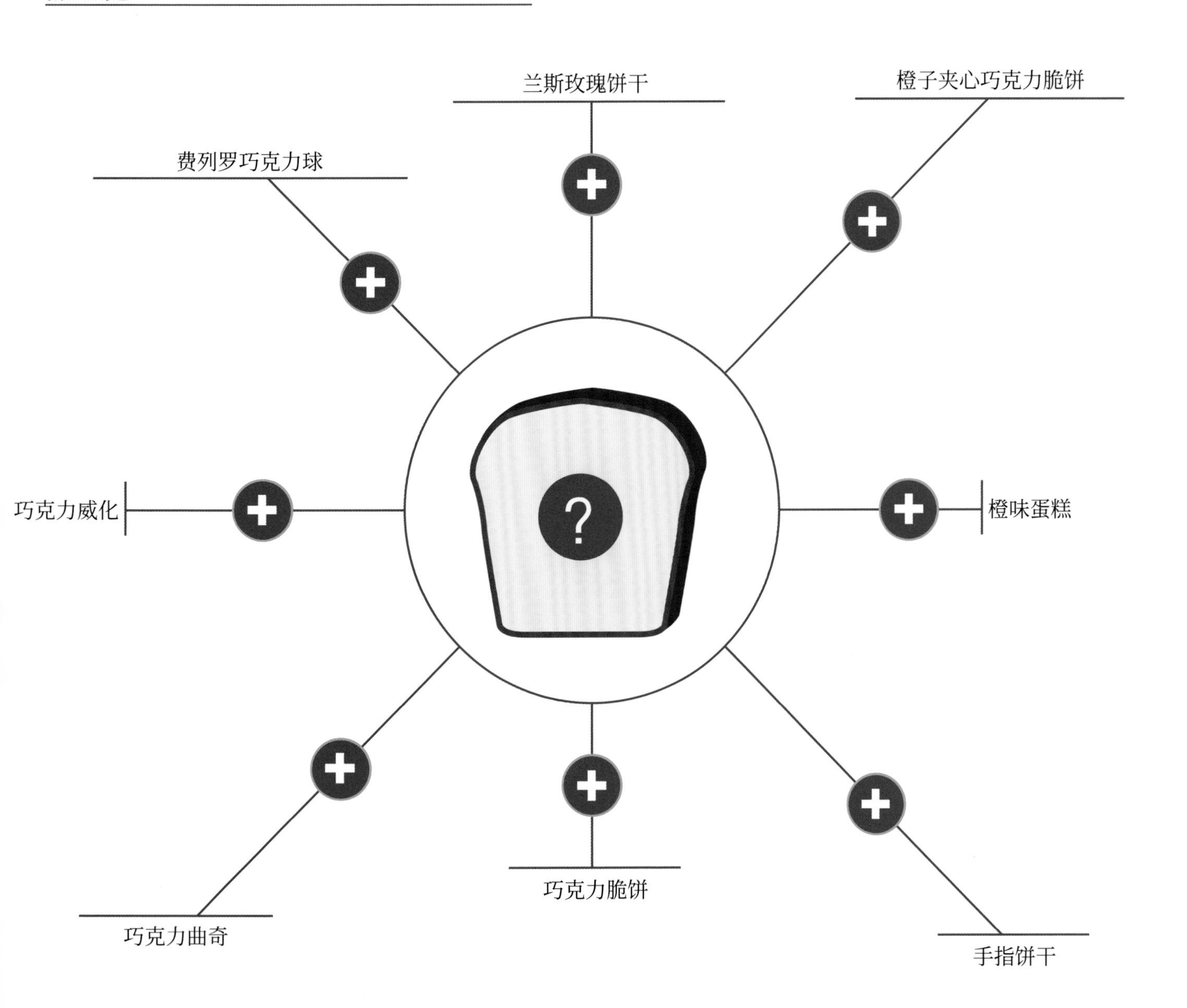

蛋糕装饰

简单装饰

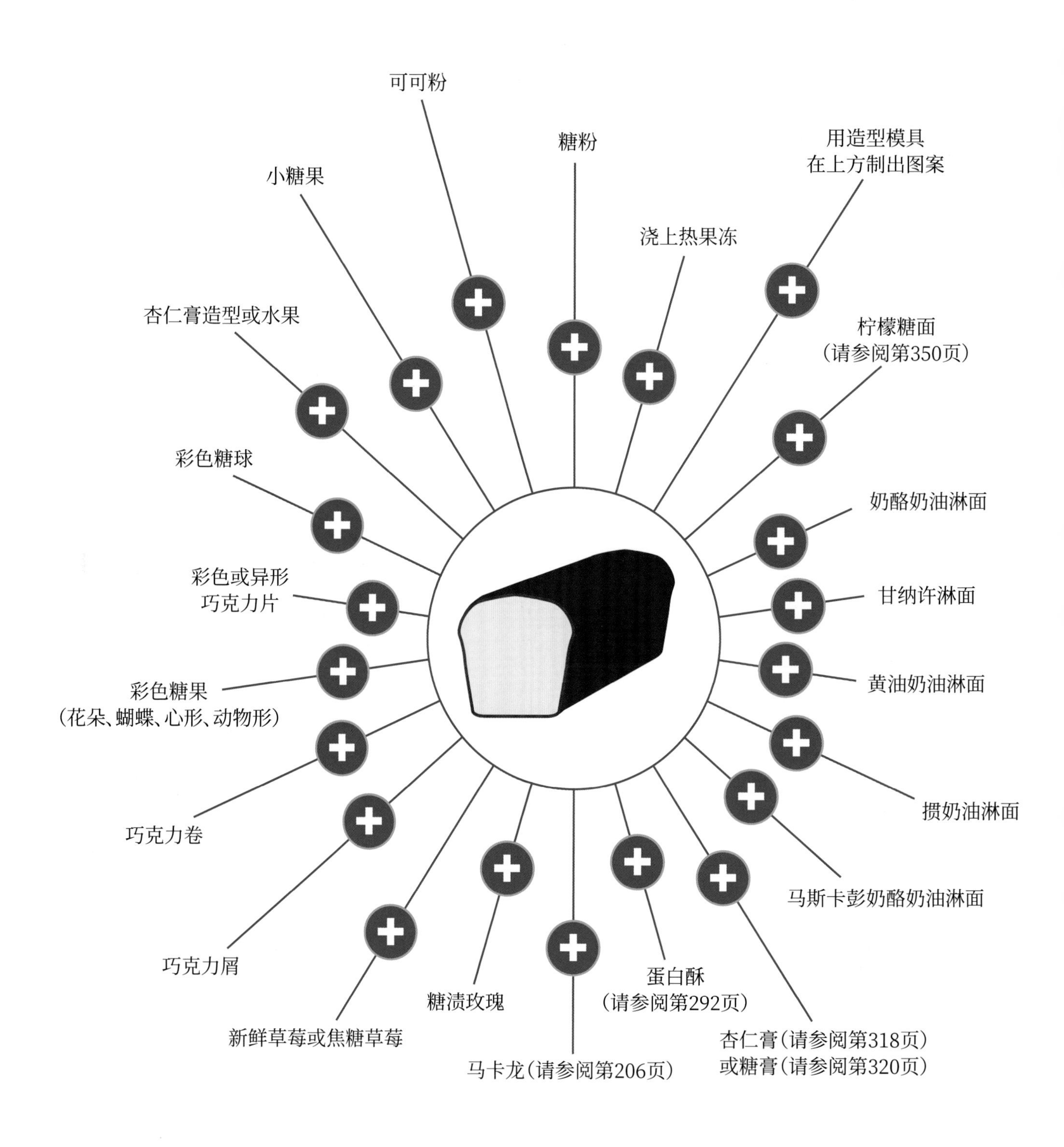
可可粉
糖粉
用造型模具
在上方制出图案
小糖果
浇上热果冻
杏仁膏造型或水果
柠檬糖面
（请参阅第350页）
彩色糖球
奶酪奶油淋面
彩色或异形
巧克力片
甘纳许淋面
彩色糖果
（花朵、蝴蝶、心形、动物形）
黄油奶油淋面
巧克力卷
掼奶油淋面
马斯卡彭奶酪奶油淋面
巧克力屑
蛋白酥
（请参阅第292页）
糖渍玫瑰
新鲜草莓或焦糖草莓
杏仁膏（请参阅第318页）
或糖膏（请参阅第320页）
马卡龙（请参阅第206页）

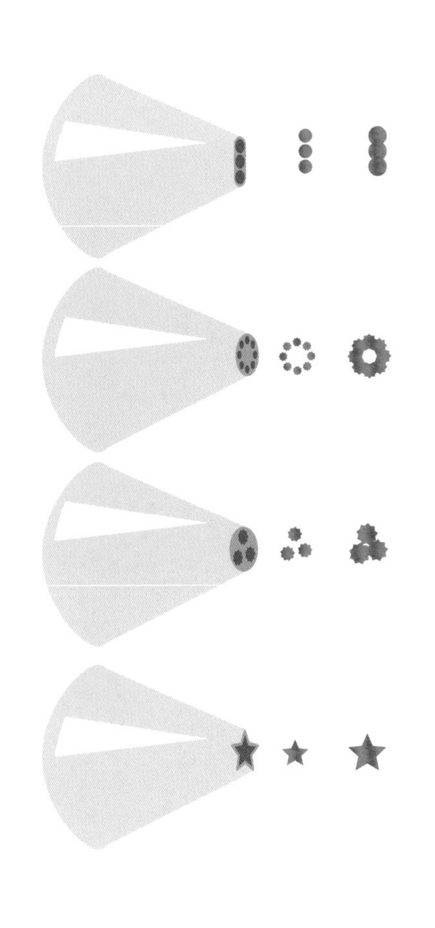

分层装饰

使用裱花袋进行造型装饰：花朵、螺旋、条纹等。将蛋糕表面涂上黄油奶油或淋面。

蛋糕装饰

用糖膏包裹蛋糕，用彩色糖膏制成的造型进行装饰：心形、玫瑰形、树叶形、蝴蝶形、梨形、字母等。

迷你蛋糕

柠檬糖面迷你蛋糕

1块磅蛋糕面团+1汤匙柠檬汁+1汤匙柠檬皮+柠檬糖面（请参阅第350页）

- 用制作普通蛋糕的方式在预热至180°C的烤箱中烘焙20分钟，在烘焙过程中使用独立的模具。

迷你焦糖圆形蛋糕

1块磅蛋糕面团+焦糖

- 将面团倒入玛芬蛋糕模具中。
- 在制作物上涂抹焦糖。
- 在预热至180°C的烤箱中烘焙20分钟。

节庆牛轧糖、皇家淋面和花朵迷你蛋糕

1块巧克力磅蛋糕面团+牛轧糖块+皇家淋面（请参阅第353页）+糖膏（请参阅第320页）

- 将面团倒入三层或方形迷你模具中。
- 在中心位置放一块牛轧糖。
- 在预热至180°C的烤箱中烘焙20分钟，在烤架上冷却。
- 涂上皇家淋面，将糖膏切成花朵状，装饰在蛋糕上。

巧克力西葫芦迷你蛋糕

1块磅蛋糕面团+120克融化的巧克力+200克切丝西葫芦

- 在底部放入磅蛋糕面团，放入巧克力和西葫芦丝。混合搅拌。
- 倒入涂抹过黄油的蛋糕模具中，在预热至180°C的烤箱中烘焙25分钟。

衍生创意

用甘薯或胡萝卜代替西葫芦。
+50克核桃仁
+50克烤榛子

夹心小蛋糕

1块磅蛋糕面团+黄油+糖

1 在迷你蛋糕模具中涂抹黄油并撒糖。将磅蛋糕面团倒入迷你模具中。

2 在预热至180°C的烤箱中烘焙15分钟。

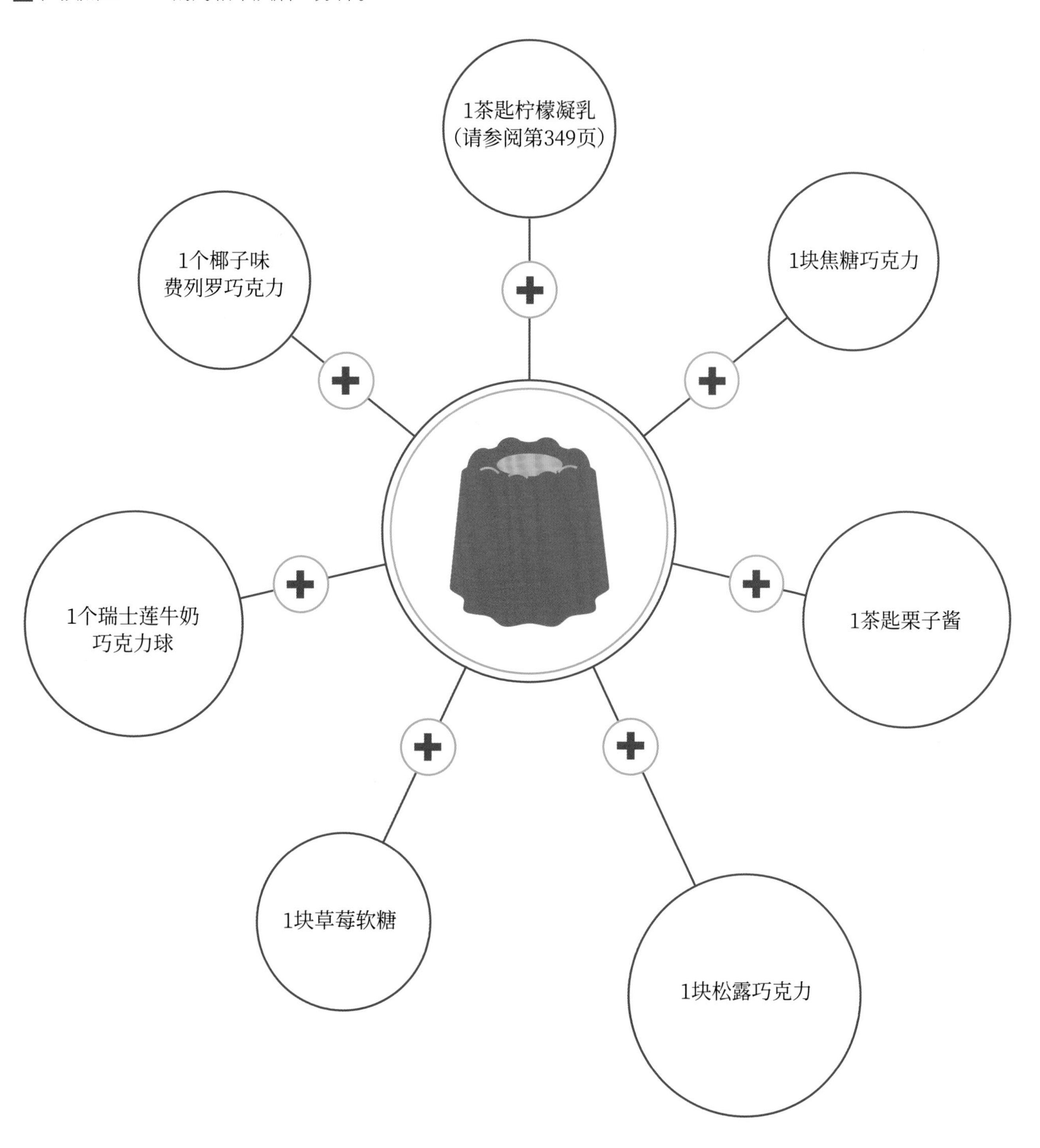

酸奶蛋糕

Gâteau au yaourt

酸奶蛋糕也许是全法国最受欢迎的蛋糕。
这种仅用加入一罐酸奶的蛋糕做法极为简单，几乎零失误。
可以按个人喜好调整蛋糕的口味，在早餐时享用。

基本食谱

制作1个蛋糕（8人份）• 准备时间：10分钟 • 烘焙时间：30 ~ 35分钟

- 1罐酸奶
- 2罐糖
- 2个鸡蛋
- 1/2罐葵花籽油
- 3罐面粉
- 1/2袋发酵粉
- 黄油

1. 将1罐酸奶倒入大碗中。加入2罐糖并搅拌。
2. 加入鸡蛋和葵花籽油，用力搅拌。
3. 加入面粉和发酵粉，充分搅拌，直至面团光滑柔软。
4. 将烤箱预热至180°C。将面团倒入涂抹过黄油的模具中，烘焙30分钟。脱模并放在烤架上冷却。

小知识

制作酸奶蛋糕的成功率近乎100%，极易脱模，可以根据个人喜好选择各种形状的模具：传统锁扣模具（圆形或方形）、蛋糕模具、异形模具（花朵、城堡、科格鲁夫蛋糕、立方体、蝴蝶、半球形等）、奶油蛋卷模具、迷你模具（杯子蛋糕、可露丽蛋糕等）。

衍生食谱

100%有机食谱：1罐有机酸奶+2罐糖+2个有机鸡蛋+3罐有机面粉。
全麦食谱：3罐全麦面粉+2罐红糖。
巧克力酸奶食谱：用1罐巧克力酸奶+1.5汤匙可可粉代替1罐酸奶。
椰子油食谱：用天然椰子油代替葵花籽油。
葡萄籽油食谱：用葡萄籽油代替葵花籽油。
大豆油食谱：用大豆油代替葵花籽油。
橄榄油食谱：用橄榄油代替葵花籽油。
轻食食谱：用2罐玉米淀粉代替2罐面粉。
干果粉食谱：用1罐杏仁粉或核桃粉、榛子粉、松子粉、开心果粉代替1罐面粉。
无麸质食谱：用米粉代替面粉。
素食食谱：2罐大豆酸奶+1袋发酵粉，不加鸡蛋。

可选用的酸奶

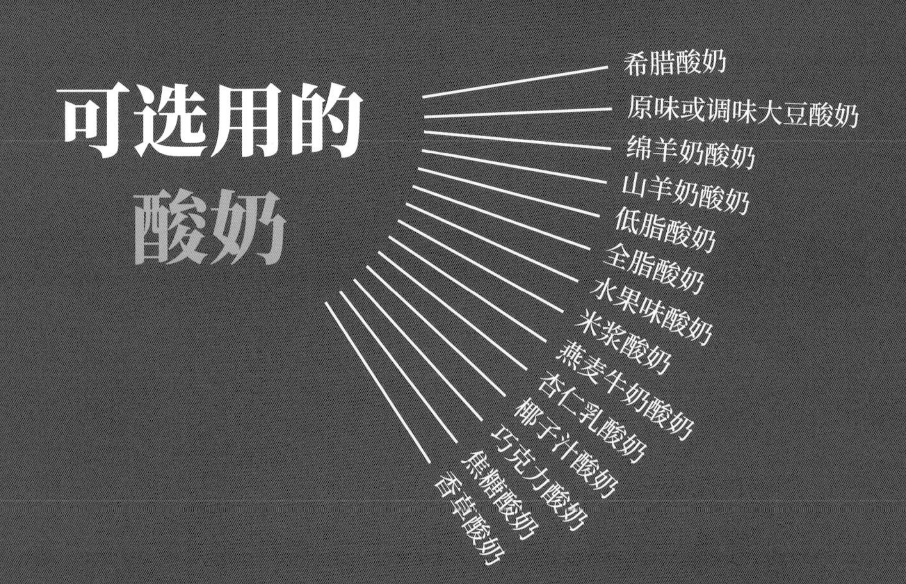

基本食谱

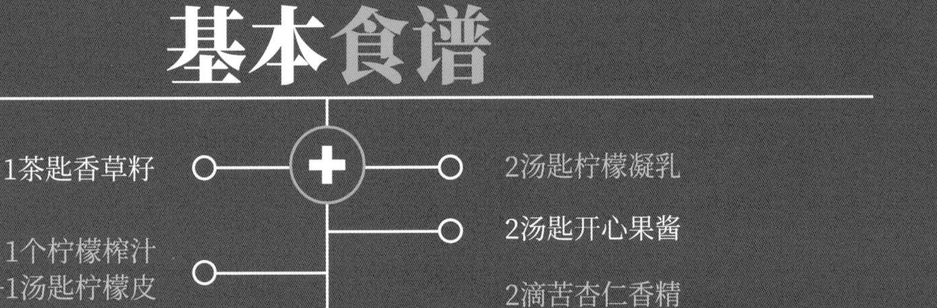

- 1茶匙香草籽
- 2汤匙柠檬凝乳
- 2汤匙开心果酱
- 1个柠檬榨汁+1汤匙柠檬皮
- 2滴苦杏仁香精+ 1汤匙朗姆酒

- 1个橙子榨汁+ 2克肉桂粉+1汤匙橙皮

- +2汤匙斯派库鲁斯饼干涂抹酱（请参阅第371页）
- 3汤匙巧克力酱
- 1汤匙浓缩咖啡

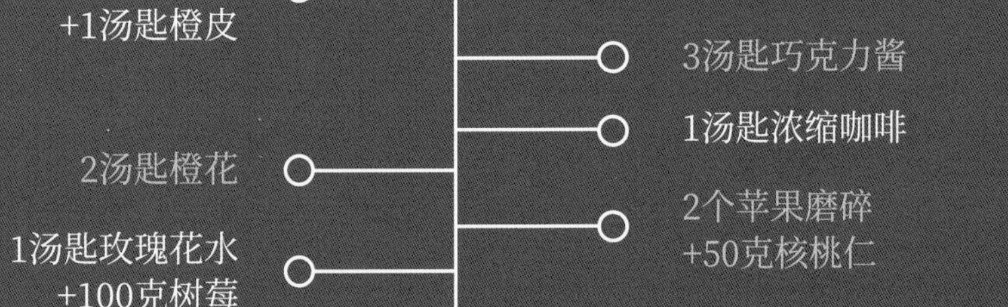

- 2汤匙橙花
- 2个苹果磨碎+50克核桃仁
- 1汤匙玫瑰花水+100克树莓
- 2个香蕉磨碎+1个柠檬榨汁
- 3汤匙可可粉

- 150克巧克力粒
- 200克红色浆果
- 150克玫瑰果仁糖
- 150克焦糖块

- 150克软糖
- 2汤匙蜂蜜+1茶匙姜饼香料

无水果酸奶蛋糕

希腊酸奶蛋糕

1罐希腊酸奶+2罐糖+2汤匙蜂蜜+2个鸡蛋+1/2罐橄榄油+3罐面粉+1/2袋发酵粉

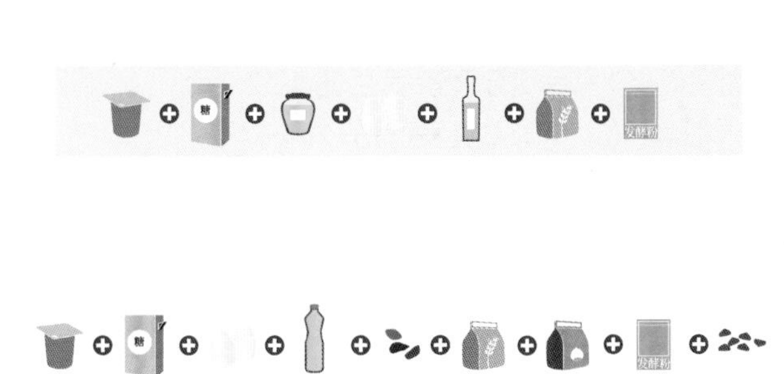

100%巧克力酸奶蛋糕

1罐酸奶+2罐糖+2个鸡蛋+1/2罐葵花籽油+3汤匙可可粉+2罐面粉+1袋栗子粉+1/2袋发酵粉+150克巧克力粒

浓香草酸奶蛋糕

1罐香草酸奶+2罐糖+2个鸡蛋+1/2罐葵花籽油+1茶匙香草籽+3罐面粉+1/2袋发酵粉

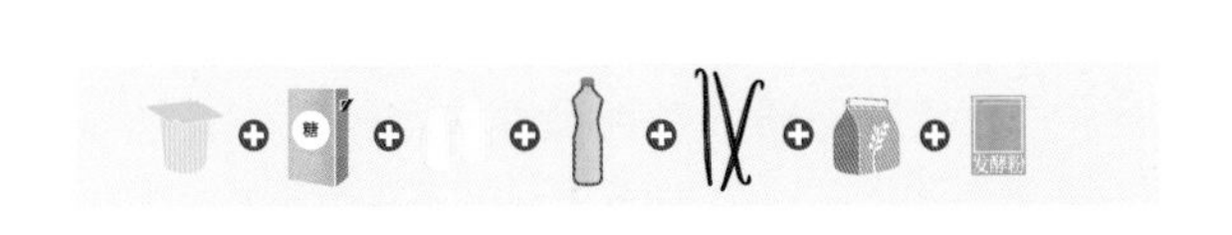

栗子朗姆酒酸奶蛋糕

1罐酸奶+1罐糖+2个鸡蛋+1/2罐葵花籽油+300克栗子奶油+3罐面粉+1/2袋发酵粉+2汤匙朗姆酒

原味绵羊奶酸奶蛋糕

1罐绵羊奶酸奶+2罐糖+2个鸡蛋+1/2罐果味橄榄油+3罐面粉+1/2袋发酵粉

柠檬芝麻酸奶蛋糕

1罐柠檬酸奶+2罐糖+3滴柠檬香精（或1个柠檬榨汁+柠檬皮）+2个鸡蛋+1/2罐葵花籽油+3罐面粉+1/2袋发酵粉+3汤匙芝麻

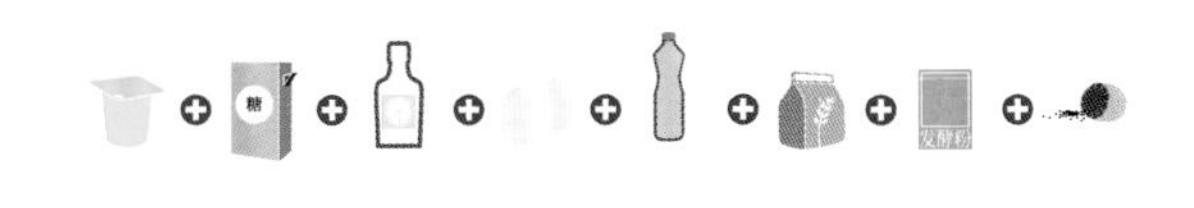

橙子果酱酸奶蛋糕

1罐酸奶+1罐糖+2罐橙子果酱+2个鸡蛋+1/2罐葵花籽油+3罐面粉+1/2袋发酵粉

开心果黑巧克力碎酸奶蛋糕

1罐酸奶+2罐糖+2个鸡蛋+1/2罐葵花籽油+1罐开心果粉+2滴开心果香精+2罐面粉+1/2袋发酵粉+150克黑巧克力粒

榛子酸奶蛋糕

1罐酸奶+2罐糖+2个鸡蛋+1/2罐葵花籽油+2汤匙榛子酱+3罐面粉+1/2袋发酵粉+100克焦糖榛子碎

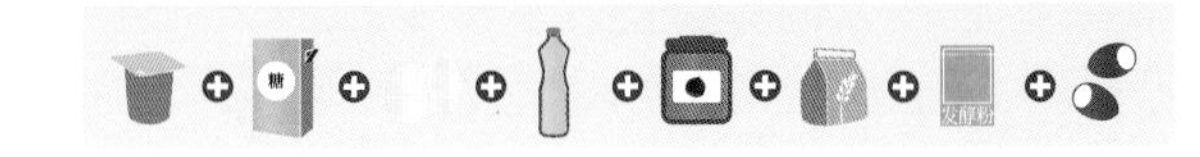

水果酸奶蛋糕

树莓紫罗兰糖浆酸奶蛋糕

1罐酸奶+2罐糖+2汤匙紫罗兰糖浆+2个鸡蛋+1/2罐葵花籽油+3罐面粉+1/2袋发酵粉+200克树莓

软糖苹果酸奶蛋糕

1罐酸奶+2罐红糖+2个鸡蛋+1/2罐葵花籽油+2个苹果磨碎+3罐面粉+1/2袋发酵粉+100克软糖块

菠萝椰子酸奶蛋糕

1罐椰子味酸奶+2罐椰子糖+2个鸡蛋+1/2罐椰子油+3罐面粉+1/2袋发酵粉+100克菠萝块

草莓果酱酸奶蛋糕

1罐酸奶+2罐糖+1罐草莓果酱（请参阅第335页）+2个鸡蛋+1/2罐葵花籽油+3罐面粉+1/2袋发酵粉

荔枝玫瑰异域风味酸奶蛋糕

2罐荔枝树莓酸奶+2罐糖+2个鸡蛋+1/2罐橄榄油+3汤匙荔枝肉+1汤匙玫瑰花水+3罐面粉+1/2袋发酵粉

糖渍黄香李香草酸奶蛋糕

1罐香草酸奶+2罐糖+2个鸡蛋+1/2罐葵花籽油+1罐糖渍黄香李+1茶匙肉桂粉+3罐面粉+1/2袋发酵粉

什锦水果酸奶蛋糕

1罐酸奶+2罐糖+2个鸡蛋+1/2罐葵花籽油+3罐面粉+1/2袋发酵粉+2盒什锦水果

杏子酸奶蛋糕

1罐酸奶+2罐糖+2个鸡蛋+1/2罐葵花籽油+3罐面粉+1/2袋发酵粉+4个杏子切块

丁香梨子香草酸奶蛋糕

1罐香草酸奶+2罐椰子糖+2个鸡蛋+1/2罐葵花籽油+2个梨子切丁+2克丁香+3罐面粉+1/2袋发酵粉

蜂蜜香蕉柠檬酸奶蛋糕

1罐酸奶+2罐糖+2个鸡蛋+1/2罐葵花籽油+2个香蕉磨碎+1汤匙柠檬汁+2汤匙蜂蜜+3罐面粉+1/2袋发酵粉

玻璃罐酸奶蛋糕创意

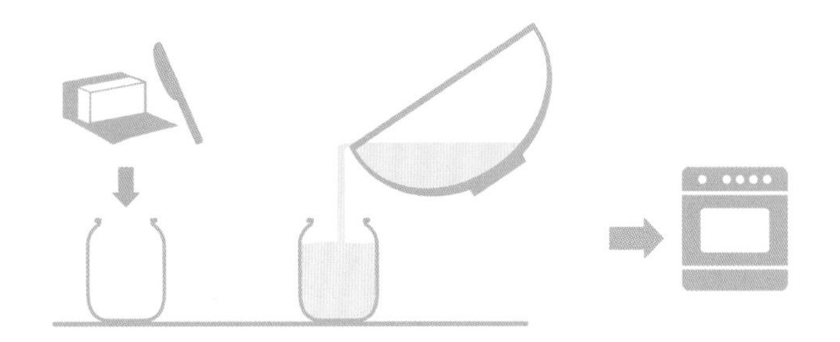

制作方法

1 在玻璃酸奶罐、果酱罐或小广口瓶内涂抹黄油，然后轻轻撒上面粉。

2 将面团填至容器四分之三处，在预热至160°C的烤箱中烘焙约40分钟。

3 即刻享用，或趁热将玻璃罐封口，并倒置。请在6个月内食用。

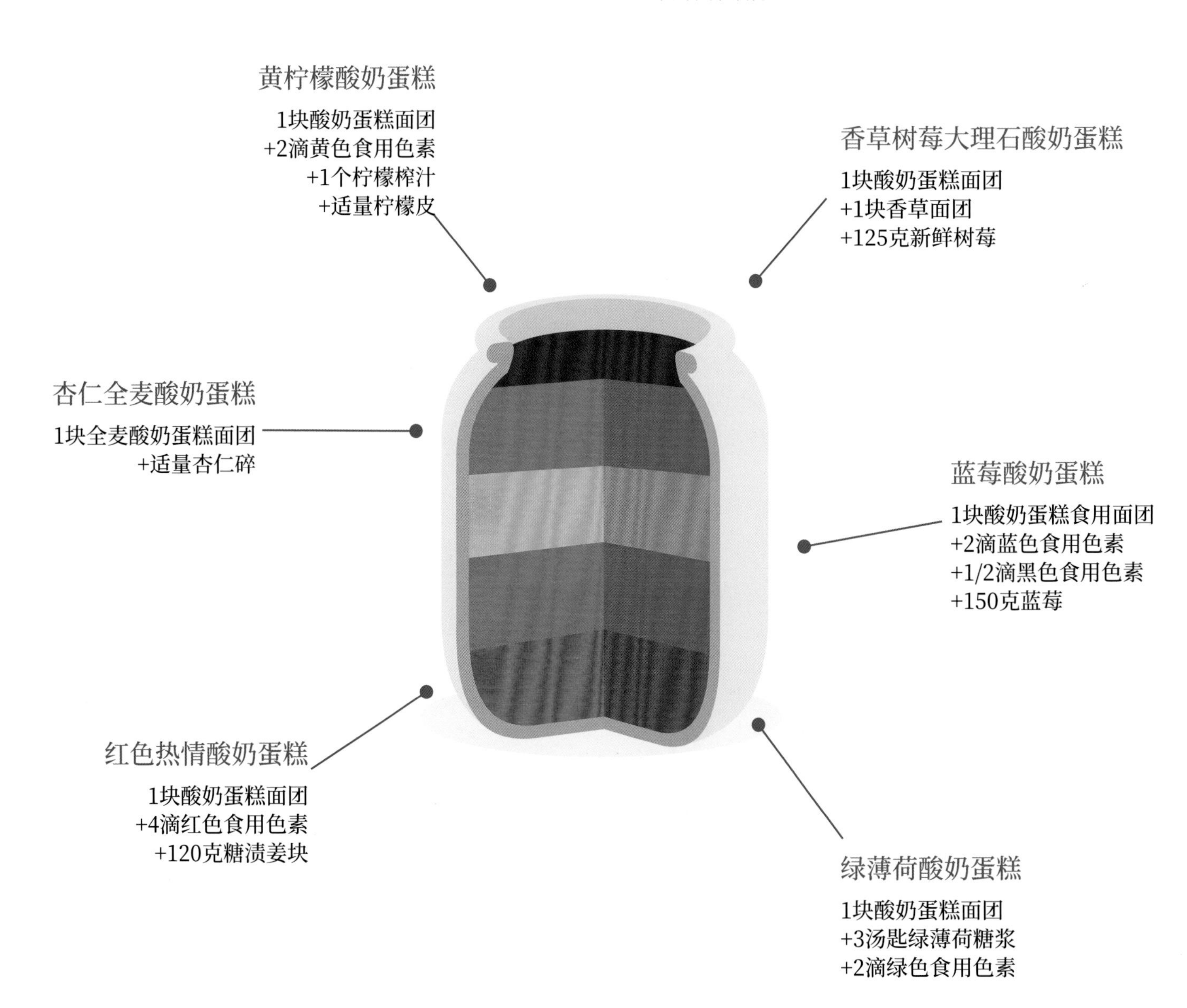

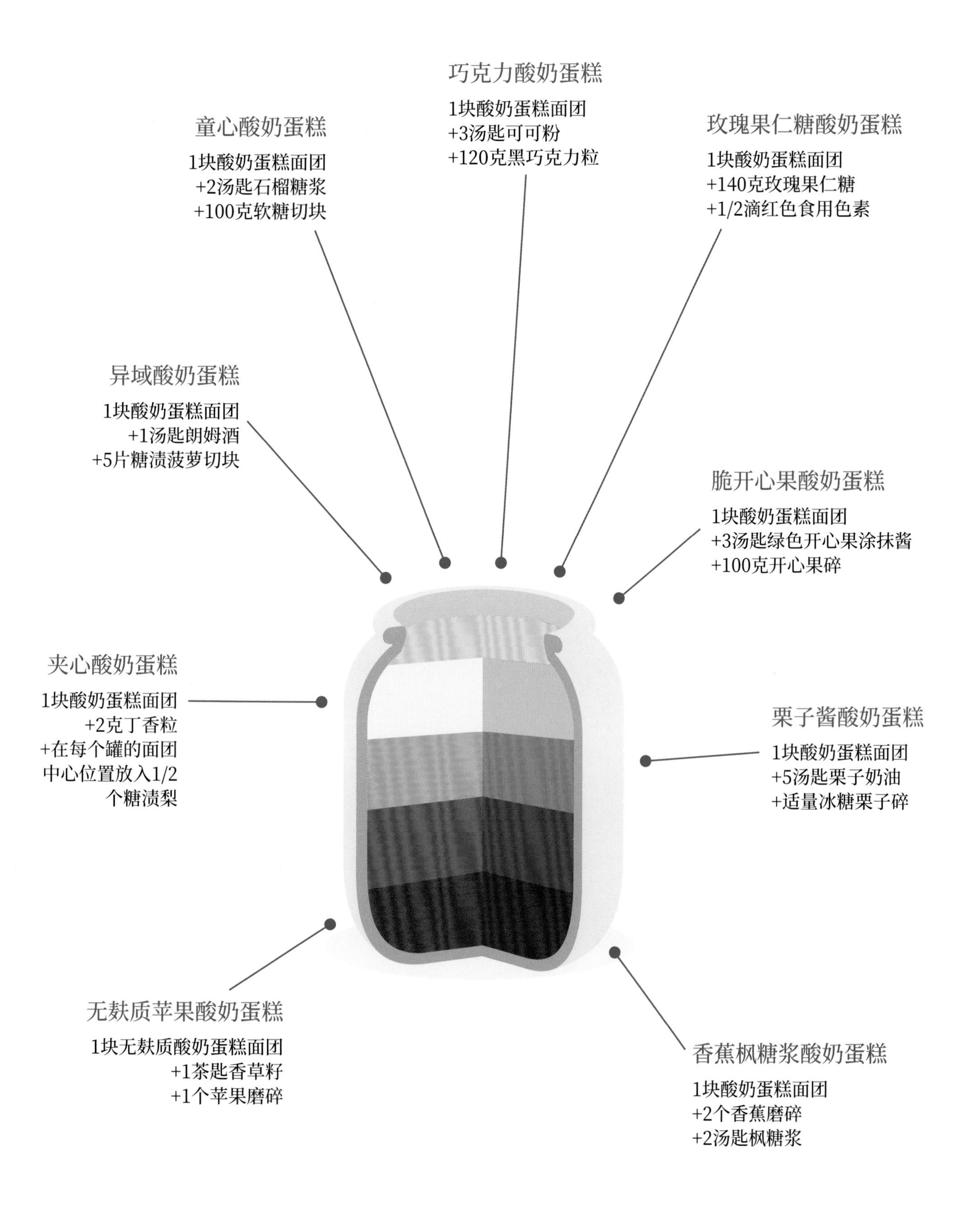

巧克力酸奶蛋糕
1块酸奶蛋糕面团
+3汤匙可可粉
+120克黑巧克力粒
童心酸奶蛋糕
1块酸奶蛋糕面团
+2汤匙石榴糖浆
+100克软糖切块
玫瑰果仁糖酸奶蛋糕
1块酸奶蛋糕面团
+140克玫瑰果仁糖
+1/2滴红色食用色素
异域酸奶蛋糕
1块酸奶蛋糕面团
+1汤匙朗姆酒
+5片糖渍菠萝切块
脆开心果酸奶蛋糕
1块酸奶蛋糕面团
+3汤匙绿色开心果涂抹酱
+100克开心果碎
夹心酸奶蛋糕
1块酸奶蛋糕面团
+2克丁香粒
+在每个罐的面团
中心位置放入1/2
个糖渍梨
栗子酱酸奶蛋糕
1块酸奶蛋糕面团
+5汤匙栗子奶油
+适量冰糖栗子碎
无麸质苹果酸奶蛋糕
1块无麸质酸奶蛋糕面团
+1茶匙香草籽
+1个苹果磨碎
香蕉枫糖浆酸奶蛋糕
1块酸奶蛋糕面团
+2个香蕉磨碎
+2汤匙枫糖浆

意式海绵蛋糕

Génoise

海绵蛋糕是由打发的面团制成的饼状蛋糕，质地轻盈而蓬松。
像制作达克瓦兹蛋糕一样，鸡蛋令面团打发起泡。
使用意式海绵蛋糕可制作许多甜点，例如法式草莓蛋糕或黑森林蛋糕。
总之，可以将其切成两半，并用果酱或卡仕达酱进行点缀，也可以将其搭配蜜饯或香草英式奶油直接食用。

基本食谱

制作1个直径20厘米的意式海绵蛋糕 • 准备时间：20分钟 • 烘焙时间：25分钟

- 4个鸡蛋
- 120克糖
- 120克面粉
- 黄油

1. 将平底锅中的水加热，不要煮至沸腾。
2. 将鸡蛋打入大碗中，加糖。将大碗放在平底锅中水浴加热，搅拌直至体积膨胀至原来的2倍。
3. 离火，撒入过筛的面粉。混合均匀并将面团置于通风处。
4. 将烤箱预热至170°C。将面团倒入涂抹过黄油的模具中，烘焙25分钟，直至海绵蛋糕膨胀并变成金黄色。脱模，在烤架上冷却。

衍生食谱

咸味食谱：加2克盐。
无麸质食谱：用玉米淀粉或米粉代替面粉。
黄油食谱：加入30克黄油。
杏仁粉食谱：用60克杏仁粉和60克玉米淀粉代替面粉。
120克榛子粉食谱：用60克榛子粉和60克玉米淀粉代替面粉。
120克核桃粉食谱：用60克核桃粉和60克玉米淀粉代替面粉。
120克可可粉食谱：用20克可可粉代替20克面粉。

巧克力杏仁意式海绵蛋糕食谱

6个鸡蛋+170克糖+2克盐+130克面粉+40克可可粉+30克融化的淡黄油

1. 将鸡蛋与水浴融化的糖混合打发至2倍体积。
2. 加入盐、面粉、可可粉和融化的淡黄油，混合均匀。
3. 在预热至180°C的烤箱中烘焙30分钟，在烤架上冷却。

基本配方

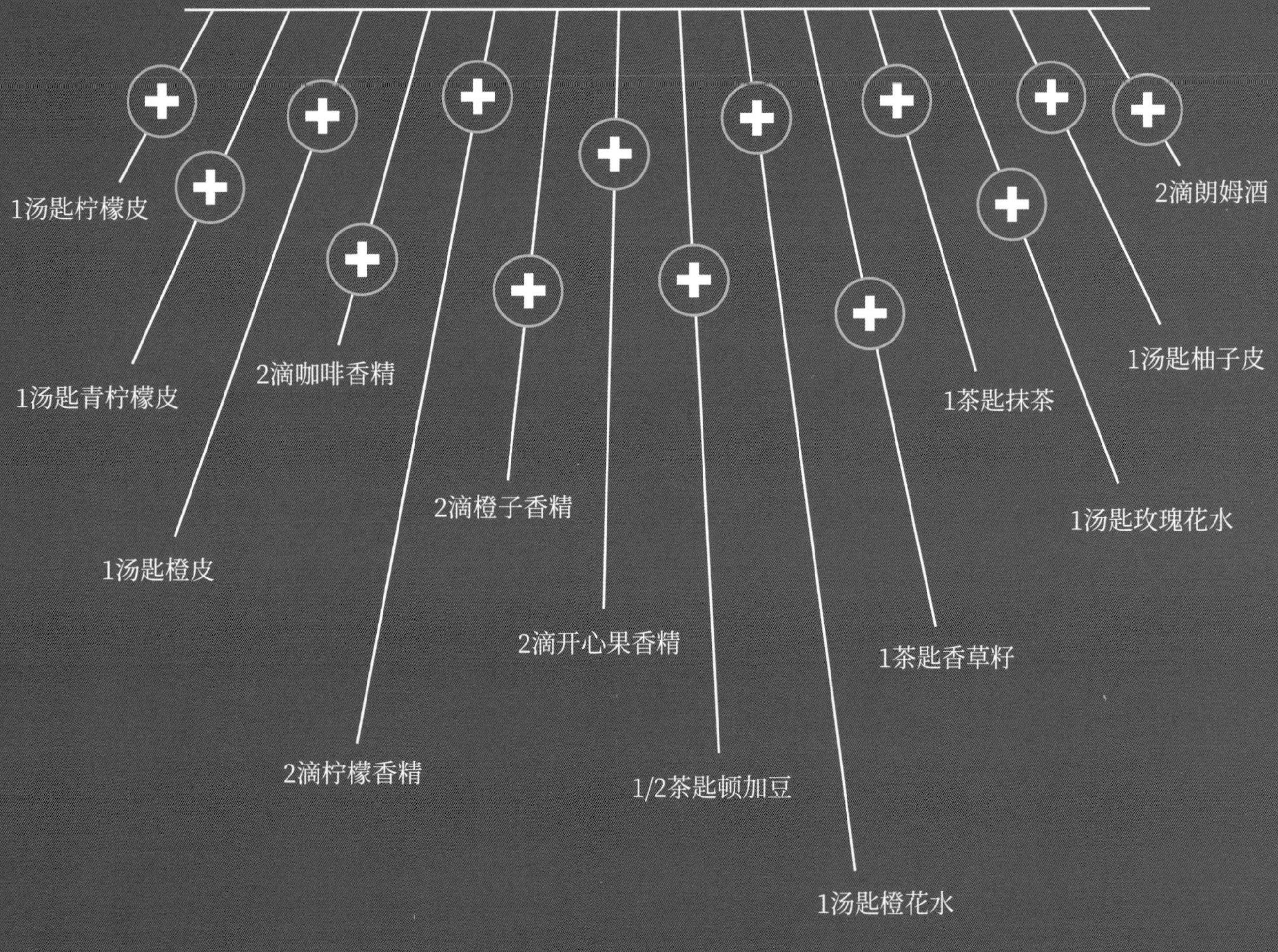

1汤匙柠檬皮
1汤匙青柠檬皮
2滴咖啡香精
1汤匙橙皮
2滴橙子香精
2滴柠檬香精
2滴开心果香精
1/2茶匙顿加豆
1汤匙橙花水
1茶匙香草籽
1茶匙抹茶
1汤匙玫瑰花水
1汤匙柚子皮
2滴朗姆酒

夹心意式海绵蛋糕

可以将意式海绵蛋糕切成上下两层并叠放装饰。为使蛋糕更美味，夹心可以是卡仕达酱、慕斯和糖霜。

树莓果酱海绵蛋糕

1块意式海绵蛋糕+1罐树莓果酱+糖粉

1 将蛋糕横切成等厚的两片。
2 将树莓果酱涂抹在一片蛋糕上，盖上另一片蛋糕，撒上糖粉。

替代果酱和糖粉的创意

黑巧克力奶油（请参阅第347页）+可可粉
斯派库鲁斯饼干涂抹酱（请参阅第371页）+肉桂粉和糖粉的混合物
巧克力酱+榛子粉
杏仁水果涂抹酱（请参阅第371页）+糖渍橙子片
香草卡仕达酱+新鲜水果
咖啡卡仕达酱+巧克力屑
马斯卡彭奶酪奶油（请参阅第348页）+新鲜水果
苦橙果酱（请参阅第367页）+尚蒂伊鲜奶油

巧克力淋面栗子海绵蛋糕

1块意式海绵蛋糕+朗姆酒糖浆（请参阅第258页）+1罐栗子酱+2汤匙新鲜厚奶油+1罐糖面+5个装饰冰糖栗子

1. 将意式海绵蛋糕横切成等厚两片。抹上朗姆酒糖浆。
2. 将栗子酱加入2汤匙新鲜厚奶油中。将奶油抹在海绵蛋糕上，使奶油完全覆盖住蛋糕。
3. 将糖面涂抹在蛋糕上。
4. 用冰糖栗子进行装饰。

香草卡仕达酱苹果海绵蛋糕

1块意式海绵蛋糕 +香草卡仕达酱+苹果果泥（请参阅第366页）

可可粉巧克力慕斯海绵蛋糕

1块意式海绵蛋糕 +黑巧克力慕斯（请参阅第326页）+可可粉

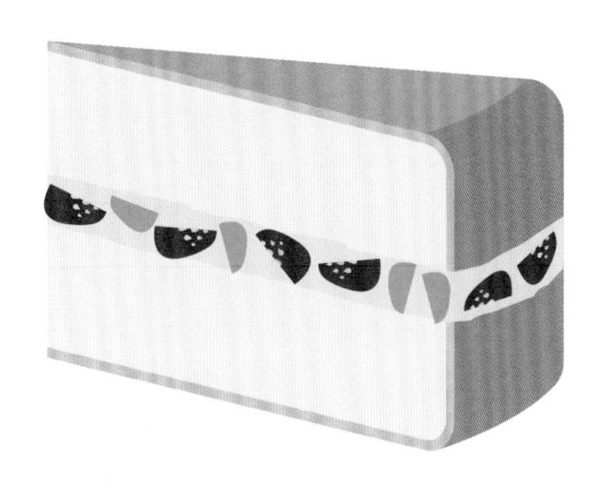

红色浆果卡仕达酱海绵蛋糕

1块意式海绵蛋糕+卡仕达酱（请参阅第340页）+红色浆果［可选：樱桃酒糖浆（请参阅第259页）］

经典糕点：摩卡海绵蛋糕（Moka）

1块意式海绵蛋糕+朗姆酒糖浆（请参阅第258页）+咖啡黄油奶油（请参阅第345页）+烤杏仁片

1. 将海绵蛋糕横切成两片。浸入朗姆酒糖浆后取出。
2. 取一片蛋糕抹上咖啡黄油奶油。盖上另一片蛋糕。将咖啡黄油奶油从上至下涂抹，直至覆盖整个蛋糕。
3. 用抹刀将蛋糕塑形并装饰。
4. 用杏仁片装饰蛋糕表面。

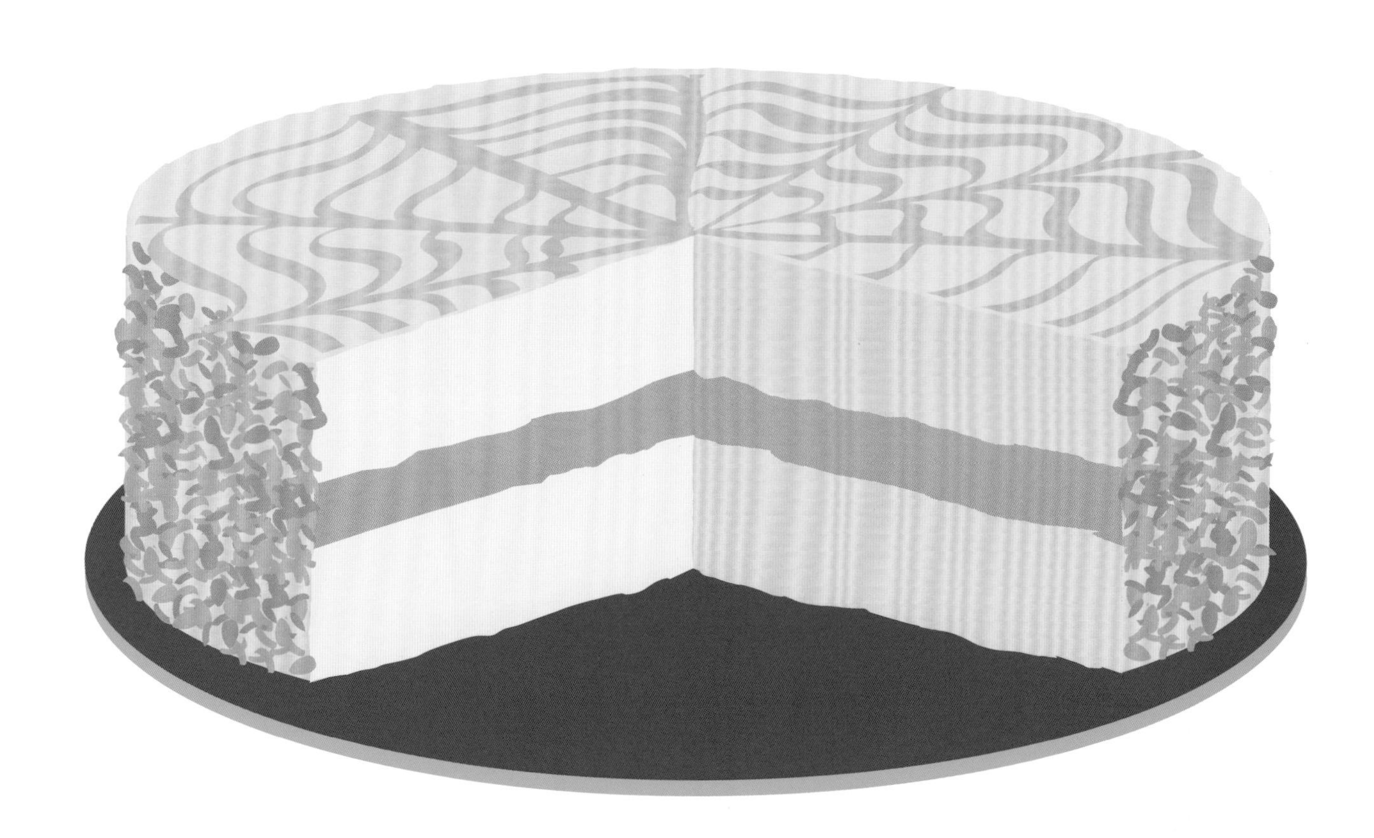

摩卡海绵蛋糕创意

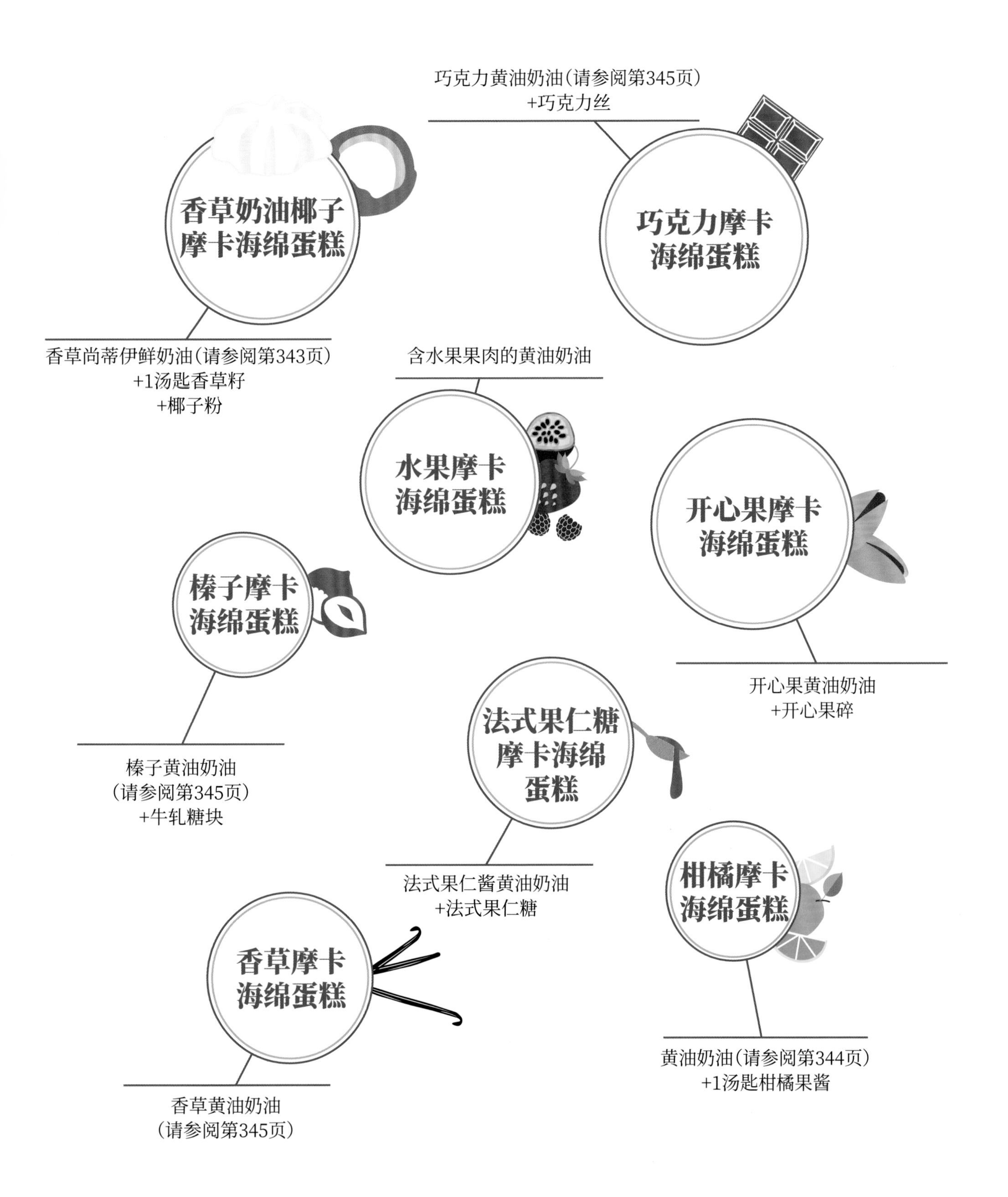
巧克力黄油奶油（请参阅第345页）
+巧克力丝
香草奶油椰子摩卡海绵蛋糕
巧克力摩卡海绵蛋糕
香草尚蒂伊鲜奶油（请参阅第343页）
+1汤匙香草籽
+椰子粉
含水果果肉的黄油奶油
水果摩卡海绵蛋糕
开心果摩卡海绵蛋糕
榛子摩卡海绵蛋糕
开心果黄油奶油
+开心果碎
法式果仁糖摩卡海绵蛋糕
榛子黄油奶油
（请参阅第345页）
+牛轧糖块
法式果仁酱黄油奶油
+法式果仁糖
柑橘摩卡海绵蛋糕
香草摩卡海绵蛋糕
黄油奶油（请参阅第344页）
+1汤匙柑橘果酱
香草黄油奶油
（请参阅第345页）

黑森林蛋糕（Forêt-noire）

1块巧克力意式海绵蛋糕+樱桃酒糖浆（请参阅第259页）+尚蒂伊鲜奶油（请参阅第342页）+车厘子果酱+巧克力屑+黑樱桃

1. 将海绵蛋糕横切成等厚的三片。将一片蛋糕片浸入樱桃酒糖浆后取出。
2. 在两层蛋糕片上分别涂抹尚蒂伊鲜奶油和车厘子果酱，并将三层蛋糕组合起来。
3. 用尚蒂伊鲜奶油覆盖整个蛋糕，在蛋糕侧面撒上巧克力屑。用黑樱桃和鲜奶油装饰。食用前冷藏保存。

替代尚蒂伊鲜奶油和果酱的创意食谱

黑巧克力奶油（请参阅第347页）+可可粉
斯派库鲁斯饼干涂抹酱（请参阅第371页）+肉桂糖粉
巧克力酱+榛子粉
杏仁水果涂抹酱（请参阅第371页）+糖渍橙子片
香草卡仕达酱+新鲜水果
咖啡卡仕达酱（请参阅第341页）+巧克力屑
马斯卡彭奶酪奶油（请参阅第348页）+新鲜水果
苦橙果酱（请参阅第367页）+尚蒂伊鲜奶油+橙子丁

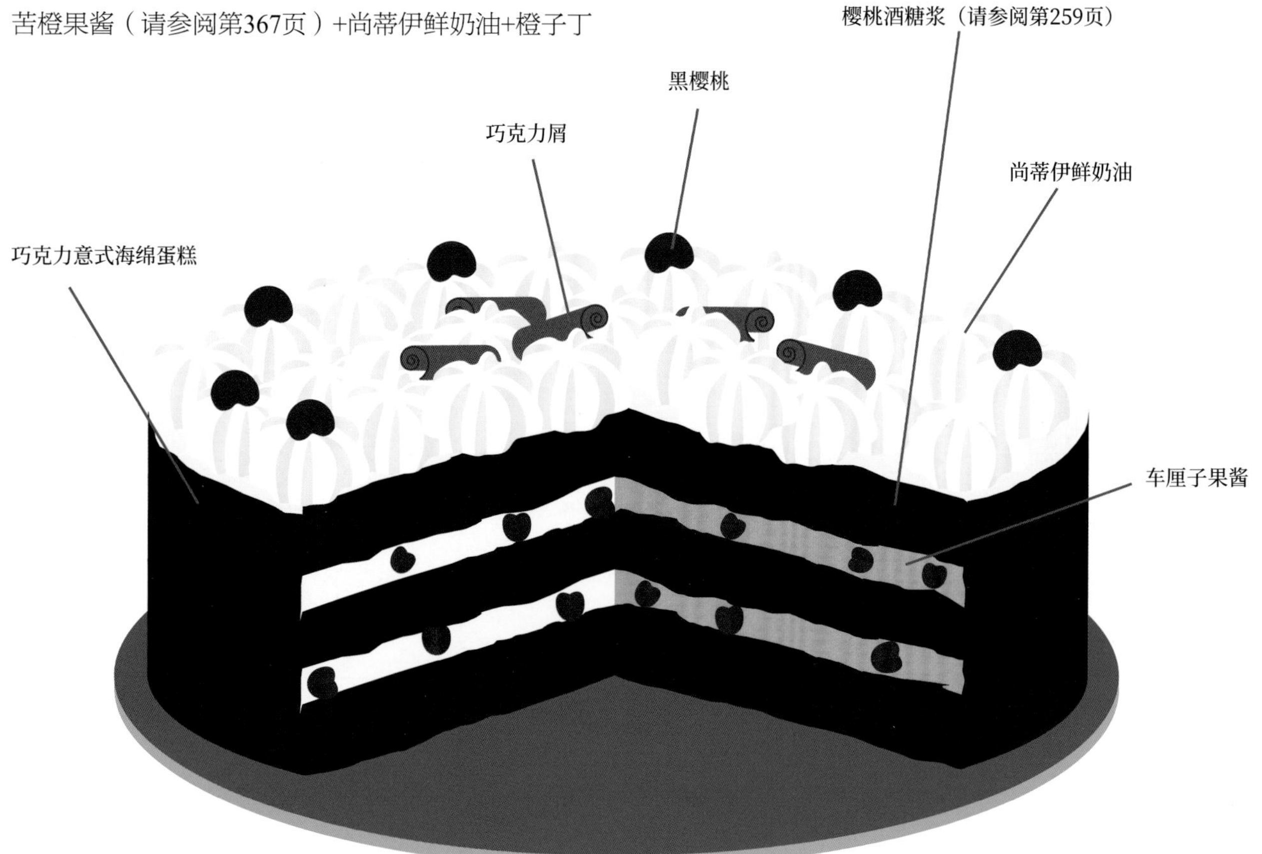

白森林蛋糕（Forêt blanche）

1块意式海绵蛋糕+香草糖浆+1大碗尚蒂伊鲜奶油（请参阅第342页）+250克草莓

1 将海绵蛋糕横切成等厚的三片，浸入香草糖浆后取出。

2 在两层蛋糕上涂抹尚蒂伊鲜奶油，加入草莓。 盖上另一层蛋糕。

3 用尚蒂伊鲜奶油覆盖整个蛋糕。用刮刀抹平，冷藏1小时。用草莓进行装饰。

趣味创意

红色浆果+马斯卡彭奶酪奶油（请参阅第348页）
薰衣草蜂蜜杏子果泥+香草尚蒂伊鲜奶油（请参阅第343页）
树莓+开心果尚蒂伊鲜奶油
桃子马鞭草糖浆+尚蒂伊鲜奶油（请参阅第342页）
桑葚+紫罗兰尚蒂伊鲜奶油（请参阅第343页）
焦糖苹果果泥+尚蒂伊鲜奶油（请参阅第342页）
无花果+烤核桃+香草尚蒂伊鲜奶油（请参阅第343页）
菠萝块+尚蒂伊鲜奶油（请参阅第342页）
芒果+绿柠檬皮+尚蒂伊鲜奶油（请参阅第342页）
草莓大黄果泥+尚蒂伊鲜奶油（请参阅第342页）

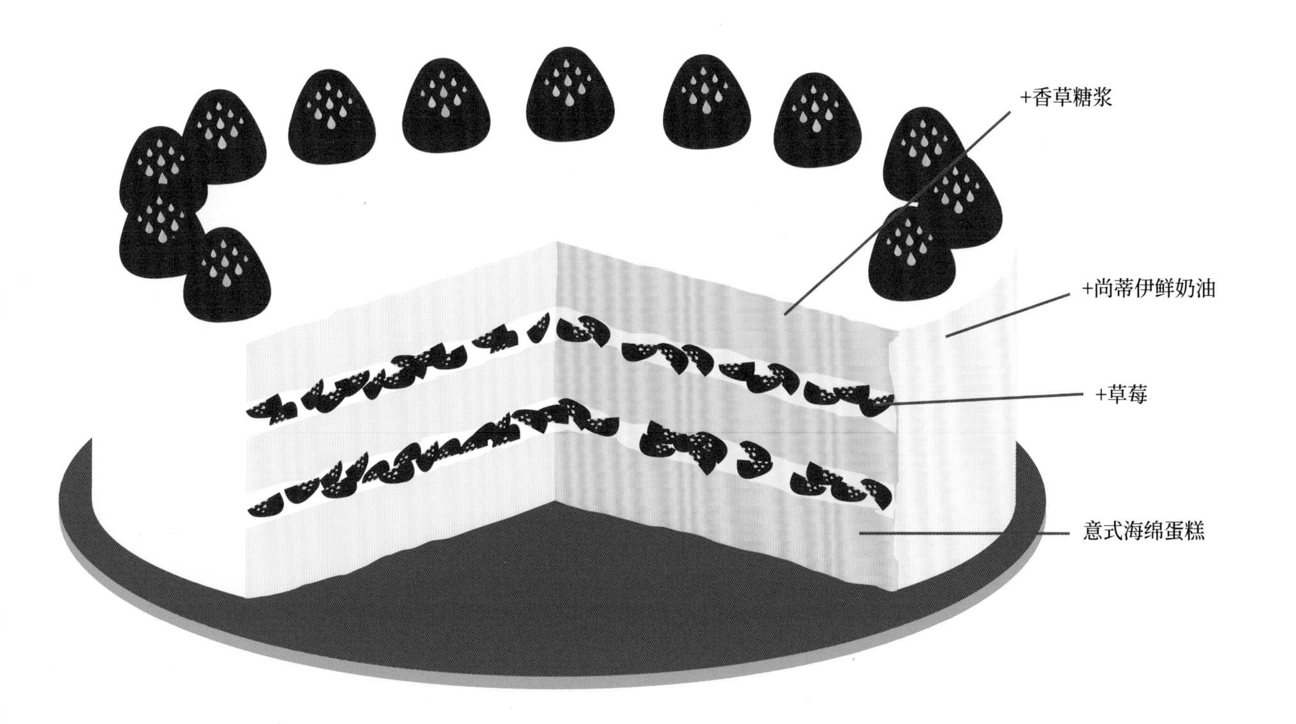

海绵蛋糕卷

制作方法

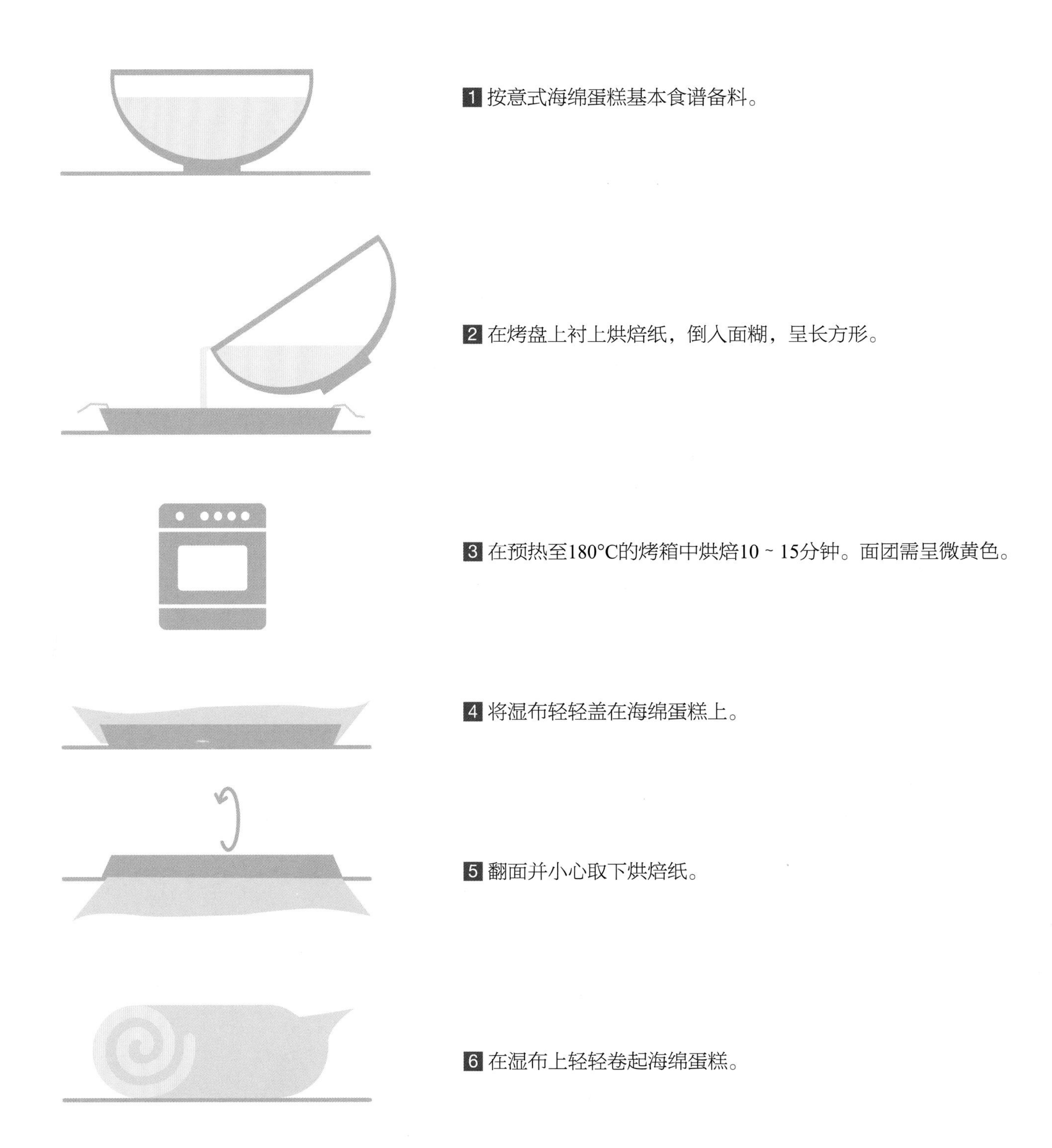

1 按意式海绵蛋糕基本食谱备料。

2 在烤盘上衬上烘焙纸，倒入面糊，呈长方形。

3 在预热至180°C的烤箱中烘焙10 ~ 15分钟。面团需呈微黄色。

4 将湿布轻轻盖在海绵蛋糕上。

5 翻面并小心取下烘焙纸。

6 在湿布上轻轻卷起海绵蛋糕。

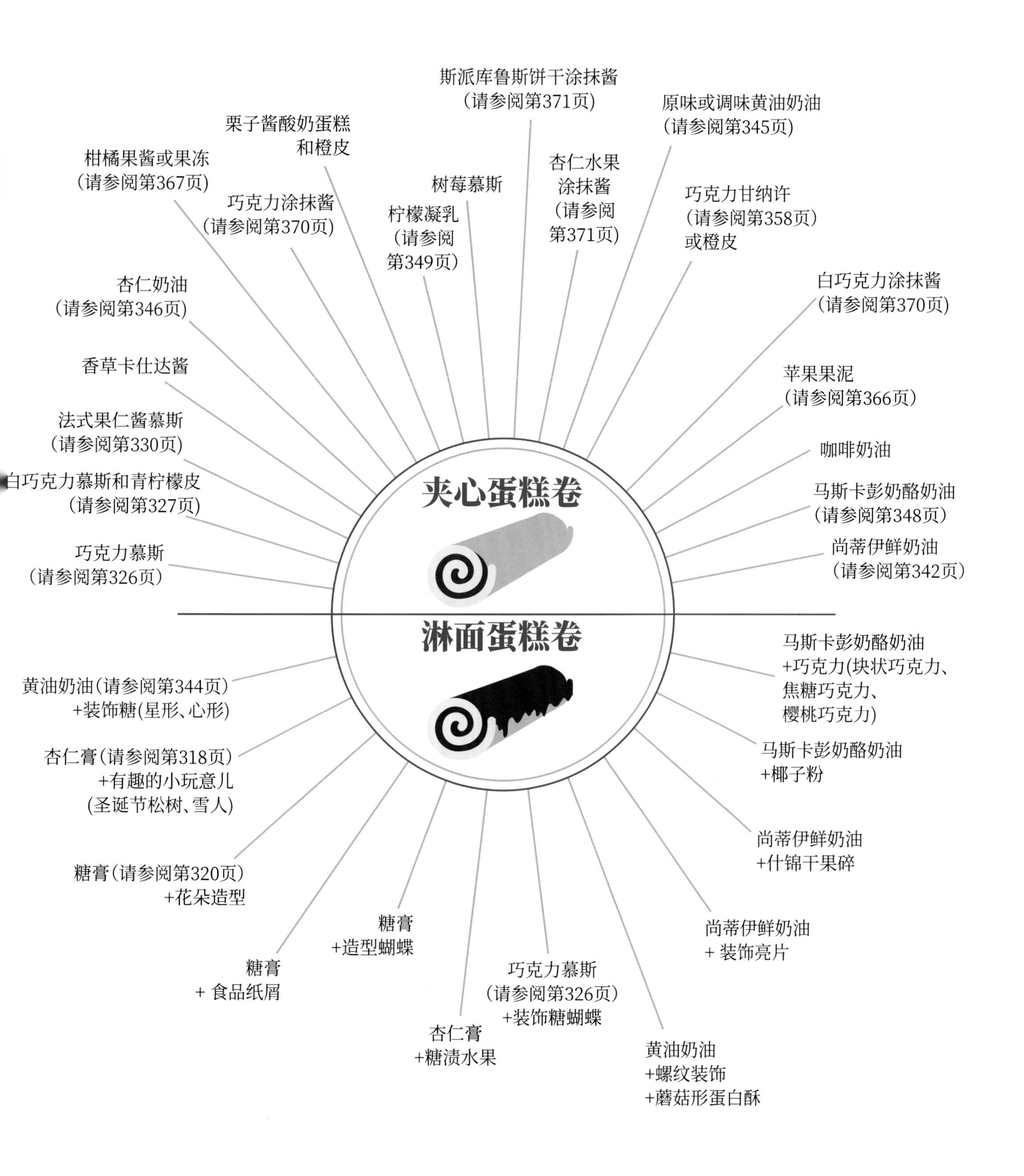
斯派库鲁斯饼干涂抹酱
（请参阅第371页）
原味或调味黄油奶油
（请参阅第345页）
栗子酱酸奶蛋糕
和橙皮
柑橘果酱或果冻
（请参阅第367页）
杏仁水果
涂抹酱
（请参阅
第371页）
树莓慕斯
巧克力涂抹酱
（请参阅第370页）
柠檬凝乳
（请参阅
第349页）
巧克力甘纳许
（请参阅第358页）
或橙皮
杏仁奶油
（请参阅第346页）
白巧克力涂抹酱
（请参阅第370页）
香草卡仕达酱
苹果果泥
（请参阅第366页）
法式果仁酱慕斯
（请参阅第330页）
咖啡奶油
白巧克力慕斯和青柠檬皮
（请参阅第327页）
马斯卡彭奶酪奶油
（请参阅第348页）
巧克力慕斯
（请参阅第326页）
尚蒂伊鲜奶油
（请参阅第342页）
夹心蛋糕卷
淋面蛋糕卷
马斯卡彭奶酪奶油
+巧克力(块状巧克力、
焦糖巧克力、
樱桃巧克力)
黄油奶油（请参阅第344页）
+装饰糖(星形、心形)
杏仁膏（请参阅第318页）
+有趣的小玩意儿
(圣诞节松树、雪人)
马斯卡彭奶酪奶油
+椰子粉
尚蒂伊鲜奶油
+什锦干果碎
糖膏（请参阅第320页）
+花朵造型
尚蒂伊鲜奶油
+ 装饰亮片
糖膏
+造型蝴蝶
糖膏
+ 食品纸屑
巧克力慕斯
（请参阅第326页）
+装饰糖蝴蝶
杏仁膏
+糖渍水果
黄油奶油
+螺纹装饰
+蘑菇形蛋白酥

乌龟蛋糕

制作方法

1个冷却的海绵蛋糕卷（请参阅第114页）+1份奶油或慕斯（请参阅第338页或326页）+糖膏（或杏仁膏）

1 将海绵蛋糕卷切成1厘米厚的片。

2 在大碗中衬上保鲜膜。将蛋糕片铺在大碗中并贴紧。

3 倒入奶油或慕斯。

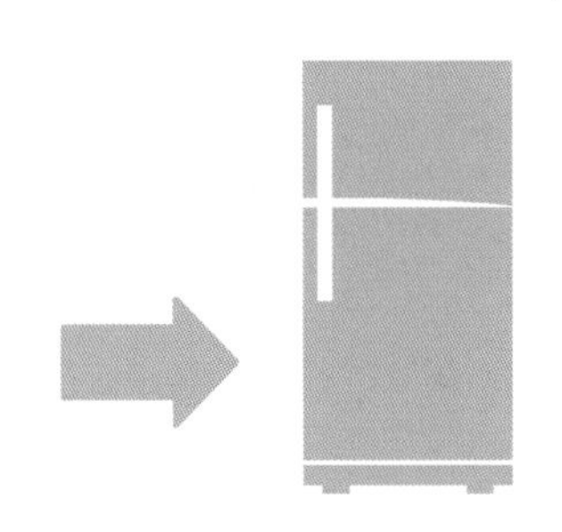

4 冷藏1小时以上。

5 脱模，置于盘子上，并用糖膏或杏仁膏制成头、四肢和尾巴。用球状的食用材料或糖果制成眼睛。

趣味创意

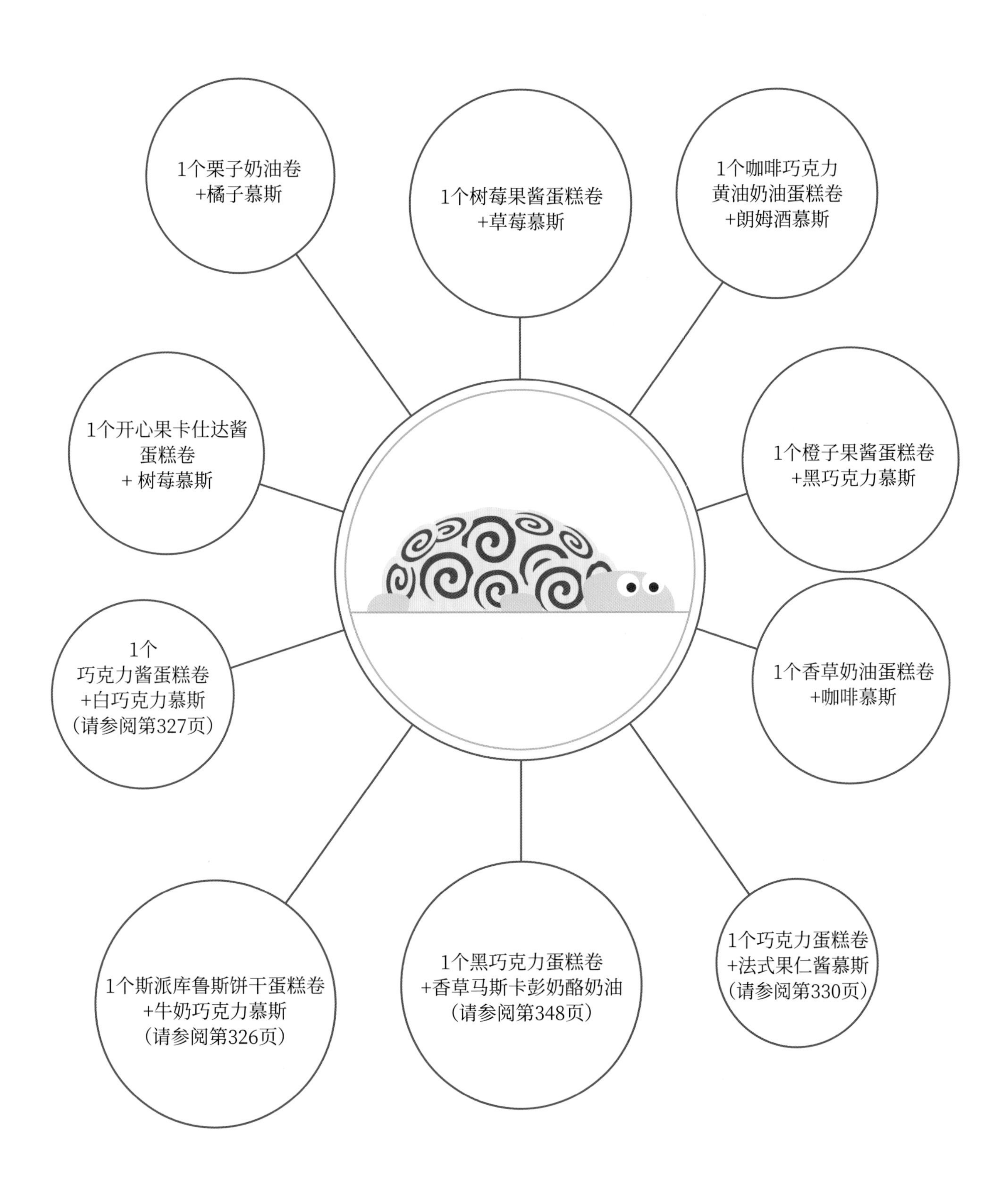

1个栗子奶油卷
+橘子慕斯
1个树莓果酱蛋糕卷
+草莓慕斯
1个咖啡巧克力
黄油奶油蛋糕卷
+朗姆酒慕斯
1个开心果卡仕达酱
蛋糕卷
+ 树莓慕斯
1个橙子果酱蛋糕卷
+黑巧克力慕斯
1个
巧克力酱蛋糕卷
+白巧克力慕斯
（请参阅第327页）
1个香草奶油蛋糕卷
+咖啡慕斯
1个斯派库鲁斯饼干蛋糕卷
+牛奶巧克力慕斯
（请参阅第326页）
1个黑巧克力蛋糕卷
+香草马斯卡彭奶酪奶油
（请参阅第348页）
1个巧克力蛋糕卷
+法式果仁酱慕斯
（请参阅第330页）

海绵蛋糕造型装饰甜品

制作方法

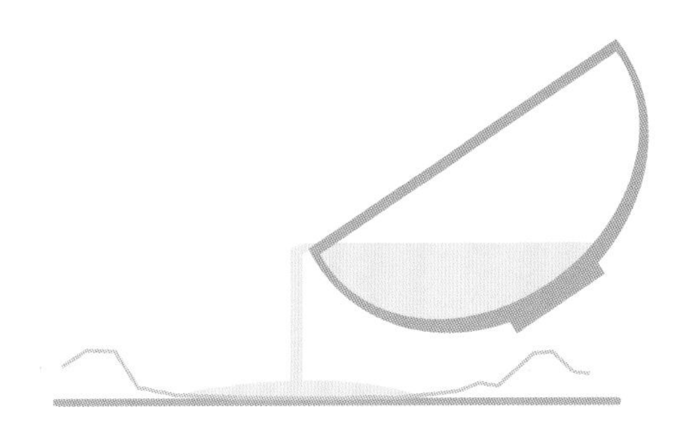

1 像做海绵蛋糕卷一样，将海绵蛋糕的面糊摊在烤盘上。

2 在预热至180°C的烤箱中烘焙10～25分钟，静置冷却。

3 用造型模具切成圆形、心形或星形等。

4 用巧克力或糖浆浇上淋面。插在甜品上（慕斯、奶油、糖渍水果、水果沙拉）。

速成蛋糕杯

4层提拉米苏蛋糕杯
2块浸过咖啡的海绵蛋糕
+咖啡马斯卡彭奶酪奶油（请参阅第348页）
+可可粉

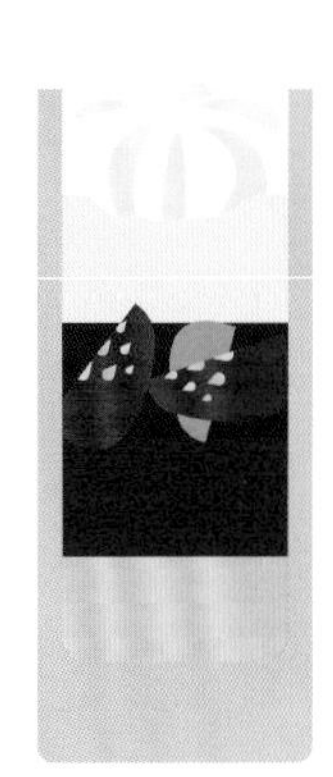

糖渍草莓蛋糕杯
1块圆形海绵蛋糕
+草莓果酱
+草莓块
+香草冰淇淋
+尚蒂伊鲜奶油（请参阅第342页）

薰衣草杏子蛋糕杯
1块圆形海绵蛋糕
+薰衣草糖浆
+杏子果泥（请参阅第366页）
+尚蒂伊鲜奶油

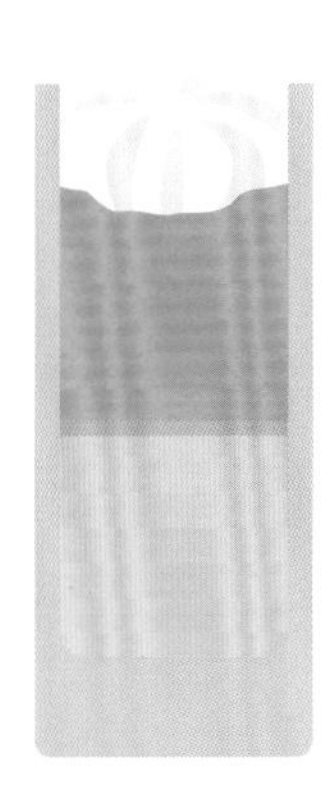

巧克力蛋糕杯
3块圆形海绵蛋糕
+黑巧克力慕斯（请参阅第326页）
+可可粉

什锦水果蛋糕杯
1块圆形海绵蛋糕
+香草卡仕达酱
+新鲜水果丁

经典蛋糕：草莓蛋糕（Fraisier）

2片海绵蛋糕+600毫升慕斯琳奶油+糖浆（请参阅第258页）+500克草莓+1片杏仁膏（请参阅第318页）+1份草莓果酱（添加1袋果胶粉以制成镜面）

1 将一片约5厘米厚的海绵蛋糕放在蛋糕操作台上。
2 抹上糖浆。倒上一层慕斯琳奶油。
3 将切成两半的草莓放在蛋糕片的侧面。
4 倒入慕斯琳奶油，然后在奶油中放入草莓。
5 将另一片蛋糕浸泡在糖浆中，然后将其放在慕斯琳奶油上。
6 盖上杏仁膏片，浇上草莓果酱。
7 用草莓装饰蛋糕。

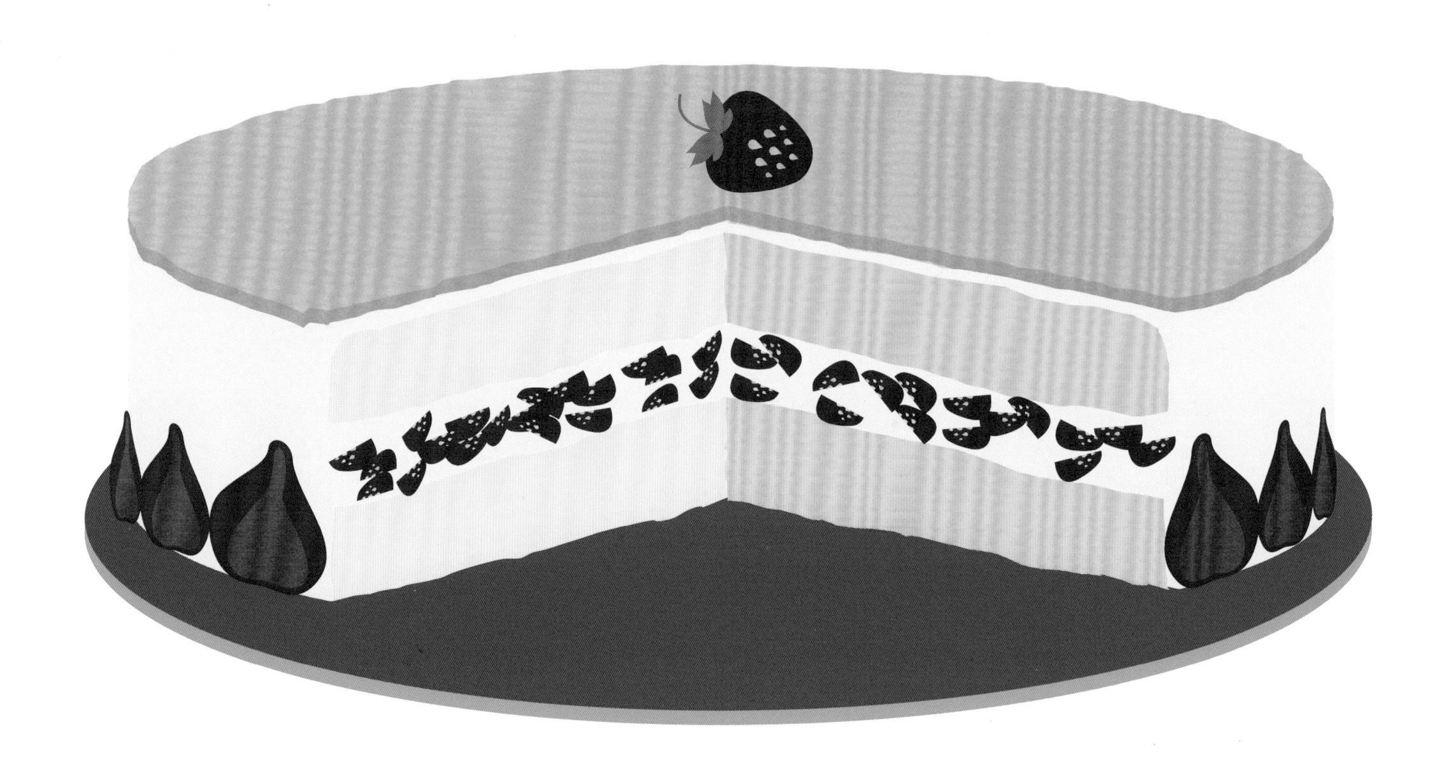

趣味创意

海绵挞

用海绵蛋糕可轻松制成海绵挞。以下是一些令人无法拒绝的小创意。

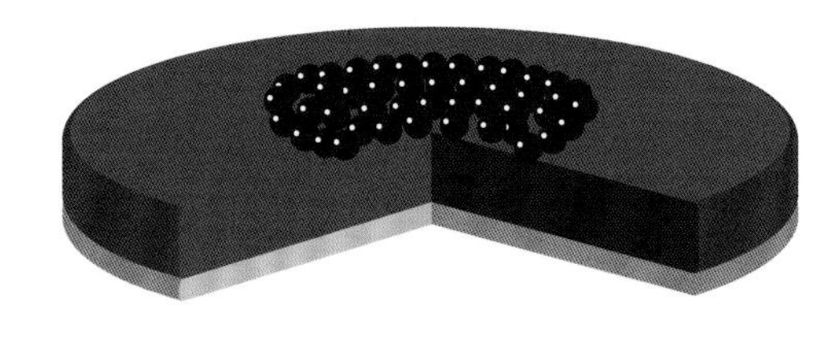

1片海绵蛋糕
+巧克力慕斯（请参阅第326页）
+黑樱桃

1片海绵蛋糕
+巧克力甘纳许
+巧克力屑和糖渍姜块

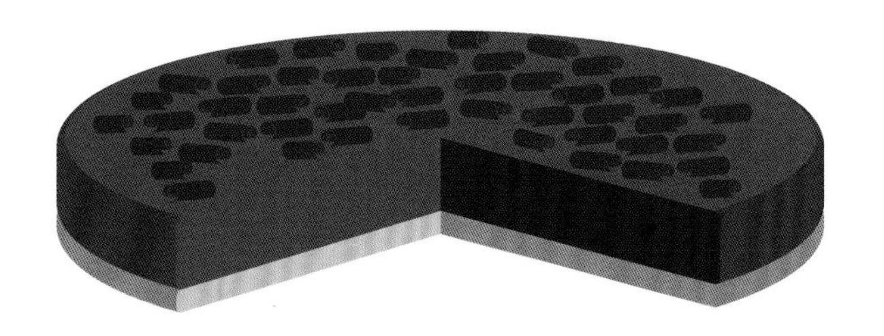

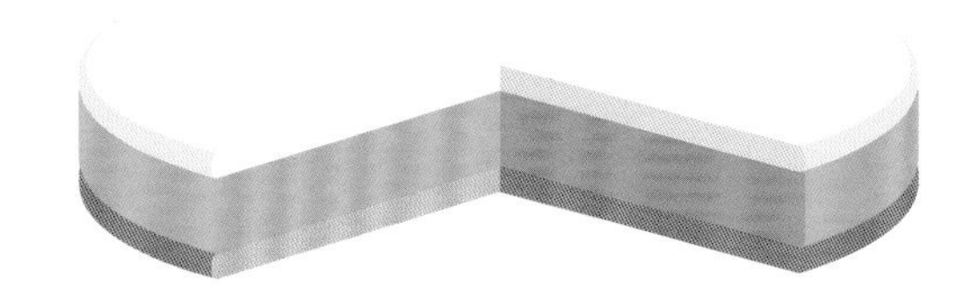

1片海绵蛋糕
+加果胶的苹果榅桲果泥
+尚蒂伊鲜奶油（请参阅第342页）

1片海绵蛋糕
+卡仕达酱（请参阅第340页）
+红色浆果

1片海绵蛋糕
+焦糖甘纳许
+梨子糖浆

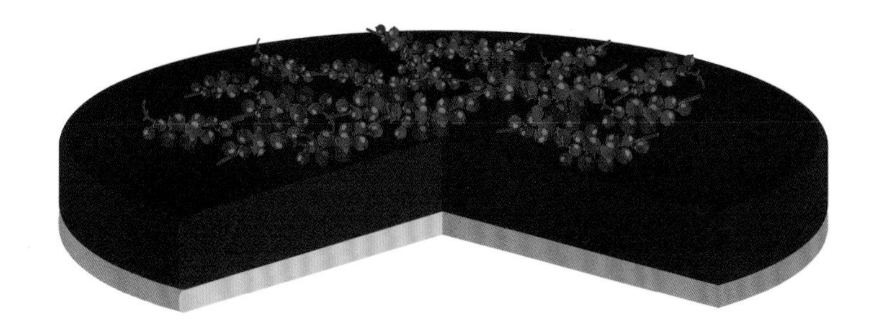

1片海绵蛋糕
+树莓慕斯
+醋栗

1片海绵蛋糕
+黑巧克力甘纳许
+什锦干果

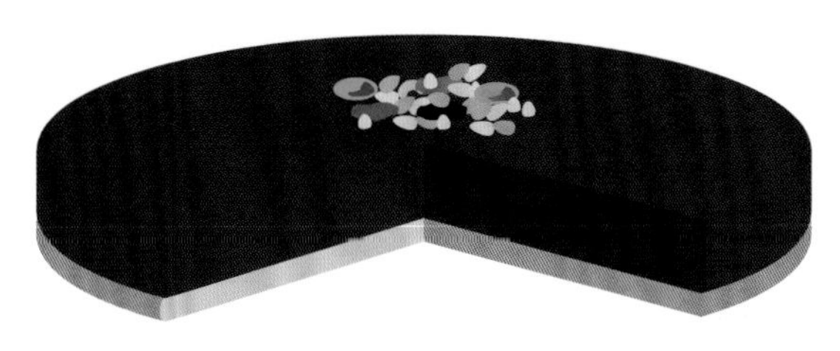

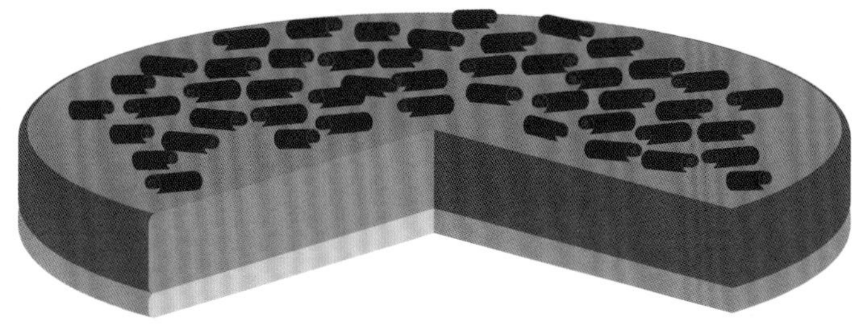

1片海绵蛋糕
+咖啡糕点奶油
+巧克力屑

1片海绵蛋糕
+柠檬奶酪蛋糕馅料
（奶酪奶油+白奶酪
+柠檬 +琼脂）

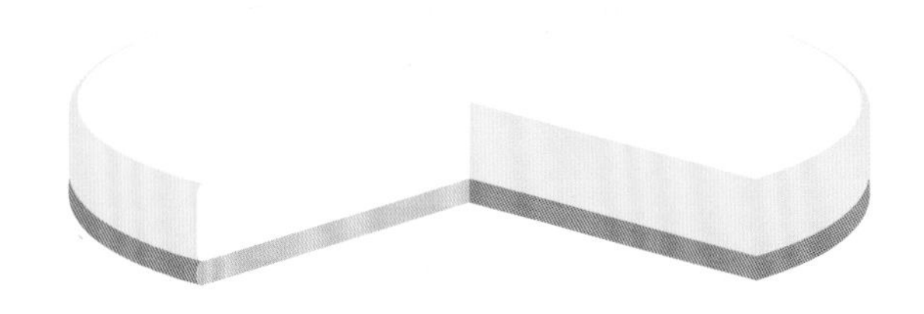

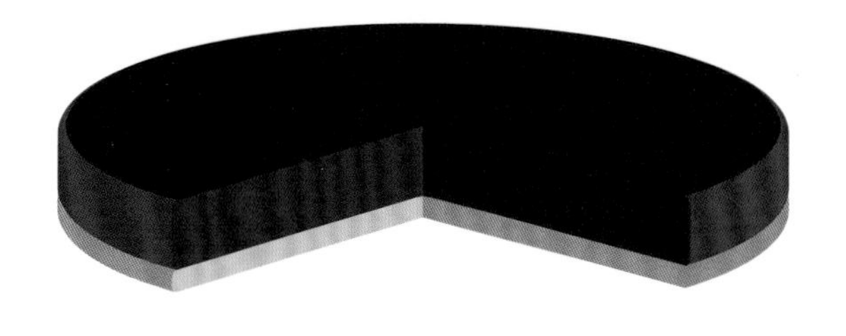

1片海绵蛋糕
+蓝莓奶酪蛋糕馅料

1片海绵蛋糕
+法式果仁酱慕斯琳奶油
+尚蒂伊鲜奶油（请参阅第342页）

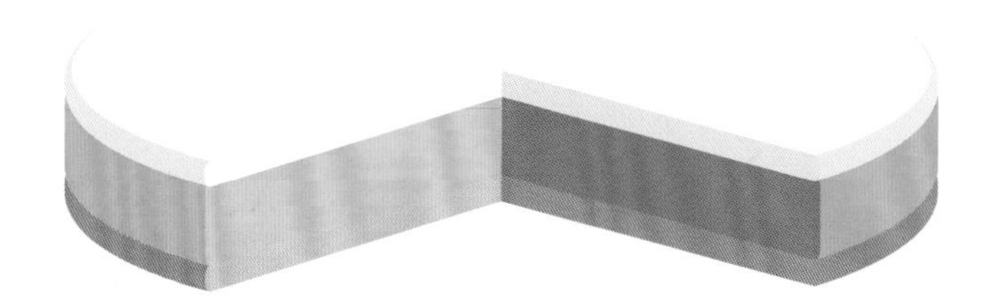

用海绵蛋糕余料制作的松露蛋糕或棒棒糖蛋糕

制作方法

1 将小块海绵蛋糕放入搅拌机中。

2 将它们与黏性剂（例如甘纳许或涂抹酱）混合搅拌。

3 制成松露形并装饰。

4 将松露蛋糕放入盒中，或插上木扦制成棒棒糖蛋糕。

趣味创意

牛奶巧克力甘纳许（请参阅第358页）+榛子粉

甘纳许（请参阅第358页）+开心果粉

巧克力酱+巧克力条

柠檬凝乳（请参阅第349页）+杏仁粉

斯派库鲁斯饼干涂抹酱（请参阅第371页）+心形糖果

法式果仁酱甘纳许+法式果仁酱淋面

醋栗果冻+彩色糖

马斯卡彭奶酪奶油（请参阅第348页）+糖膏（请参阅第320页）

涂抹酱+椰蓉

黄油奶油（请参阅第344页）+杏仁膏（请参阅第318页）

其他海绵蛋糕

萨瓦饼干

4个鸡蛋
150克糖
40克面粉
6克玉米淀粉
2克盐
黄油

1. 将烤箱预热至180°C。
2. 分离蛋清和蛋黄。打发蛋黄和糖，制成泡沫状的混合物。慢慢加入面粉和玉米淀粉。
3. 打发加盐的蛋清，轻轻加入其他混合物。
4. 倒入涂抹过黄油的模具中。烘焙约40分钟。

慕斯琳饼干或蛋糕

4个鸡蛋
240克糖
60克面粉
60克玉米淀粉
黄油

1. 将烤箱预热至150°C。
2. 分离蛋清和蛋黄。将糖倒在蛋黄中，并打发成泡沫状。
3. 打发蛋清。在蛋黄和糖的混合物中加入一半蛋清。加入面粉和玉米淀粉，然后加入另一半蛋清。轻轻混合。倒入涂抹过黄油的模具中。烘焙35分钟。

欢迎饼干

6个鸡蛋
300克糖
150克面粉
150克玉米淀粉
150克融化黄油

1. 将糖和鸡蛋水浴加热。
2. 加入面粉、玉米淀粉和融化的黄油，充分搅拌。
3. 倒入涂抹过黄油的模具中。
4. 将烤箱预热至160°C，烘焙20分钟。

维多利亚女王蛋糕

200克糖
200克常温切块淡黄油
4个鸡蛋
200克面粉
2克盐
1袋发酵粉

1. 将烤箱预热至180°C。
2. 将糖倒入大碗中，加入切成块的黄油。搅打黄油至起泡。
3. 将鸡蛋一个一个打入混合物中，然后倒入面粉、盐和发酵粉。充分搅拌。
4. 倒入衬有烘焙纸的模具中，烘焙50分钟至1小时。

达克瓦兹酥饼

Biscuit dacquoise

达克瓦兹面团是一种用蛋白酥和杏仁制成的酥饼面团，通常用于制作欢迎甜点、装饰甜点和达克瓦兹蛋糕。

这种饼干起源于法国西南地区，也称为波城饼干（Palois），由两至三层蛋白酥饼及黄油奶油夹心组成。

达克瓦兹酥饼基本食谱

制作1层达克瓦兹酥饼 • 准备时间：15分钟 • 静置时间：15分钟 • 烘焙时间：20分钟

- 3个蛋清
- 130克糖粉
- 130克杏仁粉
- 30克白砂糖
- 2克盐
- 装饰糖粉

1 将2克盐加入蛋清，打发。在搅打过程中加入白砂糖。

2 将烤箱预热至160°C。

3 将糖粉和杏仁粉在碗中混合。添加到之前的混合物中，用刮刀轻轻混合。

4 倒入裱花袋中。将烘焙纸垫在烤盘中，然后将混合物挤成圆形、正方形或长方形的蛋白酥饼。

5 撒上适量装饰糖粉，静置15分钟，然后再次撒上装饰糖粉。烘焙约30分钟。

达克瓦兹蛋糕传统食谱

- 3层达克瓦兹酥饼
- 30克细砂糖
- 70克糖粉
- 80克杏仁粉
- 法式果仁酱黄油奶油
- 装饰糖粉

1 按照基本食谱中达克瓦兹酥饼的制作方法，用较大的圆形模具制成3个相同尺寸的酥饼。

2 放好第一层酥饼，然后挤上法式果仁酱黄油奶油。

3 放好第二层酥饼，然后挤上法式果仁酱黄油奶油。将最后一层达克瓦兹酥饼放在奶油上。

4 食用前撒上糖粉。

代替130克杏仁粉

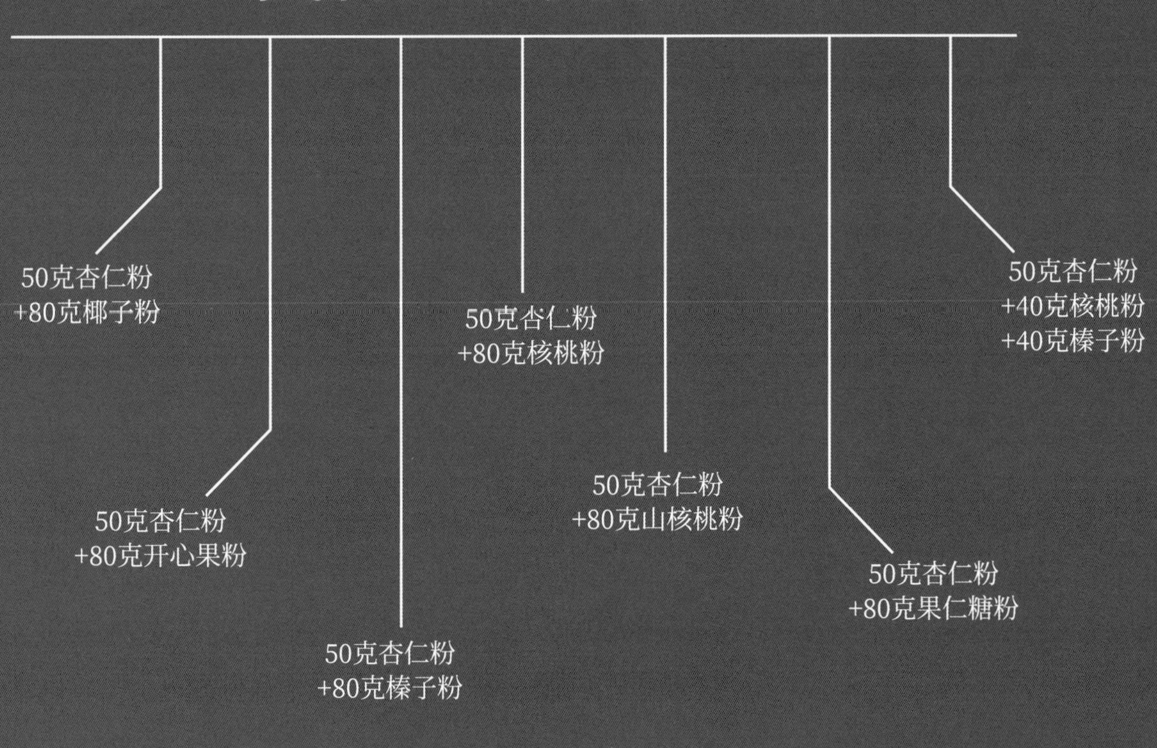

基本食谱

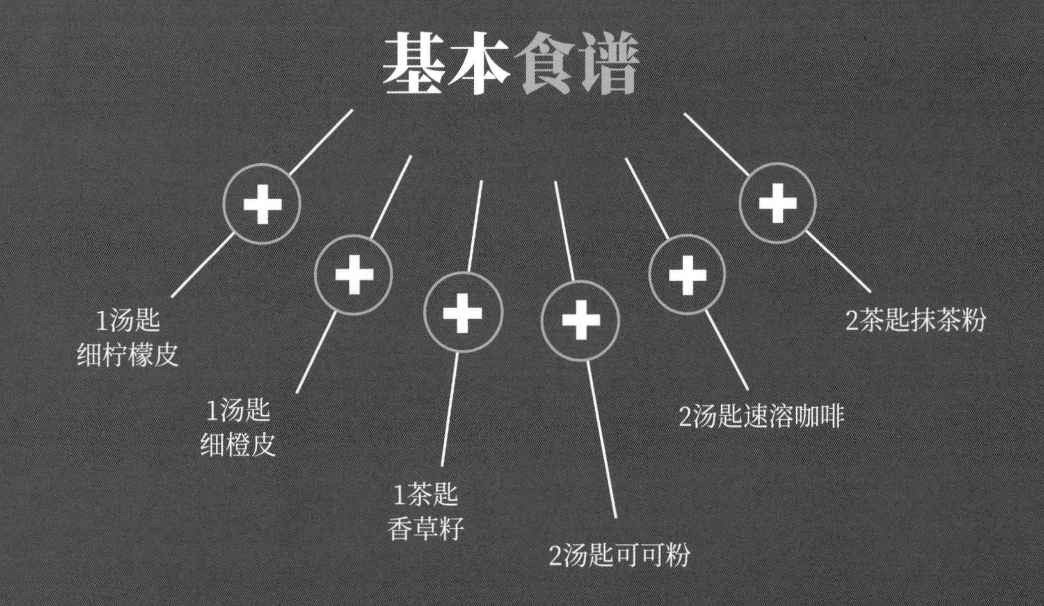

不添加水果的达克瓦兹蛋糕

核桃达克瓦兹蛋糕

2块达克瓦兹酥饼+核桃稀奶油+糖粉

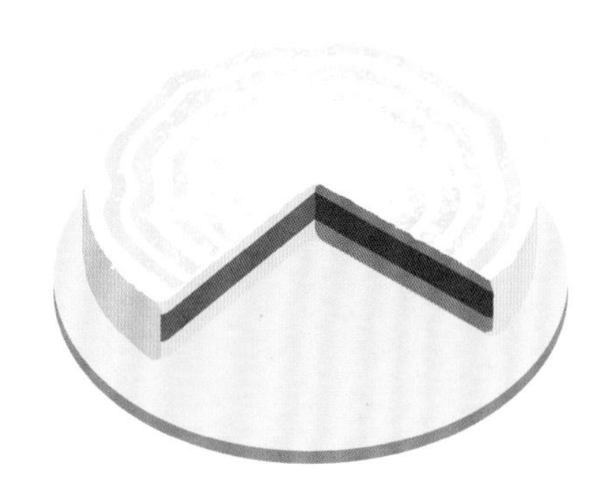

烤榛子巧克力达克瓦兹蛋糕

3块达克瓦兹酥饼+大粒烤榛子碎
+巧克力慕斯（请参阅第326页）

1. 准备巧克力慕斯。
2. 在第一层达克瓦兹酥饼上撒上烤榛子碎，抹上巧克力慕斯。
3. 盖上第二层达克瓦兹酥饼，重复以上步骤。盖上第三层达克瓦兹酥饼，抹上巧克力慕斯。撒上烤榛子碎。

橙味尚蒂伊鲜奶油达克瓦兹蛋糕

2块达克瓦兹酥饼+橙味尚蒂伊鲜奶油（请参阅第343页）+糖粉

法式果仁酱达克瓦兹蛋糕

2块达克瓦兹酥饼+稀黄油奶油+法式果仁酱+焦糖榛子+糖粉

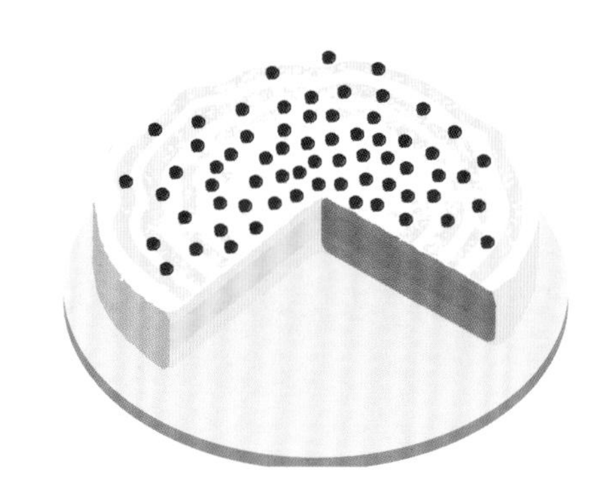

三味巧克力达克瓦兹蛋糕

4块方形达克瓦兹酥饼+白巧克力慕斯（请参阅第327页）+牛奶巧克力慕斯（请参阅第326页）+黑巧克力慕斯（请参阅第326页）+可可粉

1. 准备巧克力慕斯。
2. 放置1个方形的达克瓦兹酥饼，抹上黑巧克力慕斯，盖上一层方形的达克瓦兹酥饼，抹上白巧克力慕斯，盖上第三层方形的达克瓦兹酥饼，抹上牛奶巧克力慕斯。撒上可可粉。

海盐焦糖慕斯达克瓦兹蛋糕

2块达克瓦兹酥饼+海盐焦糖慕斯

咖啡奶油达克瓦兹蛋糕

2块达克瓦兹酥饼+咖啡尚蒂伊鲜奶油（请参阅第343页）

香草达克瓦兹蛋糕

2块达克瓦兹酥饼+香草黄油奶油（请参阅第345页）+糖粉

糖渍栗子奶油达克瓦兹蛋糕

2块达克瓦兹酥饼+朗姆酒栗子奶油+香草尚蒂伊鲜奶油（请参阅第343页）+糖渍栗子碎

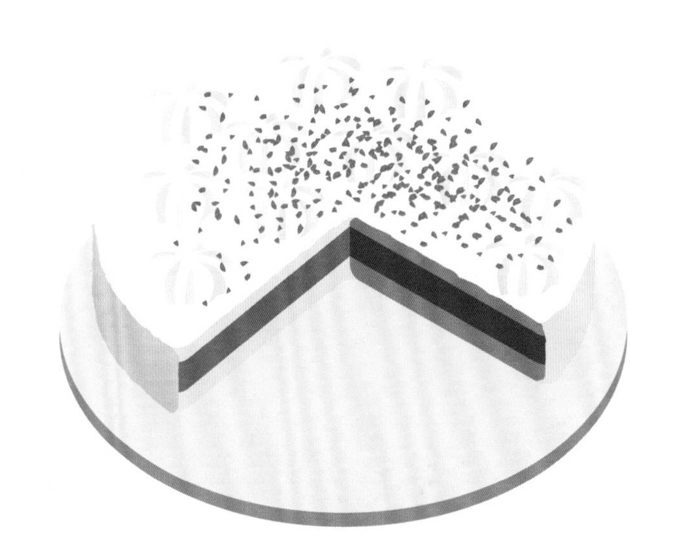

顿加豆达克瓦兹蛋糕

2块达克瓦兹酥饼+顿加豆慕斯（请参阅第331页）+巧克力尚蒂伊鲜奶油（请参阅第343页）

水果夹心达克瓦兹蛋糕

开心果达克瓦兹蛋糕

2块达克瓦兹酥饼+稀黄油奶油+开心果涂抹酱 +树莓+糖粉

杏子尚蒂伊鲜奶油达克瓦兹蛋糕

2块达克瓦兹酥饼+杏子果泥（请参阅第366页）+尚蒂伊鲜奶油（请参阅第342页）

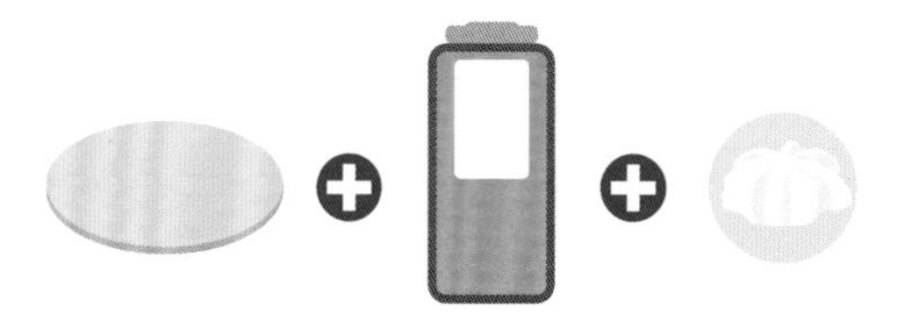

树莓达克瓦兹蛋糕

2块达克瓦兹酥饼+开心果慕斯（请参阅第330页）+新鲜树莓

菠萝绿柠檬达克瓦兹蛋糕

2块方形达克瓦兹酥饼+白巧克力奶油（请参阅第347页）配绿柠檬+切块菠萝

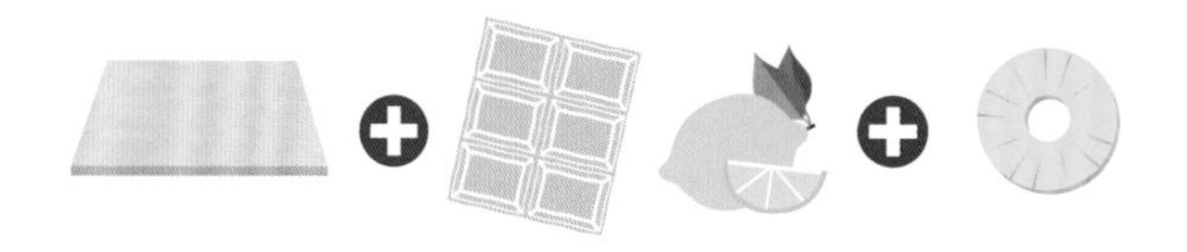

草莓达克瓦兹蛋糕

2块达克瓦兹酥饼+香草黄油奶油+草莓+提亮的草莓果酱

黑森林达克瓦兹蛋糕

2块达克瓦兹酥饼+黑巧克力奶油（请参阅第347页）+黑樱桃+黑樱桃果冻

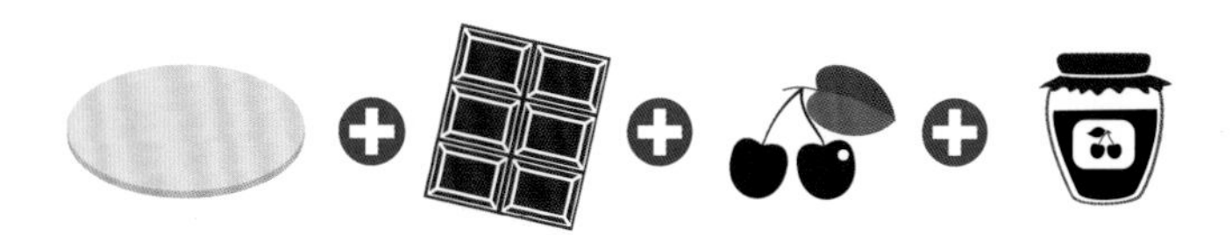

巴伐利亚树莓达克瓦兹蛋糕

2块达克瓦兹酥饼+树莓慕斯+树莓镜面（请参阅第356页）

巴伐利亚桑葚达克瓦兹蛋糕

2块达克瓦兹酥饼+桑葚慕斯+桑葚镜面

柚子达克瓦兹蛋糕

2块达克瓦兹酥饼+柚子慕斯+柑橘镜面

抹茶榅桲达克瓦兹蛋糕

2块达克瓦兹酥饼+抹茶慕斯+榅桲果冻镜面（请参阅第356页）

迷你达克瓦兹蛋糕

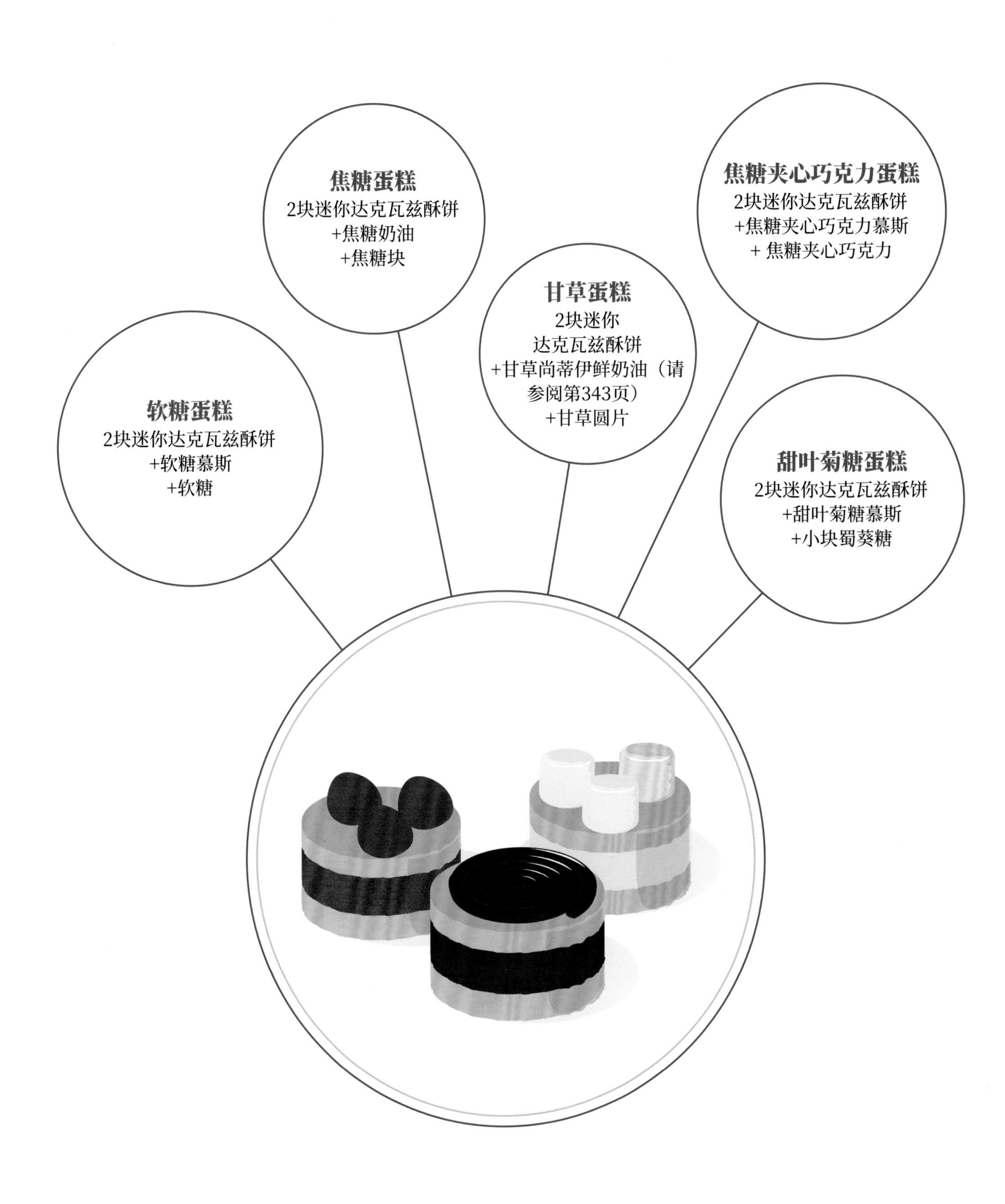

焦糖蛋糕
2块迷你达克瓦兹酥饼
+焦糖奶油
+焦糖块
焦糖夹心巧克力蛋糕
2块迷你达克瓦兹酥饼
+焦糖夹心巧克力慕斯
+ 焦糖夹心巧克力
甘草蛋糕
2块迷你
达克瓦兹酥饼
+甘草尚蒂伊鲜奶油（请参阅第343页）
+甘草圆片
软糖蛋糕
2块迷你达克瓦兹酥饼
+软糖慕斯
+软糖
甜叶菊糖蛋糕
2块迷你达克瓦兹酥饼
+甜叶菊糖慕斯
+小块蜀葵糖

简单夹心迷你达克瓦兹蛋糕

巧克力酱夹心达克瓦兹蛋糕

2块迷你达克瓦兹酥饼
+巧克力酱
+可可粉

花生黄油慕斯达克瓦兹蛋糕

2块方形迷你达克瓦兹酥饼
+花生黄油慕斯
+醋栗果冻

斯派库鲁斯饼干涂抹酱达克瓦兹蛋糕

2块方形迷你达克瓦兹酥饼
+斯派库鲁斯饼干涂抹酱（请参阅第371页）
+橙子果酱

柠檬凝乳达克瓦兹蛋糕

2块迷你达克瓦兹酥饼
+柠檬凝乳（请参阅第349页）
+糖渍柠檬皮

杏子涂抹酱达克瓦兹蛋糕

2块方形迷你达克瓦兹酥饼
+马斯卡彭奶酪奶油（请参阅第348页）
+杏子涂抹酱

冰淇淋树桩蛋糕

制作方法

2块长方形达克瓦兹酥饼+自选口味冰淇淋或雪葩+装饰物

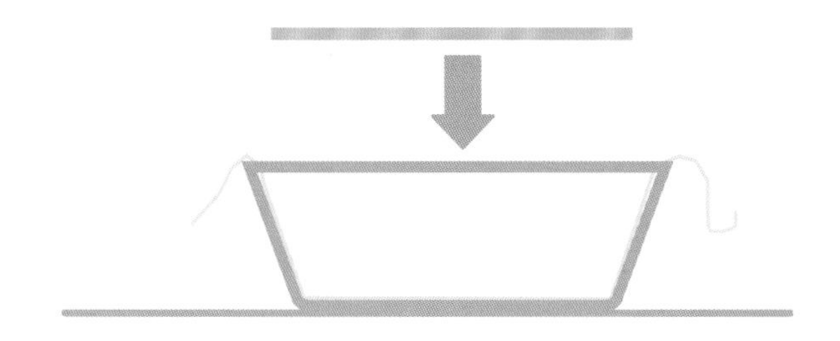

1 在蛋糕模具中铺上保鲜膜。放入长方形的达克瓦兹酥饼。

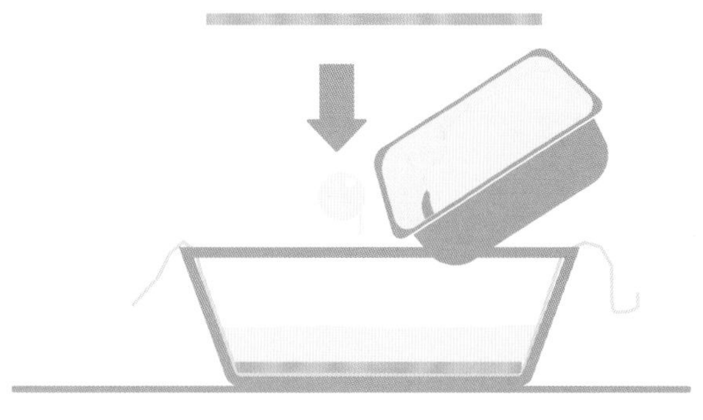

2 加入冰淇淋或雪葩。放入另一块长方形的达克瓦兹酥饼。

3 用冰淇淋或雪葩填满，撒上装饰物。

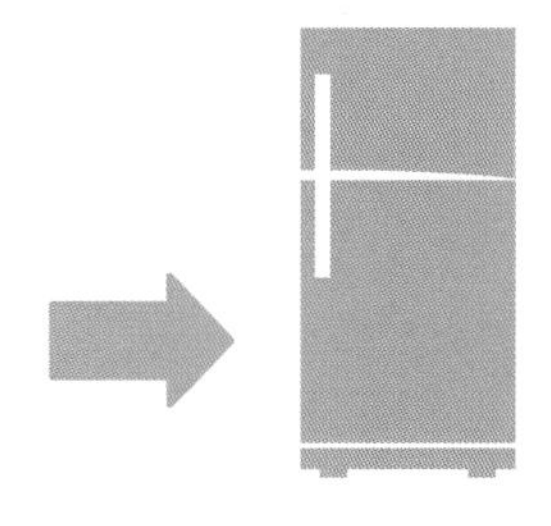

4 品尝前冷冻保存。

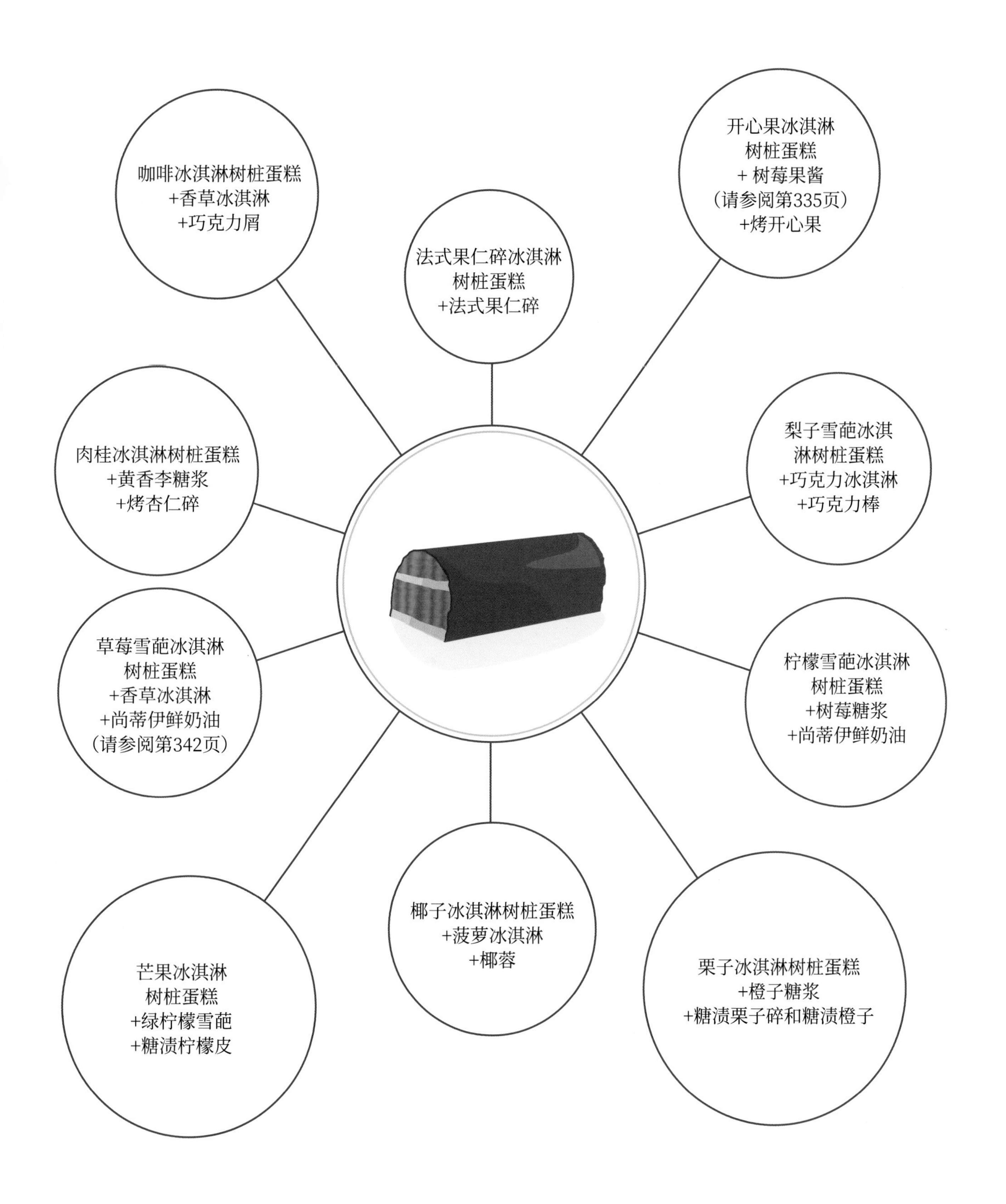
咖啡冰淇淋树桩蛋糕
+香草冰淇淋
+巧克力屑
法式果仁碎冰淇淋
树桩蛋糕
+法式果仁碎
开心果冰淇淋
树桩蛋糕
+ 树莓果酱
（请参阅第335页）
+烤开心果
肉桂冰淇淋树桩蛋糕
+黄香李糖浆
+烤杏仁碎
梨子雪葩冰淇
淋树桩蛋糕
+巧克力冰淇淋
+巧克力棒
草莓雪葩冰淇淋
树桩蛋糕
+香草冰淇淋
+尚蒂伊鲜奶油
（请参阅第342页）
柠檬雪葩冰淇淋
树桩蛋糕
+树莓糖浆
+尚蒂伊鲜奶油
芒果冰淇淋
树桩蛋糕
+绿柠檬雪葩
+糖渍柠檬皮
椰子冰淇淋树桩蛋糕
+菠萝冰淇淋
+椰蓉
栗子冰淇淋树桩蛋糕
+橙子糖浆
+糖渍栗子碎和糖渍橙子

如何使用达克瓦兹蛋糕余料？

达克瓦兹蛋糕杯

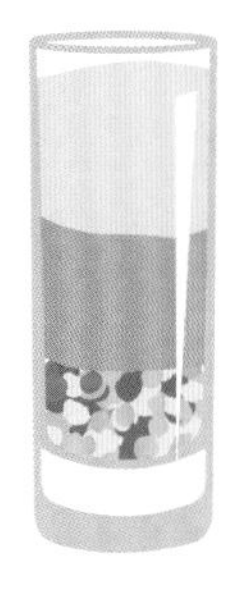

达克瓦兹蛋糕碎
+苹果果泥（请参阅第366页）
+香草英式奶油（请参阅第338页）

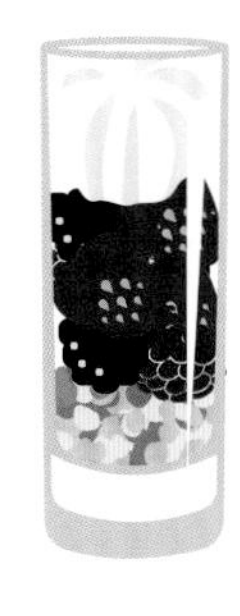

达克瓦兹蛋糕碎
+红色浆果
+尚蒂伊鲜奶油（请参阅第342页）

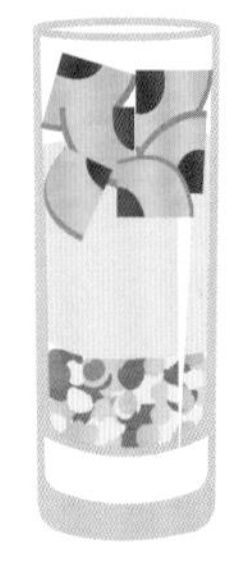

达克瓦兹蛋糕碎
+马斯卡彭奶酪奶油（请参阅第348页）
+糖渍桃子

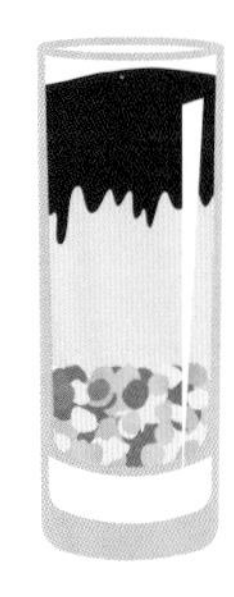

达克瓦兹蛋糕碎
+香草冰淇淋（请参阅第362页）
+树莓果酱（请参阅第335页）

达克瓦兹蛋糕碎
+法式果仁酱奶油
+巧克力酱（请参阅第332页）

达克瓦兹蛋糕碎
+热带水果
+椰子尚蒂伊鲜奶油

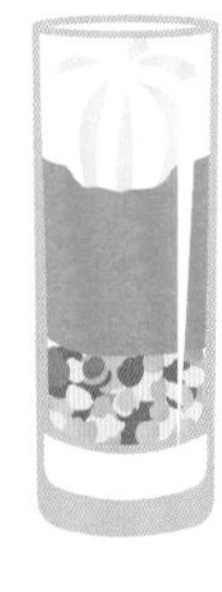

达克瓦兹蛋糕碎
+罗勒草莓酱
+尚蒂伊鲜奶油

达克瓦兹蛋糕碎
+浓白奶酪
+鲜奶油

达克瓦兹蛋糕碎
+蓝莓果冻
+保加利亚酸奶

达克瓦兹蛋糕碎
+菠萝
+菠萝糖浆
+尚蒂伊鲜奶油

达克瓦兹翻糖蛋糕

剩余的酥饼+巧克力甘纳许（请参阅第358页）+可可粉

1 将剩余的酥饼切成小块，放在盘子里，然后在上面倒上巧克力甘纳许。等待片刻。
2 用大汤匙将混合物制成意式丸子状，撒上可可粉。

酥脆冰淇淋

剩余的酥饼+香草英式奶油（请参阅第338页）+酱汁（请参阅第332页）

1 将香草英式奶油倒入冰淇淋机中，搅拌15分钟。
2 加入剩余的酥饼和酱汁。
3 静置几分钟即可。

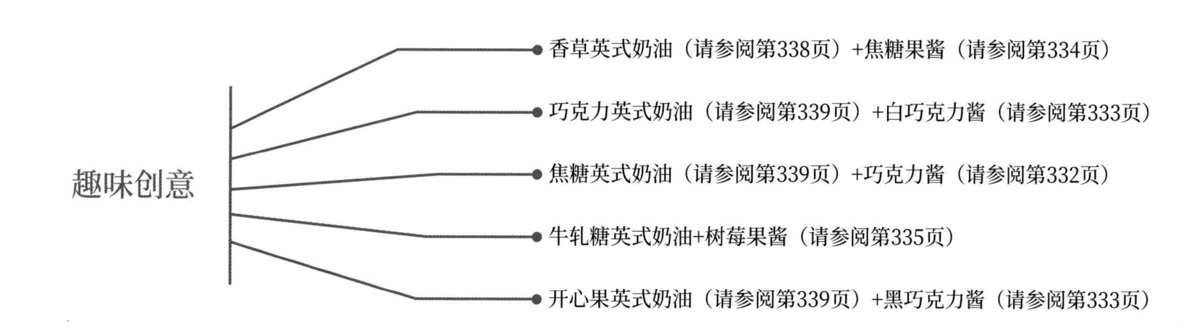

杏仁海绵蛋糕

Biscuit Joconde

乔孔达杏仁海绵蛋糕是由杏仁、全蛋和打发的蛋清制成的。
制成的蛋糕饼质地柔软蓬松，在抹上糖浆或覆盖奶油时，蛋糕会变得非常柔软。
它是制作歌剧院蛋糕的基本原料，也可制作许多甜点，如树桩蛋糕。

基本食谱

制作2个直径为22cm的蛋糕饼 • 准备时间：20分钟 • 烘焙时间：8 ~ 10分钟

- 160克杏仁粉
- 160克糖粉
- 2克盐
- 4个蛋清
- 20克糖
- 4个鸡蛋
- 30克融化的黄油
- 50克面粉

1 将杏仁粉、糖粉和盐倒入碗中混合。
2 使用电动搅拌器将蛋清和糖打发成蛋白霜。
3 将鸡蛋磕入蛋白霜中，搅拌均匀。加入杏仁粉和糖粉、盐的混合物。一边搅拌，一边倒入融化的黄油和面粉。
4 用刮刀从下至上轻轻地搅拌，以免将气泡搅碎。面团应该柔软。
5 将面团倒入衬有烘焙纸的烤盘中，约1厘米厚。将烤箱预热至200°C，烘焙8 ~ 10分钟。面团必须烤至金黄。
6 放在烤架上冷却。按需要切块。

衍生食谱

杏仁-榛子食谱：用60克榛子粉代替60克杏仁粉。
轻食食谱：用25克淀粉代替25克面粉。
榛子食谱：用榛子粉代替杏仁粉。
核桃食谱：用核桃粉代替杏仁粉。
核桃-榛子食谱：用60克核桃粉+100克榛子粉代替160克杏仁粉。
开心果食谱：用开心果粉代替杏仁粉。

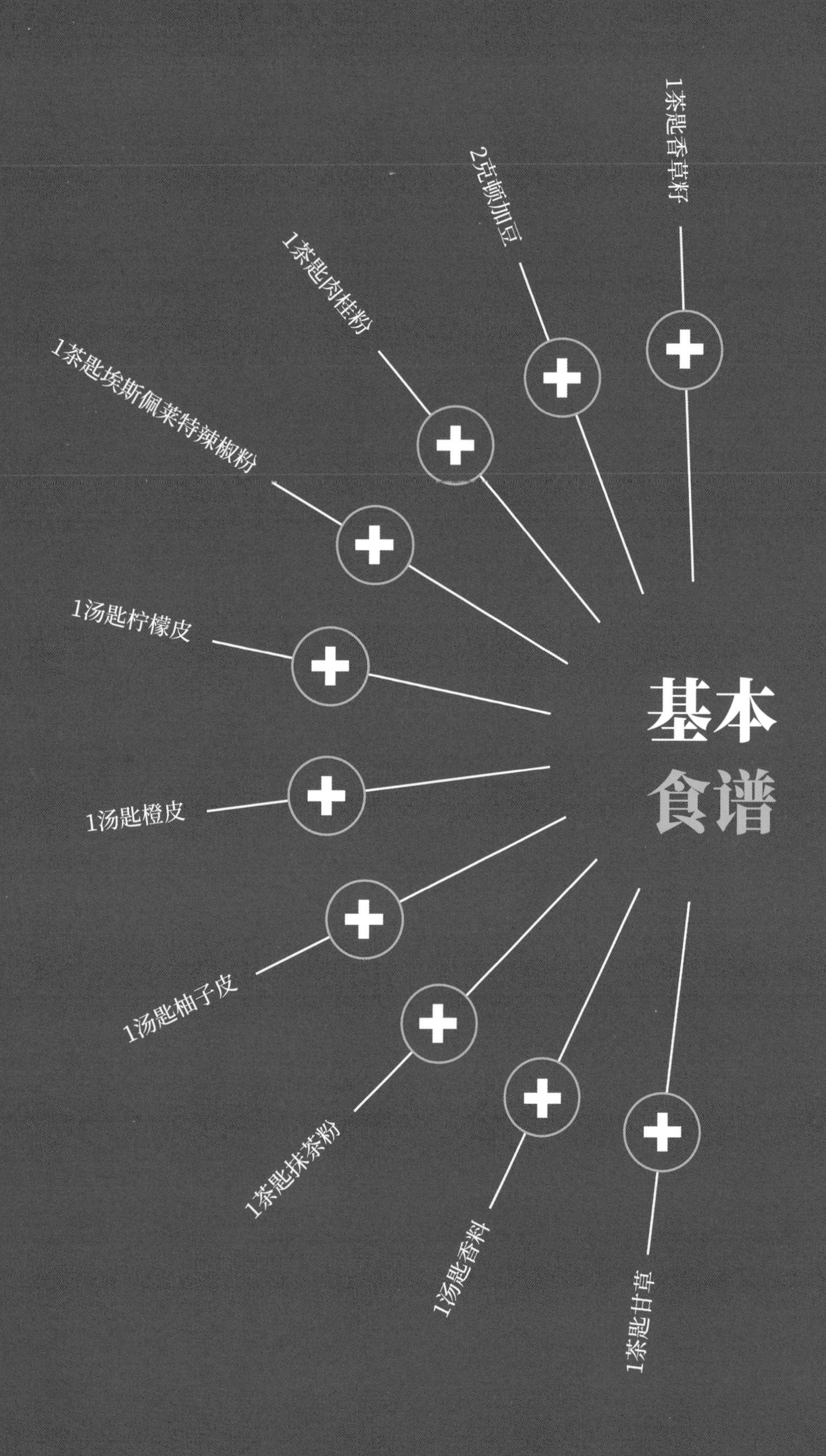

1茶匙香草籽
2克顿加豆
1茶匙肉桂粉
1茶匙埃斯佩莱特辣椒粉
1汤匙柠檬皮
1汤匙橙皮
1汤匙柚子皮
1茶匙抹茶粉
1汤匙香料
1茶匙甘草
基本
食谱

经典糕点：歌剧院蛋糕（Opéra）

3块方形杏仁海绵蛋糕+咖啡糖浆+巧克力甘纳许（请参阅第358页）+咖啡黄油奶油（请参阅第345页）+巧克力淋面（请参阅第354页）

1 使用造型模具组装蛋糕。将模具放在硅胶垫上。放入方形杏仁海绵蛋糕，用咖啡糖浆浸透。

2 浇上一层薄薄的咖啡黄油奶油。

3 冷藏30分钟，然后倒上一层巧克力甘纳许。

4 将第二层方形杏仁海绵蛋糕在咖啡糖浆中浸透，然后浇上咖啡黄油奶油，冷藏30分钟，然后倒上巧克力甘纳许。将第三层方形杏仁海绵蛋糕在咖啡糖浆中浸透，将海绵蛋糕的侧面抹上咖啡糖浆。冷藏后取出。取下模具，将歌剧院蛋糕放在烤架上。浇上巧克力淋面，修整蛋糕边缘。为使淋面凝固，请冷藏保存。

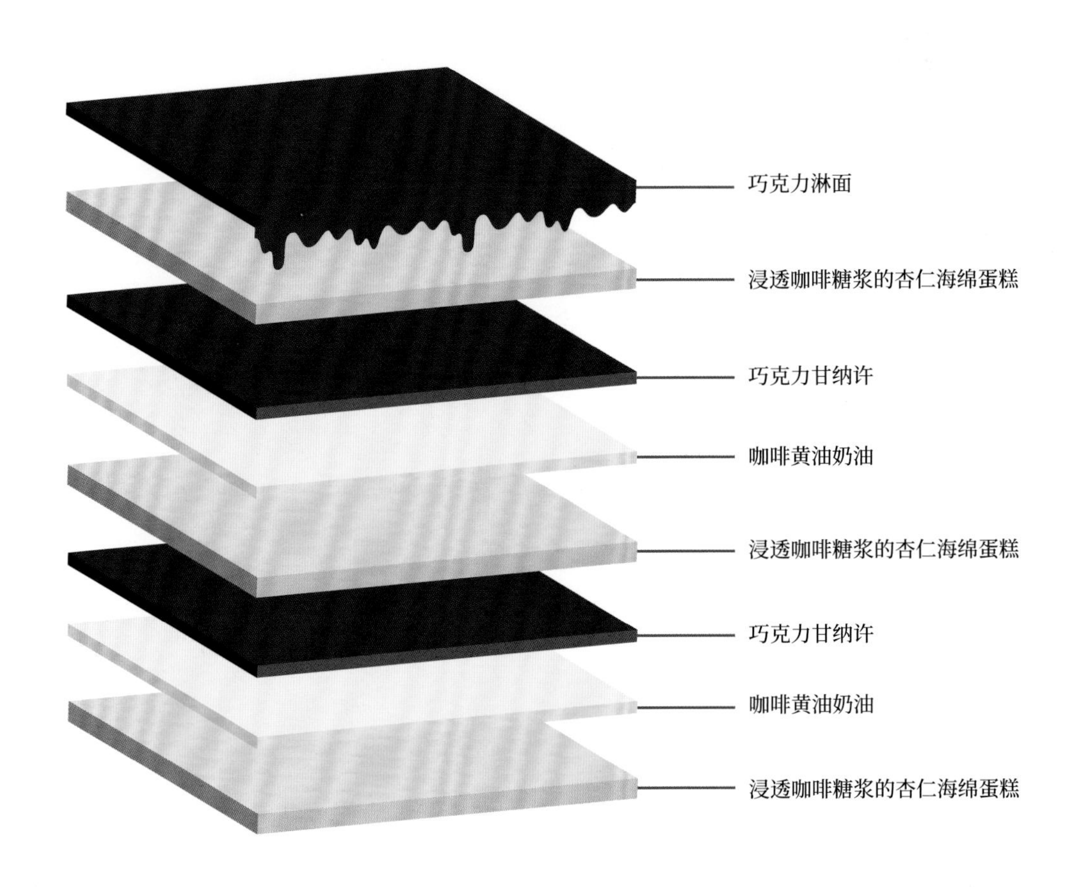

其他创意杏仁海绵蛋糕

树莓杏仁海绵蛋糕

2块方形杏仁海绵蛋糕
+开心果慕斯琳奶油
+树莓
+浓树莓果酱（请参阅第335页）

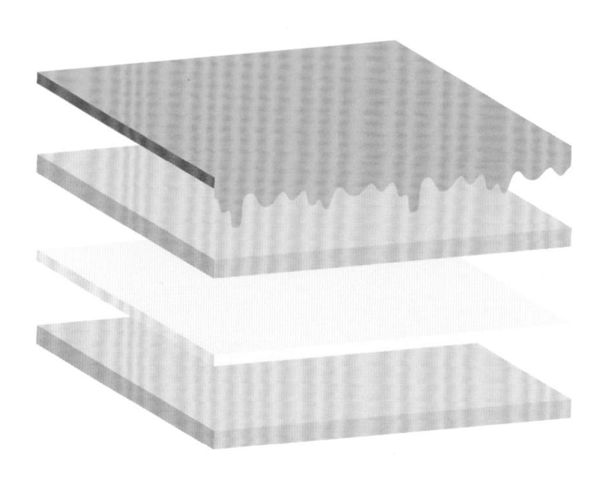

杏子杏仁海绵蛋糕

2块方形杏仁海绵蛋糕
+杏仁酱慕斯琳奶油
+浓杏子果酱（请参阅第335页）

草莓香草杏仁海绵蛋糕

2块方形杏仁海绵蛋糕
+香草卡仕达酱
+草莓
+浓草莓果酱（请参阅第335页）

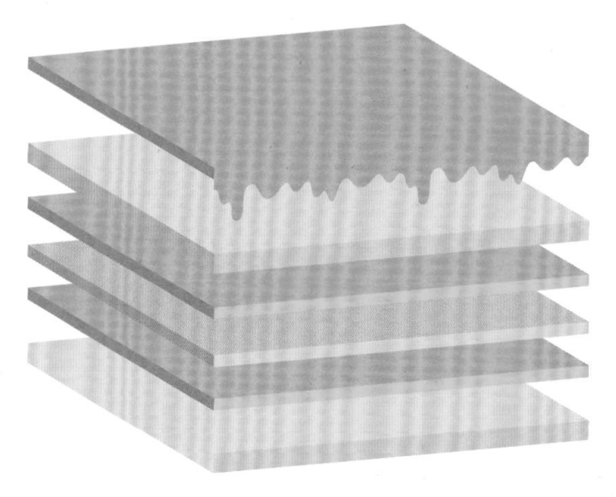

焦糖梨子杏仁海绵蛋糕

2块方形杏仁海绵蛋糕
+焦糖慕斯（请参阅第330页）
+梨子果泥（请参阅第366页）
+海盐焦糖酱（请参阅第334页）

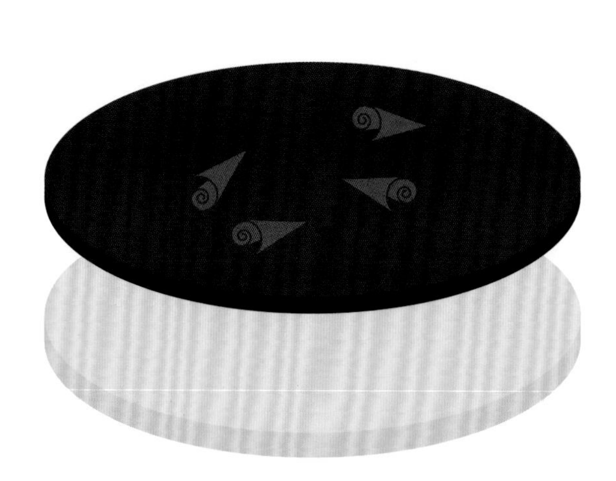

巧克力杏仁海绵蛋糕

1块圆形杏仁海绵蛋糕
+黑巧克力慕斯（请参阅第326页）
+巧克力屑

咖啡杏仁海绵蛋糕

1块圆形杏仁海绵蛋糕
+咖啡黄油奶油（请参阅第345页）
+巧克力甘纳许（请参阅第358页）
+可可粉

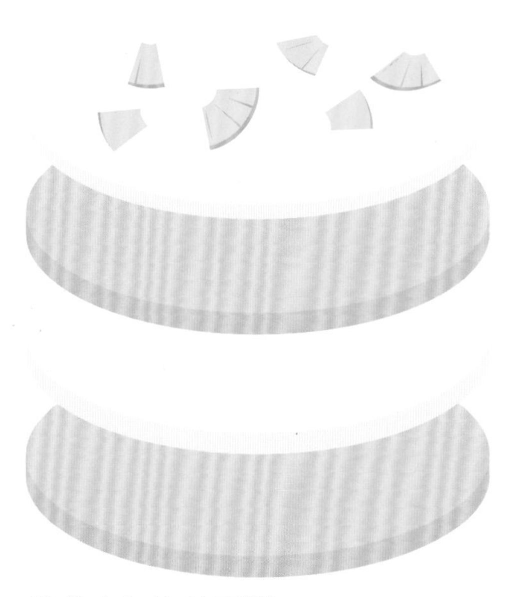

菠萝杏仁海绵蛋糕

2块圆形杏仁海绵蛋糕
+朗姆酒慕斯琳奶油
+糖渍菠萝丁
+椰子粉

白醋栗巧克力杏仁海绵蛋糕

2块圆形杏仁海绵蛋糕
+白巧克力慕斯（请参阅第327页）
+黑加仑果酱

树桩蛋糕和蛋糕卷（Bûches & biscuits roulés）

制作方法

制作1个树桩蛋糕或蛋糕卷：1块杏仁海绵蛋糕+1份馅料

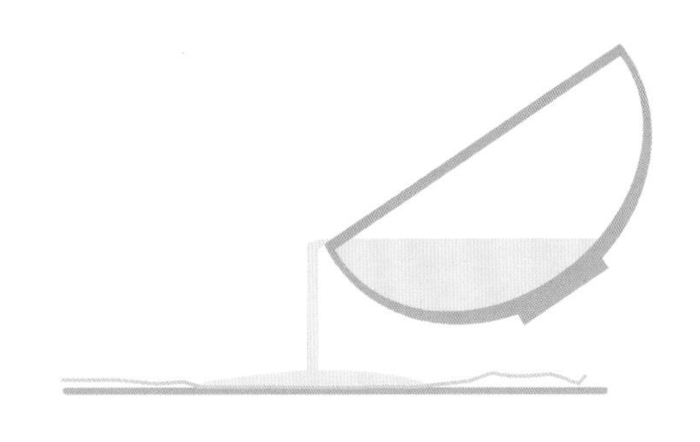

1 将1块杏仁海绵蛋糕平铺在衬有烘焙纸的矩形烤盘上。

2 在预热至200°C的烤箱中烘焙8 ~ 10分钟。

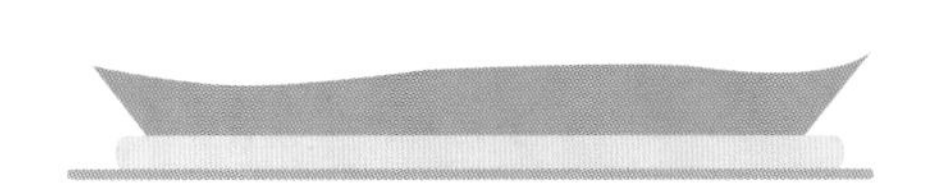

3 将蛋糕从烤箱中取出，放在湿布上。

4 轻轻卷起并准备馅料。

5 展开蛋糕卷，涂抹馅料。

6 卷起蛋糕卷。

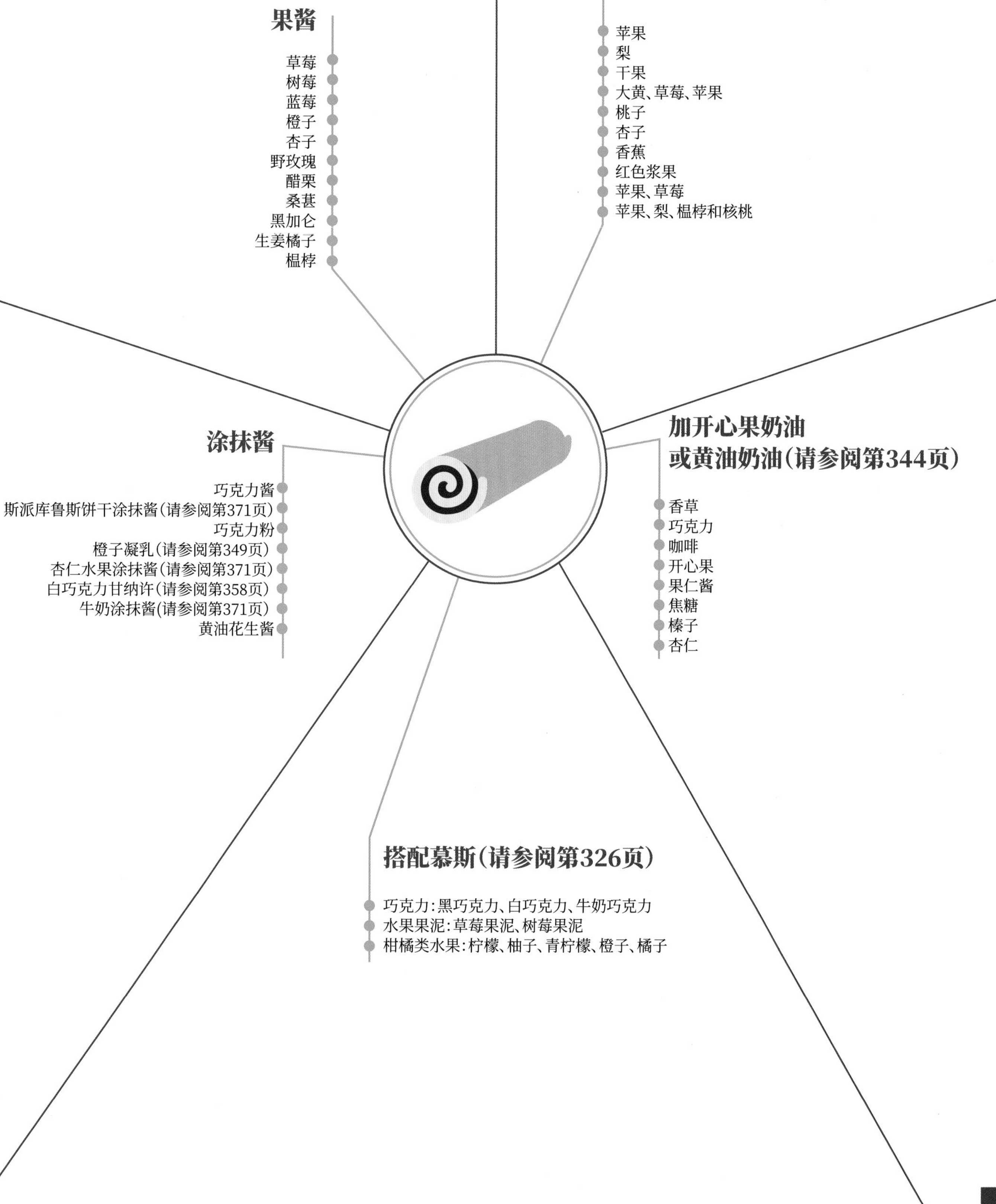

果泥（请参阅第366页）
苹果
梨
干果
大黄、草莓、苹果
桃子
杏子
香蕉
红色浆果
苹果、草莓
苹果、梨、榅桲和核桃
果酱
草莓
树莓
蓝莓
橙子
杏子
野玫瑰
醋栗
桑葚
黑加仑
生姜橘子
榅桲
加开心果奶油
或黄油奶油（请参阅第344页）
香草
巧克力
咖啡
开心果
果仁酱
焦糖
榛子
杏仁
涂抹酱
巧克力酱
斯派库鲁斯饼干涂抹酱（请参阅第371页）
巧克力粉
橙子凝乳（请参阅第349页）
杏仁水果涂抹酱（请参阅第371页）
白巧克力甘纳许（请参阅第358页）
牛奶涂抹酱（请参阅第371页）
黄油花生酱
搭配慕斯（请参阅第326页）
巧克力：黑巧克力、白巧克力、牛奶巧克力
水果果泥：草莓果泥、树莓果泥
柑橘类水果：柠檬、柚子、青柠檬、橙子、橘子

使用杏仁海绵蛋糕余料

杯子蛋糕

当将杏仁海绵蛋糕切成圆形或长方形时，可参考这些创意，以避免浪费蛋糕边角料。

在制作杯子蛋糕时，可添加喜欢的装饰物。

杏仁海绵蛋糕碎
+黑巧克力慕斯（请参阅第326页）
+糖渍姜

杏仁海绵蛋糕碎
+苹果果泥（请参阅第366页）
+尚蒂伊鲜奶油（请参阅第342页）

杏仁海绵蛋糕碎
+什锦水果
+掼奶油（请参阅第346页）

杏仁海绵蛋糕碎
+香草英式奶油（请参阅第338页）

杏仁海绵蛋糕碎
+生姜慕斯（请参阅第331页）

苹果布丁杏仁海绵蛋糕

2个鸡蛋+80克糖+200毫升鲜奶油+2克肉桂
+3个苹果磨碎+杏仁海绵蛋糕碎

1 搅拌鸡蛋、糖和鲜奶油。
2 加入肉桂、苹果，最后加入蛋糕碎。混合搅拌。
3 倒入玛芬蛋糕模具中。将烤箱预热至180°C，烘焙25 ~ 30分钟。

苹果和肉桂的替代创意

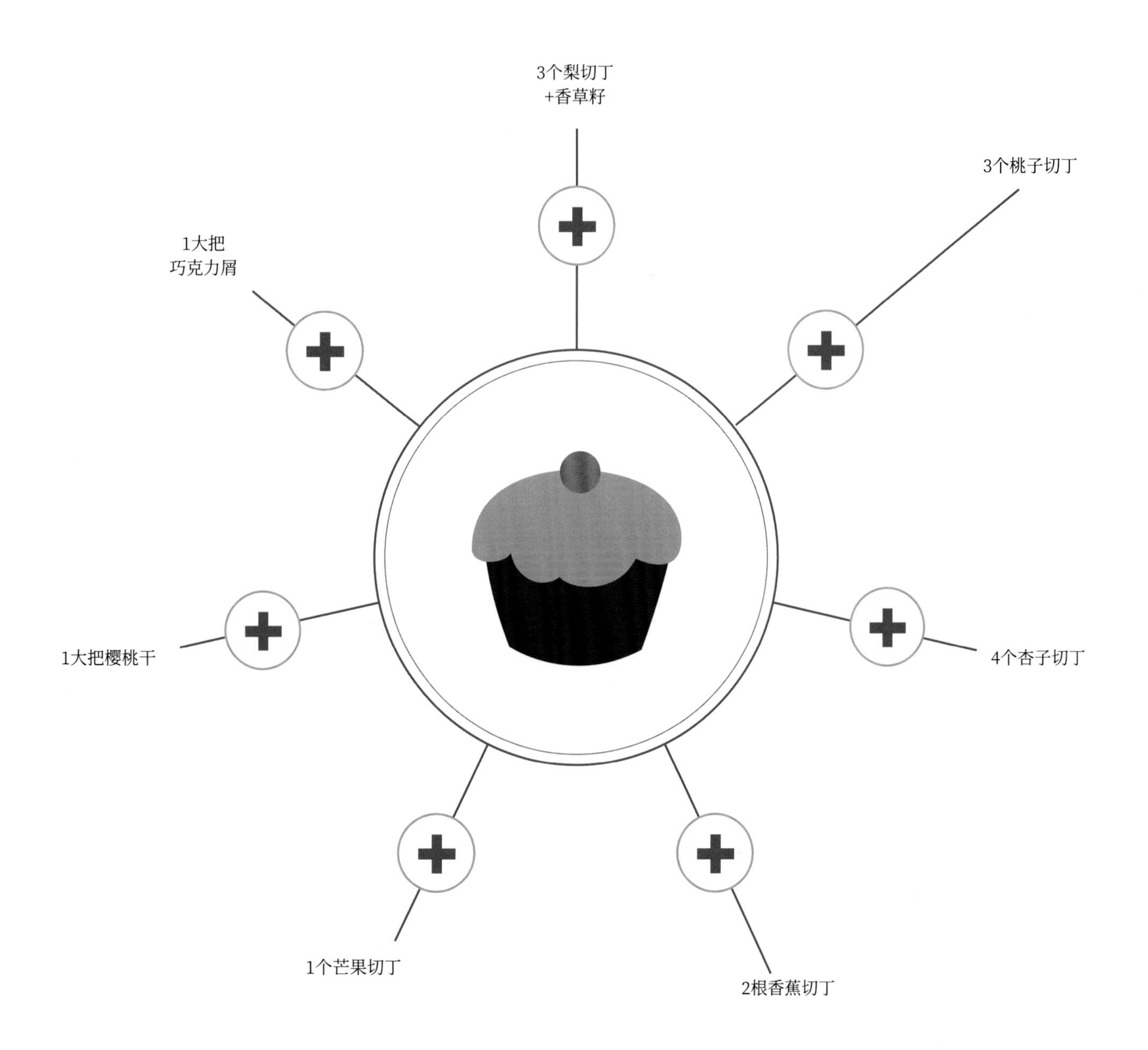

沙哈蛋糕

Biscuit sacher

沙哈蛋糕主要由杏仁膏和巧克力制成。它口感绵软且风味浓郁。

它是许多巧克力味甜点的基础原料。最著名的沙哈蛋糕名为la sachertorte，起源于奥地利。

基本食谱

制作一个6人份的沙哈蛋糕 • 准备时间：15分钟 • 烘焙时间：15分钟

- 110克杏仁膏
- 4个鸡蛋
- 80克糖粉
- 30克融化的淡黄油
- 30克面粉
- 35克可可粉

1 将3个鸡蛋的蛋黄与蛋清分开。将最后一个鸡蛋打入碗中，加入杏仁膏、3个蛋黄，一半的糖粉和融化的淡黄油。用搅拌器搅打，直到混合物呈乳脂状。

2 将蛋清与其余的糖粉打发。分两次倒入混合物。加入面粉和可可粉。

3 将烤箱预热至200°C。将混合物倒入衬有烘焙纸的烤盘中，约0.5厘米厚。烘焙约8分钟。

制作沙哈蛋糕的窍门

—使用杏仁含量达到50%的杏仁膏，这种杏仁膏的含糖量更低，可在微波炉中稍微加热，使其均匀地加入混合物中。

—建议使用优质的无糖型巧克力可可粉，而不是含可可的巧克力粉。

—使用正常尺寸的鸡蛋，不要使用过大的鸡蛋。在室温准备混合物。

—将面粉和可可粉添加到混合物中时，为使其更轻薄，可使用筛子。

—在准备过程中可使用搅拌机。

—在烘焙时需密切关注，使蛋糕保持柔软。过度烘焙会使蛋糕变干。

—根据准备物情况，直接在衬有烘焙纸的烤盘上或锅中烘焙。

—将沙哈蛋糕直接从烤箱中取出脱模，翻转过来，使其两侧都平整。待冷却后切成小块。

趣味创意

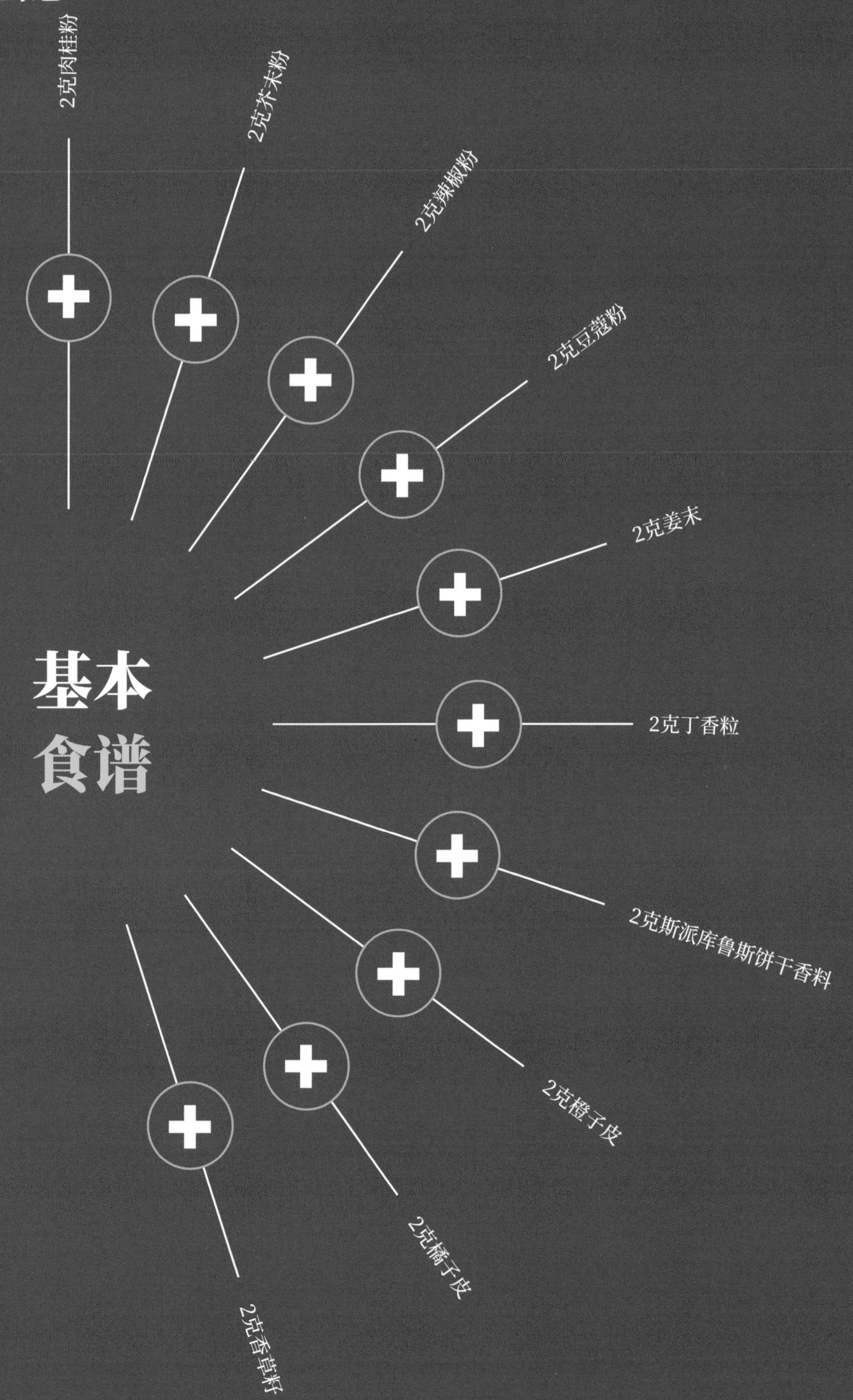

基本
食谱
2克肉桂粉
2克芥末粉
2克辣椒粉
2克豆蔻粉
2克姜末
2克丁香粒
2克斯派库鲁斯饼干香料
2克橙子皮
2克橘子皮
2克香草籽

经典糕点：沙哈蛋糕（Sachertorte）

3片圆形或方形沙哈蛋糕+1罐杏子果酱+巧克力甘纳许（请参阅第358页）+巧克力镜面（请参阅第357页）

1 放置1片圆形或方形沙哈蛋糕。
2 先均匀涂抹杏子果酱，再涂上巧克力甘纳许。
3 盖上另一片蛋糕，重复以上步骤。
4 再放置1片沙哈蛋糕，然后抹上巧克力甘纳许。
5 冷藏约4小时或整晚，使其充分凝固。
6 将蛋糕放在烤架上，取下模具，淋上巧克力镜面，完全覆盖蛋糕。冷藏保存。

替代杏子果酱的创意

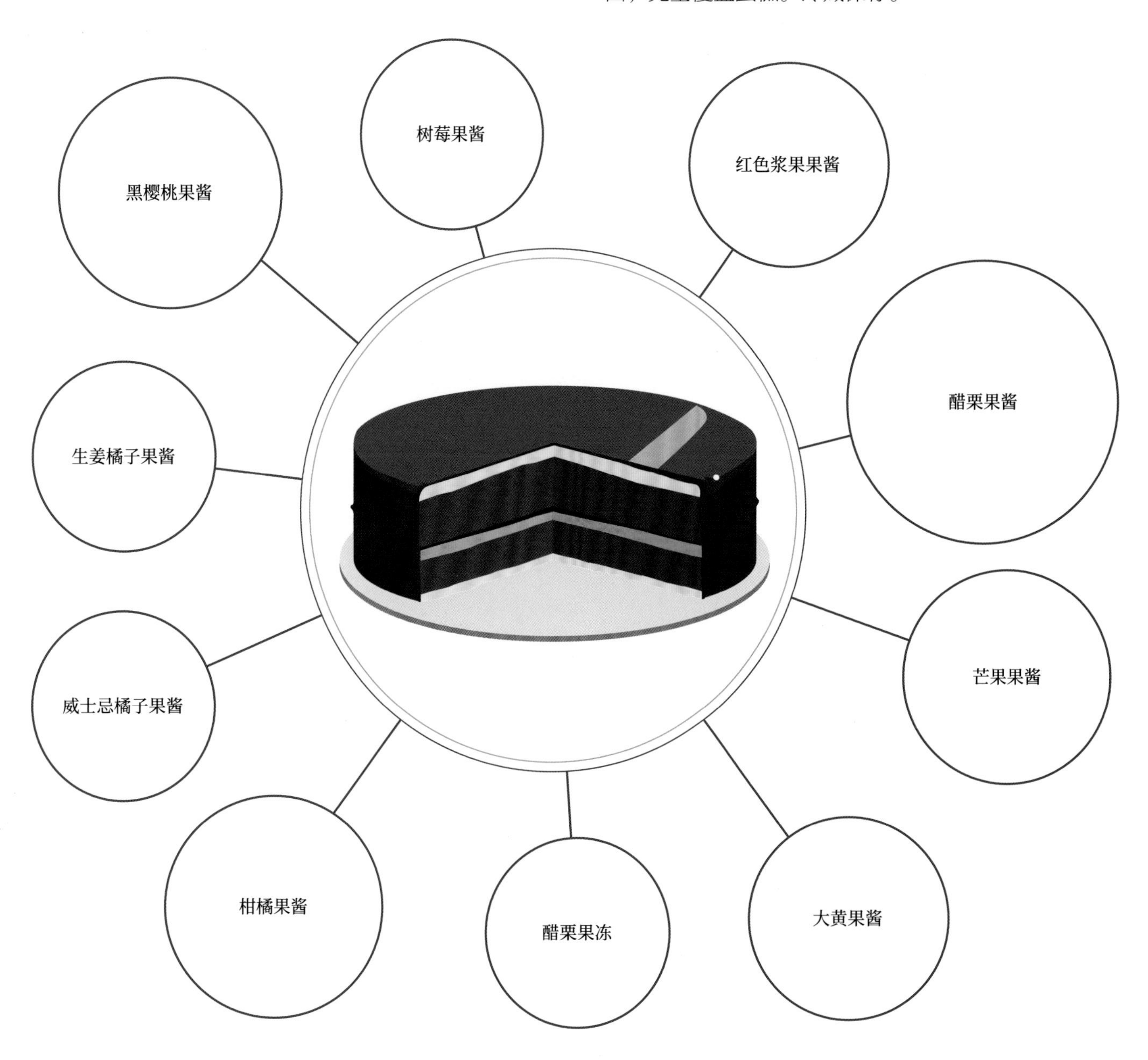

特浓巧克力沙哈蛋糕

2片沙哈蛋糕+朗姆酒糖浆（请参阅第258页）
+黑巧克力慕斯（请参阅第326页）
+糖渍橘子片

1 将一片沙哈蛋糕放在糕点盘上，涂抹朗姆酒糖浆。
2 涂抹黑巧克力慕斯，用抹刀抹平。
3 放上另一片沙哈蛋糕，用朗姆酒糖浆轻轻润湿，然后涂抹黑巧克力慕斯。
4 用刮刀抹平，冷藏一晚。用糖渍橘子片装饰后上桌。

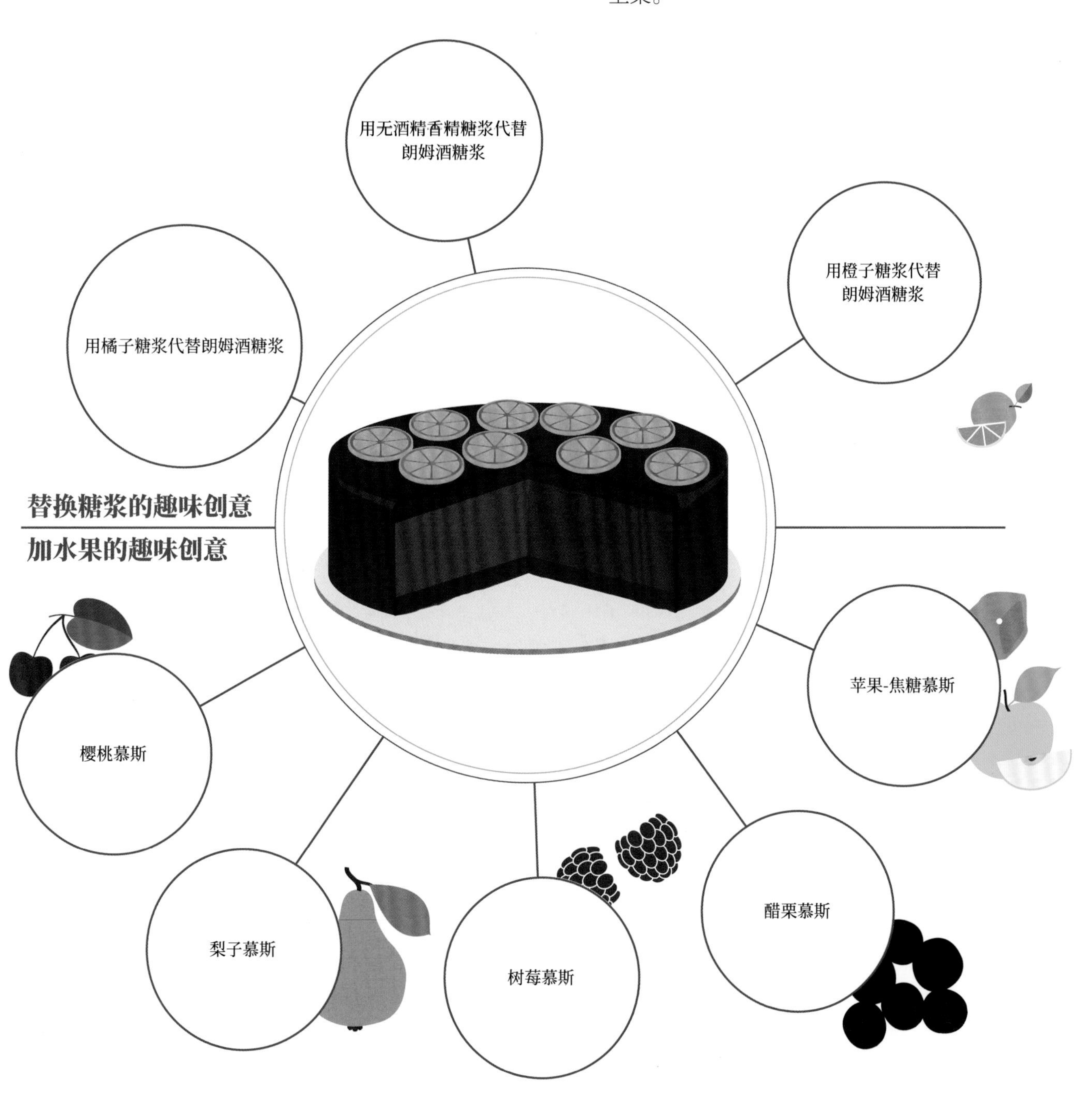

玛芬蛋糕

Muffins

玛芬蛋糕，起源于英国，是与玛德琳蛋糕同类的小蛋糕，
它的形状在制备时便已确定，制作时须分别准备液体与固体两部分原料，
然后将二者混合经焙烤膨胀成形。

基本食谱

制作12个玛芬蛋糕 • 准备时间：10分钟 • 烘焙时间：20 ~ 25分钟

- 300克面粉
- 1袋发酵粉
- 100克糖
- 1个鸡蛋
- 250毫升牛奶
- 75克融化的黄油
- 自选馅料：巧克力屑、软糖、糖渍水果、什锦水果丁等

1. 将面粉、发酵粉、糖和馅料倒入大碗中。
2. 将鸡蛋打入另一个碗中，然后用叉子快速搅打。加入牛奶，然后加入融化的黄油。
3. 将溶液倒入干燥的混合物中，然后迅速大致混合成糊状。
4. 将烤箱预热至180°C。将面糊添至模具的四分之三，烘焙20 ~ 25分钟。将其放在烤架上冷却。

建议和窍门

- 请勿将面糊过度搅拌，以免影响蛋糕的口感。
- 将面糊添至模具的四分之三。
- 请于当天食用或冷冻保存。
- 如果使用冷冻水果，请不要解冻。
- 可使用纸质蛋糕杯。

基本食谱创意

橄榄油食谱：250克加发酵粉的面粉+100克糖+2个鸡蛋+80毫升橄榄油+150毫升牛奶+水果块或干果块。

咸黄油食谱：用咸黄油代替黄油。

白奶酪食谱：22克面粉+1袋发酵粉+100克红糖+250克白奶酪+50毫升新鲜牛奶+80克融化的黄油+120克水果（桑葚、树莓、蓝莓等）。

杏仁奶食谱：用杏仁奶代替牛奶。

榛子奶食谱：用榛子奶代替牛奶。

豆奶食谱：用原味豆奶或香草味、巧克力味豆奶代替牛奶。

加红糖食谱：用红糖代替糖。

有机食谱：使用全麦面粉或栗子粉、米粉代替面粉。

轻食食谱：用等量的玉米淀粉代替一半面粉。

无黄油食谱：200克面粉+2个鸡蛋+6汤匙糖+1袋香草糖+200毫升浓奶油+50克杏仁粉+100克巧克力片或其他馅料。

无鸡蛋食谱：200克加发酵粉的面粉+110克红糖+1茶匙香草籽+50克黄油+250毫升牛奶+120克巧克力片或其他馅料。

素食食谱：250克面粉+6克发酵粉+130克果酱+100克黄糖+70毫升葡萄籽油+100毫升植物奶+1汤匙苹果醋+1茶匙香草籽+1茶匙小苏打+100克巧克力片。

杯子蛋糕

Cupcakes

杯子蛋糕是一种顶着奶酪奶油或黄油奶油的小蛋糕，常用彩色糖果装饰。它起源于美国，也被称为童话蛋糕。在铝箔纸或彩色纸的蛋糕杯中烘焙制成。

基本食谱

制作约8个杯子蛋糕 • 准备时间：10分钟 • 烘焙时间：15分钟

- 100克加发酵粉的面粉
- 2克盐
- 60克软化黄油
- 100克糖
- 1个鸡蛋
- 2汤匙牛奶
- 1汤匙香草精+香草糖粉
- 淋面

1 将面粉和盐倒入碗中并混合。
2 将黄油和糖混合，搅打至起泡，加入鸡蛋、牛奶、香草精和香草糖粉。
3 加入面粉和盐的混合物并搅拌。
4 将面团放入杯子蛋糕模具中，在预热至180°C的烤箱中烘焙15分钟。
5 待蛋糕冷却后，装饰淋面。

巧克力杯子蛋糕

制作约8个杯子蛋糕 • 准备时间：10分钟 • 烘焙时间：15分钟

125克加发酵粉的面粉
+2克盐
+75克红糖
+80克软化黄油
+75克融化的巧克力
+2个鸡蛋
+60毫升牛奶
+淋面

采用同样的基础食谱做法，只是在加牛奶的同时加入巧克力。

基本食谱创意

奶油食谱：用奶油替代牛奶。
玉米粉食谱：用180克面粉+20克细玉米粉代替面粉。
咸黄油食谱：用咸黄油代替黄油。
植物奶食谱：用植物奶代替牛奶。
黑糖食谱：用黑糖代替糖。
有机食谱：用全麦面粉代替面粉。
轻食食谱：用一半玉米淀粉和一半面粉代替面粉。
无黄油食谱：用植物黄油代替黄油。
无鸡蛋食谱：用酸奶代替鸡蛋，不添加牛奶。
素食食谱：用125毫升豆奶、植物黄油、椰子糖，不加鸡蛋。

玛芬蛋糕和杯子蛋糕的区别

大小：玛芬蛋糕比只够咬一口的杯子蛋糕略大。
准备：制作玛芬蛋糕很少混合搅拌。
口味：我们经常在玛芬蛋糕中加入水果、巧克力或其他食材，而杯子蛋糕通常很简单，只添加香草或巧克力。
馅料：玛芬蛋糕通常很简单，没有馅料，而杯子蛋糕总是添加糖霜或顶部装饰，通常是彩色的。

让杯子蛋糕更美味

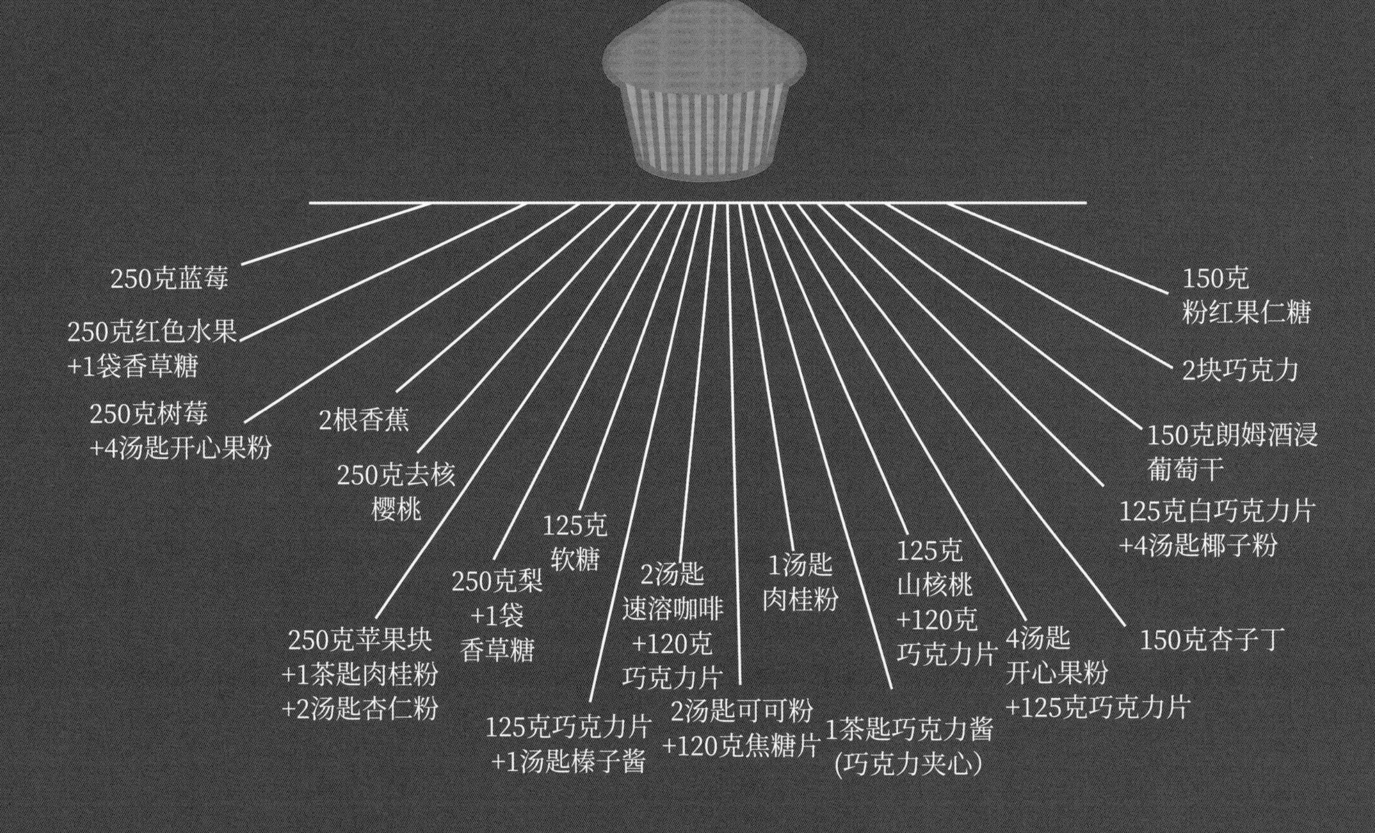

蛋糕冷却后放置的淋面创意

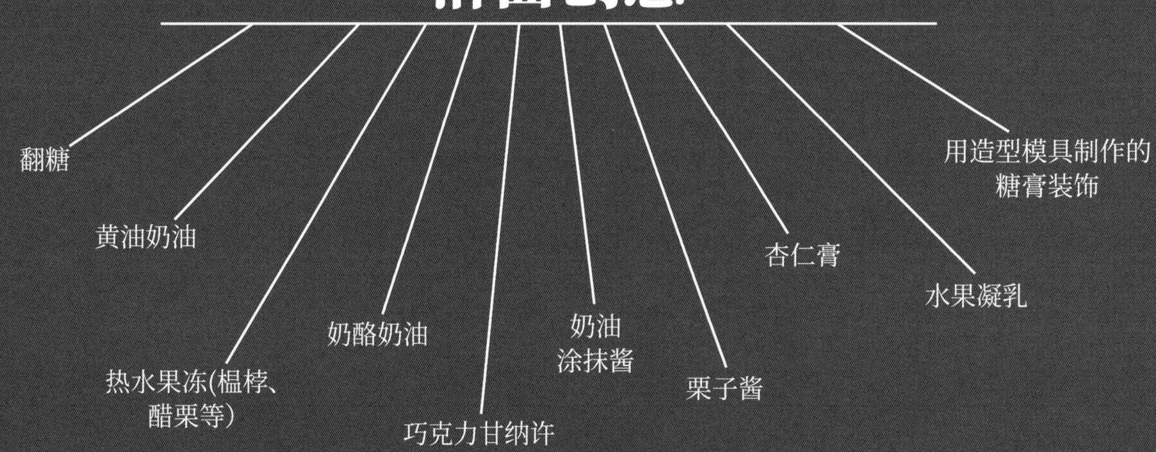

让杯子蛋糕更美味

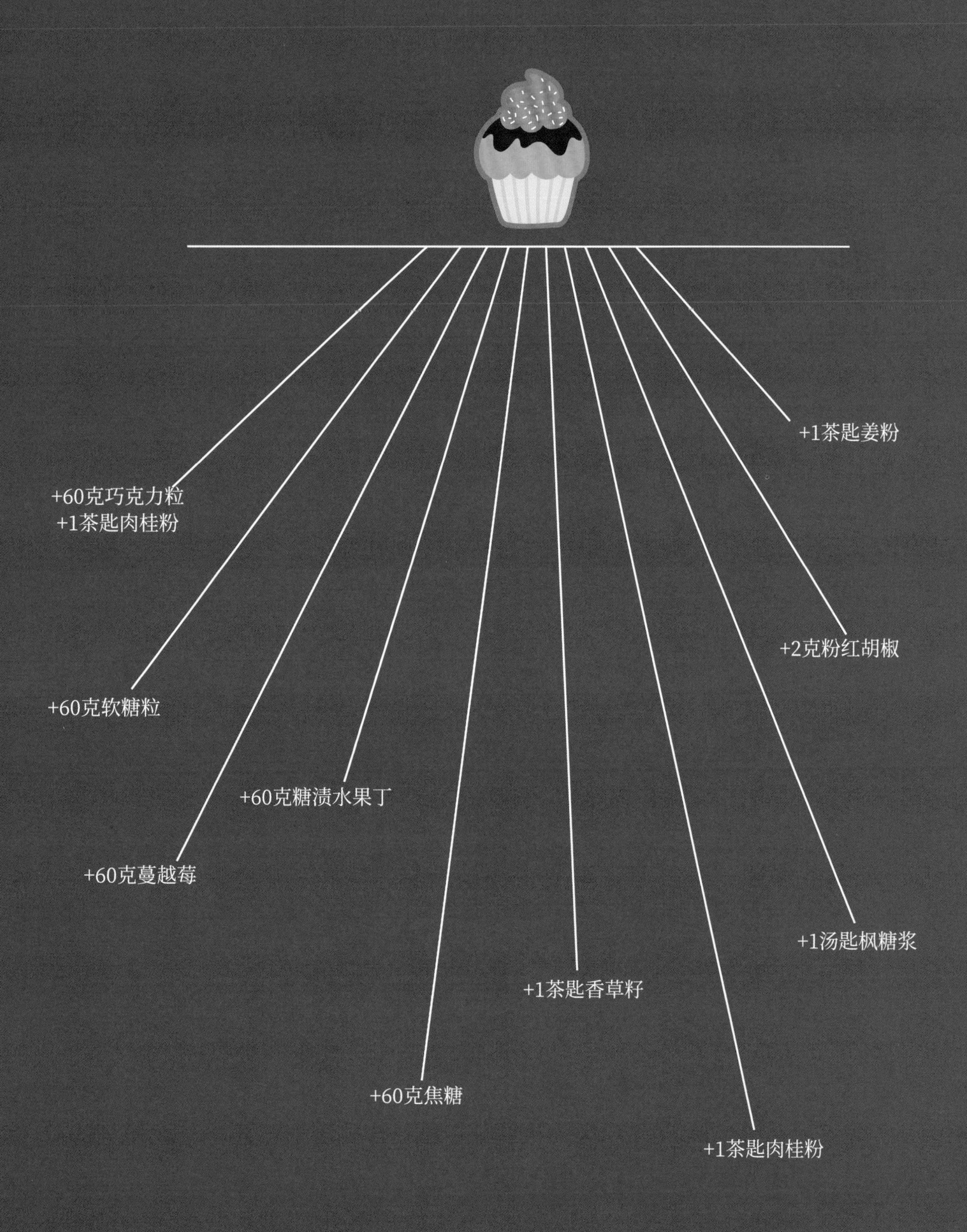

+60克巧克力粒
+1茶匙肉桂粉
+60克软糖粒
+60克糖渍水果丁
+60克蔓越莓
+60克焦糖
+1茶匙香草籽
+1茶匙肉桂粉
+1汤匙枫糖浆
+2克粉红胡椒
+1茶匙姜粉

推荐组合

通常，只有杯子蛋糕上有淋面和顶部装饰。但同样也可以装饰玛芬蛋糕。请参考以下组合或即兴创作……所有美味的组合都值得一试！

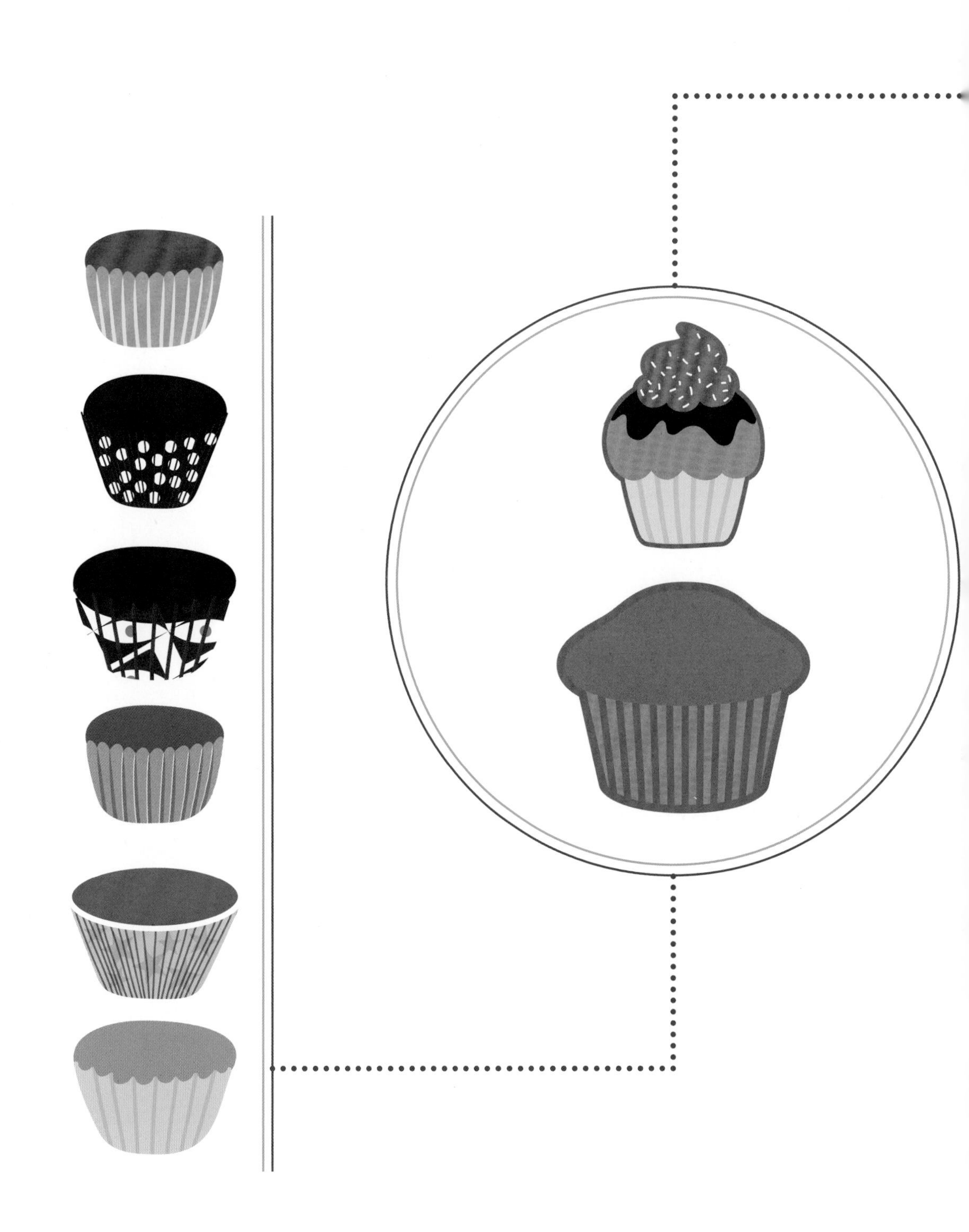

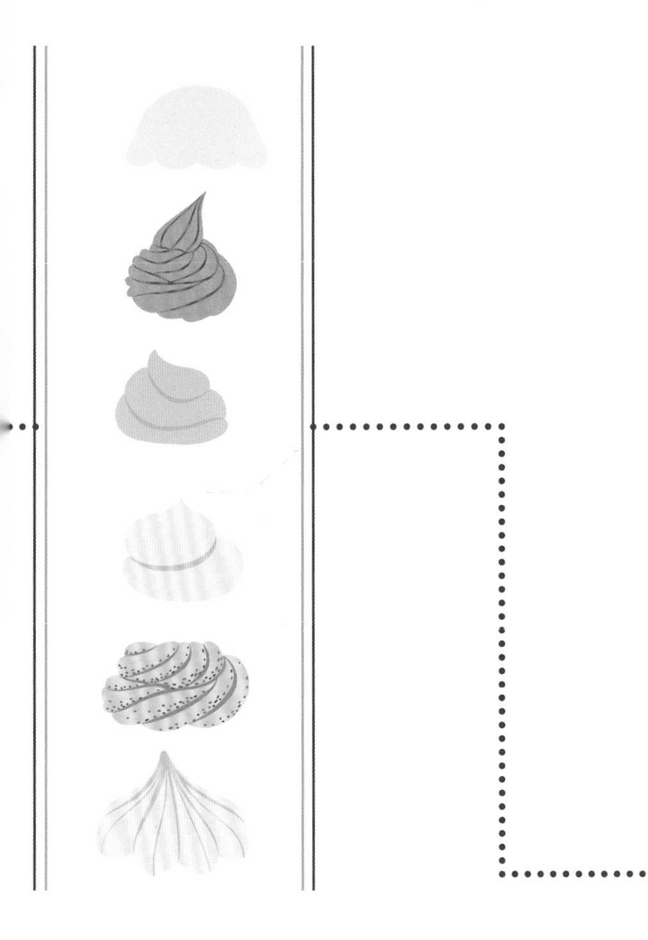

顶部装饰创意

巧克力屑
巧克力丝
彩色糖珠
核桃仁
山核桃仁
玫瑰果仁糖
法式果仁糖
装饰糖（星形、糖屑等）
糖膏装饰
杏仁膏装饰

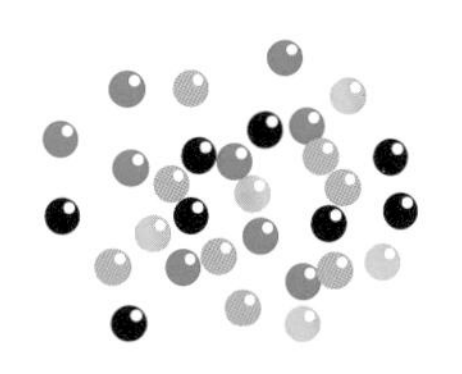

淋面创意

调味黄油奶油（请参阅第345页）
调味卡仕达酱（请参阅第341页）
香草、柠檬、橙子、草莓奶酪奶油
调味马斯卡彭奶酪奶油（请参阅第348页）
巧克力慕斯（请参阅第326页）
杏仁奶油（请参阅第346页）
打发栗子酱奶油
水果慕斯（请参阅第328页）
皇家淋面（请参阅第353页）
甘纳许（请参阅第358页）
涂抹酱奶油
水果凝乳（请参阅第349页）
焦糖
水果果冻
果酱
杏仁膏（请参阅第318页）
糖膏（请参阅第320页）
尚蒂伊鲜奶油（请参阅第342页）
意式蛋白酥（请参阅第304页）
曲奇酱（请参阅第204页）

其他玛芬蛋糕创意食谱

100%巧克力美式玛芬蛋糕

制作12个玛芬蛋糕

250克面粉+250毫升原味酸奶+200克黄糖+1茶匙香草籽+2克小苏打+45克可可粉+165克巧克力屑+120毫升牛奶+1个鸡蛋+120毫升油

1 按照上述顺序将所有原料在碗中混合搅拌。
2 倒入模具中，在预热至180°C的烤箱中烘焙20 ~ 25分钟。

香蕉素食玛芬蛋糕

制作12个玛芬蛋糕

250克面粉+200克红糖+65毫升水+85毫升葵花籽油+2克香草籽+1茶匙小苏打+2克盐+4个香蕉碎+80克橙子块

1 按照上述顺序将所有原料在碗中混合搅拌。
2 倒入模具中，在预热至180°C的烤箱中烘焙20 ~ 25分钟。

巧克力酱玛芬蛋糕

制作12个玛芬蛋糕

250克加发酵粉的面粉+140克糖+80克黄油+2个鸡蛋+150毫升牛奶+2汤匙橘子皮+150克巧克力酱

1 按照上述顺序将所有原料在碗中混合搅拌。
2 倒入模具中，在预热至180°C的烤箱中烘焙20 ~ 25分钟。

糖渍栗子玛芬蛋糕

制作12个玛芬蛋糕

250克加发酵粉的面粉+20克可可粉+140克糖+2个鸡蛋+200毫升牛奶+30克黑巧克力粒+65克糖渍栗子碎

1 按照上述顺序将所有原料在碗中混合搅拌。
2 倒入模具中，在预热至180°C的烤箱中烘焙20 ~ 25分钟。

其他杯子蛋糕创意食谱

香蕉枫糖浆杯子蛋糕

制作约12个杯子蛋糕

3个香蕉磨碎+180克软化黄油+180克红糖+3个鸡蛋+200克加发酵粉的面粉+75克杏仁粉+750毫升牛奶+2克苏打粉

顶部装饰：200毫升鲜奶油+4汤匙枫糖浆

1 按照上述顺序将所有原料在碗中混合搅拌。
2 倒入模具中，在预热至180°C的烤箱中烘焙20 ~ 25分钟。
3 用打蛋器搅打鲜奶油，制作顶部装饰。加入枫糖浆，继续搅拌。待杯子蛋糕完全冷却后进行装饰。

胡萝卜杯子蛋糕

制作约12个杯子蛋糕

300克胡萝卜碎+200克杏仁粉+150克红糖+75克加发酵粉的面粉+3个鸡蛋+2克复合香料粉

顶部装饰：奶酪奶油+糖粉

1 按照上述顺序将所有原料在碗中混合搅拌。
2 倒入模具中，在预热至180°C的烤箱中烘焙20 ~ 25分钟。
3 搅拌奶酪奶油和糖粉，制作顶部装饰。待杯子蛋糕完全冷却后进行装饰。

草莓绿茶杯子蛋糕

制作约15个杯子蛋糕

225克红糖+120克软化黄油+2个鸡蛋+340克加发酵粉的面粉+125毫升牛奶+2汤匙抹茶粉

顶部装饰：草莓马斯卡彭奶酪淋面（请参阅第353页）

1 按照上述顺序将所有原料在碗中混合搅拌。
2 倒入模具中，在预热至180°C的烤箱中烘焙20 ~ 25分钟。
3 待杯子蛋糕完全冷却后进行装饰。

无麸质香草杯子蛋糕

制作约12个杯子蛋糕

200克米粉+1袋无麸质发酵粉+150克红糖+1罐香草酸奶+75毫升葵花籽油+1茶匙香草籽

顶部装饰：2个蛋清+400克无淀粉有机糖粉

1 按照上述顺序将所有原料在碗中混合搅拌。
2 倒入模具中，在预热至180°C的烤箱中烘焙20 ~ 25分钟。
3 用打蛋器打发蛋清，制作顶部装饰。加无淀粉有机糖粉，继续搅打。待杯子蛋糕完全冷却后进行装饰。

饼干面团

手指饼干面团

Biscuit à la cuiller

手指饼干较松软，如添加鸡蛋和糖粉则会十分酥脆。

它被广泛用于制作夏洛特蛋糕，也可用于制作提拉米苏或其他配有慕斯或甘纳许的甜点。

基本食谱

制作15块饼干 • 准备时间：10分钟 • 烘焙时间：15分钟

- 4个鸡蛋
- 120克砂糖
- 120克面粉
- 糖粉

1. 分离蛋清和蛋黄。将蛋黄和砂糖倒入大碗中，用打蛋器搅拌均匀。
2. 打发蛋清。
3. 将打发的蛋清缓慢倒入混合物中，然后加入面粉。混合搅拌。
4. 在烤盘中衬入烘焙纸。将烤箱预热至180°C。用勺子或糕点袋将面团制成条状（如制作曲奇卷，则制成较大的长方形）。撒上糖粉。烘焙约15分钟。

衍生食谱

轻食食谱：用玉米淀粉代替一半量的面粉。

无麸质食谱：用等量的玉米淀粉代替面粉。

小知识

- 通常，填满经典尺寸的夏洛特模具，需要25块手指饼干和750毫升馅料。
- 为使馅料充分凝结，建议提前1 ~ 2天制作夏洛特蛋糕。
- 手指饼干可在铁盒中保存5 ~ 6天。

基本食谱

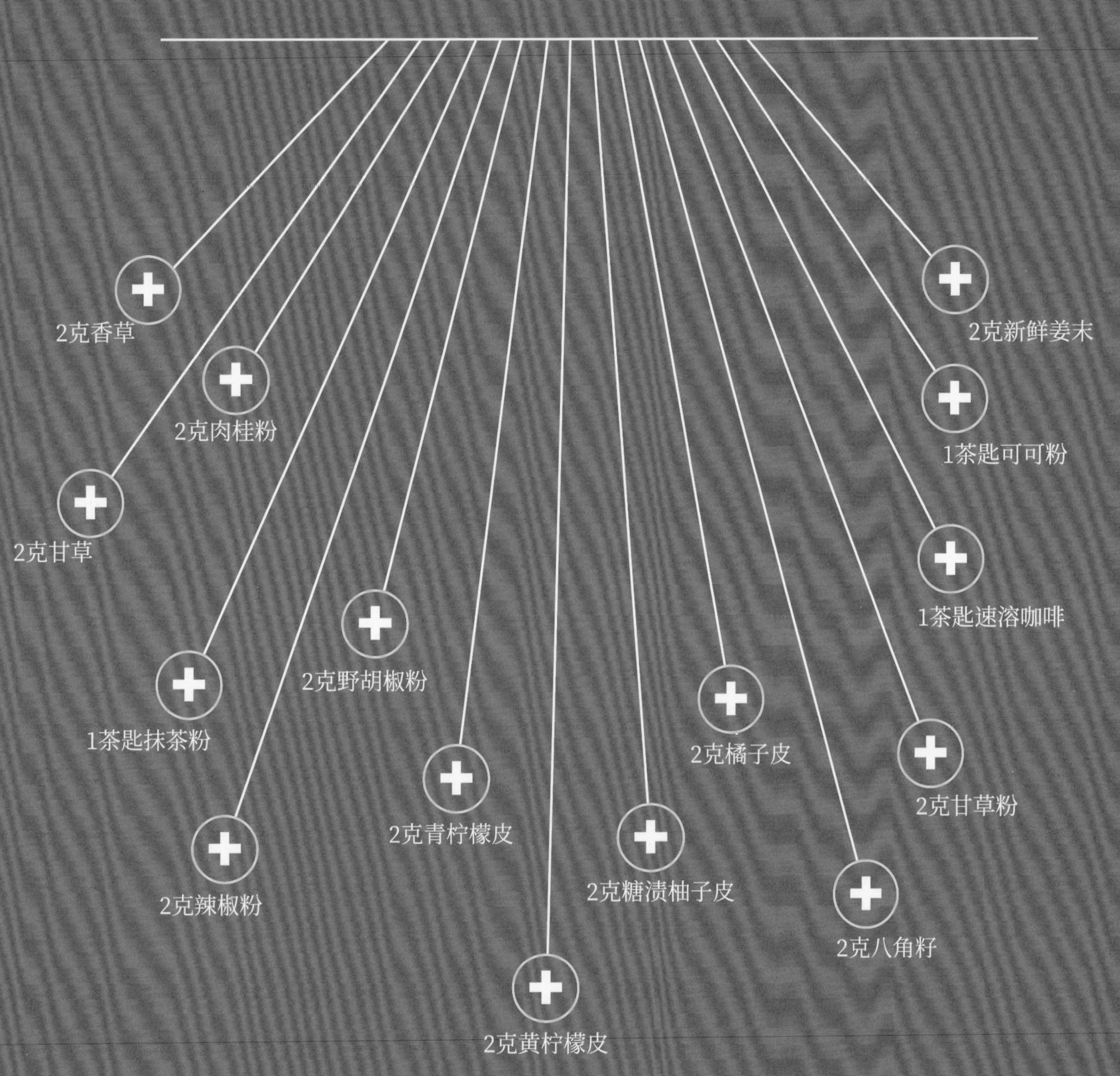
2克香草
2克肉桂粉
2克甘草
1茶匙抹茶粉
2克辣椒粉
2克野胡椒粉
2克青柠檬皮
2克黄柠檬皮
2克糖渍柚子皮
2克橘子皮
2克八角籽
2克甘草粉
1茶匙速溶咖啡
1茶匙可可粉
2克新鲜姜末

无水果夏洛特蛋糕

夏洛特蛋糕是一款经典糕点，可用自制或商店中购买的手指饼干进行制作。

制作方法

手指饼干+糖浆（请参阅第258页）或自选淋面+馅料+1个夏洛特蛋糕模具或1个蛋糕模具+糖粉

1 将手指饼干浸入糖浆中。

2 在模具的底部和边缘依次摆放手指饼干，并撒上糖粉。

3 加入一半馅料，放入手指饼干。倒入剩余的馅料，用手指饼干覆盖。冷藏保存。

咖啡巧克力夏洛特蛋糕

手指饼干+咖啡糖浆+巧克力慕斯（请参阅第326页）

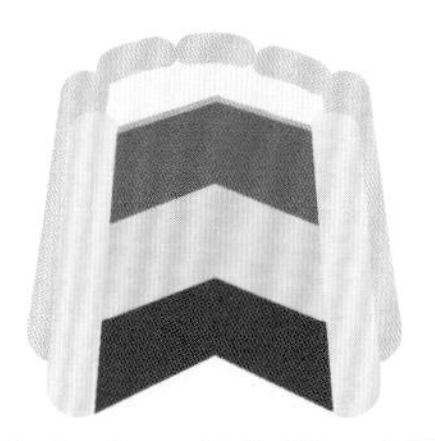

朗姆酒栗子巧克力夏洛特蛋糕

手指饼干+朗姆酒糖浆（请参阅第258页）+栗子酱巧克力慕斯（请参阅第326页）

姜块巧克力夏洛特蛋糕

手指饼干+香料糖浆（请参阅第259页）+含糖渍姜块的巧克力慕斯（请参阅第326页）

树莓巧克力夏洛特蛋糕

手指饼干+樱桃酒糖浆（请参阅第259页）+1罐树莓果酱+巧克力慕斯（请参阅第326页）

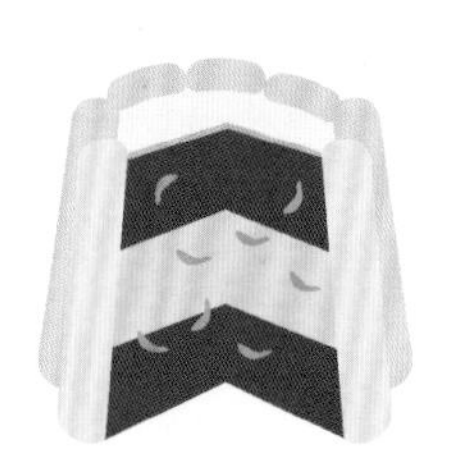

橙子巧克力夏洛特蛋糕

手指饼干 +橘子或橙子糖浆（请参阅第259页）+橙皮巧克力慕斯（请参阅第326页）

黑白巧克力夏洛特蛋糕

手指饼干+香草糖浆（请参阅第259页）+黑巧克力慕斯（请参阅第326页）+牛奶巧克力慕斯（请参阅第326页）

咖啡巧克力夏洛特蛋糕

手指饼干+巧克力酱（请参阅第332页）+咖啡慕斯（请参阅第331页）+巧克力慕斯（请参阅第326页）

焦糖夏洛特蛋糕

手指饼干 +玛莎拉葡萄酒糖浆+焦糖慕斯（请参阅第330页）

咖啡夏洛特蛋糕

手指饼干+朗姆酒糖浆（请参阅第258页）+咖啡慕斯（请参阅第331页）

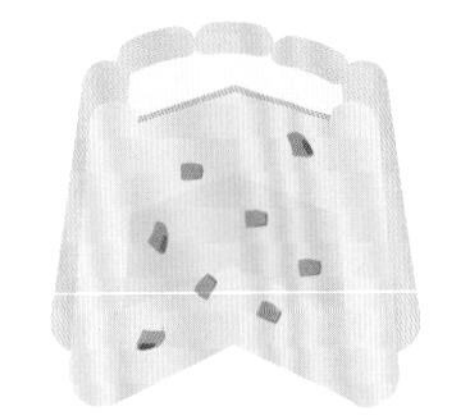

牛轧糖夏洛特蛋糕

手指饼干+树莓糖浆+牛轧糖慕斯

开心果夏洛特蛋糕

手指饼干+草莓糖浆+开心果慕斯（请参阅第330页）

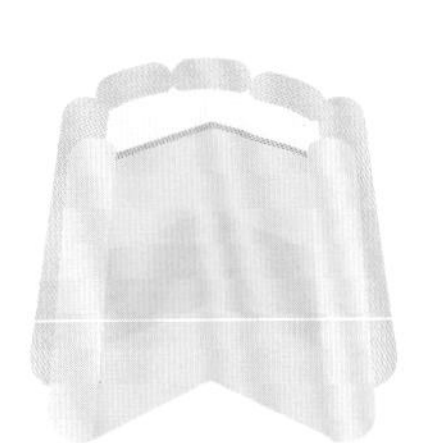

榛子夏洛特蛋糕

手指饼干+朗姆酒糖浆（请参阅第258页）+法式果仁酱巧克力慕斯（请参阅第326页）

栗子夏洛特蛋糕

手指饼干+橘子糖浆+栗子慕斯

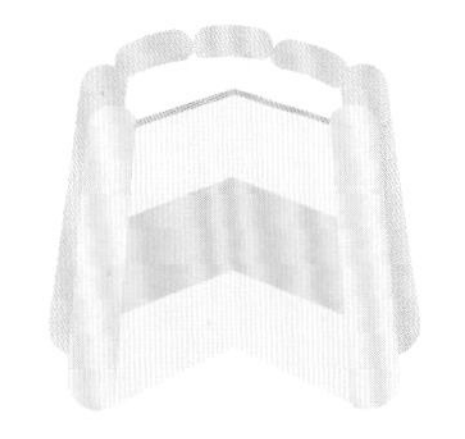

香草夏洛特蛋糕

手指饼干+辣椒糖浆+香草慕斯（请参阅第330页）

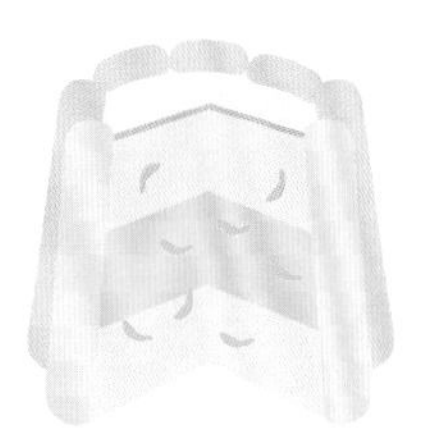

白巧克力青柠檬夏洛特蛋糕

手指饼干+柠檬酒糖浆（请参阅第259页）+含青柠檬皮的白巧克力慕斯（请参阅第327页）

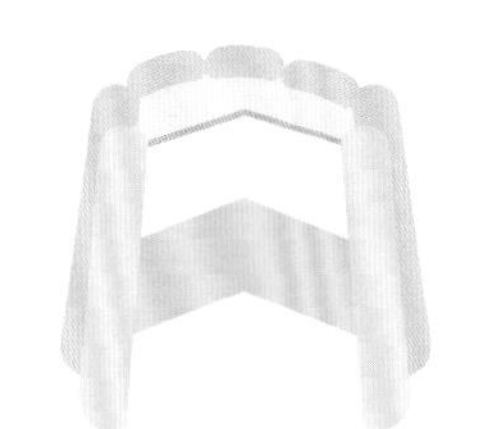

朗姆酒夏洛特蛋糕

手指饼干+巧克力酱（请参阅第332页）+朗姆酒慕斯（请参阅第331页）

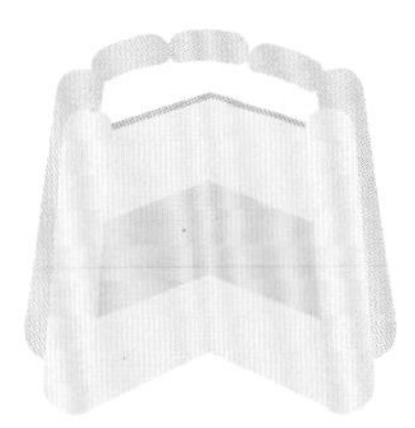

香草英式奶油夏洛特蛋糕

手指饼干+巧克力糖浆+香草英式奶油（略凝结，请参阅第338页）

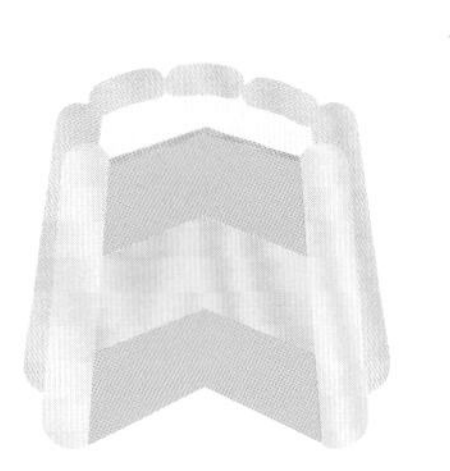

抹茶夏洛特蛋糕

手指饼干+樱桃糖浆+抹茶慕斯

水果夏洛特蛋糕

红色浆果夏洛特蛋糕

手指饼干+樱桃酒糖浆（请参阅第259页）+红色浆果慕斯（请参阅第328页）

红色浆果干酪夏洛特蛋糕

手指饼干+糖浆（请参阅第258页）+加入2汤匙红色浆果、糖和浓奶油的干酪

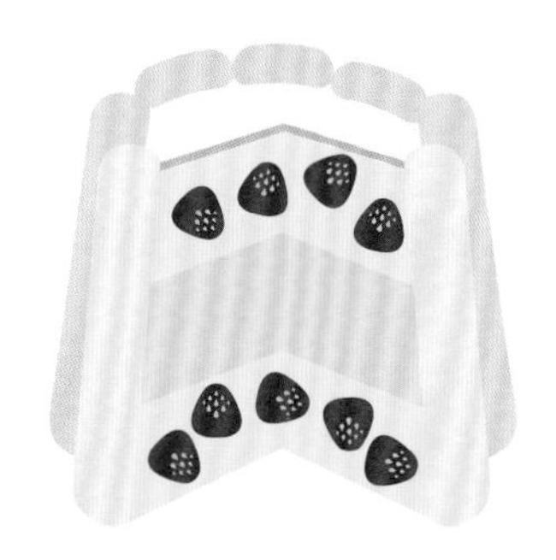

草莓马斯卡彭奶酪夏洛特蛋糕

手指饼干+樱桃酒糖浆（请参阅第259页）+香草马斯卡彭奶酪奶油（请参阅第348页）+新鲜草莓

草莓夏洛特蛋糕

手指饼干+罗勒糖浆（请参阅第258页）+草莓慕斯（请参阅第328页）

树莓夏洛特蛋糕

手指饼干+姜糖浆（请参阅第258页）+树莓慕斯（请参阅第328页）

树莓开心果夏洛特蛋糕

手指饼干+香草糖浆（请参阅第259页）+开心果慕斯（请参阅第330页）+树莓

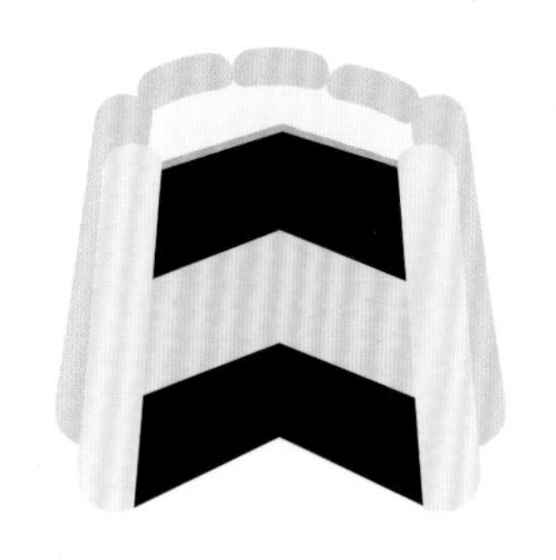

桑葚夏洛特蛋糕

手指饼干+香草糖浆（请参阅第259页）+桑葚慕斯（请参阅第328页）

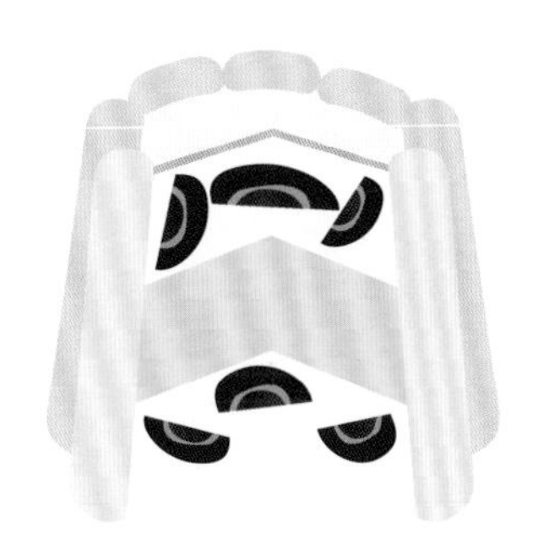

油桃夏洛特蛋糕

手指饼干+马鞭草糖浆（请参阅第259页）+白奶酪慕斯（请参阅第328页）+加糖油桃

菠萝夏洛特蛋糕

手指饼干+椰子朗姆酒糖浆+菠萝慕斯（请参阅第329页）

黄香李夏洛特蛋糕

手指饼干+高度李子酒糖浆+肉桂慕斯（请参阅第330页）+黄香李果酱

百香果夏洛特蛋糕

手指饼干+椰子糖浆
+百香果慕斯（请参阅第329页）

焦糖梨子夏洛特蛋糕

手指饼干+梨子糖浆
+梨子果酱+焦糖慕斯（请参阅第330页）

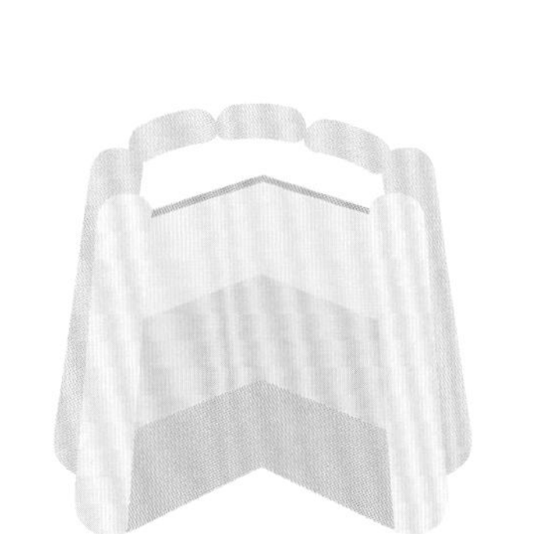

苹果葡萄夏洛特蛋糕

手指饼干+朗姆酒糖浆（请参阅第258页）+苹果和葡萄果酱
+香草慕斯（请参阅第330）

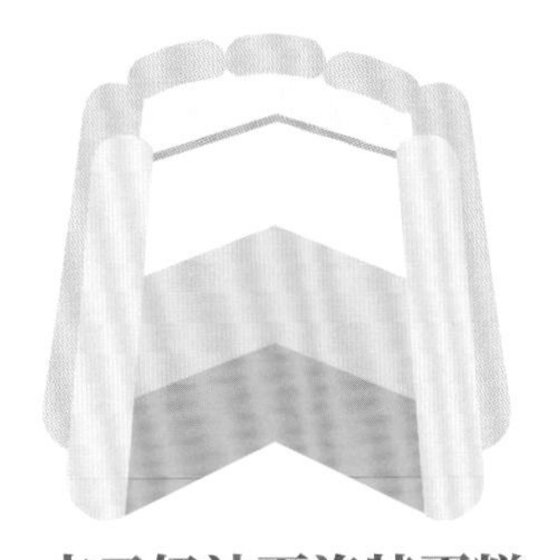

杏子奶油夏洛特蛋糕

手指饼干+玛莎拉葡萄酒糖浆
+尚蒂伊鲜奶油
+杏子果酱

无花果夏洛特蛋糕

手指饼干+香草糖浆（请参阅第259页）
+无花果慕斯（请参阅第328页）

俄罗斯夏洛特蛋糕

俄罗斯夏洛特蛋糕

手指饼干（约25块）+125克朗姆酒+葡萄干和蜜饯+500毫升香草英式奶油（请参阅第338页）+1片明胶（或琼脂）+150毫升尚蒂伊鲜奶油

1 在夏洛特蛋糕模具中放入手指饼干。
2 将葡萄干和蜜饯在热水中溶胀，加入朗姆酒。
3 制作香草英式奶油，并加入一点明胶或琼脂，使其凝固。
4 将蜜饯和鲜奶油加入上述奶油中。
5 将混合物倒入模具，用手指饼干覆盖，静置冷藏一晚。

迷你夏洛特蛋糕

迷你夏洛特蛋糕较清淡（以厚奶油为原料），食用时搭配果酱。

香草卡仕达酱夏洛特蛋糕

手指饼干
+朗姆酒糖浆（请参阅第258页）
+香草卡仕达酱（请参阅第341页）
+红色浆果果酱（请参阅第335页）

核桃黄油奶油夏洛特蛋糕

手指饼干
+橘子糖浆（请参阅第259页）
+核桃黄油奶油（请参阅第345页）

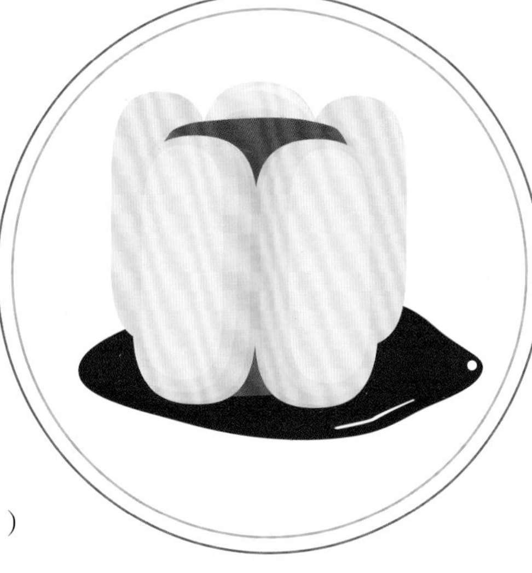

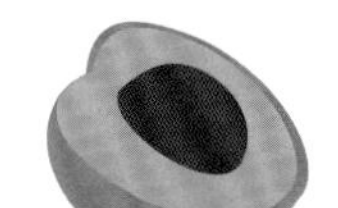

奇布斯特奶油夏洛特蛋糕

手指饼干
+朗姆酒糖浆（请参阅第258页）
+奇布斯特奶油（请参阅第340页）
+杏子果酱（请参阅第335页）

芝士夏洛特蛋糕

手指饼干
+鲜奶酪
+柠檬
+芒果果酱（请参阅第335页）

咖啡黄油奶油夏洛特蛋糕

手指饼干
+樱桃酒糖浆（请参阅第259页）
+咖啡黄油奶油（请参阅第345页）
+巧克力酱（请参阅第332页）

冰淇淋夏洛特蛋糕

巧克力冰淇淋夏洛特蛋糕

24个手指饼干+2杯加糖的浓咖啡
+1/2升咖啡冰淇淋+巧克力慕斯（请参阅第326页）

1 将手指饼干在咖啡中浸泡，摆放在模具边缘。
2 倒入一半冰淇淋，然后倒入一半巧克力慕斯。
3 用浸泡过咖啡的手指饼干覆盖，然后重复以上步骤。
4 最后覆盖手指饼干。
5 冷冻保存，上桌前15分钟脱模。

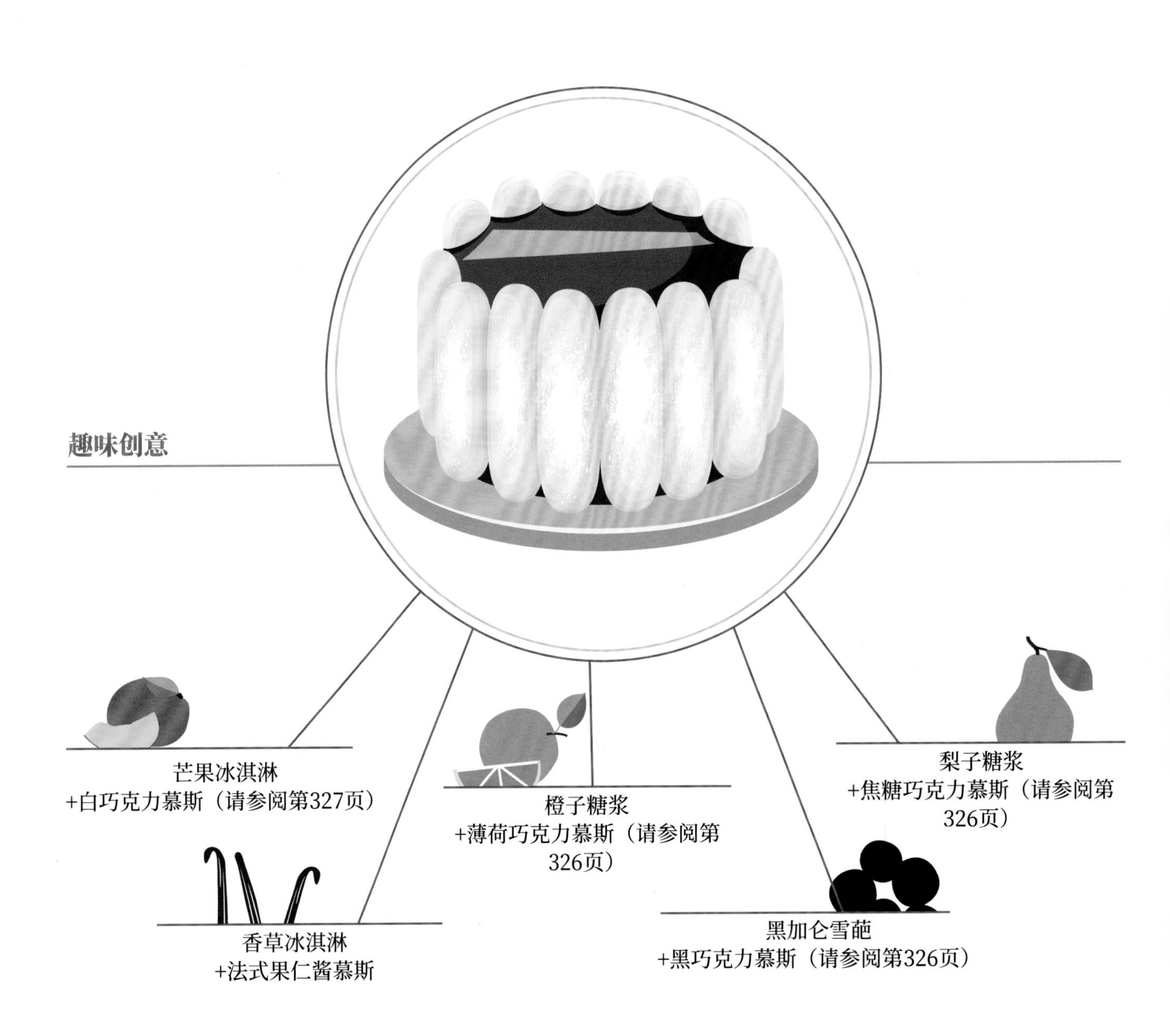

完美香橙力娇酒冰淇淋蛋糕

7~8块手指饼干+1个橙子榨汁+橙子皮+70克糖+3个蛋黄+50毫升香橙力娇酒+100毫升鲜奶油+糖粉

1. 将手指饼干放入蛋糕模具中。
2. 将橙汁、橙皮和糖倒入锅中，煮几分钟。
3. 将蛋黄倒入大碗中，加入奶油搅打。倒入预制的橙子混合物。加入香橙力娇酒。
4. 打发奶油。
5. 倒入模具后冷冻一夜。
6. 脱模，撒糖粉后上桌。

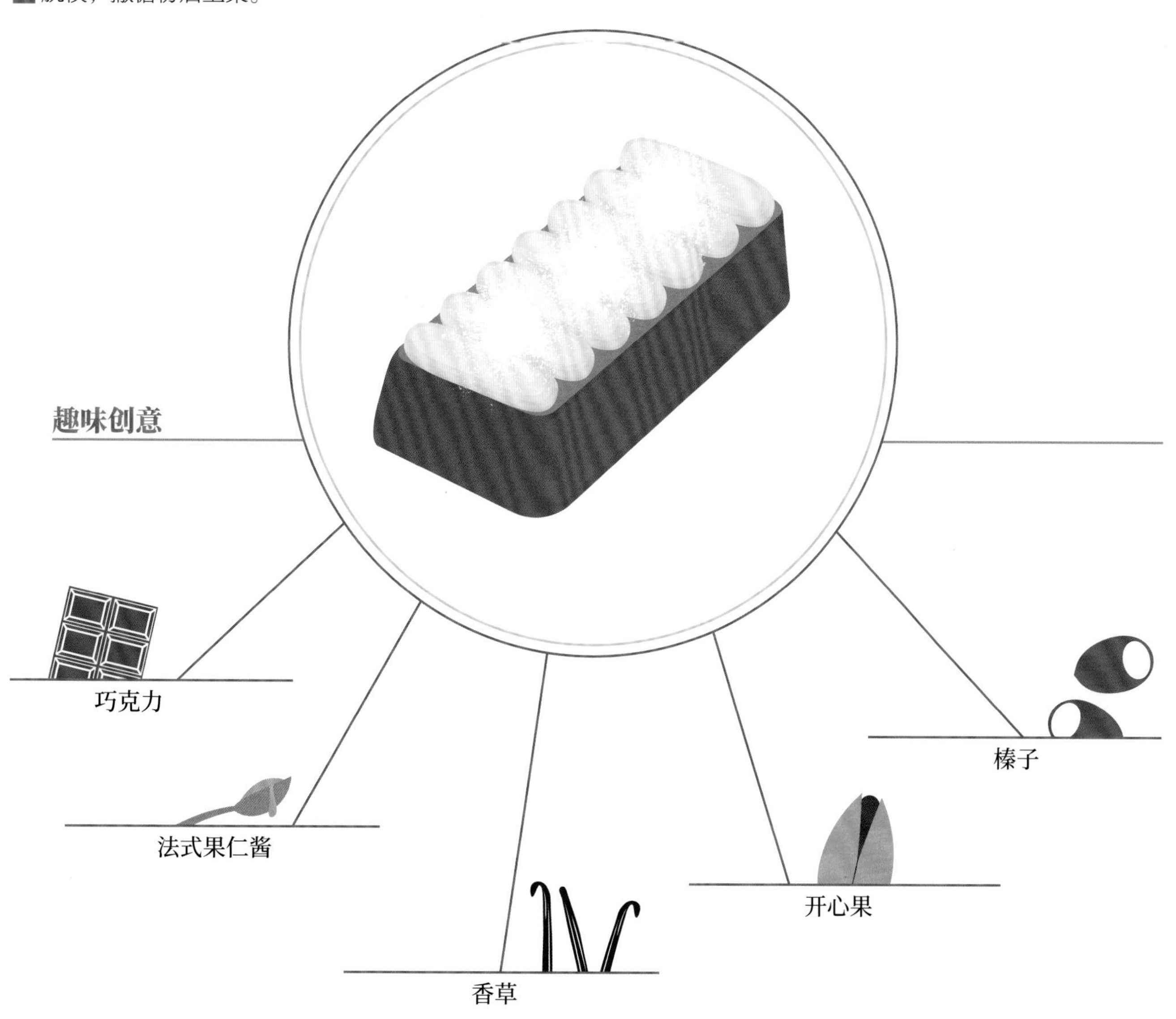

意式提拉米苏

与夏洛特蛋糕一样，意式提拉米苏蛋糕也常使用手指饼干。咖啡味是较为常见的版本，也可制作美味的水果口味提拉米苏。

制作方法

手指饼干+浓咖啡+马斯卡彭奶酪奶油（3个蛋黄+70克糖粉+250克马斯卡彭奶酪+3个打发的蛋清）+可可粉

1 将手指饼干在浓咖啡中浸泡，然后将它们依次放在方形盘中。

2 倒入一层奶油，然后放入一层手指饼干并用其余的奶油覆盖。

3 用保鲜膜包裹，冷藏2小时。

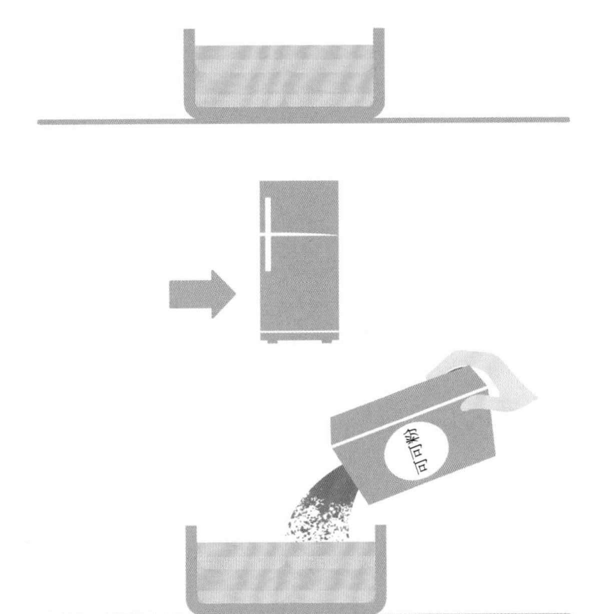

4 上桌前撒上可可粉。

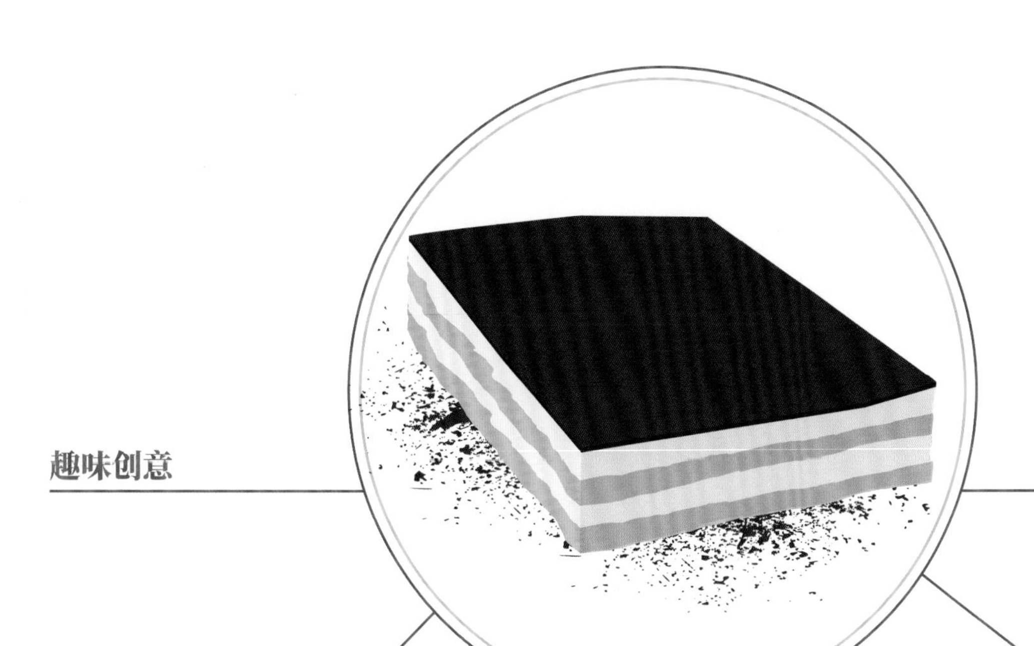

趣味创意

斯派库鲁斯饼干提拉米苏

+3汤匙斯派库鲁斯饼干涂抹酱和奶油的混合物

草莓提拉米苏

手指饼干
+草莓果酱（请参阅第335页）
+马斯卡彭奶酪奶油（请参阅第348页）
+草莓

巧克力酱提拉米苏

+加入3汤匙巧克力酱的奶油

树莓提拉米苏

手指饼干
+樱桃酒
+加树莓的马斯卡彭奶酪

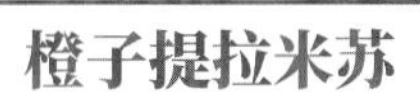

橙子提拉米苏

手指饼干
+玛莎拉葡萄酒
+加橙子的马斯卡彭奶酪

柠檬提拉米苏

手指饼干
+柠檬酒
+加柠檬的马斯卡彭奶酪
+白巧克力慕斯（请参阅第327页）

酥脆夹心饼干

这种酥脆糕点制作简单，可使用自制或商店中购买的手指饼干。可选用购买的成品酱料，完全不会减少自制糕点的乐趣。

用有黏性的酱料将两块饼干黏在一起即可完成。

涂抹酱料或撒糖粒

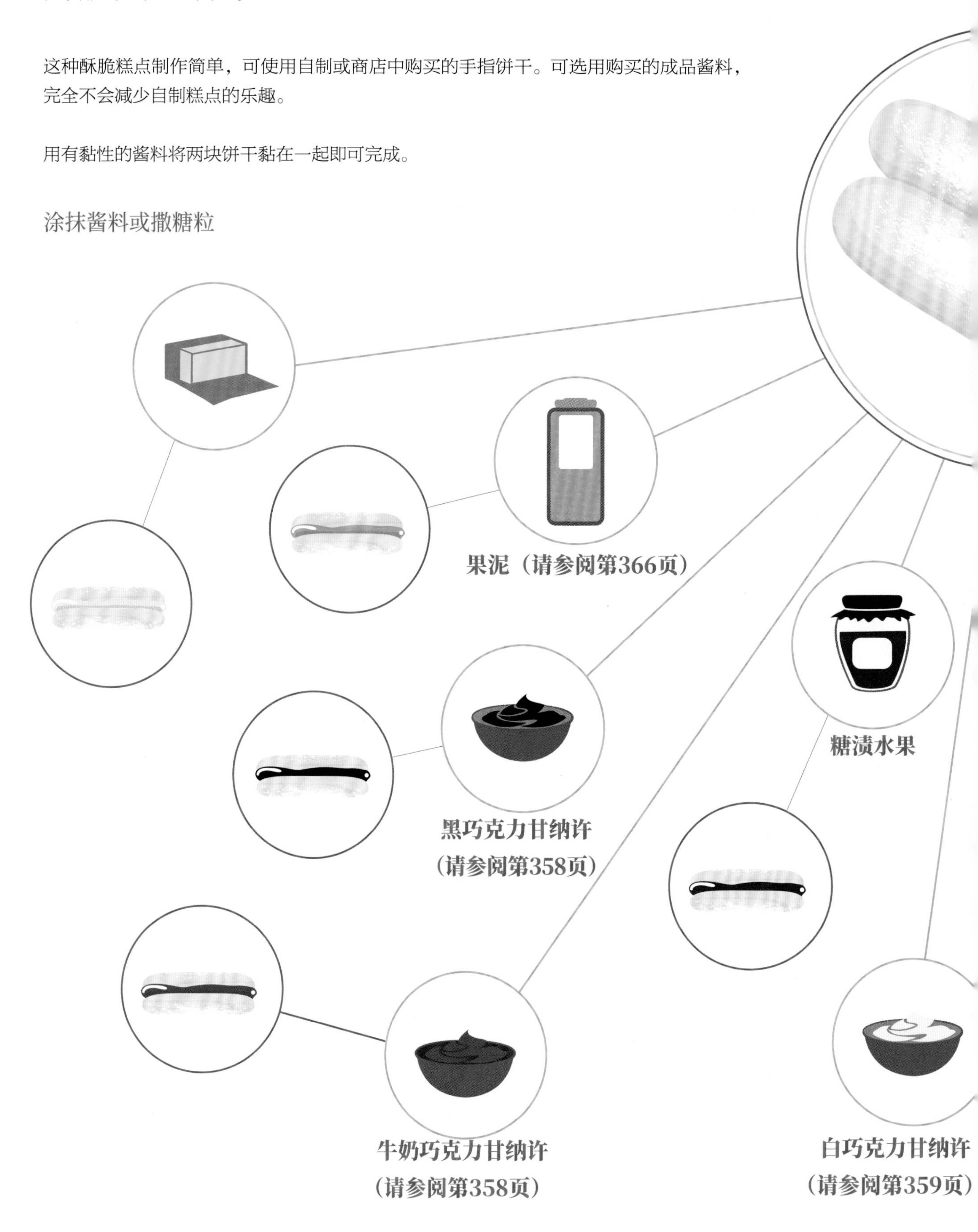

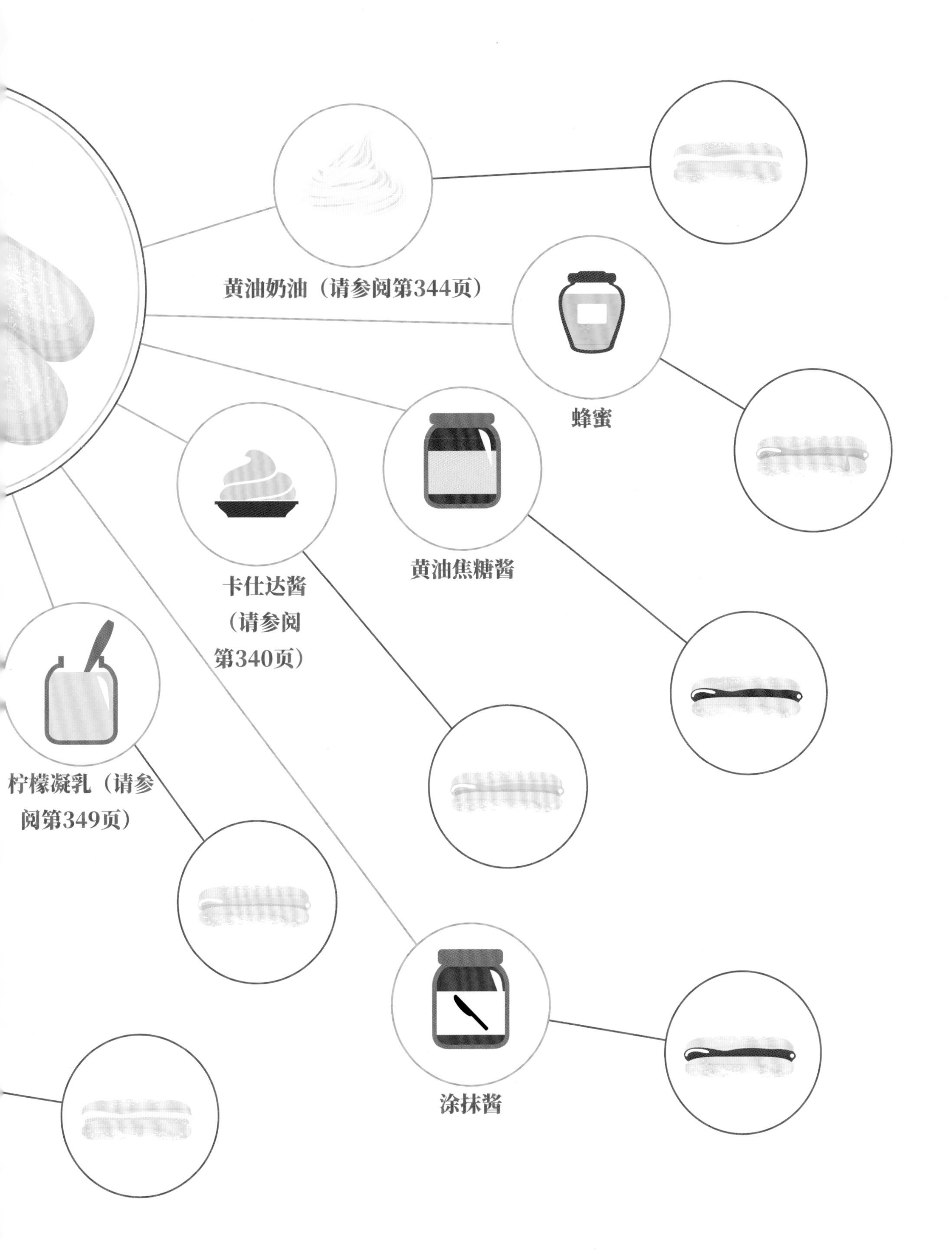
黄油奶油（请参阅第344页）
蜂蜜
黄油焦糖酱
卡仕达酱
（请参阅
第340页）
柠檬凝乳（请参
阅第349页）
涂抹酱

泡芙面团

Pâte à choux

泡芙面团制作简单，这种面团质地轻盈，在烘焙过程中会发生膨胀。

它可用来制作泡芙、闪电泡芙、车轮泡芙、奶油泡芙或圣多诺黑香醍泡芙。

基本食谱

制作约40个泡芙 • 准备时间：20分钟 • 烘焙时间：30分钟

- 250毫升水
- 1/2茶匙盐
- 80克黄油
- 2汤匙糖
- 125克面粉
- 4个鸡蛋

1. 将水、盐、黄油和糖倒入锅中。用小火加热搅拌至起泡。加入面粉并用力搅拌，直到面团不粘锅。
2. 关火，加入1个鸡蛋并用力搅拌。逐一打入剩下的3个鸡蛋，每次添加后充分搅拌。小火加热，使面团脱水，然后用木勺搅拌。
3. 将烤箱预热至200°C。在烤盘中衬上烘焙纸，然后使用勺子或裱花袋放上小面团，烘焙20～25分钟。

建议和窍门

- 请勿将水、盐、黄油和糖的混合物煮沸。
- 一次加入全部面粉。
- 用小火使面团脱水。
- 烘焙时使用硅胶板，这样能够使泡芙更加酥脆。
- 可将泡芙面团放在更小的半球形硅胶模具中烘焙。
- 可在泡芙面团中加入脆饼干（50克面粉+50克红糖+2克盐）。
- 在烘焙前请将泡芙面团冷藏保存。

衍生食谱

加牛奶食谱：用牛奶（约一半量）代替水。

加植物奶食谱：用植物奶（米浆、杏仁奶、豆奶、榛子奶）代替水。

加椰子糖食谱：用椰子糖代替糖。

轻食食谱：用等量的玉米淀粉代替面粉。

无麸质食谱：用米粉或栗子粉代替面粉。

形状

泡芙面团可制成各种大小和形状（饼形、王冠形等）。

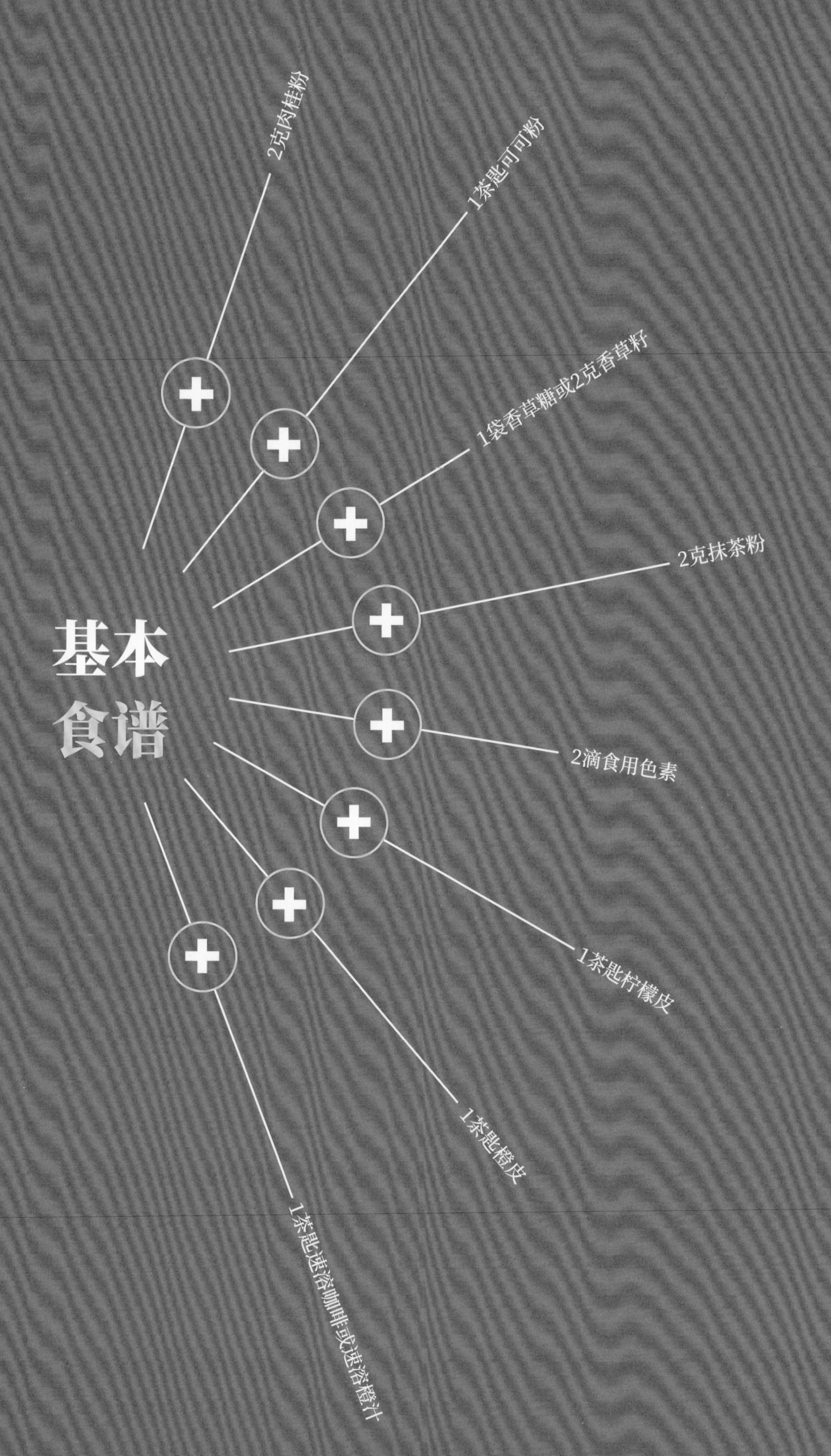
2克肉桂粉
1茶匙可可粉
1袋香草糖或2克香草籽
2克抹茶粉
基本
食谱
2滴食用色素
1茶匙柠檬皮
1茶匙橙皮
1茶匙速溶咖啡或速溶橙汁

泡芙面团趣味创意

形状	馅料	糖面
	—	—
	• 卡仕达酱 （请参阅第340页）	—
	• 卡仕达酱 （请参阅第340页）	• 焦糖/花生糖
	• 冰淇淋 （请参阅第362页）	—
	• 尚蒂伊鲜奶油 （请参阅第342页）	—
	• 卡仕达酱 （请参阅第340页）	—
	• 法式果仁酱黄油奶油 （请参阅第345页）	• 融化的巧克力酱
	• 咖啡卡仕达酱或巧克力卡仕达酱 （请参阅第341页）	• 咖啡或巧克力淋面 （请参阅第354页）
	• 樱桃酒卡仕达酱 （请参阅第341页）	• 绿色翻糖
	• 巧克力或咖啡、香草卡仕达酱 （请参阅第341）	• 香草、巧克力、咖啡翻糖
	• 尚蒂伊鲜奶油 （请参阅第342页）	—
	• 咖啡卡仕达酱或巧克力卡仕达酱 （请参阅第341页）	• 咖啡或巧克力翻糖
	• 法式果仁酱慕斯琳奶油 （请参阅第340页）	—
	• 卡仕达酱 （请参阅第340页）	• 焦糖-尚蒂伊鲜奶油

蛋糕顶部装饰	蛋糕
• 珠糖	• 泡芙球
• 糖粉	• 奶油泡芙
—	• 泡芙塔
• 融化的巧克力酱	• 夹心巧克力酥球
—	• 尚蒂伊鲜奶油泡芙
• 脆饼	• 脆饼泡芙
• 核桃碎	• 夏朗德核桃泡芙
• 黄油奶油（请参阅第344页）	• 修女泡芙
• 巧克力丝	• 撒朗堡泡芙
—	• 闪电泡芙
—	• 天鹅泡芙
• 黄油奶油（请参阅第344页）	• 双色泡芙
• 杏仁碎	• 车轮泡芙
—	• 圣奥诺黑泡芙

泡芙球

泡芙面团可制成许多不同形状的糕点。球形泡芙是最简单也是最经典的泡芙形式。珠糖泡芙和花式泡芙带有糖面装饰，它们拥有多种不同口味！

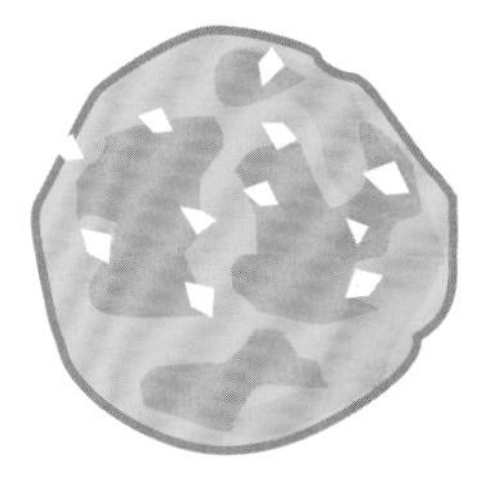

珠糖泡芙

泡芙面团 +1罐珠糖

在泡芙面团上装饰珠糖，然后在预热至180°C的烤箱中烘焙20 ~ 25分钟。

花式泡芙

泡芙面团 +卡仕达酱（请参阅第340页）+翻糖（请参阅第351页）

1 将泡芙面团烘焙成泡芙球，静置冷却。
2 在泡芙球底部开口，用裱花袋填入卡仕达酱。
3 用翻糖装饰。

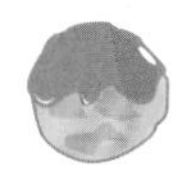

橙花泡芙：泡芙面团+橙花卡仕达酱+橙色翻糖

芙蓉泡芙：泡芙面团+芙蓉卡仕达酱+桃红色翻糖

薰衣草泡芙：泡芙面团+薰衣草卡仕达酱+紫色翻糖

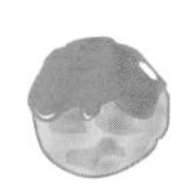

玫瑰泡芙：泡芙面团+玫瑰卡仕达酱+粉色翻糖

香草泡芙：泡芙面团+香草卡仕达酱+白色翻糖

紫罗兰泡芙：泡芙面团+紫罗兰卡仕达酱+紫色翻糖

奶油泡芙

泡芙面团+卡仕达酱（请参阅第340页）+糖粉

1 将泡芙面团烘焙成泡芙球，静置冷却。
2 在泡芙球底部开口，用裱花袋填入卡仕达酱。
3 撒上糖粉。

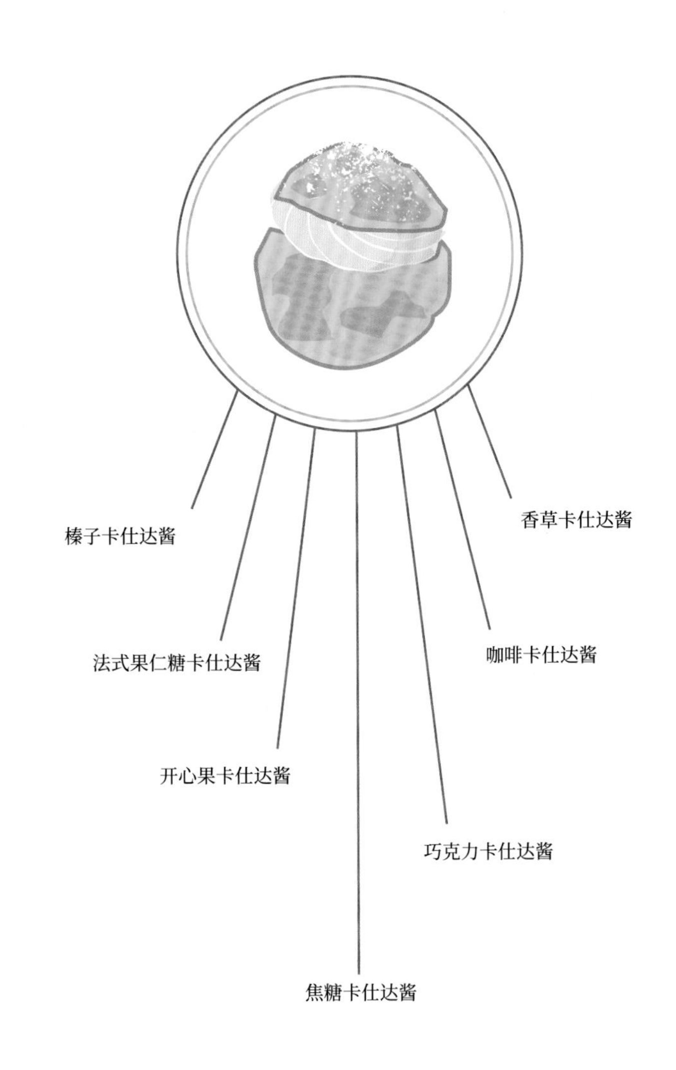

如何使用糖面？

用糖粉制作简单的糖面（请参阅第350页）

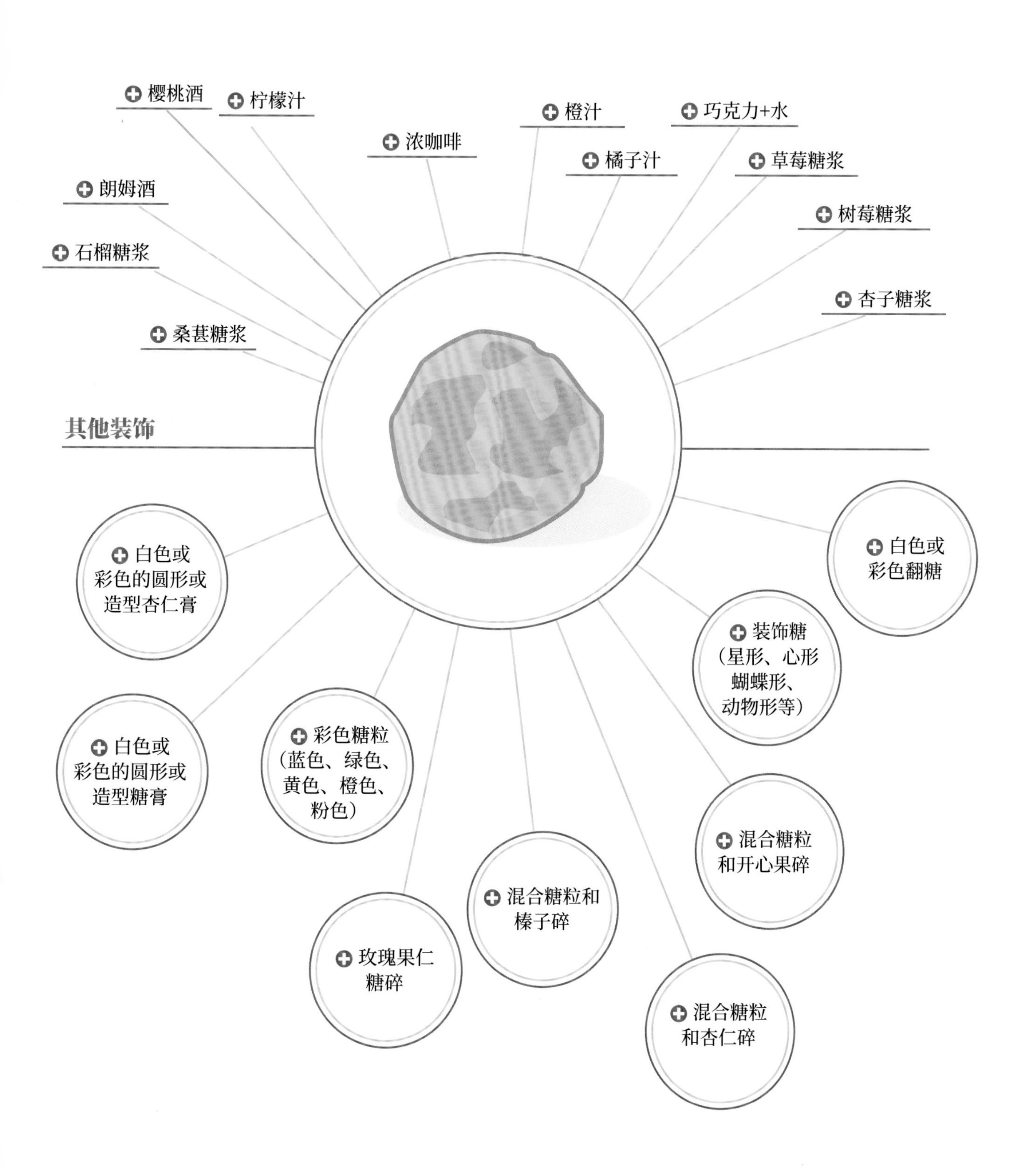

经典糕点：闪电泡芙（Éclair）

泡芙面团 +卡仕达酱（请参阅第340页）+翻糖（请参阅第351页）+2汤匙可可粉

1 将泡芙面团制成手指形，在预热至200°C的烤箱中烘焙20 ~ 25分钟。
2 冷却后，用裱花袋为闪电泡芙填充卡仕达酱。
3 将翻糖隔水加热，注意温度不要超过40°C，否则会令糖面失去光泽效果。撒上可可粉，并用刮刀轻轻混合，制得巧克力糖面。
4 将闪电泡芙抹上巧克力糖面，使其表面光滑。将闪电泡芙平放在烤盘上，静置冷却。

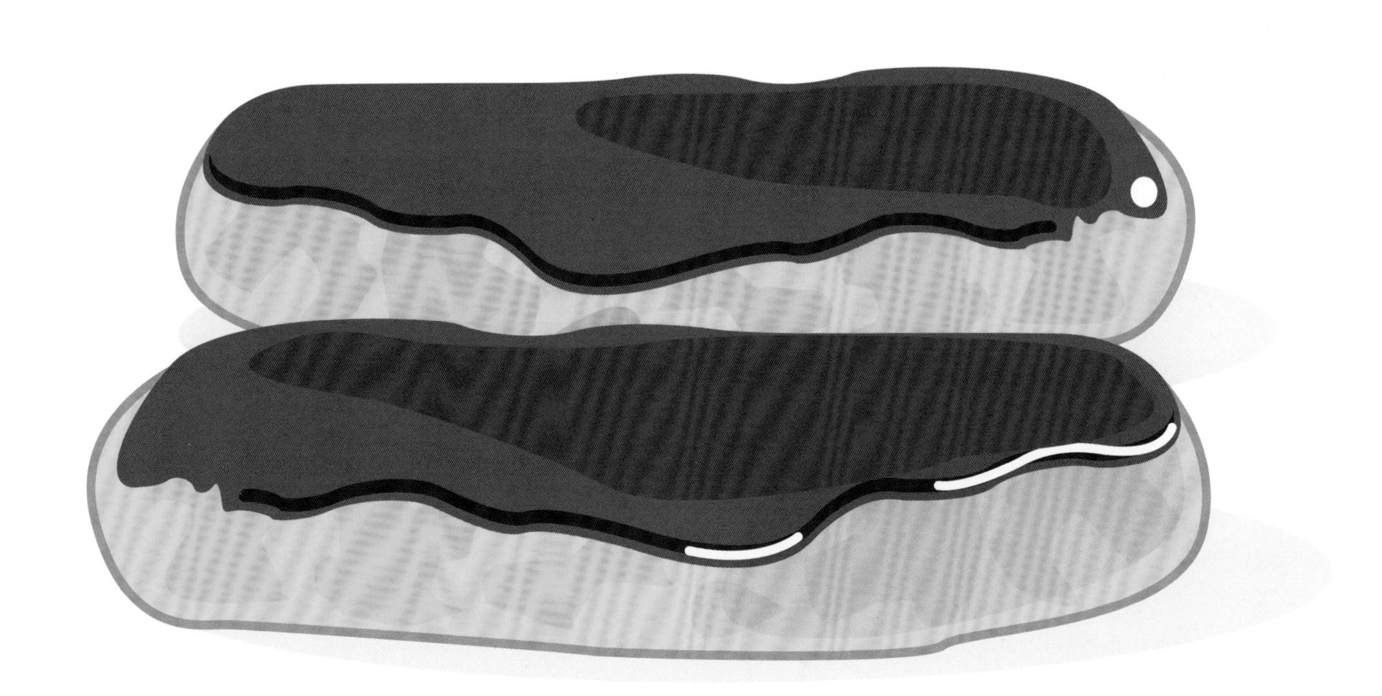

代替巧克力的馅料创意

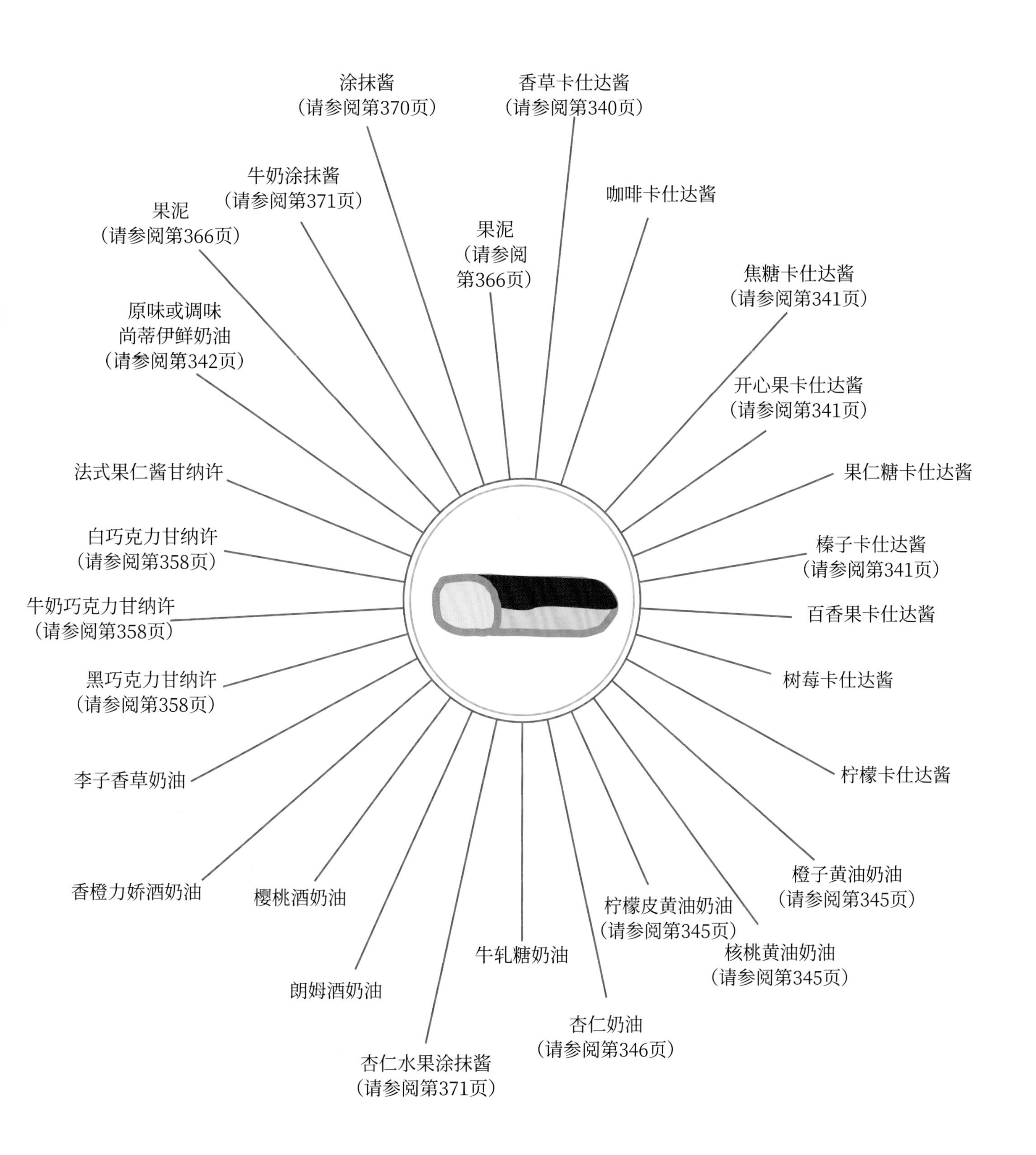

涂抹酱
（请参阅第370页）
香草卡仕达酱
（请参阅第340页）
牛奶涂抹酱
（请参阅第371页）
咖啡卡仕达酱
果泥
（请参阅第366页）
果泥
（请参阅
第366页）
焦糖卡仕达酱
（请参阅第341页）
原味或调味
尚蒂伊鲜奶油
（请参阅第342页）
开心果卡仕达酱
（请参阅第341页）
法式果仁酱甘纳许
果仁糖卡仕达酱
白巧克力甘纳许
（请参阅第358页）
榛子卡仕达酱
（请参阅第341页）
牛奶巧克力甘纳许
（请参阅第358页）
百香果卡仕达酱
黑巧克力甘纳许
（请参阅第358页）
树莓卡仕达酱
李子香草奶油
柠檬卡仕达酱
香橙力娇酒奶油
樱桃酒奶油
橙子黄油奶油
（请参阅第345页）
柠檬皮黄油奶油
（请参阅第345页）
牛轧糖奶油
核桃黄油奶油
（请参阅第345页）
朗姆酒奶油
杏仁奶油
（请参阅第346页）
杏仁水果涂抹酱
（请参阅第371页）

经典糕点：修女泡芙（Religieuse）

泡芙面团+卡仕达酱（请参阅第340页）+黄油奶油（请参阅第344页）+糖面（请参阅第350页）

1 制作2个不同大小的泡芙球，烘焙。
2 将卡仕达酱装入裱花袋。
3 在两个泡芙球上抹糖面。用裱花袋在大泡芙上制作奶油褶皱装饰。
4 将较小的泡芙叠放在较大的泡芙上。在较小的泡芙上用黄油奶油进行装饰，冷藏保存。

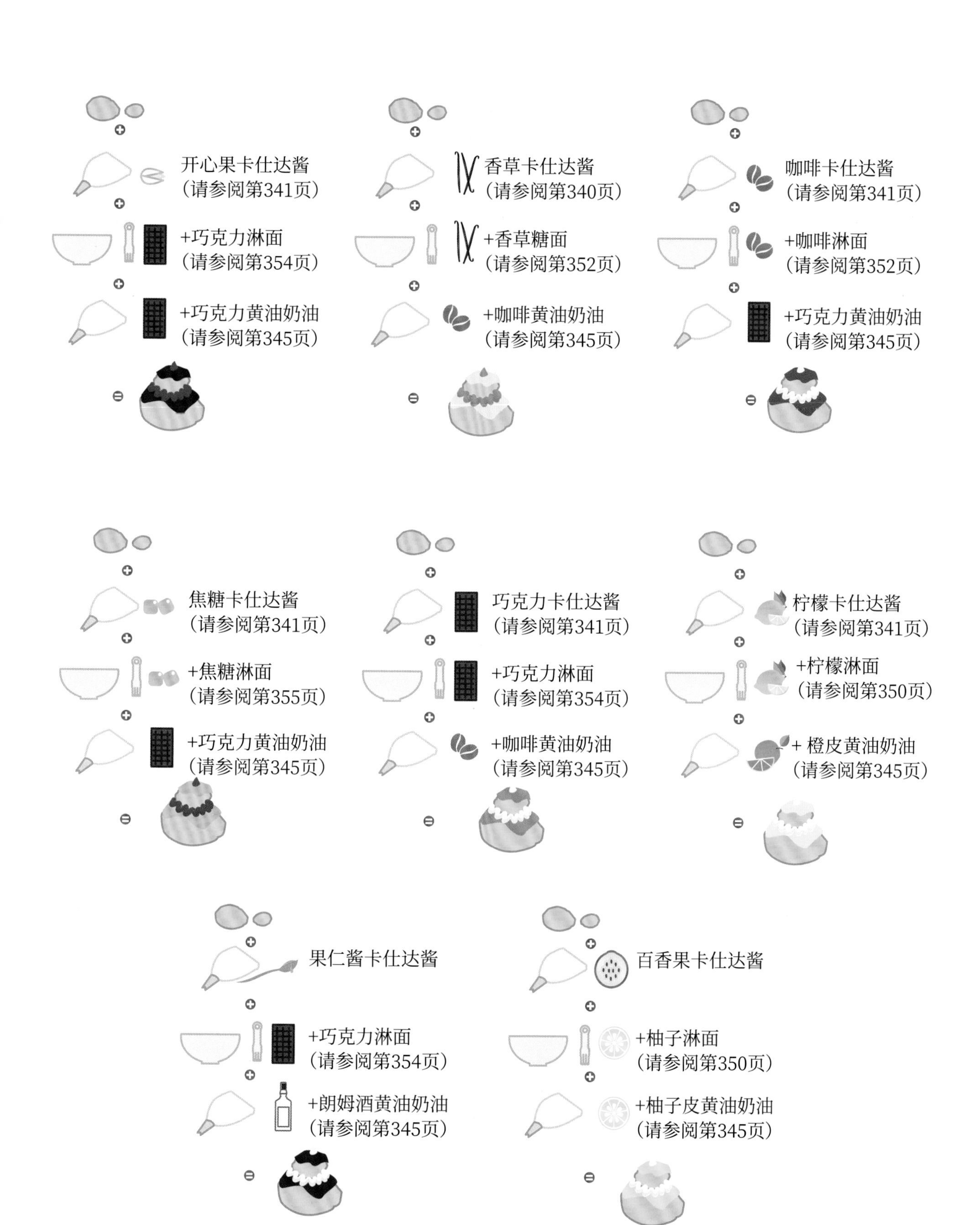
开心果卡仕达酱
（请参阅第341页）
+巧克力淋面
（请参阅第354页）
+巧克力黄油奶油
（请参阅第345页）
香草卡仕达酱
（请参阅第340页）
+香草糖面
（请参阅第352页）
+咖啡黄油奶油
（请参阅第345页）
咖啡卡仕达酱
（请参阅第341页）
+咖啡淋面
（请参阅第352页）
+巧克力黄油奶油
（请参阅第345页）
焦糖卡仕达酱
（请参阅第341页）
+焦糖淋面
（请参阅第355页）
+巧克力黄油奶油
（请参阅第345页）
巧克力卡仕达酱
（请参阅第341页）
+巧克力淋面
（请参阅第354页）
+咖啡黄油奶油
（请参阅第345页）
柠檬卡仕达酱
（请参阅第341页）
+柠檬淋面
（请参阅第350页）
+ 橙皮黄油奶油
（请参阅第345页）
果仁酱卡仕达酱
+巧克力淋面
（请参阅第354页）
+朗姆酒黄油奶油
（请参阅第345页）
百香果卡仕达酱
+柚子淋面
（请参阅第350页）
+柚子皮黄油奶油
（请参阅第345页）

经典糕点：车轮泡芙（Paris-brest）

泡芙面团+法式果仁酱黄油奶油（请参阅第344页）
或法式果仁酱慕斯琳奶油+榛子和杏仁碎混合物+糖粉

1 用裱花袋在烤盘上放置面团，制成王冠状。
2 烘焙后静置冷却。
3 将泡芙切成两片。
4 将法式果仁酱黄油奶油装入裱花袋，然后涂抹在车轮泡芙的下半部分。
5 盖上另一半泡芙，撒上榛子和杏仁碎混合物。撒上糖粉。

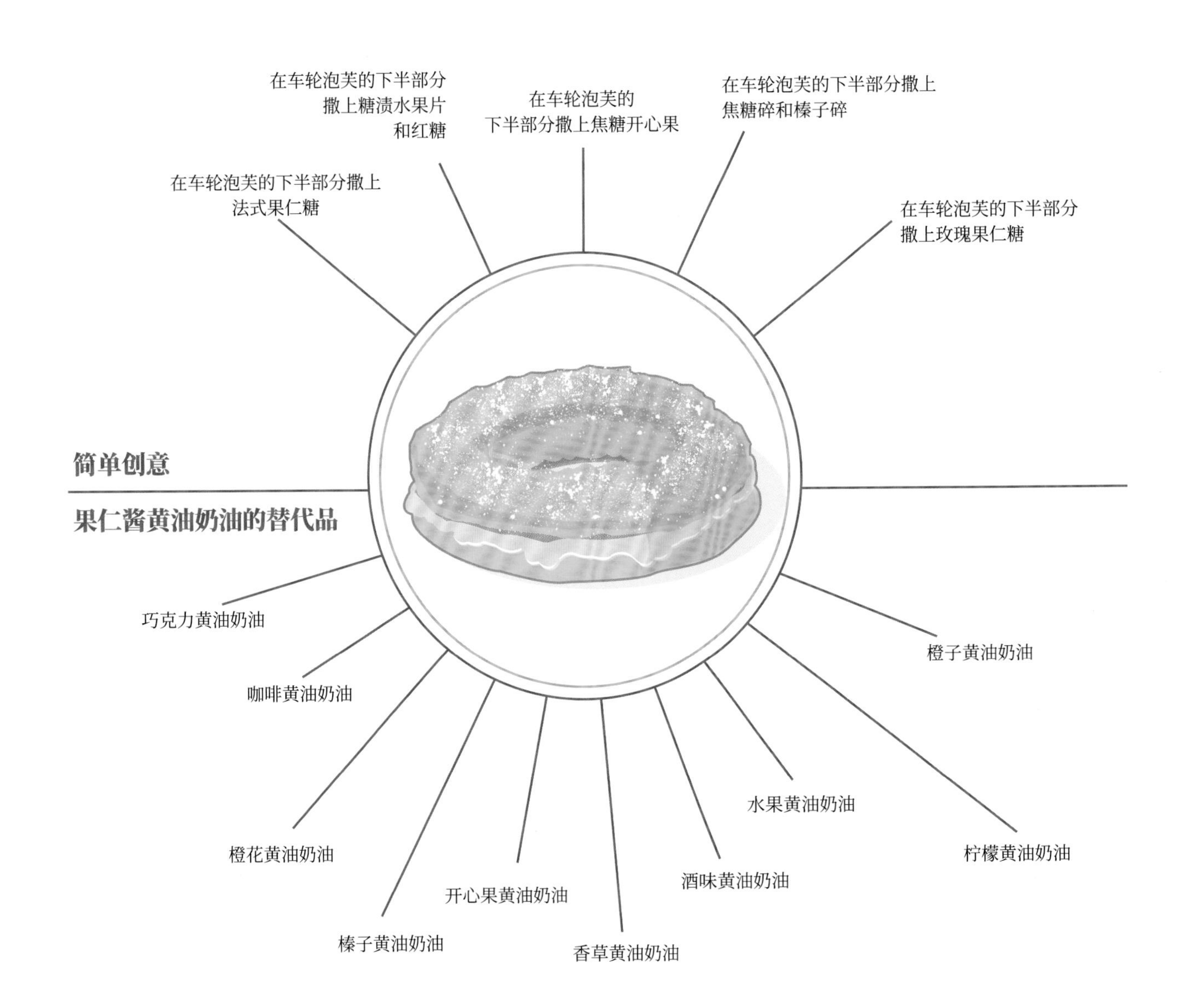

特罗佩车轮泡芙

用香草奇布斯特奶油（请参阅第340页）代替法式果仁酱奶油并撒上糖粒。

新鲜果切大车轮泡芙

用香草奶油（请参阅第347页）代替法式果仁酱奶油并撒上新鲜水果丁。

带冰淇淋球和尚蒂伊鲜奶油（请参阅第342页）的冰淇淋车轮泡芙

切开泡芙。用冰淇淋填馅后封口。用鲜奶油装饰。

巴黎-斯特拉斯堡泡芙
泡芙面团+法式果仁酱黄油奶油（请参阅第344页）+肉桂苹果果酱

1 将一个泡芙切成三等份。

2 在第一层加入法式果仁酱黄油奶油，然后在第二层加入肉桂苹果果酱，盖上第三层泡芙。

经典糕点：圣奥诺黑泡芙（Saint-honoré）

泡芙面团+卡仕达酱（请参阅第340页）+焦糖（请参阅第368页）+1片反向层酥面皮（请参阅第57页）+香草尚蒂伊鲜奶油（请参阅第342页）

1 用卡仕达酱填充泡芙球，抹上焦糖并等待其变硬。
2 将层酥面皮放在盘子上。抹上一层卡仕达酱，然后放上若干泡芙球。泡芙球之间留有空隙。
3 在泡芙球之间填入尚蒂伊鲜奶油。
4 可以加入一些泡芙球进行装饰。

复古圣奥诺黑泡芙

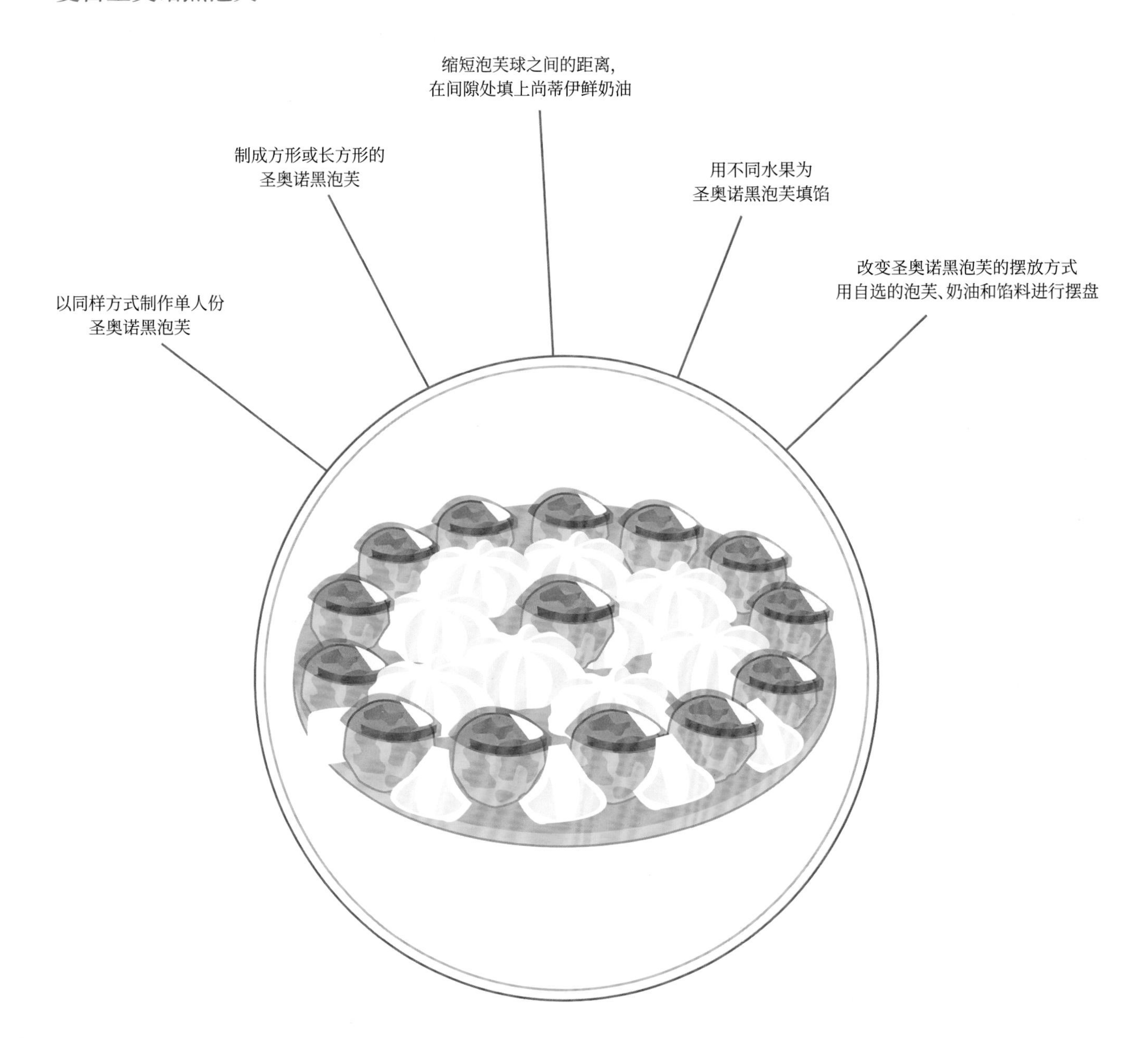

冰点泡芙

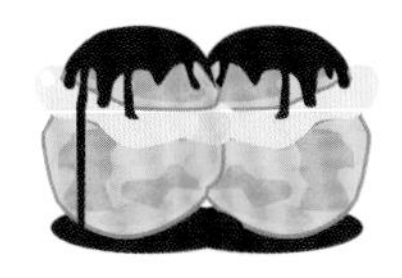

泡芙面团+1升香草冰淇淋（请参阅第362页）+巧克力酱（请参阅第332页）

冰淇淋创意

泡芙面团
+1升巧克力冰淇淋
+香草英式奶油(请参阅第338页)

泡芙面团
+1升开心果冰淇淋
+巧克力酱(请参阅第332页)

泡芙面团
+1升牛轧糖冰淇淋
+树莓果酱(请参阅第335页)

泡芙面团
+1升焦糖海盐冰淇淋
+巧克力酱(请参阅第332页)

泡芙面团
+1升白巧克力冰淇淋
+蓝莓果酱(请参阅第335页)

泡芙面团
+1升朗姆酒葡萄冰淇淋
+焦糖酱(请参阅第334页)

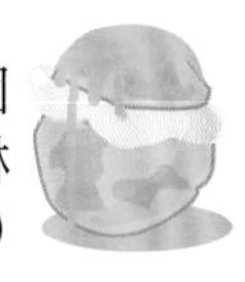

泡芙面团
+1升栗子冰淇淋
+朗姆酒巧克力酱(请参阅第333页)

泡芙面团
+1升咖啡冰淇淋
+巧克力酱(请参阅第332页)

泡芙面团
+1升香草冰淇淋
+树莓果酱(请参阅第335页)

泡芙面团
+1升斯派库鲁斯饼干涂抹酱冰淇淋
+巧克力酱(请参阅第332页)

泡芙面团
+1升树桩蛋糕奶油冰淇淋
+巧克力酱(请参阅第332页)

加雪葩的创意

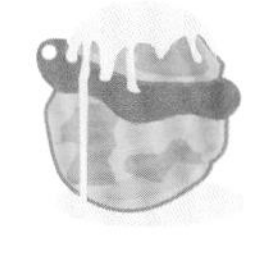

泡芙面团
+1升草莓雪葩
+白巧克力酱
(请参阅第333页)

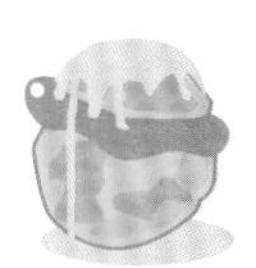

泡芙面团
+1升杏子雪葩
+杏仁奶油(请参阅第346页)

泡芙面团
+1升青柠檬雪葩
+芒果果酱(请参阅第335页)

泡芙面团
+1升梨子雪葩
+焦糖酱(请参阅第334页)

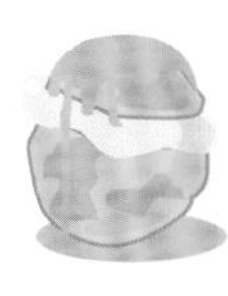

泡芙面团
+1升树莓雪葩
+桑葚果酱(请参阅第335页)

泡芙面团
+1升紫李雪葩
+肉桂酱(请参阅第333页)

泡芙面团
+1升桃子雪葩
+杏子果酱(请参阅第335页)

泡芙面团
+1升特黑巧克力雪葩
+柑橘果酱(请参阅第337页)

泡芙面团
+1升橙子雪葩
+黑巧克力酱(请参阅第332页)

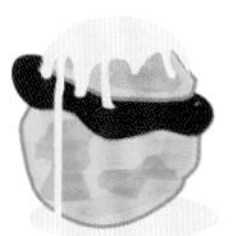

泡芙面团
+1升黑加仑雪葩
+香草奶油(请参阅第347页)

经典泡芙塔

泡芙面团+卡仕达酱（请参阅第340页）+1块牛轧糖圆盘（请参考下方）+焦糖（请参阅第368页）

1 用裱花袋为所有泡芙球填入卡仕达酱。
2 在牛轧糖圆盘上，用焦糖将泡芙逐个粘起来，制成金字塔形。

趣味创意

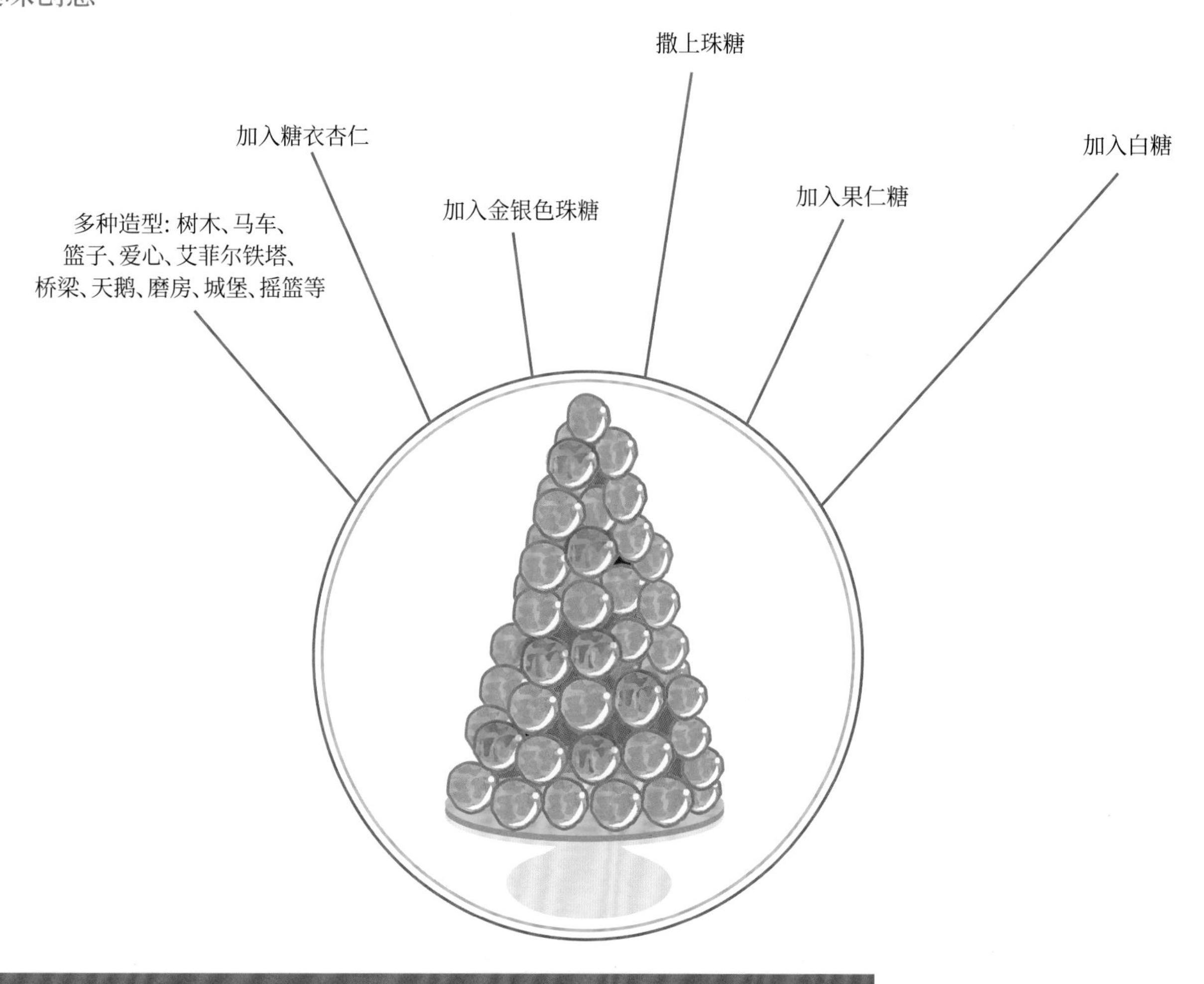

简易果仁糖

制作一板果仁糖：100克杏仁（或核桃、榛子、开心果及其他什锦干果）+25块糖+水

- 在烘焙纸上刷油。
- 将干果撒在烘焙纸上。
- 用糖和水制成焦糖。
- 将焦糖倒在干果上。静置冷却。

其他以泡芙面团为基础的糕点

橡果泡芙（制作10个）

10个橡果形状的泡芙+樱桃酒卡仕达酱（请参阅第341页）+1茶杯绿色或粉色的翻糖（请参阅第351页）+巧克力丝+食用色素

1 用裱花袋为所有泡芙球填入樱桃酒卡仕达酱。
2 加热翻糖并加入食用色素。
3 将翻糖盖在橡果泡芙上，在表面装饰巧克力丝。

双色泡芙（制作10个）

20个泡芙球+巧克力卡仕达酱（请参阅第341页）+咖啡卡仕达酱（请参阅第341页）+巧克力翻糖+咖啡翻糖+黄油奶油（请参阅第344页）

1 用巧克力卡仕达酱为10个泡芙球填馅，抹上巧克力翻糖。
2 用咖啡卡仕达酱为10个泡芙球填馅，抹上咖啡翻糖。
3 用黄油奶油将1个巧克力泡芙球和1个咖啡泡芙球粘在一起。

趣味创意

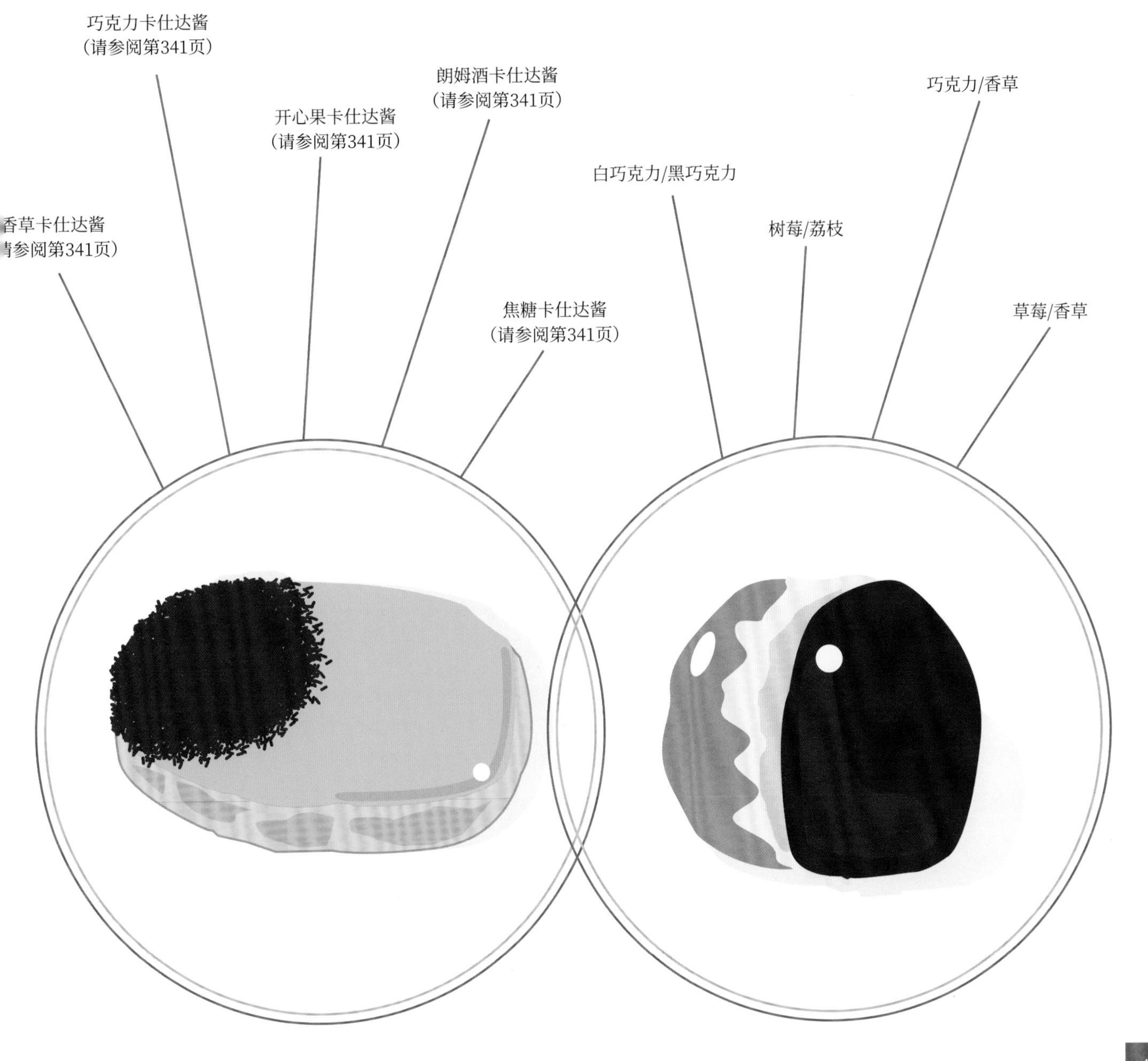

云朵棒棒糖

泡芙面团+融化糖果+糖果棒+彩色糖粒

1 将泡芙球穿在糖果棒上。
2 用泡芙蘸融化的彩色糖果。

泡芙面团+巧克力脆皮+大粒干果+糖果棒+彩色糖粒

- 将泡芙球穿在糖果棒上。
- 用泡芙蘸融化的巧克力并撒上彩色糖粒，粘上核桃、榛子、杏仁或开心果仁碎。

趣味创意

填充泡芙可使用卡仕达酱（请参阅第340页）、黄油奶油（请参阅第344页）、尚蒂伊鲜奶油（请参阅第342页）或甘纳许（请参阅第358页）。

小泡芙串

用于巧克力火锅

泡芙面团+融化的黑巧克力+扦子

1 用裱花袋制作小泡芙。烘焙泡芙。
2 将2 ~ 3个小泡芙穿在扦子上。
3 蘸融化的黑巧克力。

趣味创意

可使用自选的巧克力（白巧克力、果仁酱巧克力、黑巧克力、牛奶巧克力）。可用香草卡仕达酱填充泡芙。蘸上焦糖会令泡芙具有酥脆的口感。可间隔穿上水果块。

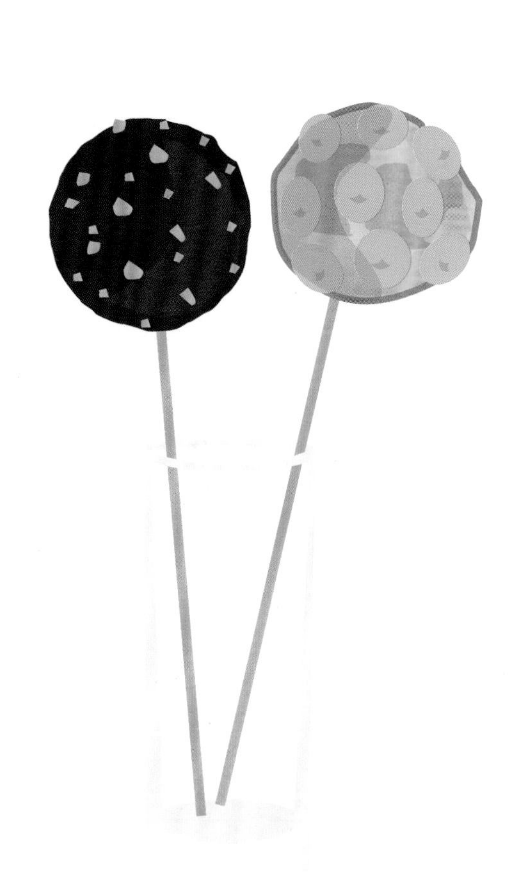

鲜奶油天鹅泡芙

泡芙面团+尚蒂伊鲜奶油（请参阅第342页）+糖粉

1. 用裱花袋在烤盘中挤出“2”的形状用以制作天鹅的脖子。在预热至180°C的烤箱中烘焙10分钟。
2. 将两个球形泡芙面团在预热至180°C的烤箱中烘焙10分钟。
3. 将泡芙球的顶部切开，制成天鹅翅膀的形状。
4. 将鲜奶油填充至泡芙中，将天鹅的脖子和翅膀放在两侧。撒上糖粉。

曲奇饼干

Cookies

曲奇饼干是表面酥脆、中心柔软的糕点。
适宜在一天中的任意时刻享用。

基本食谱

制作24块曲奇饼干 • 准备时间：10分钟 • 静置时间：30分钟 • 烘焙时间：15分钟

- 1个鸡蛋
- 100克红糖
- 75克砂糖
- 1/2茶匙香草籽
- 225克面粉
- 1/2袋发酵粉
- 2克盐
- 100克融化的黄油

1. 将鸡蛋打入碗中，加入红糖、砂糖和香草籽。用打蛋器搅拌。
2. 加入面粉、发酵粉和盐。混合搅拌后倒入融化的黄油。再次搅拌。
3. 制成香肠的形状，盖上保鲜膜并静置30分钟。在烤盘上铺上烘焙纸。将烤箱预热至180°C。
4. 卷起面团，切成约1厘米厚的切片。将曲奇放在烤盘中，曲奇间需留有距离。烘焙15分钟。

衍生食谱

100%巧克力食谱：加入160克黑巧克力块和3汤匙可可粉。
加橙子食谱：加入3滴橙子香精。
栗子粉食谱：用100克栗子粉代替100克面粉。
杏仁粉食谱：用75克杏仁粉代替75克面粉。
核桃粉食谱：用75克核桃粉代替75克面粉。
半咸黄油食谱：用半咸黄油代替黄油。
可可粉食谱：加入2汤匙可可粉。
咖啡食谱：加入1汤匙速溶咖啡。
白巧克力糖渍柠檬食谱：加入100克白巧克力片+ 60克糖渍柠檬。
巧克力糖渍姜块食谱：加入100克巧克力屑+60克糖渍姜块+1茶匙新鲜姜末。
巧克力糖渍橙子食谱：加入100克巧克力屑+60克糖渍橙子。
杏仁榛子巧克力食谱：加入60克巧克力屑+60克榛子碎+60克杏仁碎。
巧克力榛子食谱：加入100克巧克力屑+60克榛子碎。
巧克力山核桃食谱：加入100克巧克力屑+60克焦糖山核桃碎。

建议和窍门

- 可加入巧克力碎、干果等。
- 如果使用整板巧克力，建议用刀先将巧克力切碎。
- 不要将曲奇饼干烤太久，否则曲奇会很快变干变硬。
- 可在面团中加入一茶匙小苏打，这样会使曲奇饼干更易消化。
- 烘焙结束后，在取出冷却前需在烤箱中静置几分钟，否则曲奇饼干易碎。
- 将曲奇饼干放在铁盒或密封容器中保存。
- 曲奇面团需冷冻保存。

趣味创意

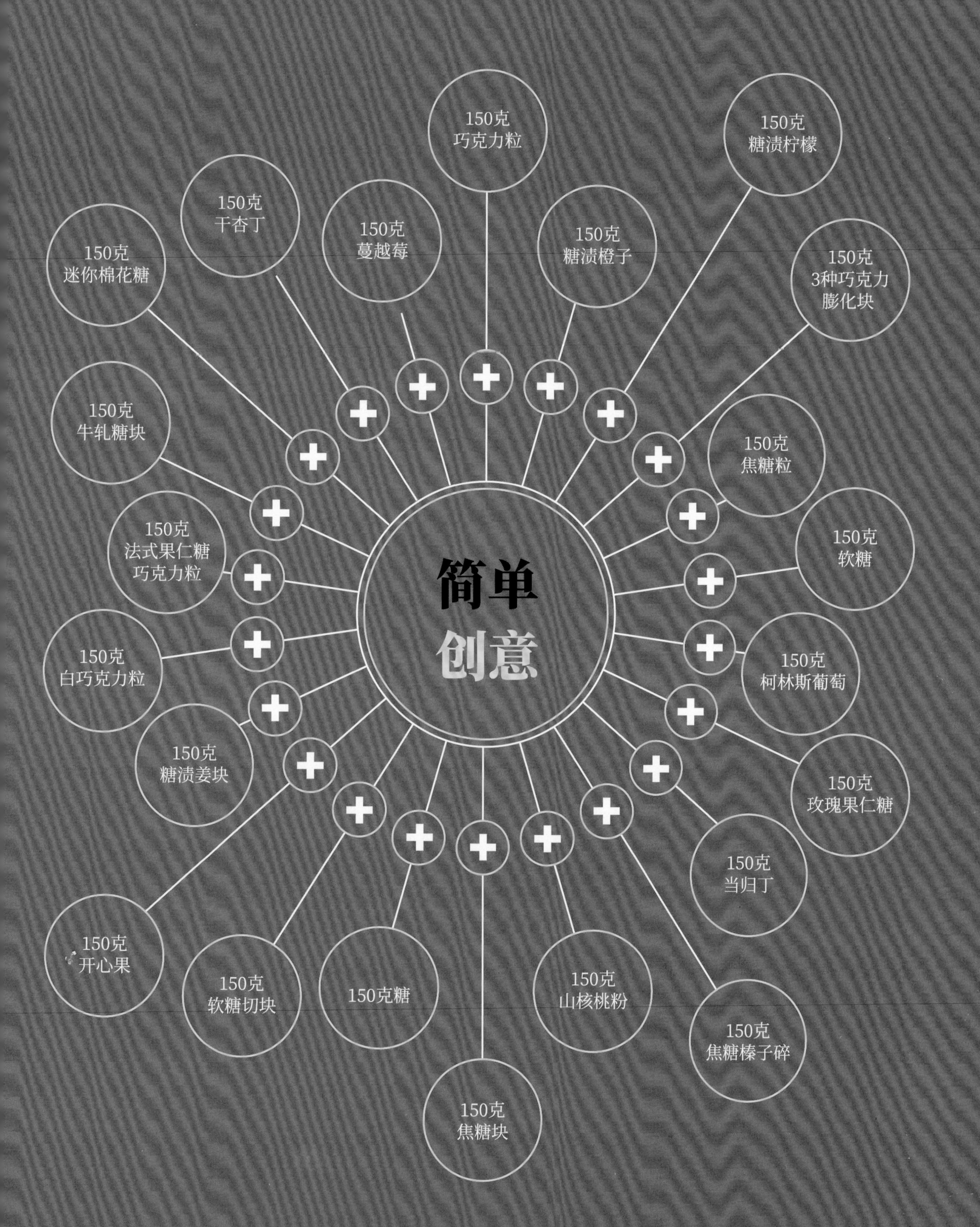

简单
创意
150克
巧克力粒
150克
糖渍柠檬
150克
干杏丁
150克
蔓越莓
150克
糖渍橙子
150克
迷你棉花糖
150克
3种巧克力
膨化块
150克
牛轧糖块
150克
焦糖粒
150克
法式果仁糖
巧克力粒
150克
软糖
150克
白巧克力粒
150克
柯林斯葡萄
150克
糖渍姜块
150克
玫瑰果仁糖
150克
当归丁
150克
开心果
150克
软糖切块
150克糖
150克
山核桃粉
150克
焦糖榛子碎
150克
焦糖块

不使用巧克力屑制作的饼干

美式曲奇饼干

制作约15块曲奇饼干

115克常温黄油+150克红糖+1个鸡蛋
+1茶匙香草籽+220克加发酵粉的面粉
+2克盐+ 200克巧克力粒+50克山核桃碎

1 将黄油切成小块，放入碗中。将红糖加入碗中，用木勺搅拌。加入鸡蛋、香草籽、面粉和盐。
2 倒入巧克力粒和山核桃碎，搅拌。
3 用保鲜膜覆盖面团，冷藏30分钟。
4 在烤盘中衬入烘焙纸。
5 制作15个饼干球，间隔放在烤盘中。
6 将烤箱预热至150°C并烘焙20分钟。
7 在烤盘中冷却几分钟。

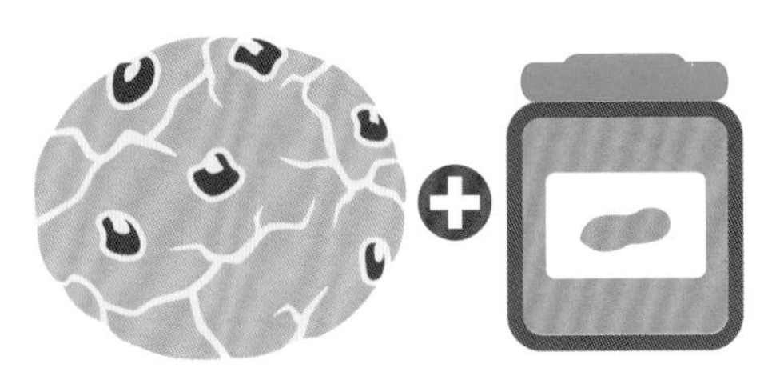

花生黄油饼干

制作约18块曲奇饼干

60克黄油+65克花生黄油+100克砂糖+90克红糖+1个鸡蛋+210克加发酵粉的面粉+2克香草籽+180克巧克力粒

1 将黄油切成小块，放入碗中。加入花生黄油并搅拌面团。
2 加入砂糖、红糖和鸡蛋，混合搅拌。
3 倒入面粉、香草籽和巧克力粒。
4 将烤箱预热至180°C。将小块面团放在衬有烘焙纸的烤盘中。
5 烘焙12 ~ 14分钟。

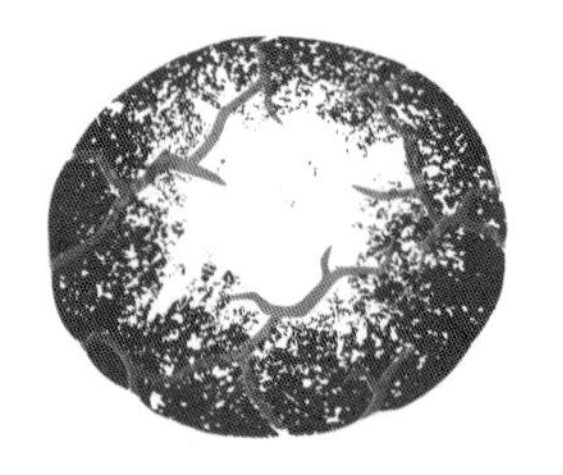

布朗尼式曲奇饼干

这种曲奇饼干兼具饼干的酥脆与布朗尼蛋糕的松软口感。

制作约24块曲奇饼干

85克可可粉+400克糖+120毫升油+4个鸡蛋+250克面粉+1袋发酵粉+2克盐+70克糖粉

1 将可可粉倒入碗中。加入糖和油，混合搅拌。逐一加入鸡蛋，每次加入鸡蛋都进行搅拌。
2 加入面粉、发酵粉和盐，充分搅拌，静置冷藏3小时。
3 将烤箱预热至180°C。将面团球放在手掌中，加入糖粉。
4 将小块面团放在衬有烘焙纸的烤盘中。
5 烘焙10 ~ 12分钟。将曲奇饼干在烤架上静置冷却几分钟。

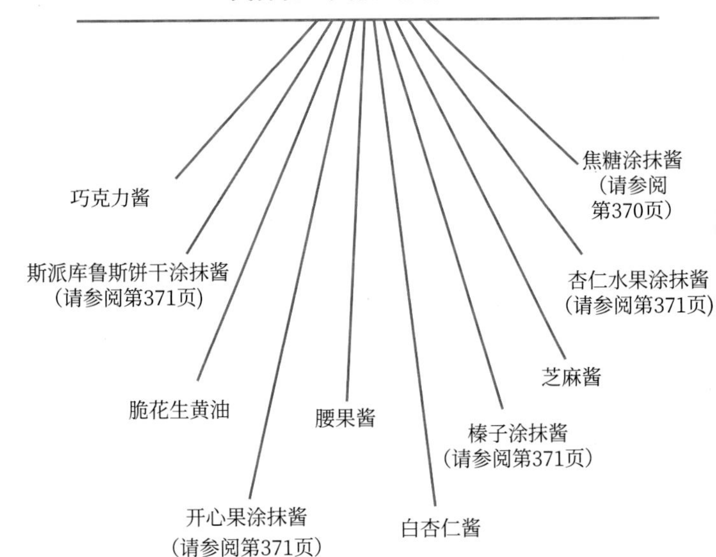

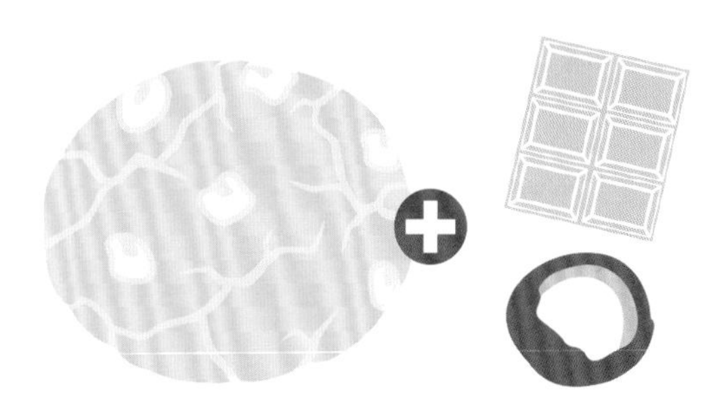

白巧克力椰子曲奇饼干

制作约15块曲奇饼干

125克软化黄油+175克红糖+1个鸡蛋+1茶匙香草籽+175克面粉+175克白巧克力粒+150克可可粉

1. 将黄油切成小块，放入碗中。加入红糖，搅拌。加入鸡蛋和香草籽，然后加入面粉，充分搅拌。
2. 加入白巧克力粒和可可粉，搅拌均匀。
3. 将烤箱预热至180°C。将小块面团放在衬有烘焙纸的烤盘中，烘焙15分钟。静置冷却几分钟。在温热时品尝。

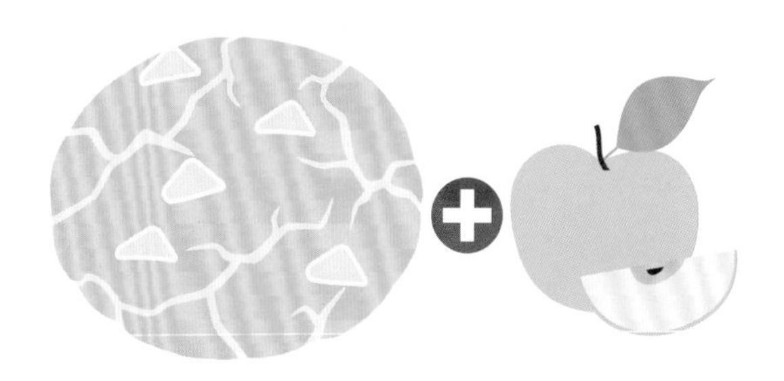

青苹果曲奇饼干

制作约15块曲奇饼干

1个青苹果+1茶匙肉桂粉+1300克软化黄油+150克黄糖+180克面粉+1/2茶匙发酵粉

1. 将苹果去皮，切成小块。加入肉桂粉，搅拌。
2. 在碗中加入黄油和黄糖，搅拌。加入面粉和发酵粉，混合搅拌。
3. 加入苹果块，充分搅拌。
4. 将小块面团放在衬有烘焙纸的烤盘中。将烤箱预热至180°C并烘焙12分钟。

趣味创意

+1汤匙蜂蜜 

+1茶匙极薄的青柠檬皮 

+125克面粉
+50克玉米淀粉 

+1汤匙鲜姜末 

+1茶匙肉桂粉
+175克黑巧克力
+140克核桃粉

+1茶匙姜饼香料
+175克牛奶巧克力
+140克榛子粉 

+1茶匙埃斯佩莱特辣椒粉
+175克黑巧克力
+140克杏仁粉 

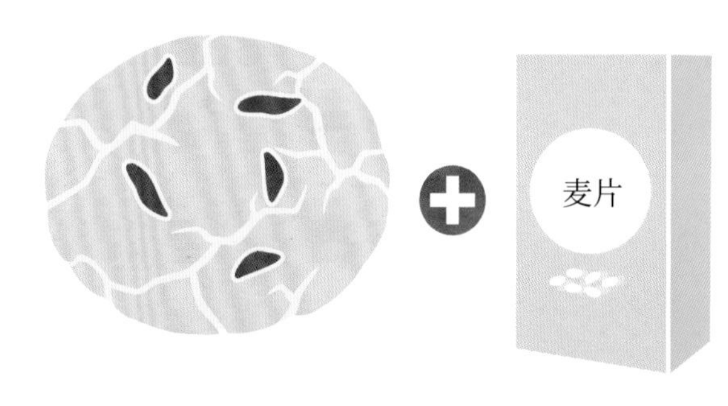

麦片美式曲奇饼干的做法

60克软化黄油+30克人造奶油+90克红糖+1汤匙糖蜜+1个鸡蛋+30毫升牛奶+2滴香草香精+60克面粉+2克苏打粉+2克盐+150克麦片+60克核桃碎+75克葡萄干

1. 在碗中加入黄油、糖蜜、红糖和人造奶油，搅打至奶油状。加入鸡蛋、牛奶和香草香精。
2. 在另一个碗中倒入面粉，加入苏打粉和盐。
3. 将两种混合物搅拌在一起，加入麦片、核桃碎和葡萄干，充分搅拌。
4. 将小块面团放在衬有烘焙纸的烤盘中，烤箱预热至180°C烘焙15分钟。

其他饼干

椰子油素食曲奇饼干

制作约12块曲奇饼干

75克黄糖+60克椰子油+25克香草豆奶+110克面粉+2克海盐+60克黑巧克力

1 在碗中倒入黄糖和椰子油。用木勺搅拌面团，倒入香草豆奶、面粉和海盐，充分搅拌。加入黑巧克力。

2 将烤箱预热至180°C。将小块面团间隔放在衬有烘焙纸的烤盘中。

3 烘焙约10分钟。在烤盘中静置冷却。

趣味创意

可使用多种植物奶：豆奶、杏仁奶、榛子奶。可用其他巧克力碎代替黑巧克力粒。

香蕉无鸡蛋曲奇饼干

制作约15块曲奇饼干

1个小香蕉+80毫升油+120克红糖+150克面粉+1茶匙发酵粉+125克巧克力粒

1 将香蕉切碎倒入大碗中。倒入油和红糖用叉子搅拌。

2 加入面粉和发酵粉，混合搅拌，然后加入巧克力粒。

3 将小块面团间隔放在衬有烘焙纸的烤盘中。

4 将烤箱预热至160°C，烘焙15分钟。

生饼干制作方法1

制作约15块曲奇饼干

30克山核桃+30克亚麻籽+50克荞麦籽
+50克杏仁+50克椰子油+30克杏仁粉
+40克枫糖浆+125克巧克力屑

1 将除巧克力屑外的所有原料在碗中混合搅拌几分钟。
2 将面团倒入大碗中，加入巧克力屑。
3 在大盘子上堆成小堆。用保鲜膜包裹并冷藏静置2小时。

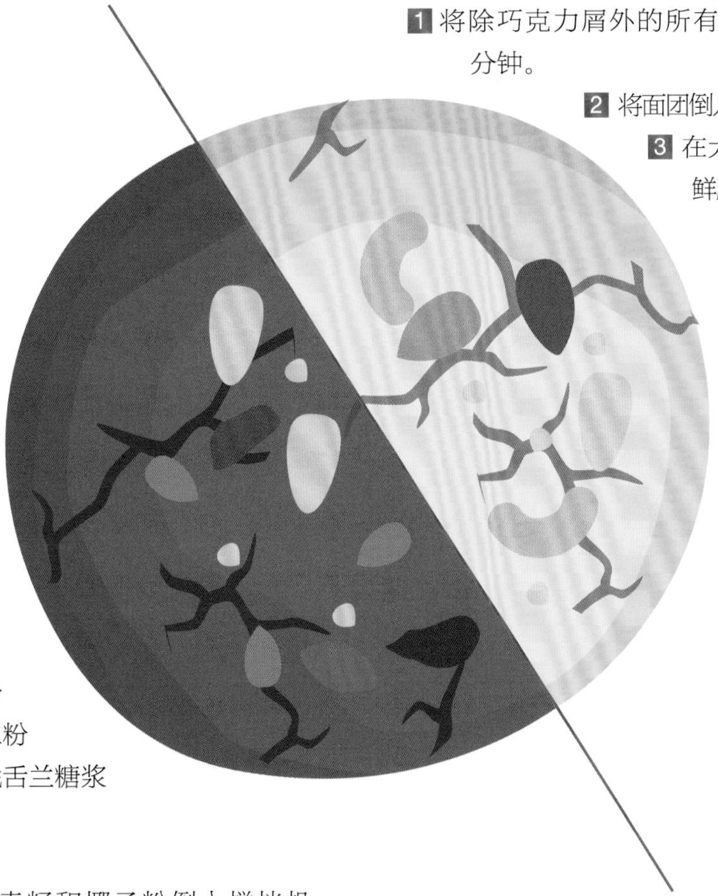

生饼干制作方法2

制作约15块曲奇饼干

50克杏仁+50克南瓜子
+60克荞麦籽+30克椰子粉
+50克生可可脂+50克杏仁粉
+30克椰子糖+30毫升的龙舌兰糖浆
+20克生可可碎

1 将杏仁、南瓜子、荞麦籽和椰子粉倒入搅拌机中，搅拌成粉末。小火融化生可可脂。
2 将步骤1中的粉末、杏仁粉和椰子糖倒入碗中。
3 加入生可可脂、龙舌兰糖浆和生可可碎。 用手混合，然后形成小球状。食用前，将其放在大盘子上冷藏1小时。

无比派饼干（Whoopie-cookies）

传统无比派饼干

曲奇面团+自选馅料

1. 将面团揉成小块，制成饼干。
2. 待曲奇饼干冷却后，在饼干上浇上1汤匙馅料，盖上另一块饼干。

冰淇淋无比派饼干

曲奇面团+1茶匙冰淇淋（请参阅第362页）

1. 制作若干曲奇饼干（请参阅第194页）。
2. 待曲奇饼干冷却后，在饼干上浇上1茶匙冰淇淋，盖上另一块饼干。如不能即刻享用，请冷冻保存。

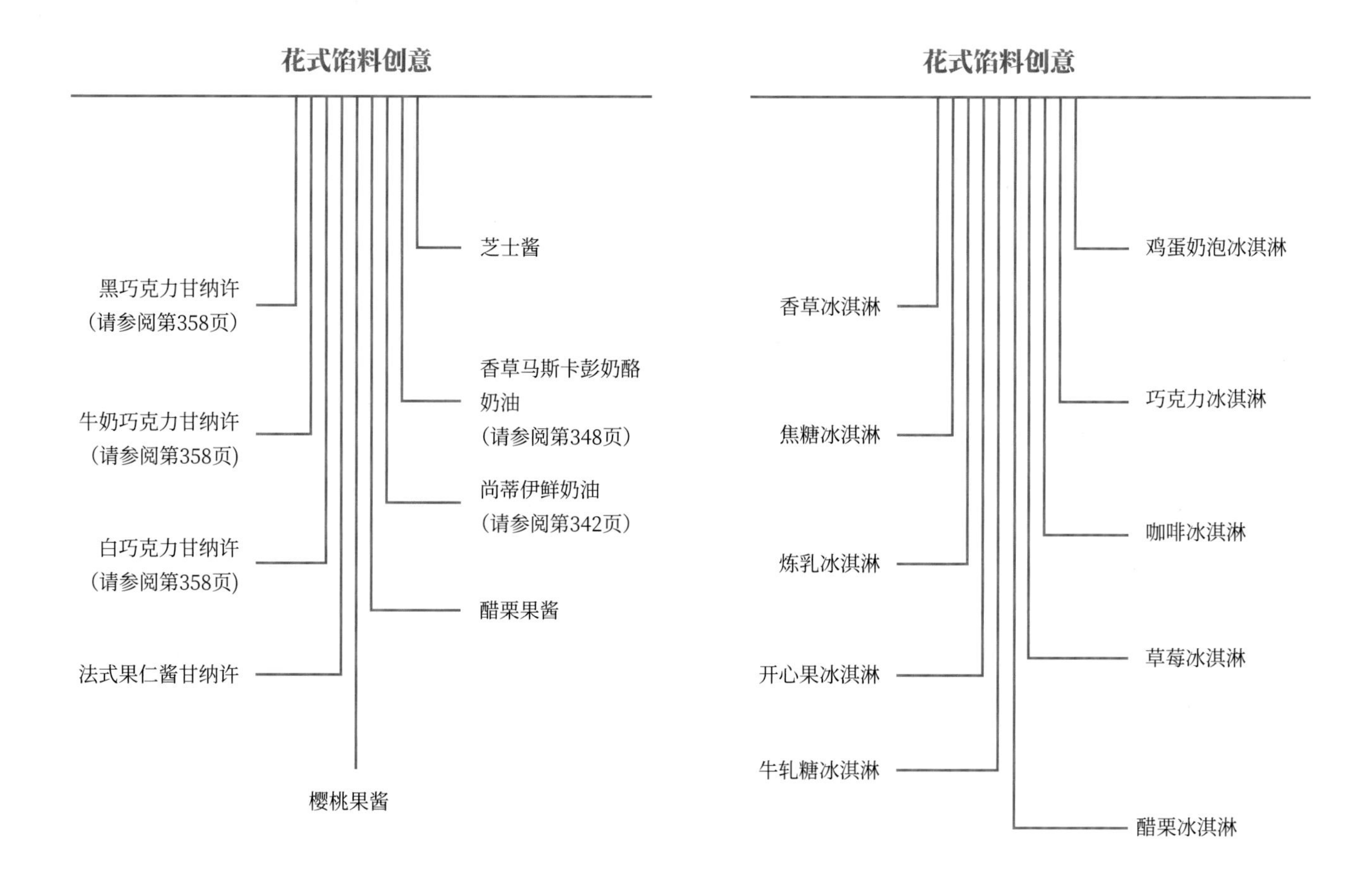

挞式饼干

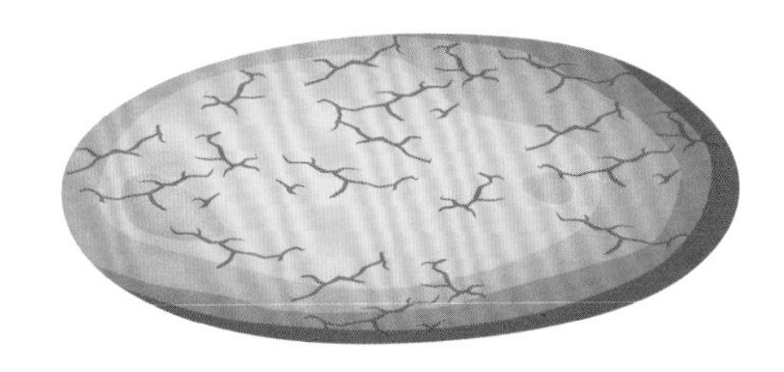

大曲奇饼干

曲奇面团+红糖

1 将曲奇面团放入挞派模具中，撒上红糖。
2 在预热至180°C的烤箱中烘焙20分钟。

草莓速成饼干挞

曲奇面团+1盒草莓+尚蒂伊鲜奶油（请参阅第342页）

1 将曲奇面团放入挞派模具中，在预热至180°C的烤箱中烘焙约15分钟。
2 饼干挞冷却后脱模。
3 装饰草莓和鲜奶油，即刻享用。

口味创意

梨子果酱+尚蒂伊鲜奶油
树莓+尚蒂伊鲜奶油（请参阅第342页）
红色浆果+尚蒂伊鲜奶油（请参阅第342页）
车厘子果酱+掼白奶酪
香草梨子果酱+卡仕达酱（请参阅第340页）+尚蒂伊鲜奶油（请参阅第342页）
开心果涂抹酱+尚蒂伊鲜奶油（请参阅第342页）
香草凝乳+掼奶油
巧克力甘纳许（请参阅第358页）
焦糖酱
马斯卡彭奶酪奶油（请参阅第348页）

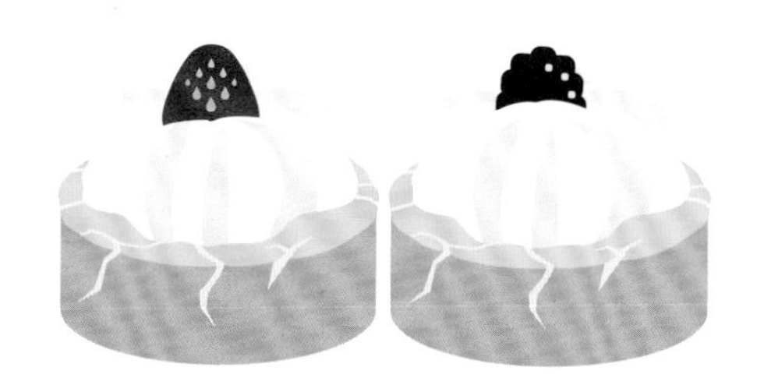

冷餐速食迷你饼干挞

曲奇面团+裱花袋+尚蒂伊鲜奶油（请参阅第342页）+自选水果

1 将曲奇面团放入迷你饼干模具中，烘焙。
2 冷却后装饰鲜奶油，放上水果块。

口味创意

香草卡仕达酱奶油（请参阅第340页）
橙子卡仕达酱奶油（请参阅第341页）
巧克力卡仕达酱奶油
摩卡卡仕达酱奶油
法式果仁酱卡仕达酱奶油（请参阅第341页）
核桃黄油奶油
橙子黄油奶油
开心果涂抹酱黄油奶油（请参阅第345页）
玫瑰黄油奶油（请参阅第345页）
朗姆酒黄油奶油（请参阅第345页）

曲奇面团原创甜点

曲奇饼干杯

曲奇面团+50克黑巧克力

1 在马克杯中放入曲奇面团（约8毫米厚），将杯子内壁完全覆盖。

2 放入烘焙纸和烘焙球。

3 在预热至180°C的烤箱中烘焙20分钟。

4 冷却后刷上融化的黑巧克力（内壁+外壁）。加入自选馅料（如下）。

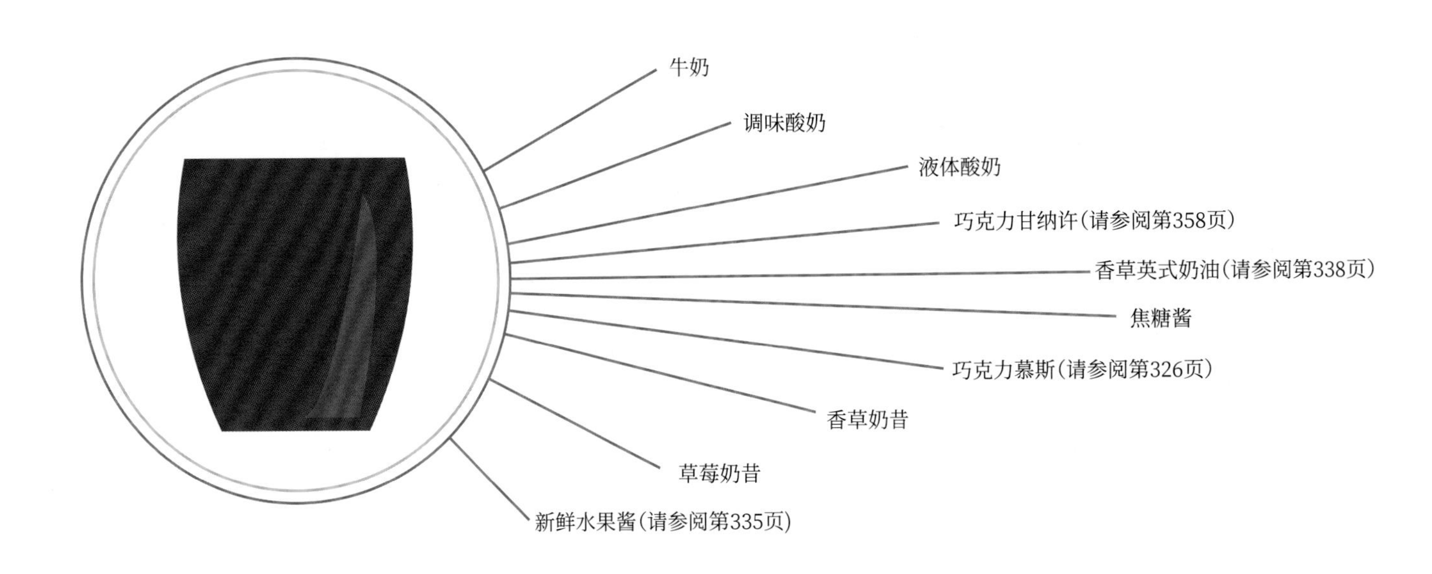

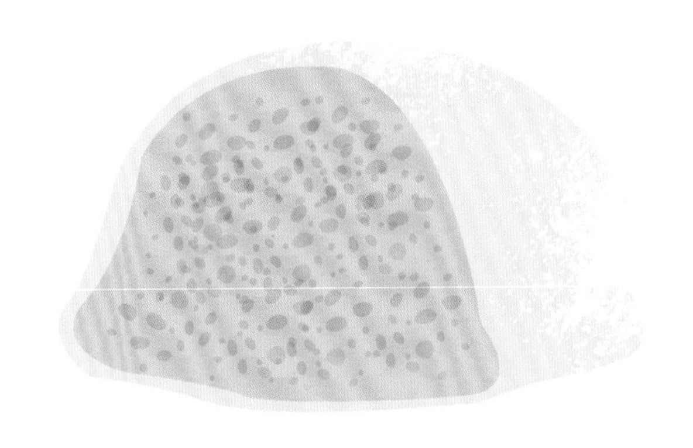

雪球饼干

制作约40块饼干

200克榛子粉+160克糖粉+1个打发的蛋清+100克巧克力粒+糖粉

1. 混合榛子粉和糖粉。混合打发的蛋清和巧克力粒。
2. 制成小球，并粘上糖粉。
3. 放在衬有烘焙纸的烤盘上，然后在预热至140°C的烤箱中烘焙10～12分钟。

趣味创意

榛子粉
椰子粉
核桃粉
杏仁粉
开心果粉
一半核桃粉+一半杏仁粉
一半榛子粉+一半杏仁粉

布朗尼饼干

加巧克力粒的曲奇面团+布朗尼面团（125克巧克力+75克黄油+125克红糖+2个鸡蛋+75克面粉+2克盐+75克山核桃碎）

1. 将烤箱预热至180°C。在23厘米长的模具中涂黄油。
2. 小火融化巧克力和黄油，加红糖，然后逐一打入鸡蛋。加入面粉、盐和山核桃碎。
3. 混合并倒入模具中。加入曲奇面团，烘焙20～25分钟。
4. 冷却后切成正方形上桌。

创意曲奇酱

急性子的美食家会选择直接生食曲奇面团（少量）。注意，如果要自己设计饼干食谱，请使用特别新鲜的鸡蛋且不要将生面团冷藏一天以上。

基本食谱

110克软化黄油+110克糖+110克红糖+140克面粉+2克盐+125克巧克力片

1 倒入黄油、糖、红糖、面粉和盐。搅拌面团。
2 加入巧克力片，混合搅拌。

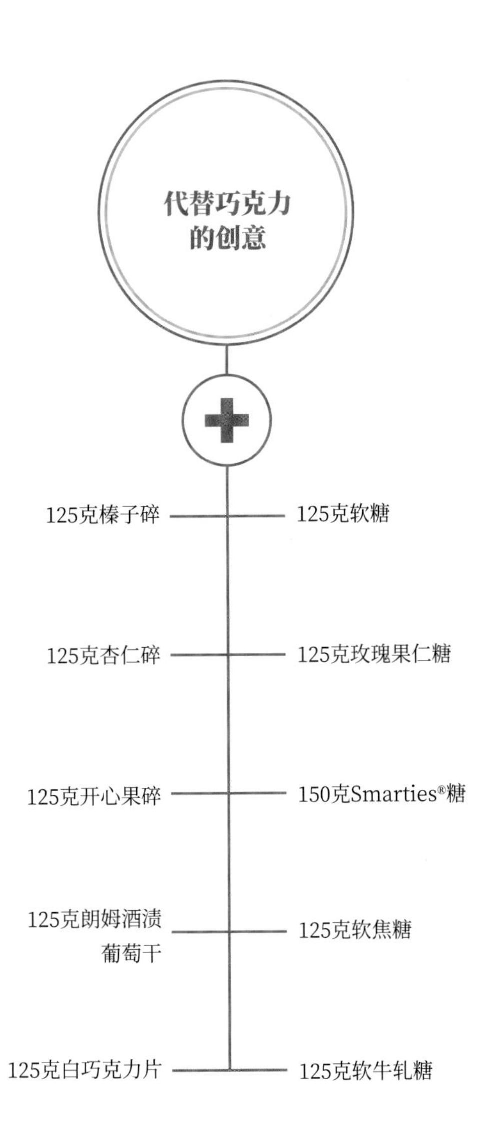

舌式饼干面团

在每块饼干的中间凹陷处抹上涂抹酱，放入口中。
+巧克力酱
+斯派库鲁斯饼干涂抹酱（请参阅第371页）
+白巧克力涂抹酱（请参阅第370页）
+黄油花生酱
+阿华田酱
+柠檬凝乳（请参阅第349页）
+黑加仑果冻
+牛奶巧克力甘纳许（请参阅第358页）
+杏仁水果涂抹酱（请参阅第371页）
+白杏仁酱
+榛子酱
+栗子酱

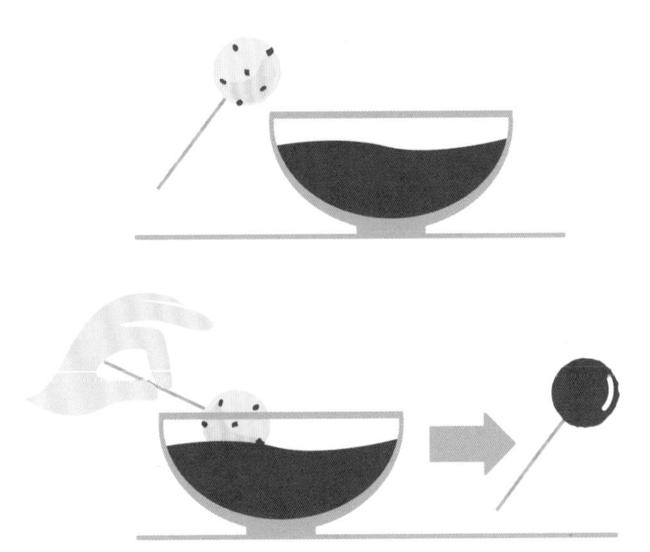

曲奇酱棒棒糖

将曲奇酱棒棒糖沾上翻糖或甘纳许。晾干。
+法式果仁酱甘纳许（请参阅第358页）
+白巧克力甘纳许（请参阅第358页）
+牛奶巧克力甘纳许（请参阅第358页）
+黑巧克力甘纳许（请参阅第358页）
+翻糖

曲奇酱冰淇淋

香草英式奶油（请参阅第338页）+曲奇酱

1. 在香草英式奶油冷却后，倒入冰淇淋机中制作15～20分钟。
2. 冰淇淋制成后，加入曲奇酱。放入冷冻水果粒。

口味创意

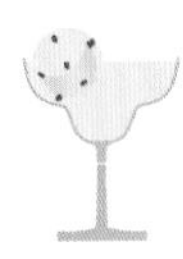
+香草英式奶油（请参阅第338页）
+4汤匙厚奶油

+香草英式奶油（请参阅第338页）
+巧克力酱（请参阅第332页）

+香草英式奶油（请参阅第338页）+焦糖酱（请参阅第334页）+斯派库鲁斯饼干涂抹酱（请参阅第371页）

+巧克力英式奶油（请参阅第339页）
+山核桃碎

+巧克力英式奶油（请参阅第339页）
+焦糖酱（请参阅第334页）+焦糖榛子

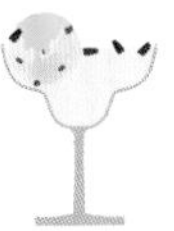
+巧克力英式奶油（请参阅第339页）
+糖浆+山核桃

+焦糖英式奶油（请参阅第339页）
+软糖碎

+开心果英式奶油（请参阅第339页）
+焦糖开心果碎

+开心果英式奶油（请参阅第339页）
+黑巧克力碎

+朗姆酒英式奶油+葡萄干

马卡龙

Macarons

马卡龙是圆形的小蛋糕。它的内部柔软，外皮酥脆。
制作马卡龙的食谱有很多版本，主要有巴黎马卡龙、南希马卡龙、亚眠马卡龙或布勒马卡龙。
制作马卡龙的原料很常见，主要由杏仁粉、糖粉和蛋清组成。所使用的杏仁粉与糖粉等量。
准备流程通常是相同的，都需要打发糖与蛋清，然后加入其他原料。

基本食谱

制作30个马卡龙 • 准备时间：40分钟 • 静置时间：1小时 • 烘焙时间：15 ~ 17分钟

- 150克杏仁粉
- 150克糖粉
- 60克蛋清

制作意式蛋白酥

- 50克蛋清
- 150克砂糖
- 350毫升水
- 2 ~ 3滴柠檬汁

1 将杏仁粉和糖粉混合搅拌几分钟。过筛，倒入碗中。混合物越细，马卡龙就越光滑。

2 制作意式蛋白酥。将糖和水倒入锅中，煮至沸腾，温度维持在117°C。

3 打发蛋清，加入2 ~ 3滴柠檬汁。 搅拌过程中，加入热糖浆。搅拌至混合物为45°C。如果要添加味道或颜色，请在此时进行。

4 将蛋清倒入糖粉和杏仁粉的混合物中。逐渐混合成意式蛋白酥。混合并抬起面团，直到面团完全混合，然后轻轻地压碎，使面团变得光滑、柔软、有光泽。

5 将面团放入裱花袋，然后将少量面团挤在衬有烘焙纸的烤盘上。面团间隔一定距离。在室温下，将马卡龙静置1小时。

6 烤箱预热至140°C，烘焙15 ~ 17分钟。冷却后添加馅料。

建议和窍门

- 用粉末状食用色素为马卡龙上色时，可制成金色、银色等金属色，使马卡龙更具时尚感。
- 为节约时间，可以直接购买杏仁粉和糖粉各半的原料粉。
- 马卡龙面团不能太湿或太硬。
- 请在较干燥的环境中制作马卡龙。马卡龙在潮湿的环境中易变软。
- 将马卡龙存放在密封的盒子中。

衍生食谱

榛子食谱：用榛子粉代替杏仁粉。

核桃杏仁粉食谱：用一半量的核桃粉代替一半量的杏仁粉。

速成食谱：175克糖粉+125克杏仁粉+100克打发的蛋清+75克砂糖。

榛子杏仁粉食谱：用一半量的榛子粉代替一半量的杏仁粉。

开心果食谱 ：用开心果粉代替杏仁粉。

开心果杏仁粉食谱：用一半量的开心果粉代替一半量的杏仁粉。

素食食谱：70克糖粉+40克杏仁粉+350毫升鹰嘴豆浆（打发）+2滴柠檬汁+10克砂糖。

趣味创意

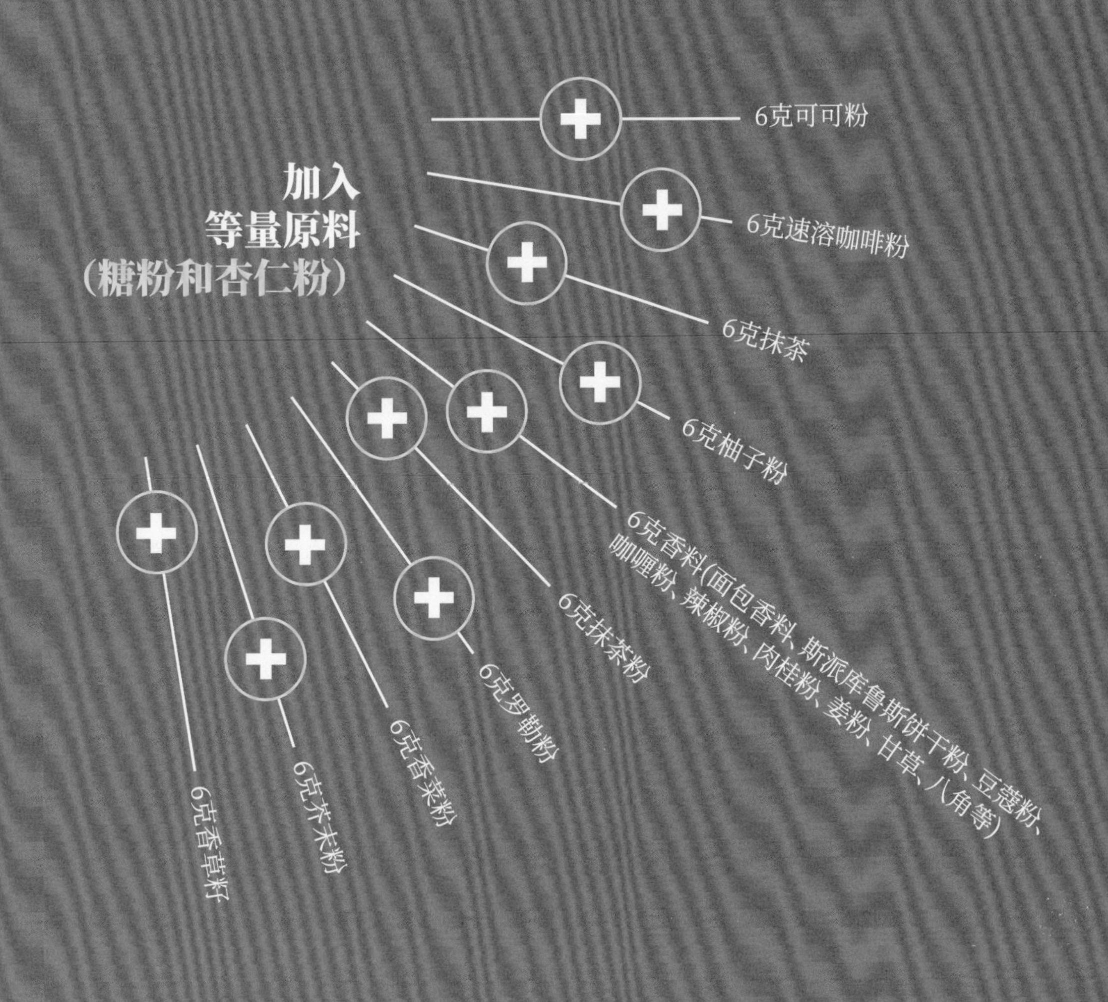

3滴草莓香精
3滴苦杏仁香精
3滴开心果香精
3滴椰子香精
3滴摩卡咖啡香精

味道创意

3滴马鞭草香精
3滴罗勒香精
3滴棉花糖香精
3滴香蕉香精
3滴紫罗兰香精

甘纳许（请参阅第358页）（+水果）
原味或果味奶酪
咸黄油焦糖
杏仁奶油（请参阅第346页）
涂抹酱（巧克力酱、斯派库鲁斯饼干、榛子、栗子等）

馅料创意

开心果奶油
咖啡奶油
水果奶油
果酱
水果凝乳（百香果、青柠檬、橙子、木瓜、橘子，请参阅第349页）

彩色马卡龙

建议

食用色素类型的差异（粉状、液体状或膏状）会略微影响马卡龙的颜色。逐渐加入食用色素并观察面团的颜色变化，烘焙会降低颜色的鲜艳程度。

粉色马卡龙
玫瑰和草莓果酱

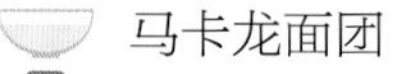
马卡龙面团

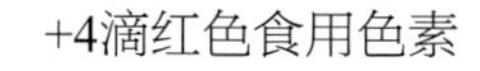
+4滴红色食用色素

+1汤匙玫瑰花水

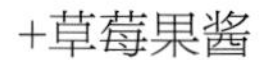
+草莓果酱

亮粉色马卡龙
草莓和树莓甘纳许

马卡龙面团

+5～6滴红色食用色素

+2滴草莓香精

+白巧克力树莓甘纳许

（请参阅第358页）

红色马卡龙
香草和草莓马斯卡彭奶酪奶油

马卡龙面团

+8～9滴红色食用色素

+1茶匙香草籽

+草莓马斯卡彭奶酪奶油

（请参阅第348页）

亮红色马卡龙
黑巧克力甘纳许和3种胡椒

马卡龙面团

+8～9滴红色食用色素

+2克胡椒

+黑巧克力甘纳许

（请参阅第358页）

+2～3滴黑色食用色素

苹果绿色马卡龙
生姜苹果和青柠檬黄油奶油

马卡龙面团

+4滴绿色食用色素

+2克姜粉

+青柠檬黄油奶油

（请参阅第345页）

鲜绿色马卡龙
生姜奶油和豆蔻

马卡龙面团

+8滴绿色食用色素

+2克豆蔻粉

+白巧克力生姜甘纳许

褐色马卡龙
黑樱桃果酱和巧克力

马卡龙面团

+6克可可粉

+橙子奶油

（请参阅第349页）

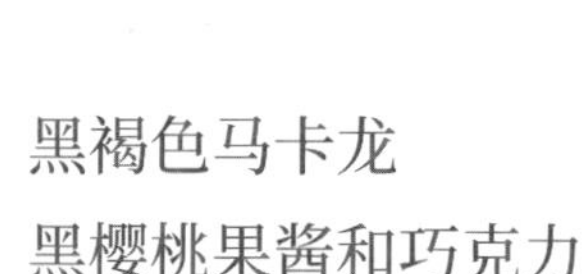

黑褐色马卡龙
黑樱桃果酱和巧克力

马卡龙面团

+6克可可粉

+2滴黑色食用色素

+黑樱桃果酱

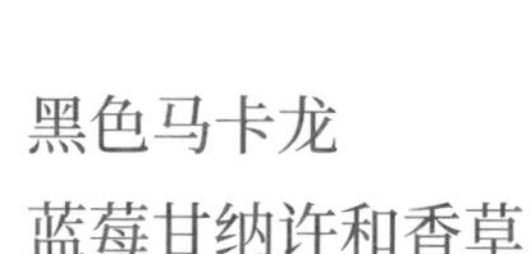

黑色马卡龙
蓝莓甘纳许和香草

马卡龙面团

+4滴黑色食用色素

+2克香草籽

+蓝莓甘纳许

黑色马卡龙
香草奶油和咖喱

马卡龙面团
+4滴黑色食用色素
+2克咖喱
+香草奶油（请参阅第347页）

柠檬黄色马卡龙
青柠檬芝士酱

马卡龙面团
+4～5滴黄色食用色素
+2滴柠檬香精
+青柠檬芝士奶油

杏黄色马卡龙
打发的法式果仁酱甘纳许

马卡龙面团
+2滴黄色食用色素
+2滴苦杏仁
+法式果仁酱甘纳许打发（请参阅第358页）

亮橙色马卡龙
焦糖涂抹酱和顿加豆

马卡龙面团
+4～5滴橙色食用色素
+2克顿加豆
+焦糖涂抹酱（请参阅第370页）

橙色马卡龙
橙子凝乳和橙皮碎屑

马卡龙面团
+3～4滴橙色食用色素
+1茶匙橙皮
+橙子凝乳（请参阅第349页）

橙色马卡龙
蜂蜜和藏红花

马卜龙面团
+4～5滴橙色食用色素
+2克藏红花
+蜂蜜

甘草紫色马卡龙
香草和芝士酱

马卡龙面团
+4滴紫色食用色素
+2克甘草
+香草芝士酱

深紫色马卡龙
桑葚奶油和八角粉

马卡龙面团
+5～6滴紫色食用色素
+2克八角粉
+桑葚奶油

深紫色马卡龙
开心果涂抹酱和可可粉

马卡龙面团
+5～6滴紫色食用色素
+6克可可粉
+开心果涂抹酱（请参阅第371页）

金色马卡龙
椰子奶油和肉桂粉

马卡龙面团
+1～2滴金色食用色素
+2克肉桂粉
+椰子奶油

银色马卡龙
朗姆酒和香草黄油奶油

马卡龙面团
+1～2滴银色食用色素
+2克香草籽
+朗姆酒黄油奶油（请参阅第345页）

异形马卡龙

制作异形马卡龙时，应将已成形的面团摆放在烤盘。花朵形、心形、动物形等，选择无穷无尽！

有色或无色的马卡龙面团+馅料+食用色素或有色甘纳许

- 制作成心形时，可在烘焙结束前加有色糖心。
- 制作成粉红色或红色的心形。
- 制作椭圆形马卡龙时，可用食用笔在马卡龙上绘制眼睛、鼻子、嘴。
- 制作成水果形：苹果、草莓、梨、香蕉或菠萝。
- 制作成蔬菜形：茄子、番茄、辣椒或韭葱。
- 制作成月亮、星星或太阳的形状。
- 制作成动物形：瓢虫、猫或猪。
- 制作成蛋糕形：闪电泡芙、奶油夹心面包。
- 制作成几何图形：三角形、正方形或长方形。
- 制作各类花环。

马卡龙饼

马卡龙可作为挞皮，搭配冰淇淋一起享用……大片的马卡龙脆皮让美味翻倍！

冰淇淋马卡龙饼

2块马卡龙脆皮
+自选冰淇淋

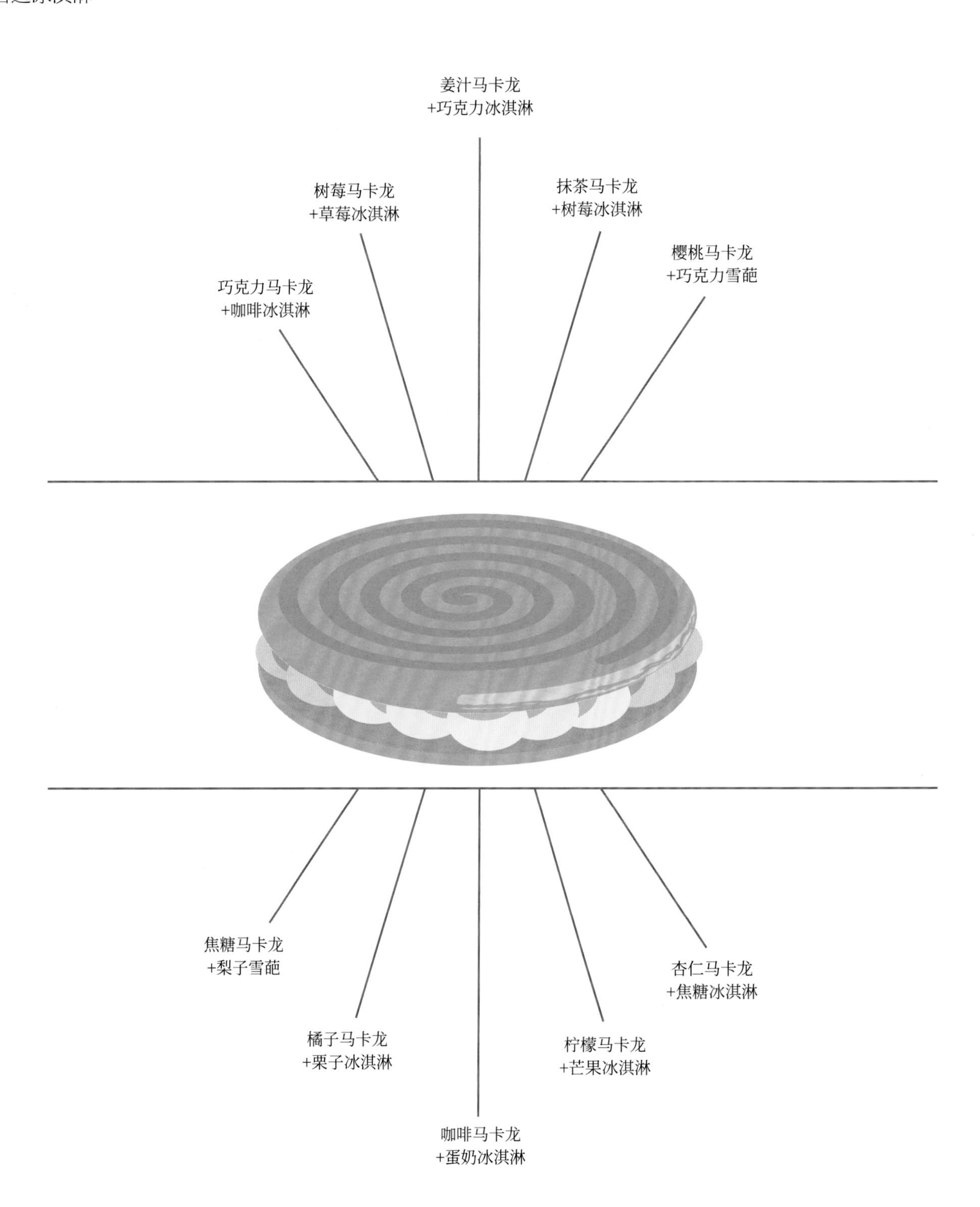

挞式马卡龙

2块马卡龙脆皮
+奶油、慕斯或水果甘纳许
+新鲜水果

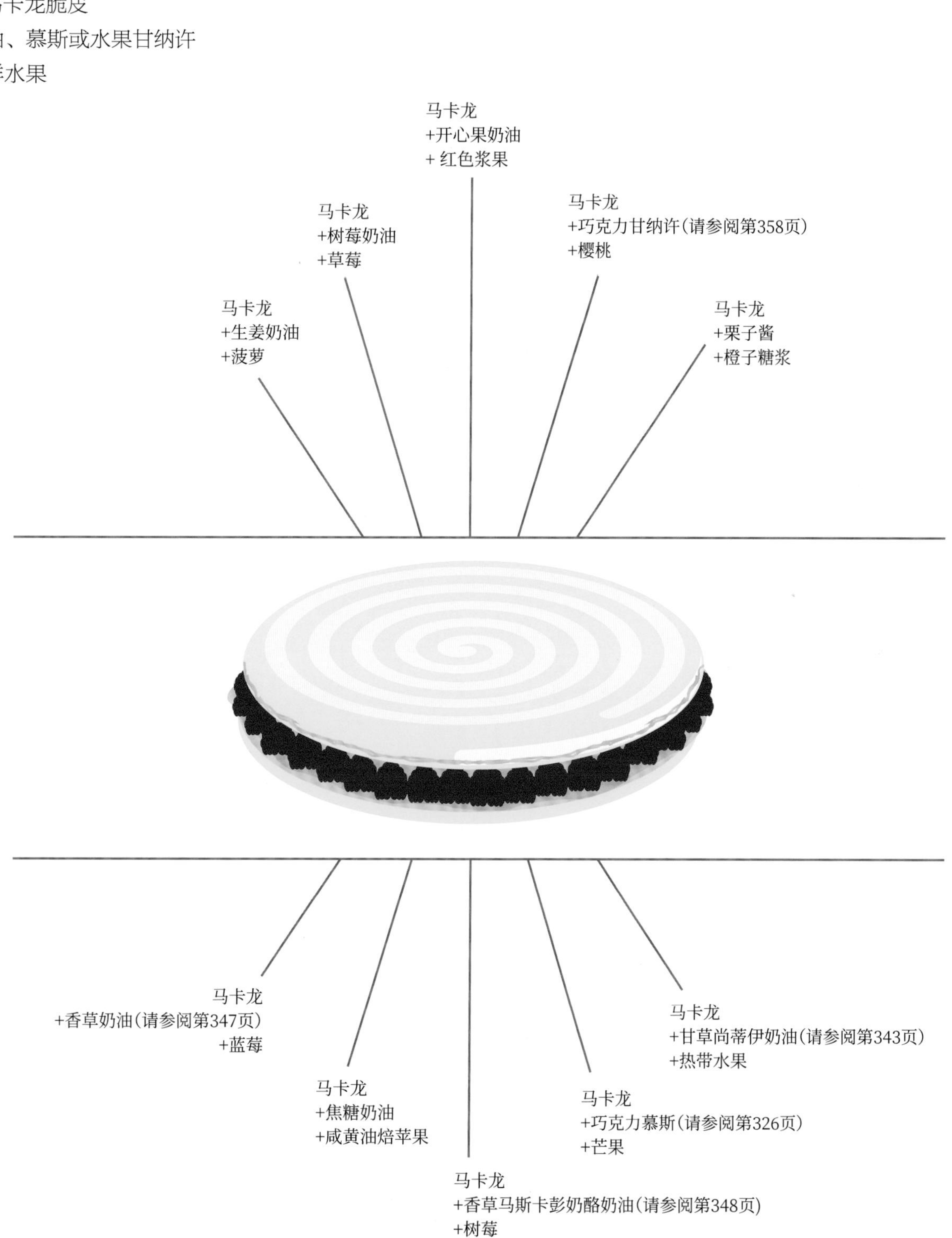

马卡龙组合塔

塑料锥+塑料扦+木扦+配合塑料锥准备适宜数量和大小的马卡龙若干

1 用木扦将马卡龙自下而上相邻放置在塑料锥上。

2 调整马卡龙的颜色，增加美观。

摆盘创意

马卡龙灌木（塑料球）
马卡龙塔（塑料塔）
马卡龙蛋糕（三层不同尺寸塑料圆形）
马卡龙王冠（三层不同尺寸塑料王冠）
马卡龙立方（三个不同尺寸塑料立方）

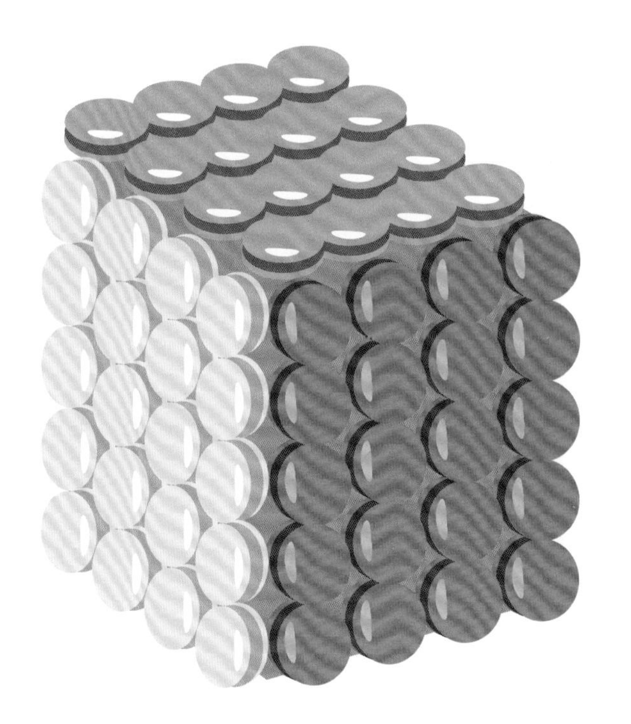

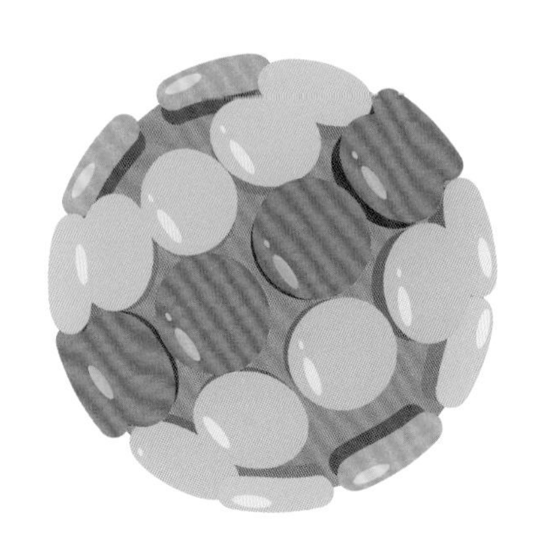

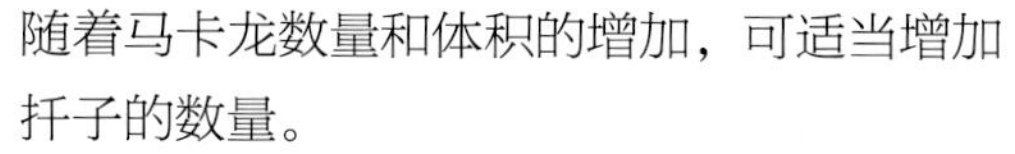

随着马卡龙数量和体积的增加，可适当增加扦子的数量。

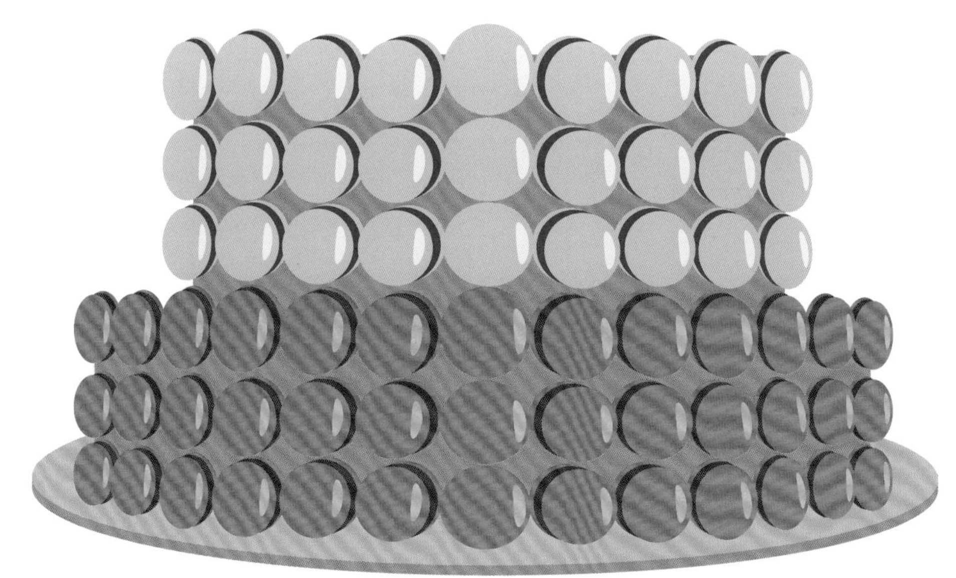

其他地区的马卡龙

南希马卡龙

制作20～25个马卡龙

2个蛋清+100克糖粉+100克杏仁粉+2克香草籽+2滴苦杏仁

1 将蛋清倒入碗中，加入糖粉、杏仁粉、香草籽和苦杏仁，用木勺混合搅拌。

2 在烤盘中衬入烘焙纸。用茶匙将小块面团放在烤盘上，烤箱预热至180°C并烘焙20分钟。

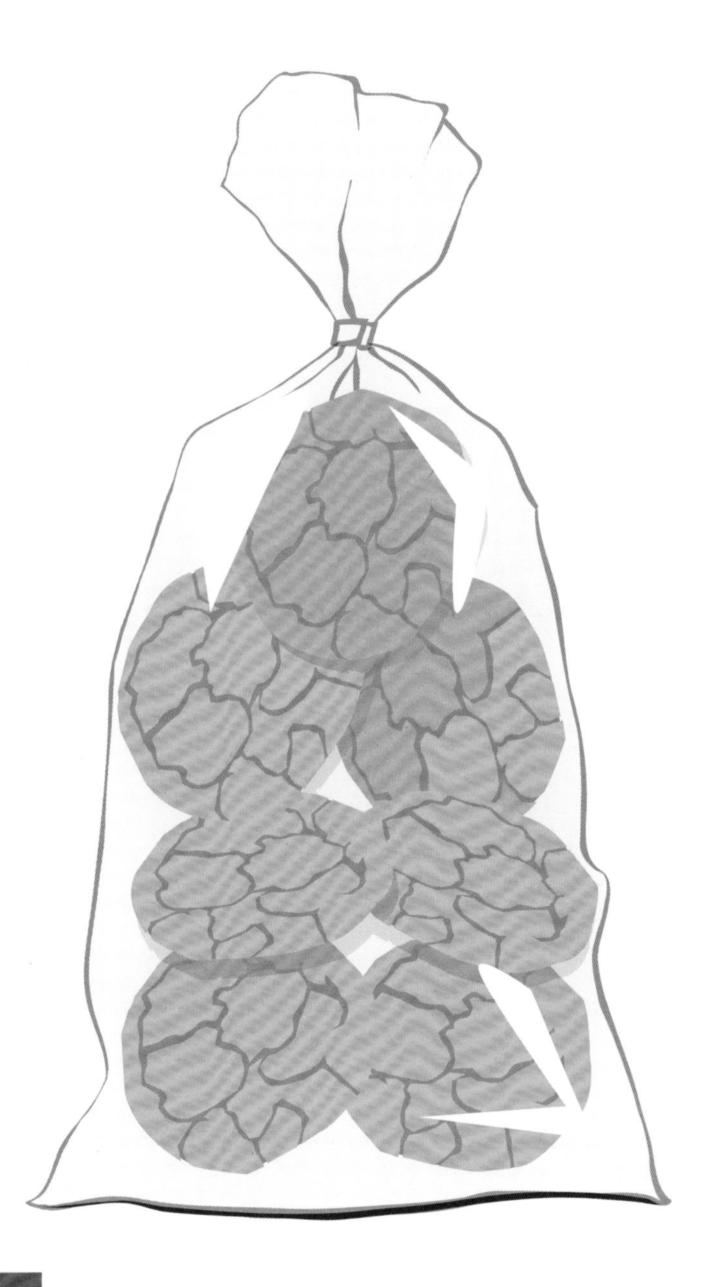

亚眠马卡龙

制作20～25个马卡龙

250克杏仁粉+200克糖+1汤匙蜂蜜+2克香草籽+2个蛋清+1汤匙苹果果冻+1茶匙苦杏仁+1个蛋黄

1 混合杏仁粉、糖、蜂蜜和香草籽，加入蛋清、苹果果冻和苦杏仁，搅拌均匀，冷藏一晚。

2 将面团卷起，切成2厘米厚的片，放在衬有烘焙纸的烤盘上，刷上蛋黄。

3 将烤箱预热至170°C并烘焙20分钟。

布勒马卡龙

制作约20个马卡龙

2个蛋清+200克杏仁粉+200克糖

1 混合蛋清与杏仁粉。

2 用50克糖、1茶匙糖和大汤匙的水制成糖浆。倒入杏仁混合物，等待糖充分吸收，加入其余的糖。

3 将小块面团放在衬有烘焙纸的盘子上，在静置面团的过程中预热烤箱。 将烤箱预热至180°C，烘焙15分钟。

阿尔萨斯杏仁马卡龙

制作25～30个马卡龙

5个蛋清+375克糖粉+4克肉桂粉+ 4克丁香+1汤匙柠檬皮+375克杏仁粉

1 在打发蛋清的过程中逐步加入糖粉。放入其他所有原料，混合搅拌。

2 在烤盘中衬入烘焙纸，将烤箱预热至140°C。

3 用茶匙将小块面团放在烤盘上，烘焙15～20分钟。在烤架上冷却。

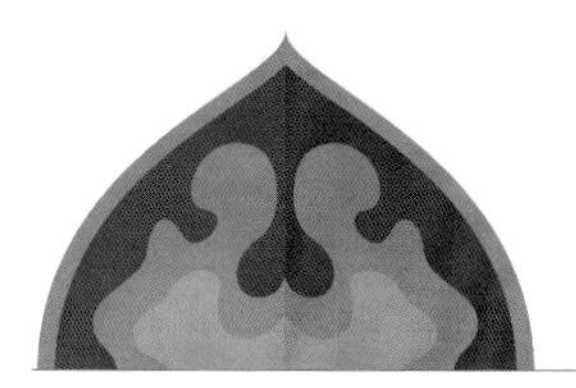

核桃马卡龙

制作约20个马卡龙

3个蛋清+250克糖+300克核桃粉

1. 将蛋清倒入大碗中，打发蛋清。加入糖和核桃粉，混合搅拌。
2. 在烤盘中衬入烘焙纸。将烤箱预热至150°C。
3. 将小块面团放在衬有烘焙纸的盘子上，烘焙15~20分钟，在烤架上冷却。

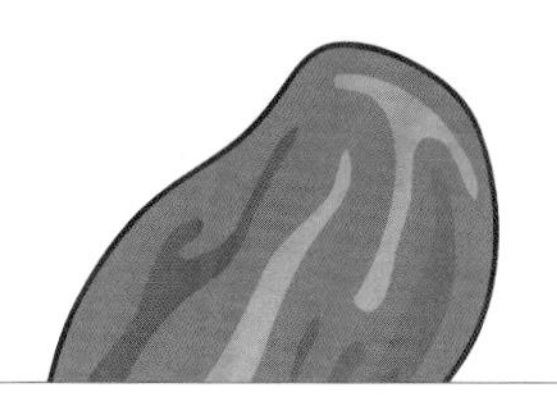

椰枣马卡龙

制作约20个马卡龙

3个蛋清+200克糖粉+1袋香草糖+100克杏仁粉+50克核桃碎+150克椰枣丁+40克玉米淀粉

1. 打发蛋清。加糖粉，搅打。然后加入其他原料，用木勺搅拌。
2. 在烤盘中衬入烘焙纸。将小块面团放在衬有烘焙纸的盘子上。
3. 在预热至150°C的烤箱中烘焙10分钟，然后在预热至100°C的烤箱中烘焙50分钟。

巧克力马卡龙

制作约20个马卡龙

33个蛋清+250克糖+100克巧克力碎+125克杏仁粉或125克榛子粉+1茶匙粗玉米粉

1. 在打发蛋清的过程中逐步加入糖和其他原料。
2. 将小块面团放在衬有烘焙纸的盘子上，在温暖处烘干一晚。将烤箱预热至140°C，烘焙15~20分钟。在烤架上冷却。

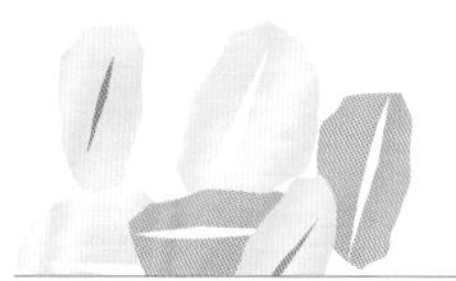

麦片马卡龙

制作20~25个马卡龙

3个蛋清+225克糖粉+200克杏仁粉+200克麦片

1. 打发蛋清，边搅拌边加入糖粉。加入其他原料，用木勺搅拌。
2. 在烤盘中衬入烘焙纸。将小块面团放在衬有烘焙纸的盘子上。
3. 在预热至120°C的烤箱中烘焙20分钟。

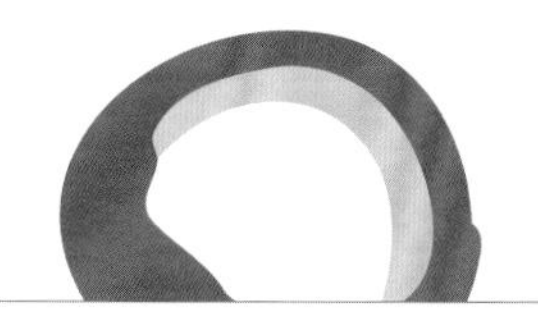

椰子马卡龙

44个蛋清+200克糖+2克香草籽+200克椰子粉

1. 在打发蛋清的过程中逐步加入糖。加入其他原料并用木勺搅拌。
2. 在烤盘中衬入烘焙纸。用茶匙将小块面团放在衬有烘焙纸的盘子上。
3. 在预热至120°C的烤箱中烘焙20分钟。

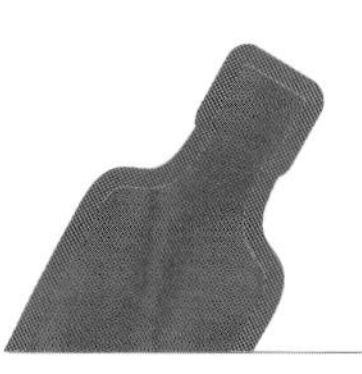

意式杏仁饼

制作约10个意式杏仁饼

150克杏仁粉+160克糖粉+2个蛋清+1茶匙苦杏仁香精+糖粉

1. 按上述顺序混合所有原料。
2. 在烤盘中衬入烘焙纸。制作小块面团，撒上糖粉，摆放在烤盘上。将烤箱预热至200°C，烘焙15~18分钟。

玛德琳蛋糕

Madeleines

玛德琳蛋糕是玛德琳·保尔米尔（Madeleine Paulmier）创造的洛林特色糕点。这是一种柔软的圆形小蛋糕。在这种糕点中最著名的是科梅尔西玛德琳蛋糕（les madeleines de Commercy）。

基本食谱

制作6～8个玛德琳蛋糕 • 准备时间：20分钟 • 烘焙时间：10分钟

- 40克软化黄油
- 80克砂糖
- 2个鸡蛋
- 1汤匙自选香精
- 80克面粉

1. 将黄油和砂糖在碗中打发呈慕斯状。
2. 分离蛋清和蛋黄，将蛋黄打入碗中，加入香精调味。加入面粉并拌匀。
3. 打发蛋清，加入混合物中。
4. 将烤箱预热至150°C。在玛德琳蛋糕模具中涂抹黄油，将混合物填充至模具四分之三处。
5. 烘焙10分钟，在烤架上冷却。

建议和窍门

- 如果使用金属烤盘，需涂抹足量黄油。
- 如果模具为硅胶材质，请勿在模具上涂抹黄油。
- 在品尝玛德琳蛋糕前，可先加热处理。
- 上桌前，可将玛德琳蛋糕蘸上巧克力酱。

衍生食谱

粗红糖食谱：用粗红糖代替糖。

米粉食谱：用米粉代替面粉。

人造黄油食谱：用人造黄油代替黄油。

轻食食谱：用等量的玉米淀粉代替面粉。

橄榄油食谱：1个鸡蛋+130克糖+300毫升牛奶+200克加发酵粉的面粉+340毫升果味橄榄油。

咸黄油食谱：用咸黄油代替黄油。

全麦食谱：用等量的全麦面粉代替面粉。

无鸡蛋食谱：2汤匙酸奶+75克糖+75克加发酵粉的面粉+65克黄油。

素食食谱：40克大豆酸奶+2汤匙豆奶+80克人造黄油+1茶匙香草籽+125克红糖+20克淀粉+170克加发酵粉的面粉。

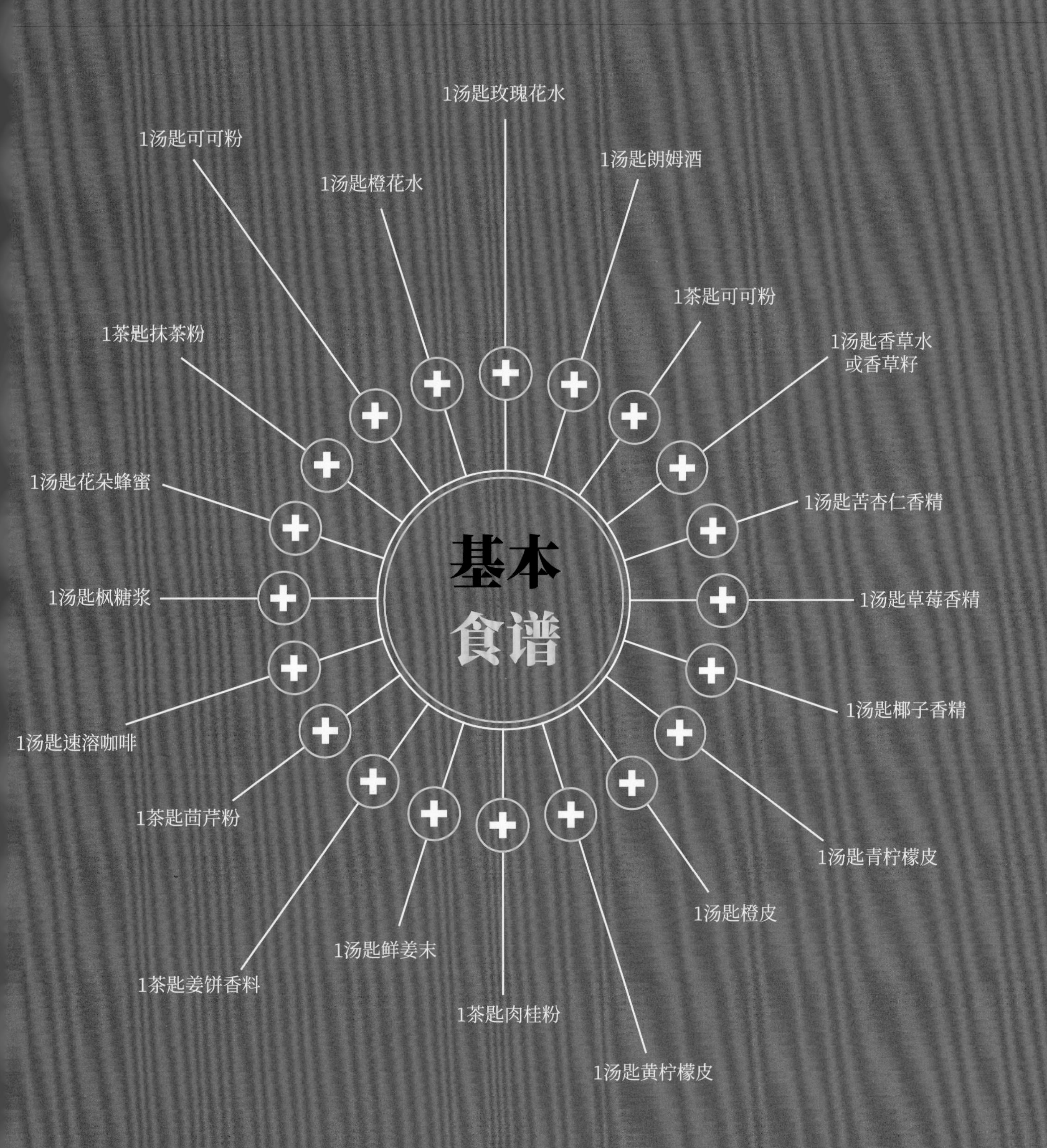

1汤匙玫瑰花水
1汤匙可可粉
1汤匙朗姆酒
1汤匙橙花水
1茶匙可可粉
1茶匙抹茶粉
1汤匙香草水
或香草籽
1汤匙花朵蜂蜜
1汤匙苦杏仁香精
基本
食谱
1汤匙枫糖浆
1汤匙草莓香精
1汤匙椰子香精
1汤匙速溶咖啡
1茶匙茴芹粉
1汤匙青柠檬皮
1汤匙橙皮
1汤匙鲜姜末
1茶匙姜饼香料
1茶匙肉桂粉
1汤匙黄柠檬皮

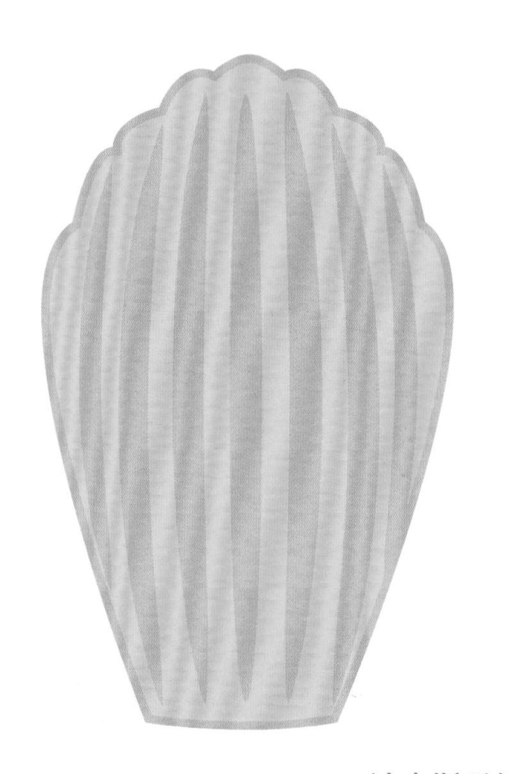
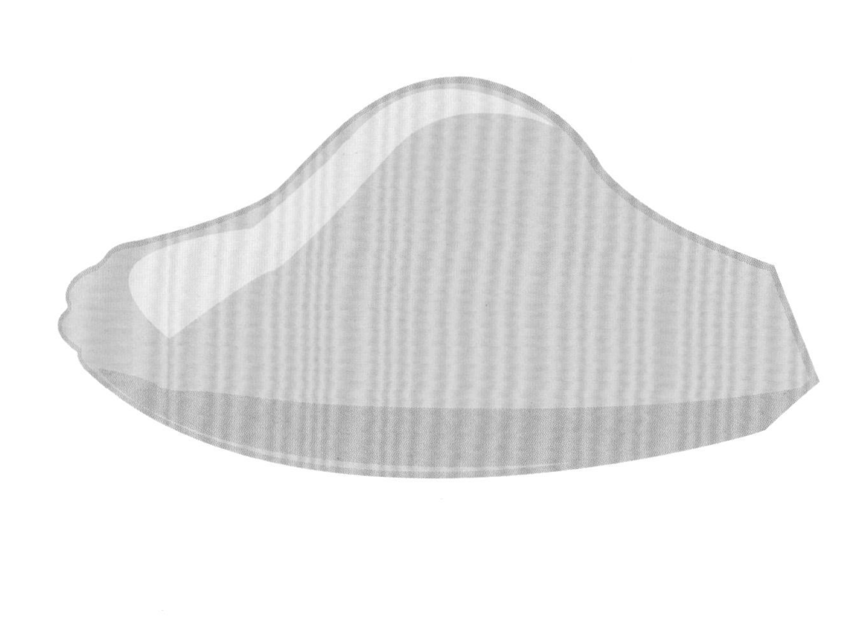

达克斯玛德琳蛋糕（La madeleine de Dax）
VS.
科梅尔西玛德琳蛋糕（La madeleine de Commercy）

达克斯玛德琳蛋糕

制作6～8个玛德琳蛋糕

3个鸡蛋+150克糖+2克盐+150克面粉+2克发酵粉+150克融化的黄油+1个柠檬皮+1汤匙茴香酒

1 搅拌鸡蛋、糖和盐。加入面粉、发酵粉、黄油、柠檬皮和茴香酒和成面团。
2 将面团倒入涂过黄油的玛德琳蛋糕模具中。
3 在预热至180°C的烤箱中烘焙10分钟。

科梅尔西玛德琳蛋糕

制作6～8个玛德琳蛋糕

50克黄油+70克细砂糖+2个鸡蛋+1汤匙橙花水+70克加发酵粉的面粉

1 将黄油和细砂糖搅打成奶油状，逐一加入鸡蛋、橙花水，然后加入面粉。充分搅拌成面团。
2 将烤箱预热至200°C。
3 将面团倒入涂过黄油的玛德琳蛋糕模具中，烘焙8～10分钟。

速成玛德琳蛋糕

制作约12个玛德琳蛋糕

3个鸡蛋+100克糖+75克软化黄油+100克加发酵粉的面粉+1汤匙橙花水

按上述顺序混合所有原料。将面团倒入涂过黄油的玛德琳蛋糕模具中，在预热至180°C的烤箱中烘焙10分钟。

涂抹酱夹心玛德琳蛋糕

制作6～8个玛德琳蛋糕

玛德琳蛋糕面团+涂抹酱（请参阅第370页）

烘焙前在玛德琳蛋糕上刷上涂抹酱。

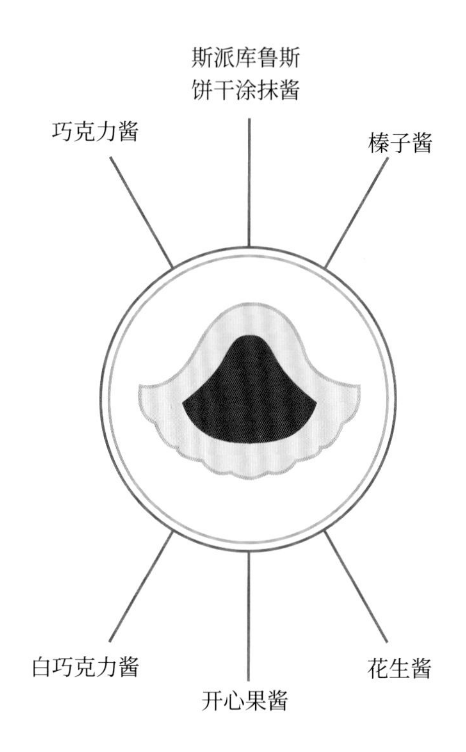

有机杏仁玛德琳蛋糕

制作6～8个玛德琳蛋糕

2个鸡蛋+80克蔗糖+100克杏仁泥+70克龙舌兰糖浆+100克加发酵粉的面粉+2汤匙杏仁奶+1茶匙柠檬皮

1. 搅拌鸡蛋和蔗糖。
2. 小火加热杏仁泥和龙舌兰糖浆，并搅拌均匀。
3. 将混合物倒入碗中，然后加入鸡蛋、面粉、杏仁奶和柠檬皮混合均匀。冷藏2小时。
4. 将烤箱预热至180°C。将面团倒入涂过黄油的玛德琳蛋糕模具中，烘焙12分钟。

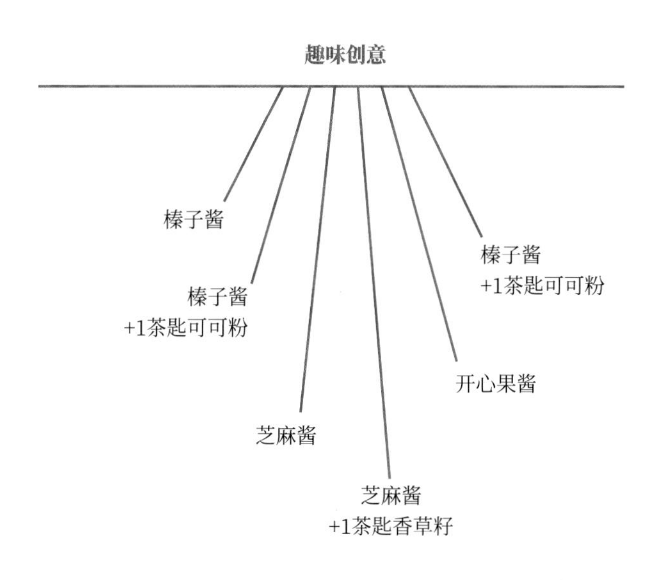

大理石玛德琳蛋糕

一半香草酱+一半巧克力酱

一半柠檬酱+一半树莓果酱

一半巧克力酱+一半咖啡酱

一半橙子酱+一半巧克力酱

一半椰子果酱+一半巧克力酱

玛德琳面团还能做什么?

英式玛德琳蛋糕

250克糖+4个鸡蛋+2克盐+250克加发酵粉的面粉+125克融化的黄油+柠檬淋面（柠檬汁+糖粉，请参阅第350页）

1 将糖、鸡蛋和少许盐长时间搅拌。加入面粉和融化的黄油，倒入涂抹过黄油的模具中。
2 将烤箱预热至180°C的烤箱中，烘焙45 ~ 50分钟。
3 用柠檬汁搅拌糖粉，制成柠檬淋面，将柠檬淋面淋在蛋糕上。

法式玛德琳蛋糕

500毫升牛奶+8汤匙糖+1茶匙香草籽+12个玛德琳蛋糕+3个鸡蛋

1 小火加热牛奶、糖和香草籽，直到沸腾。
2 将玛德琳蛋糕放入碗中，浇上煮沸的牛奶，静置10分钟，用叉子将玛德琳蛋糕戳碎。
3 将鸡蛋制成煎蛋，加入混合物中。将混合物倒入涂抹过黄油的模具中，在预热至180°C的烤箱中烘焙30分钟。

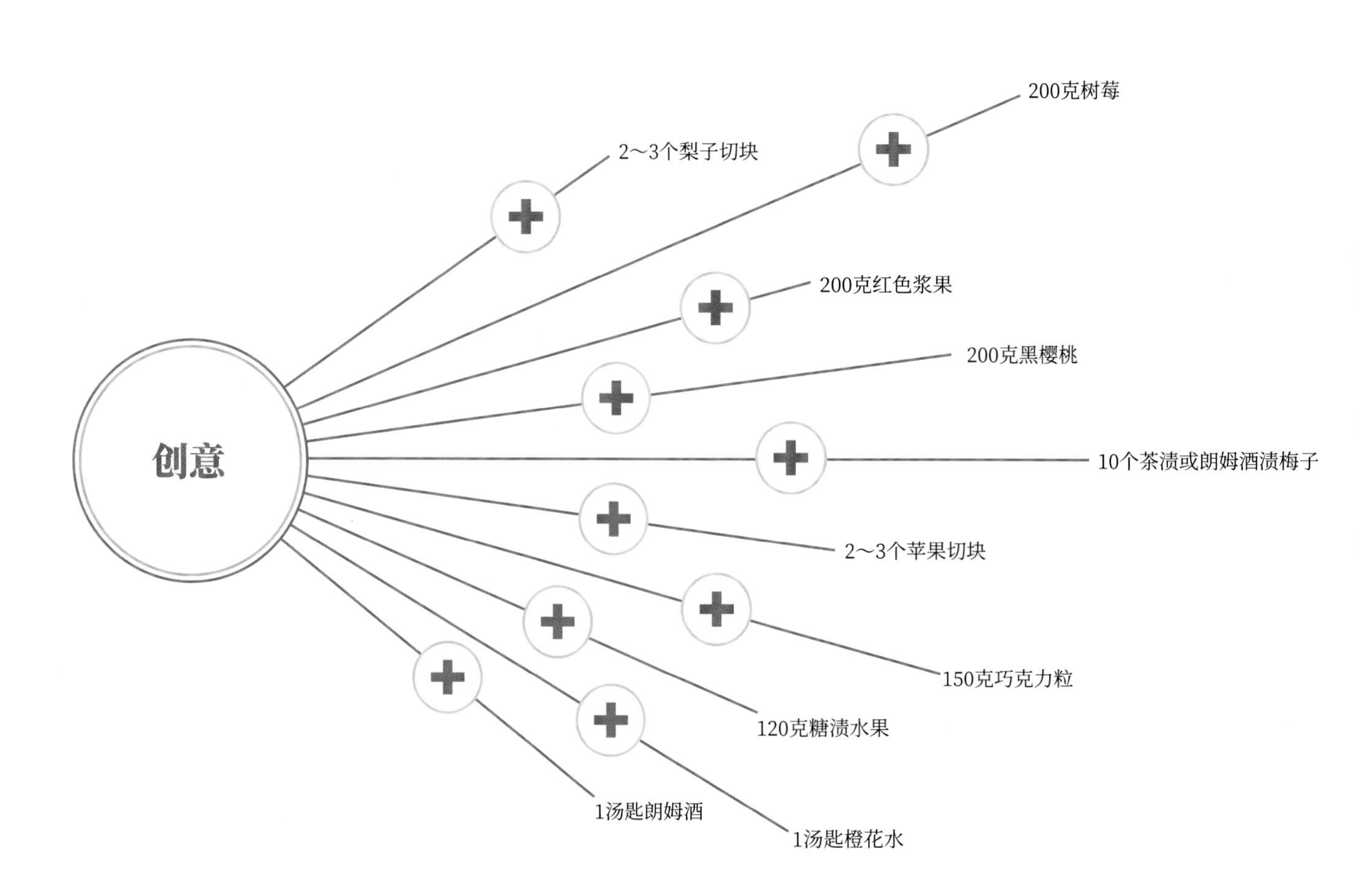

黑巧克力迷你玛德琳花束

10个迷你玛德琳蛋糕+200克黑巧克力+扦子

1 融化黑巧克力，用刷子在玛德琳蛋糕模具中刷上融化的巧克力，放入迷你玛德琳蛋糕，冷藏1小时。脱模。
2 将黑巧克力迷你玛德琳蛋糕穿在扦子上，以花束的形式放在高脚玻璃杯中。 这种展示方式适合作为儿童零食或餐间点心。

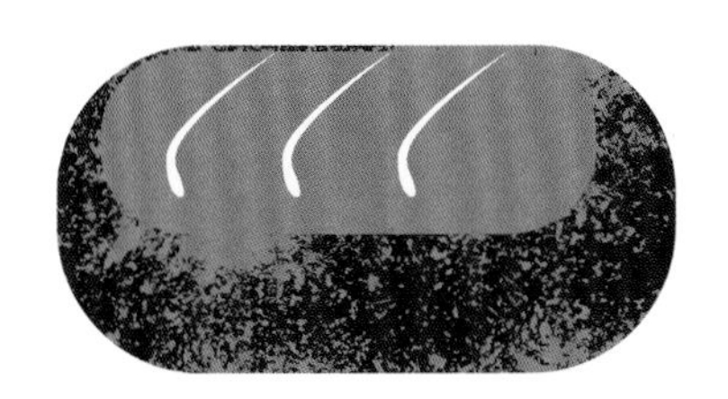

甘薯玛德琳蛋糕

4～5个玛德琳蛋糕+150克糖+125克杏仁粉+1汤匙朗姆酒+2个打发的蛋清+2汤匙可可粉

1 搅碎玛德琳蛋糕，加入糖、杏仁粉、朗姆酒和打发的蛋清。
2 制成甘薯状，然后粘上可可粉。

趣味创意

- 坚果粉。
- 裹一层薄杏仁膏，再沾上可可粉。
- 加1袋香草糖。
- 原味，不添加朗姆酒。

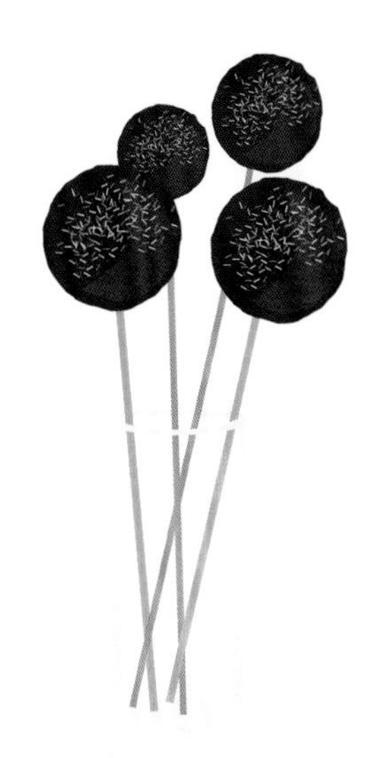

玛德琳棒棒糖蛋糕

5～6个玛德琳蛋糕+涂抹酱（请参阅第370页）+巧克力或翻糖外层+彩色糖粒+扦子

1 用叉子将玛德琳蛋糕弄碎。加入2汤匙涂抹酱。
2 将模型球穿上扦子上。
3 沾上融化巧克力或翻糖，撒上彩色糖粒。晾干。

趣味创意

5～6个玛德琳蛋糕+斯派库鲁斯饼干涂抹酱（请参阅第371页）+牛奶巧克力+细橙皮。
5～6个玛德琳蛋糕+巧克力酱+坚果粉。
5～6个玛德琳蛋糕+柠檬凝乳（请参阅第349页）+白巧克力+开心果碎。
5～6个玛德琳蛋糕+草莓果酱+玫瑰翻糖+粉色糖粉。
5～6个玛德琳蛋糕+杏子果酱+黄色翻糖+星形糖。
5～6个玛德琳蛋糕+黄油花生酱+黑巧克力酱+巧克力粒。
5～6个玛德琳蛋糕+开心果涂抹酱（请参阅第371页）+白巧克力+食品笔笑脸图。
5～6个玛德琳蛋糕+榛子涂抹酱（请参阅第371页）+黑巧克力+彩虹糖。
5～6个玛德琳蛋糕 +苦橙果酱（请参阅第367页）+彩色杏仁膏。
5～6个玛德琳蛋糕+杏仁水果涂抹酱（请参阅第371页）+彩色翻糖+糖膏制鼻子和嘴巴。

可露丽蛋糕

Cannelés

可露丽蛋糕是波尔多的特色糕点。
它是一种柔软而有嚼劲的圆柱形蛋糕，表面覆有焦糖脆皮。
通常用朗姆酒调味。

基本食谱

制作约16个可露丽蛋糕 • 准备时间：15分钟 • 静置时间：12小时 • 烘焙时间：30～35分钟

- 500毫升牛奶
- 2克盐
- 1个香草豆荚
- 2个鸡蛋
- 2个蛋黄
- 250克蔗糖
- 100克面粉
- 50克融化的黄油+20克用于涂抹模具的黄油
- 300毫升陈年朗姆酒

1 加热牛奶，将香草豆荚切成两半，加少许盐，小火加热。

2 将鸡蛋、蛋黄和蔗糖搅打成奶油状，加入面粉、温热的香草牛奶和融化的黄油，搅拌均匀，然后倒入朗姆酒。冷藏12个小时。

3 将烤箱预热至180°C。在可露丽蛋糕模具中涂抹黄油，填至模具四分之三处，烘焙30～35分钟。

建议和窍门

- 制作可露丽蛋糕可使用多种尺寸的模具。
- 将蛋糕从烤箱中取出前，需确认蛋糕的烘焙状态。
- 脱模前需冷却一段时间。
- 使用硅胶模具需提前涂抹黄油。
- 为尽快填充模具，可使用漏斗。
- 可露丽面团和可露丽蛋糕均可冷冻保存。

衍生食谱

其他糖食谱：
用糖粉代替糖。
用全糖代替糖。
用穆斯科瓦多糖代替糖。
用一半黄糖，一半糖粉代替糖。
减蛋食谱：只使用3个蛋黄。
轻食食谱：使用半脱脂牛奶。
无麸质食谱：用玉米粉和25克黄油代替面粉。
无乳糖食谱：用植物奶和人造黄油代替牛奶和黄油。
植物奶食谱：用自选植物奶（豆奶、香草豆奶、杏仁奶、榛子奶）代替牛奶。
素食食谱：2根香蕉+2汤匙玉米淀粉+50克豆奶+2克葡萄籽油+350克白糖+140克面粉+1个香草豆荚+2汤匙朗姆酒。

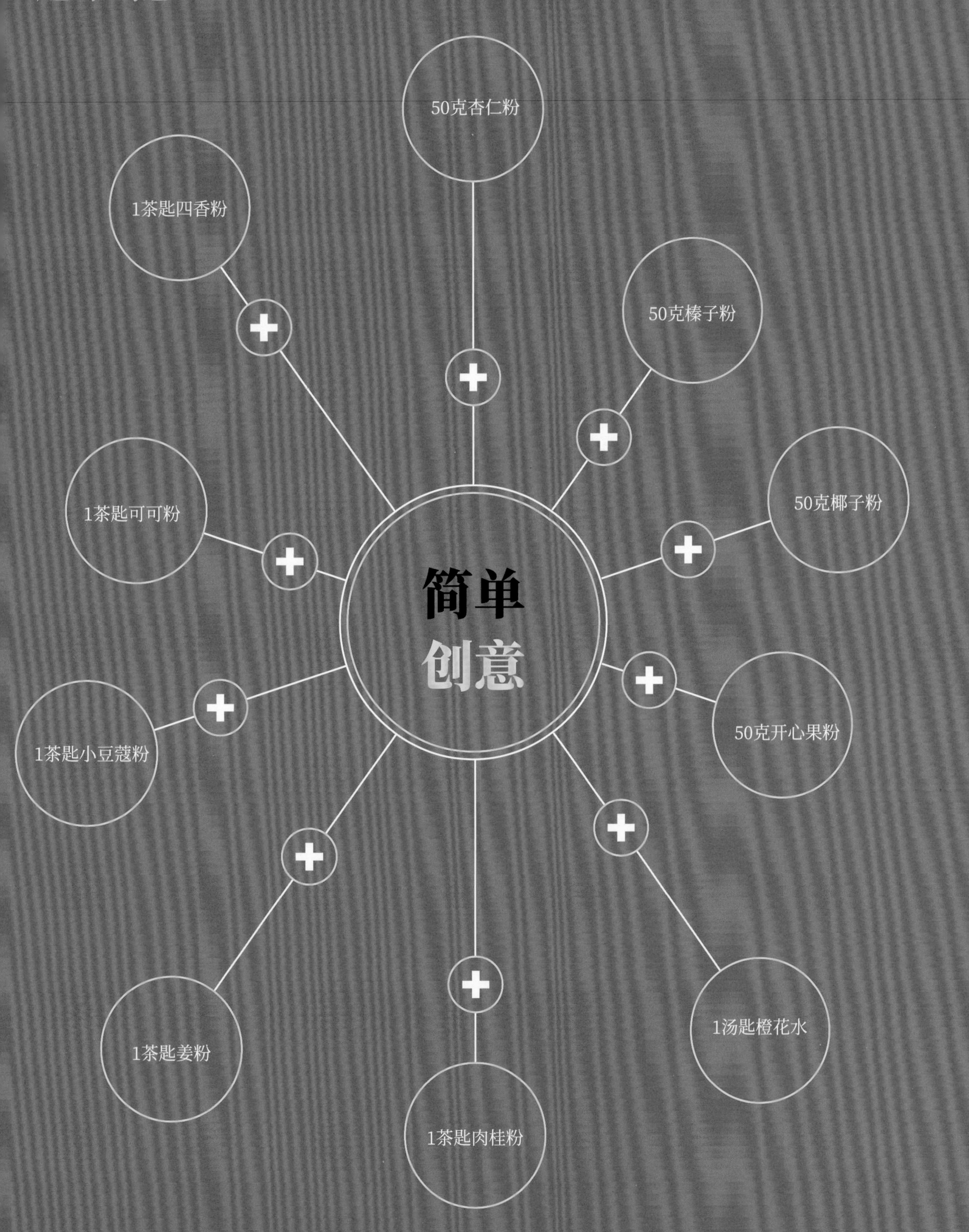
50克杏仁粉
1茶匙四香粉
50克榛子粉
1茶匙可可粉
50克椰子粉
简单
创意
1茶匙小豆蔻粉
50克开心果粉
1茶匙姜粉
1汤匙橙花水
1茶匙肉桂粉

经典糕点：波尔多可露丽蛋糕（Cannelé bordelais）

制作方法

制作16个大可露丽蛋糕

500毫升牛奶+1个香草豆荚+3个蛋黄+250克糖+150克面粉+30克融化的黄油+60毫升朗姆酒

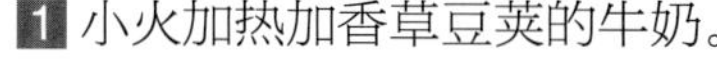

1 小火加热加香草豆荚的牛奶。

2 将蛋黄和糖搅打成奶油状。

3 加入面粉、温热的香草牛奶和融化的黄油，然后搅拌均匀。倒入朗姆酒。

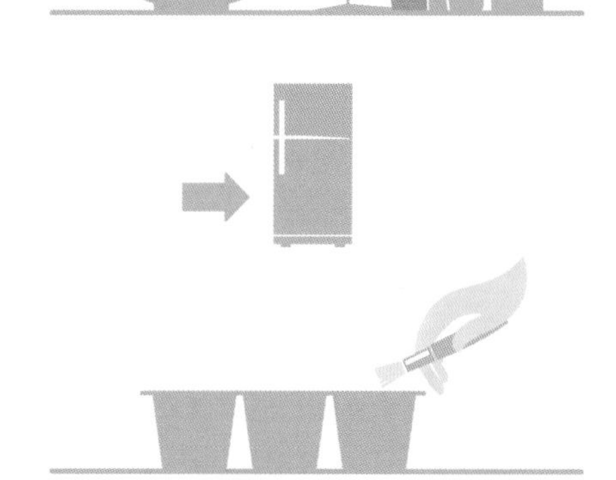

4 将面团冷藏保存。

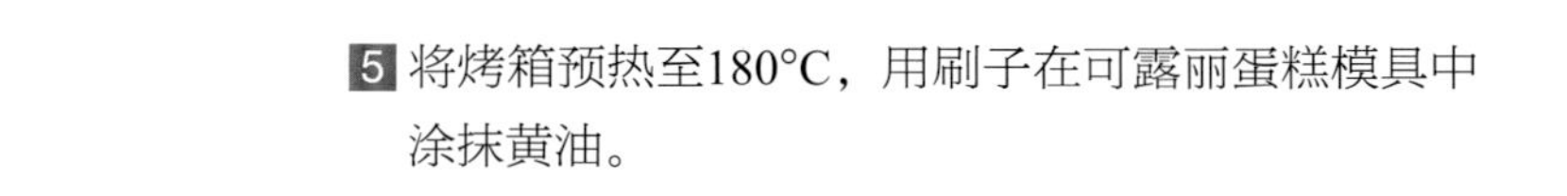

5 将烤箱预热至180°C，用刷子在可露丽蛋糕模具中涂抹黄油。

6 填至模具四分之三处，烘焙30～35分钟。

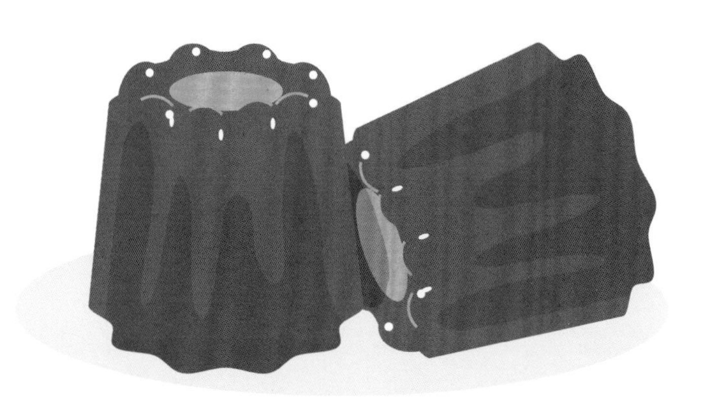

100%杏仁素食可露丽蛋糕

制作10个可露丽蛋糕

400毫升杏仁奶+1茶匙香草籽+2汤匙杏仁酱+40克粗糖+1汤匙朗姆酒+100克杏仁粉+100克米粉+30克小麦粉+涂抹模具的人造黄油

1. 加热杏仁奶，放入香草籽。
2. 混合杏仁酱、粗糖和朗姆酒，加入杏仁粉、米粉和小麦粉。
3. 倒入杏仁奶，混合搅拌直至面团光滑。
4. 用人造黄油涂抹模具，将混合物填至模具四分之三处。
5. 将烤箱预热至200°C，烘焙10分钟，然后将烤箱降温至180°C，继续烘焙40分钟。

可露丽小煎饼（Cannelette）

可露丽面团

1. 用大汤勺摊煎饼。
2. 翻面，直到煎饼成形。

奶油芝士可露丽蛋糕

可露丽蛋糕面团+1碗加糖的鲜奶油芝士慕斯

1. 将可露丽蛋糕面团纵切成两半。
2. 加一点鲜奶油芝士慕斯。

费南雪蛋糕

Financiers

费南雪蛋糕易溶于口，由杏仁粉、糖、焦化黄油和蛋清制成，呈长方形。

基本食谱

制作8个费南雪蛋糕 • 准备时间：10分钟 • 烘焙时间：15～20分钟

- 140克黄油
- 4个蛋清
- 90克糖
- 1袋香草糖
- 40克面粉
- 100克杏仁粉

1. 在平底锅中加热黄油，直到变成棕色。
2. 将蛋清、糖和香草糖打发。加入面粉和杏仁粉，轻轻混合搅拌，加入融化的黄油。
3. 将烤箱预热至180°C。
4. 将面团倒入费南雪蛋糕模具中，烘焙10～15分钟。

建议和窍门

- 填料前，用黄油涂抹模具。
- 使用新鲜的鸡蛋。

衍生食谱

用糖粉代替糖。
一半面粉一半杏仁粉。
用榛子粉代替杏仁粉。
用椰子粉代替杏仁粉。
用开心果粉代替杏仁粉。
用山核桃粉代替杏仁粉。
先放入黄油，再放入蛋清。
一边打发蛋清，一边加入糖。

咸黄油食谱：用咸黄油代替黄油。
粗红糖食谱：用粗红糖代替糖。
加植物奶食谱：用植物奶替代牛奶。
有机食谱：用全麦面粉代替面粉。
轻食食谱1：用玉米淀粉代替面粉。
轻食食谱2：用人造黄油代替黄油。
无麸质食谱：用荞麦面粉代替面粉。
素食食谱：用植物奶代替牛奶，用人造黄油代替黄油。

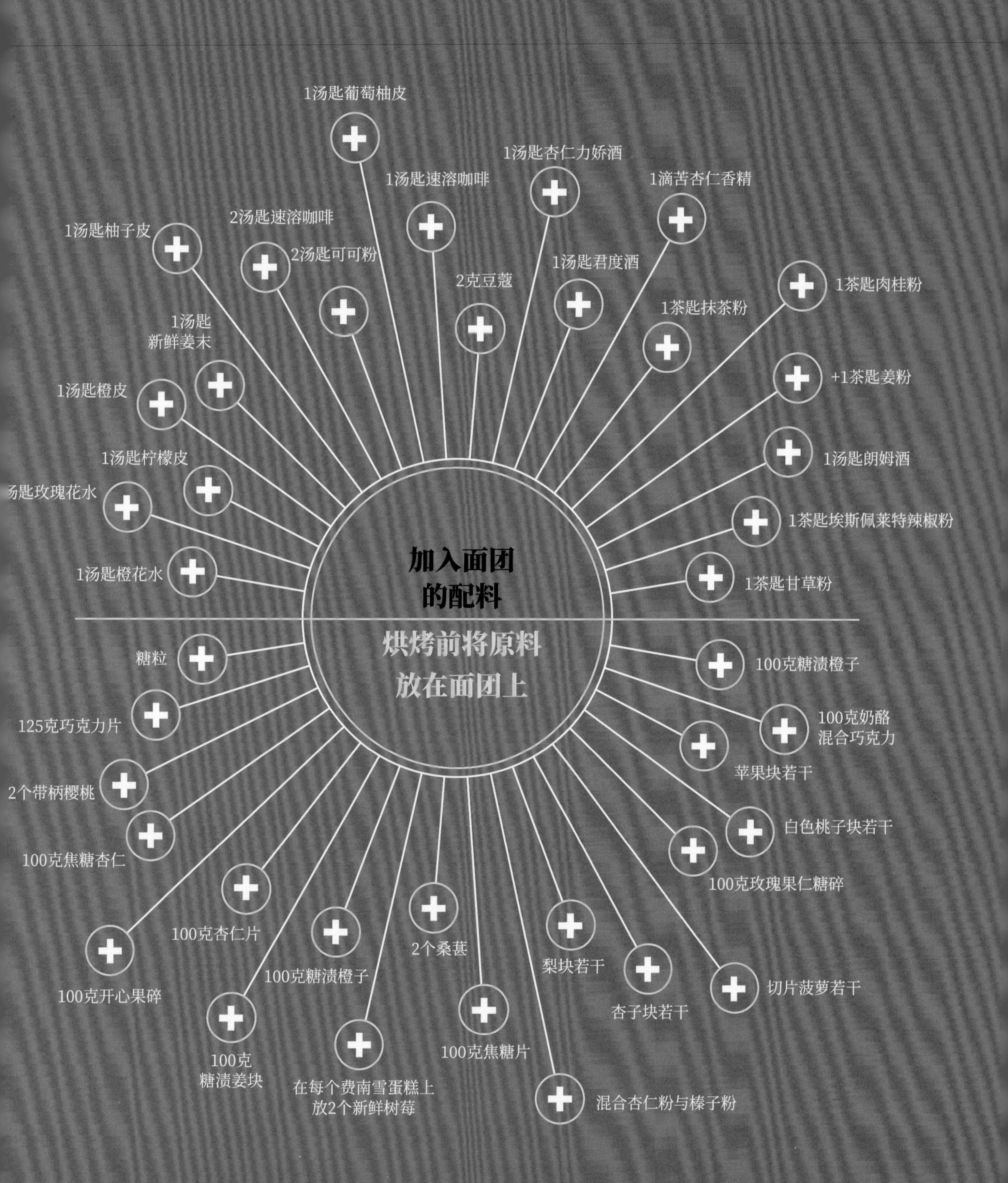
1汤匙葡萄柚皮
1汤匙杏仁力娇酒
1汤匙速溶咖啡
1滴苦杏仁香精
2汤匙速溶咖啡
1汤匙柚子皮
2汤匙可可粉
1汤匙君度酒
2克豆蔻
1茶匙肉桂粉
1茶匙抹茶粉
1汤匙
新鲜姜末
+1茶匙姜粉
1汤匙橙皮
1汤匙柠檬皮
1汤匙朗姆酒
汤匙玫瑰花水
1茶匙埃斯佩莱特辣椒粉
1汤匙橙花水
1茶匙甘草粉
加入面团
的配料
烘烤前将原料
放在面团上
糖粒
100克糖渍橙子
125克巧克力片
100克奶酪
混合巧克力
苹果块若干
2个带柄樱桃
白色桃子块若干
100克焦糖杏仁
100克玫瑰果仁糖碎
100克杏仁片
2个桑葚
梨块若干
100克糖渍橙子
切片菠萝若干
100克开心果碎
杏子块若干
100克
糖渍姜块
100克焦糖片
在每个费南雪蛋糕上
放2个新鲜树莓
混合杏仁粉与榛子粉

南希修女蛋糕

20厘米见方的修女蛋糕

6个蛋清+2克盐+200克糖+110克杏仁粉+100克面粉+125克融化的黄油

1 打入蛋清，加盐，将蛋清打发，在打发过程中分三次加入糖。

2 轻轻加入杏仁粉、面粉和融化的黄油。

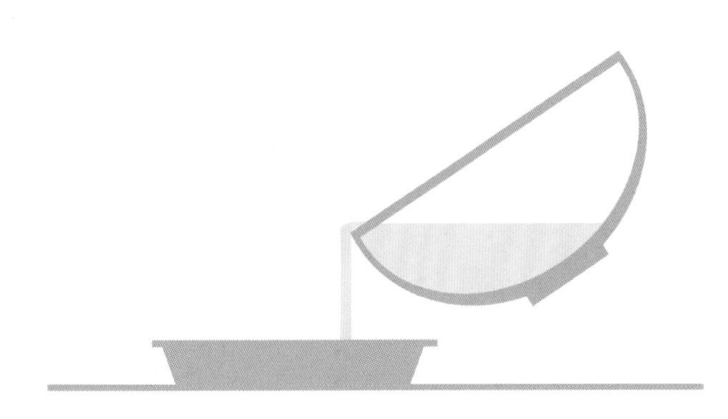

3 倒入涂抹过黄油的模具中。

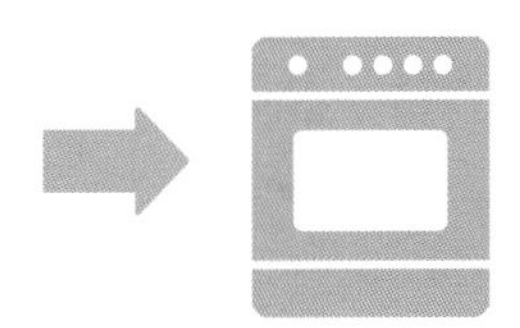

4 将烤箱预热至180°C，烘焙30～35分钟。

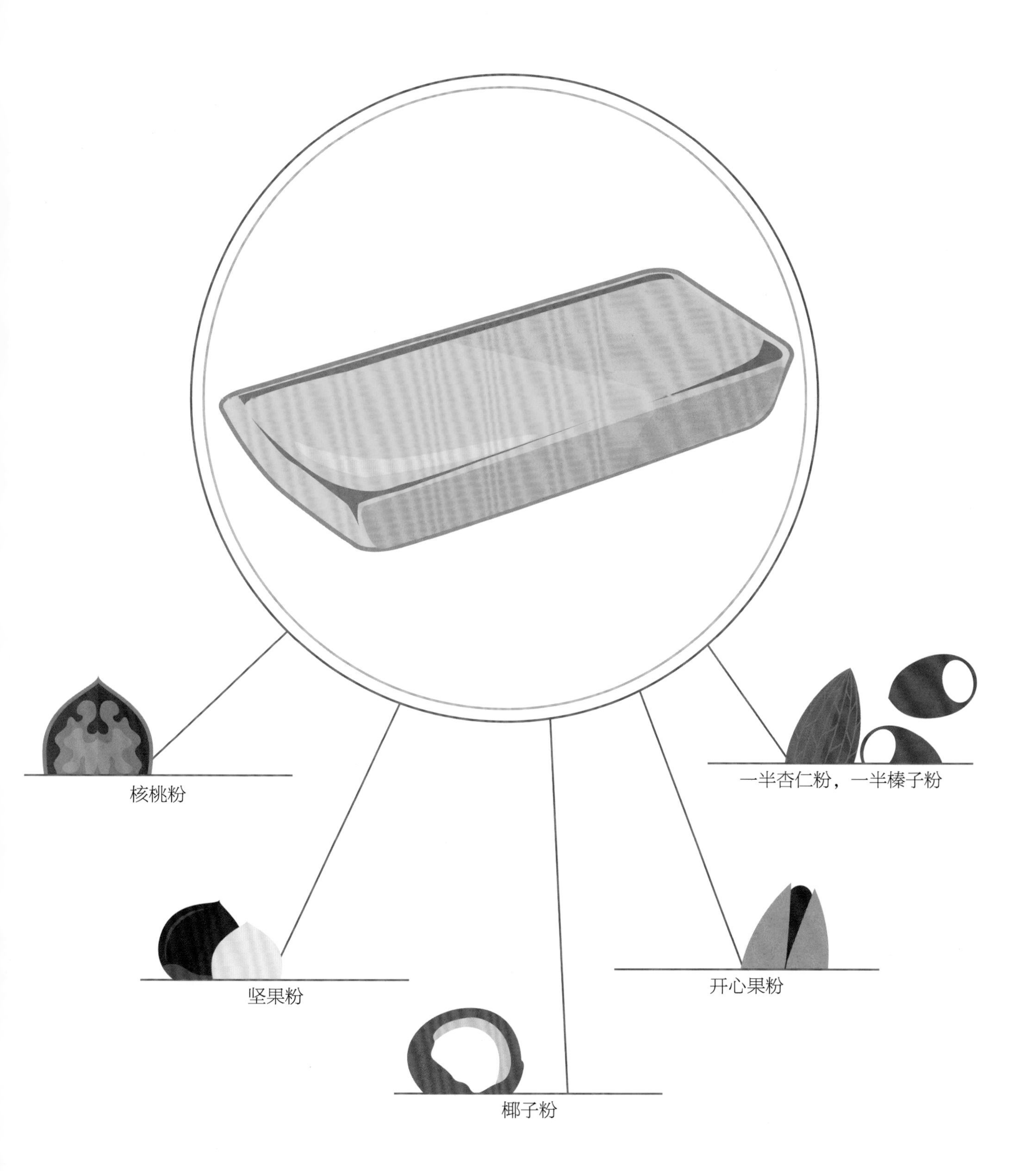
核桃粉
一半杏仁粉，一半榛子粉
坚果粉
开心果粉
椰子粉

其他面团

奶酥面团

Pâte à crumble

奶酥蛋糕是英国传统糕点。
它主要由水果组成，将其揉碎后加入面粉、红糖和黄油制成的面团。

基本食谱

制作1个奶酥蛋糕 • 准备时间：15分钟 • 烘焙时间：20 ~ 25分钟

- 1千克自选水果
- 150克面粉
- 150克红糖
- 100克切块淡黄油
- 2克盐

1. 将除水果以外的所有食材倒入碗中。
2. 用指尖揉搓，直到面团湿润结块。
3. 准备水果（将水果去皮切大块或将较小的水果放在焗菜锅的底部），将面团摊在水果上。
4. 在预热至180°C的烤箱中烘焙20 ~ 25分钟。在温热时享用。

建议和窍门

- 可用英式奶油、冰淇淋、雪葩、鲜奶油、浓奶油、白奶酪或原味酸奶制作奶酥。
- 烘焙前可将奶酥切成薄片或小块，放在水果上（杏子、桃子、梨、苹果、糖渍菠萝等）。

衍生食谱

杏仁粉食谱：150克面粉+150克杏仁粉+150克红糖+150克黄油+2克肉桂粉+2克盐。

双粒小麦粉：用50克双粒小麦粉代替50克面粉。

栗子粉食谱：用50克栗子粉代替50克小麦粉。

全麦食谱：用50克全麦粉代替50克小麦粉。

榛子粉食谱：150克面粉+150克榛子粉+150克红糖+150克黄油+2克香草籽+2克盐。

椰子粉食谱：150克面粉+150克椰子粉+150克红糖+150克黄油+2克香草籽+2克盐。

开心果粉食谱：150克面粉+150克开心果粉+150克红糖+150克黄油+2克香草籽+2克盐。

咸黄油食谱：用咸黄油代替黄油。

巧克力椰子食谱：150克面粉+150克椰子粉+50克巧克力屑+150克红糖+150克黄油+2克盐。

木斯里食谱：150克面粉+150克木斯里+150克红糖+150克黄油+2克盐。

白芝麻食谱：100克面粉+50克荞麦粉+150克杏仁粉+150克红糖+150克黄油+3汤匙白芝麻+2克盐。

干果食谱：200克切碎的干果（无花果、杏、枣、葡萄干、核桃）+120克榛子粉+120克杏仁粉+120克黄油。

山核桃食谱：150克面粉+150克山核桃粉+150克红糖+150克黄油+2克香草籽+2克盐。

有机食谱：150克全麦面粉+150克杏仁粉+150克黄油+150克粗糖+2克盐。

酥脆奶酥食谱 ：150克面粉+150克粗面粉+150克红糖+150克黄油+2克盐。

松脆奶酥食谱：150克面粉+50克榛子碎+50克山核桃碎+50克杏仁碎+150克红糖+150克黄油+2克盐。

无麸质食谱：160克米粉+50克粗糖（或椰子糖）+70克杏仁粉+80克杏仁酱+80克榛子酱+2克肉桂。

素食食谱1：160克面粉+200克红糖+4汤匙杏仁酱+60克杏仁碎。

素食食谱2：160克面粉+200克红糖+4汤匙榛子酱+60克榛子+2克香草糖。

趣味创意

水果组合

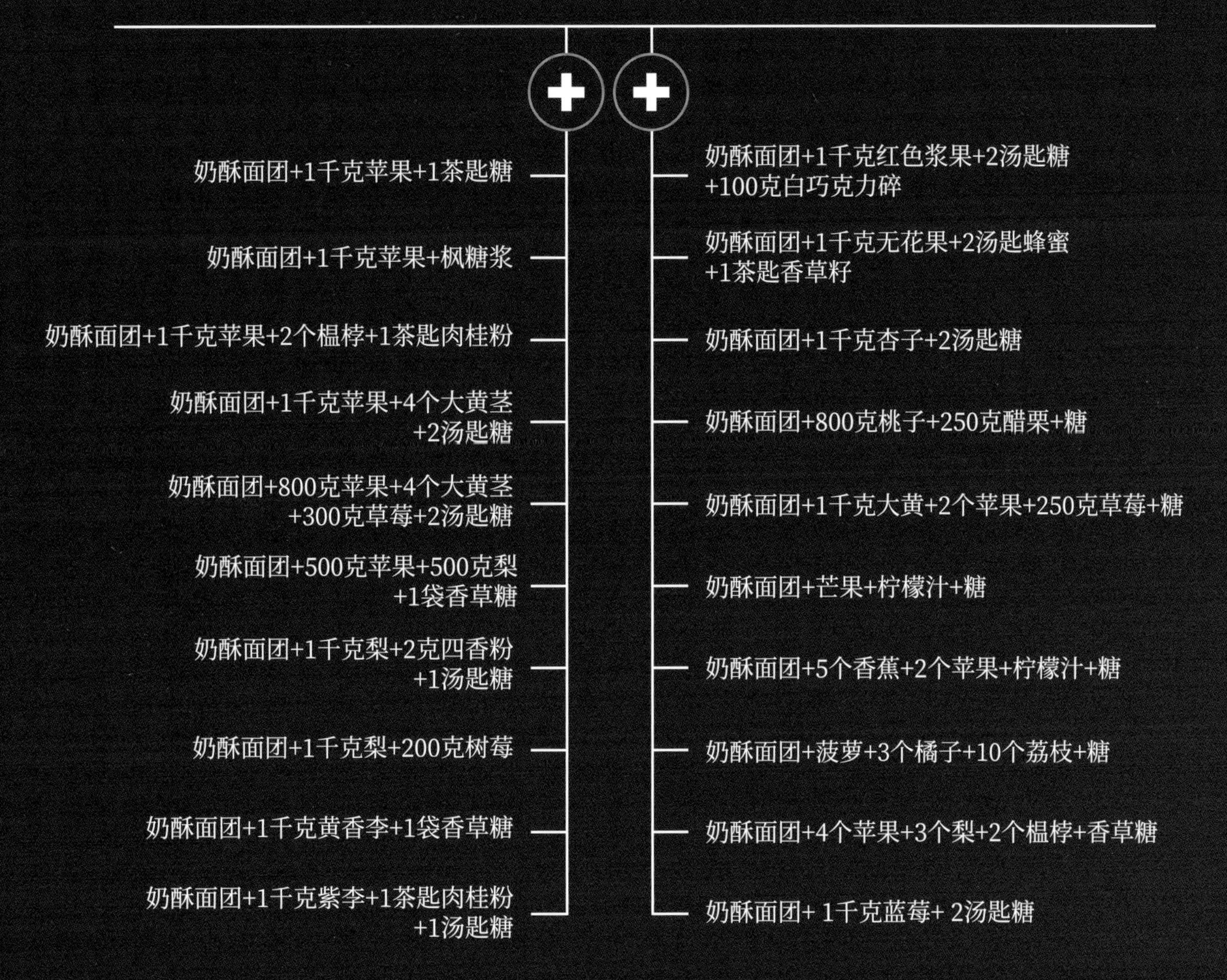

速成奶酥蛋糕

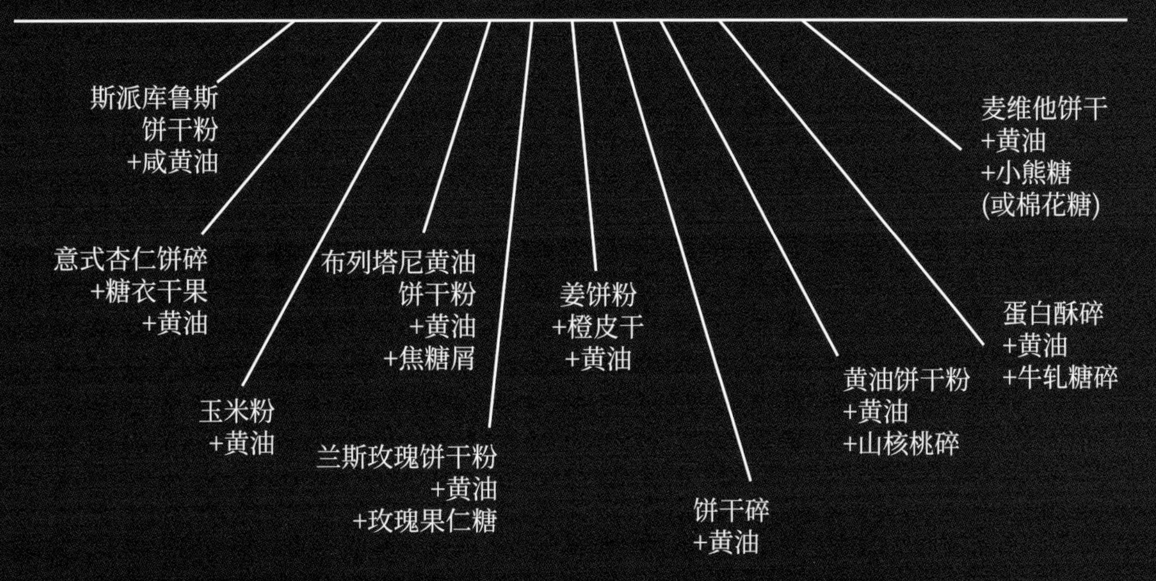

翻转奶酥蛋糕

制作方法

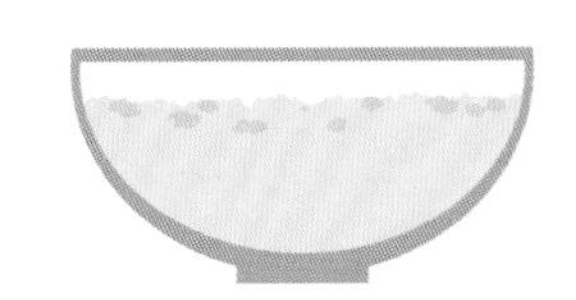

1 准备任意口味奶酥面团。

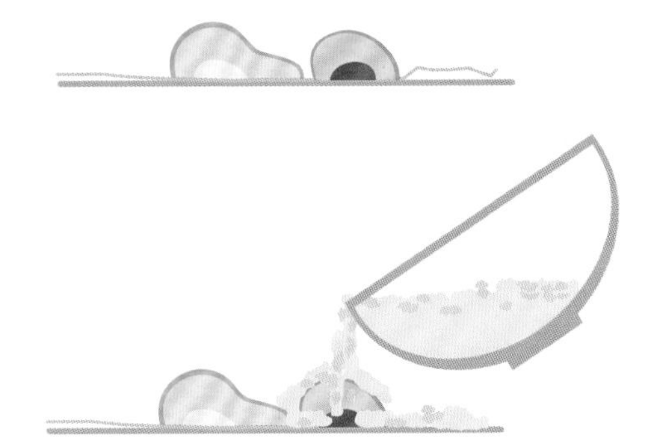

2 将水果切半，放在衬有烘焙纸的烤盘上。

3 用奶酥面团盖住水果。

4 将烤箱预热至180°C，直至奶酥面团呈黄色。

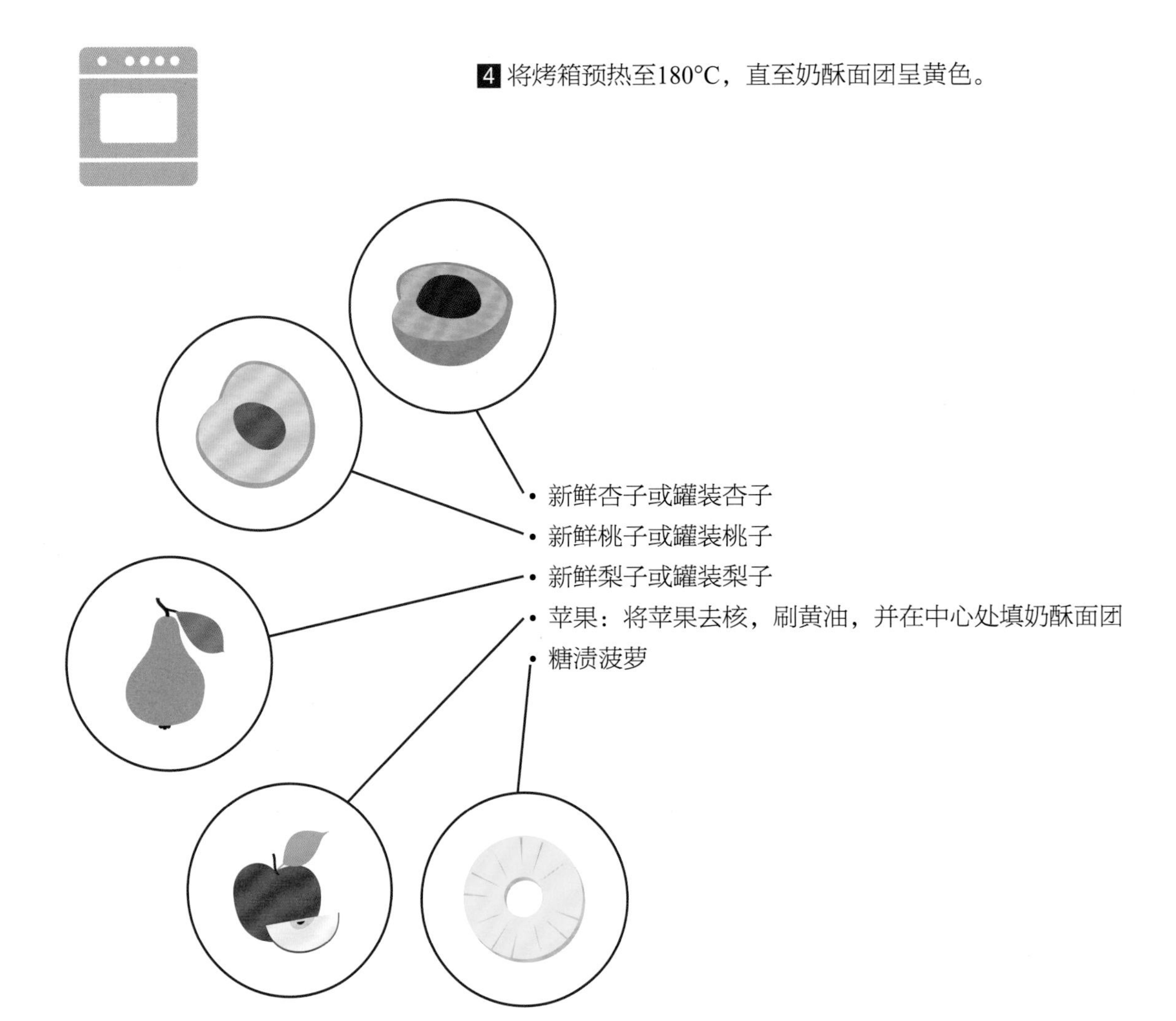

简单奶酥蛋糕

制作方法

1 参考食谱准备任意口味奶酥面团。

2 在烤盘上衬上烘焙纸，并放上奶酥面团。

3 在预热至180°C的烤箱中烘焙15 ~ 20分钟，烤至奶酥面团呈黄色。

4 将烤好的奶酥撒在底部食材上。

焦糖酱+奶酥

巧克力慕斯（请参阅第326页）+奶酥

白巧克力奶油（请参阅第347页）+奶酥

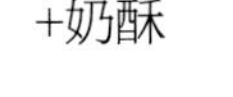

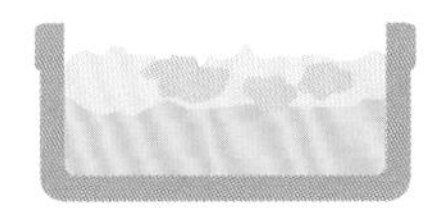

焦糖酱+奶酥

白奶酪杯+果酱+奶酥

白奶酪杯+水果+奶酥

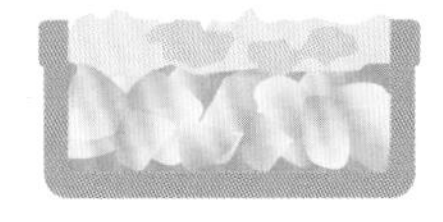

咸黄油鲜苹果+奶酥

菠萝和芒果片+奶酥

草莓沙拉+紫罗兰糖浆+奶酥

白桃沙拉+柠檬汁+奶酥

水果挞+奶酥

香蕉+奶酥

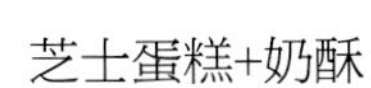

芝士蛋糕+奶酥

冰淇淋+奶酥+巧克力酱（请参阅第332页）

雪葩+奶酥+果酱（请参阅第335页）

芝士奶酥蛋糕

杏子芝士奶酥蛋糕

120克饼干
25克常温淡黄油
450克芝士奶油
2个鸡蛋
1汤匙柠檬皮
50克糖
6汤匙杏子果酱
200克任意口味奶酥面团

1 将饼干和黄油放入搅拌机中，制成面团。放入模具，压实。将烤箱预热至180°C，烘焙10分钟。
2 将芝士奶油倒入碗中，加入鸡蛋、柠檬皮和糖。混合至光滑。倒在挞皮上，烘焙40分钟。
3 蛋糕烘焙完成后，从烤箱中取出，淋上杏子果酱，撒上奶酥面团碎，烘焙25分钟。静置冷却，次日享用。

苹果芝士奶酥蛋糕

250克黄油饼干
125克黄油+1汤匙黄油
3个苹果
2汤匙红糖
1茶匙肉桂粉
500克芝士奶油
100克细砂糖
2汤匙浓奶油
3个鸡蛋
2汤匙面粉
奶酥：80克面粉+80克杏仁粉+80克红糖+80克黄油

1 将饼干和黄油放入搅拌机中，制成面团。将面团压入模具的底部。
2 将苹果去皮，切成小块。放入锅中加少许黄油、红糖和肉桂粉，煎几分钟。留存备用。
3 将芝士奶油倒入碗中，加入细砂糖、浓奶油、鸡蛋和面粉，用打蛋器搅打，直到混合物呈光滑的奶油状。将苹果放在面团上，加入浓奶油，在预热至180°C的烤箱中，烘焙30分钟。
4 准备奶酥：将面粉、杏仁粉、红糖和黄油倒入碗中，然后用手指揉搓。放在蛋糕上，继续烘焙20分钟。次日享用。

趣味创意

红色浆果、香蕉、梨、巧克力、焦糖、柠檬、橘子、糖渍栗子……

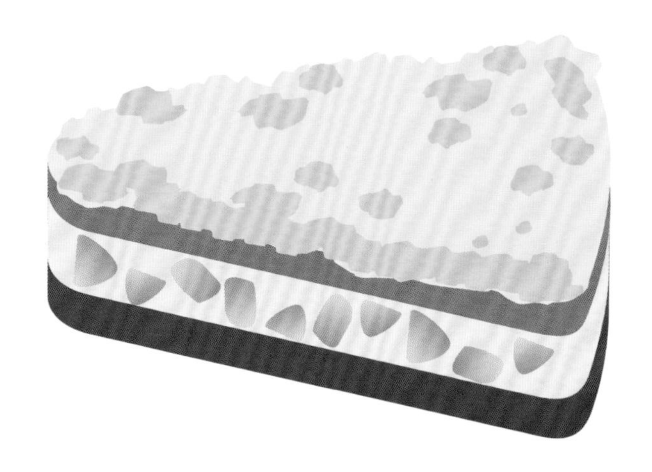

迷你香草芝士蛋糕

200克布列塔尼油酥面团
80克常温黄油
400克芝士奶油
400毫升鲜奶油
4个鸡蛋
1茶匙香草籽
50克糖
250克自选口味奶酥

1 将布列塔尼油酥面团和黄油混合。将面团压入迷你蛋糕模具、圆形模具或玛芬蛋糕模具底部。
2 将芝士奶油倒入碗中，加入鲜奶油、鸡蛋、香草籽和糖，搅打成奶油状。将混合物倒入模具中，在预热至180°C的烤箱中烘焙30分钟。
3 将奶酥放在蛋糕上，继续烘焙20分钟。次日享用。

建议和窍门

- 可以将奶酥面团放入茶杯底，用勺背压实，制成芝士蛋糕底。
- 在蛋糕上撒奶酥前，可加入一层果酱或果泥。

用饼干制作奶酥面团

制作方法

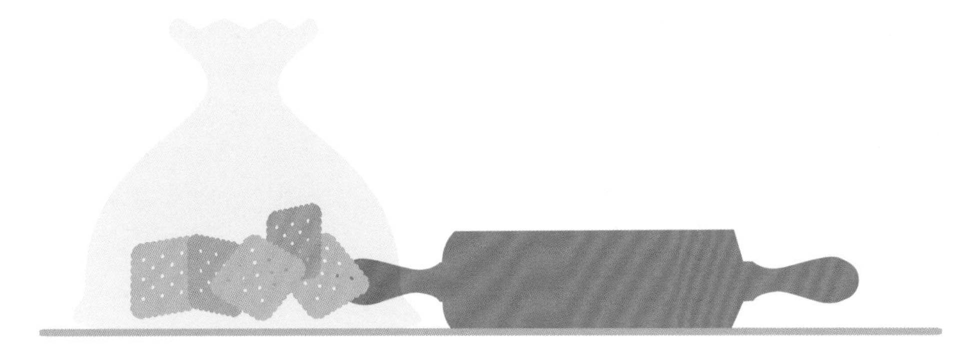

1 将饼干放在冰袋中，然后用擀面杖将其压碎。

2 将饼干屑倒入碗中，然后在室温下加入黄油和红糖。

3 用手指揉搓。

如何使用奶酥面团余料?

- 石头糕点：融化的黑巧克力+奶酥。然后粘上开心果碎。
- 心形巧克力：融化的法式果仁酱巧克力+奶酥放入心形模具中。
- 脆酸奶：酸奶+奶酥。
- 麦片：奶酥+苹果块+椰子块+葡萄干。

200克黄油饼干+14克咸黄油+60克红糖

200克斯派库鲁斯饼干+140克淡黄油+60克红糖

200克布列塔尼黄油饼干+140克淡黄油+1袋香草糖+55克红糖

200克消化饼干+140克淡黄油+2克肉桂粉+60克红糖

200克兰斯玫瑰饼干+140克淡黄油+60克红糖

200克焦糖饼干+140克淡黄油+60克红糖

200克黄油曲奇+140克淡黄油+1汤匙杏仁粉+60克红糖

200克巧克力饼干+140克淡黄油+60克红糖

200克小脆卷饼+120克淡黄油+60克红糖

200克椰子饼干+120克淡黄油+60克红糖

200克有机饼干+120克淡黄油+60克红糖

200克瑟塔基饼干+120克淡黄油+2袋香草糖+50克红糖

200克猫舌饼干+120克淡黄油+1汤匙杏仁粉+60克红糖

200克甜味饼干+120克咸黄油+60克红糖

美式奶酥蛋糕

美式奶酥蛋糕是将酥脆的奶酥堆叠起来的经典蛋糕。

纽约奶酥蛋糕

280克加发酵粉的面粉
2克盐
180克糖
2袋香草糖
150克常温淡黄油
2个鸡蛋
160毫升发酵牛奶
1块奶酥蛋糕面团

1 将烤箱预热至180°C。将面粉、盐和两种糖一起倒入碗中。加入黄油，用搅拌机搅打。
2 加入鸡蛋，然后加入发酵牛奶。
3 搅拌均匀，使面团柔软。
4 将面团倒入涂过黄油的蛋糕模具中，将奶酥撒在面团上，烘焙40～45分钟。

趣味创意

- 可加入水果：苹果、梨、杏子、桃子、树莓、大黄，并在撒奶酥前放置在面团上。
- 可调整奶酥口味。
- 用橙花水、柑橘皮或其他香精为面团调味。

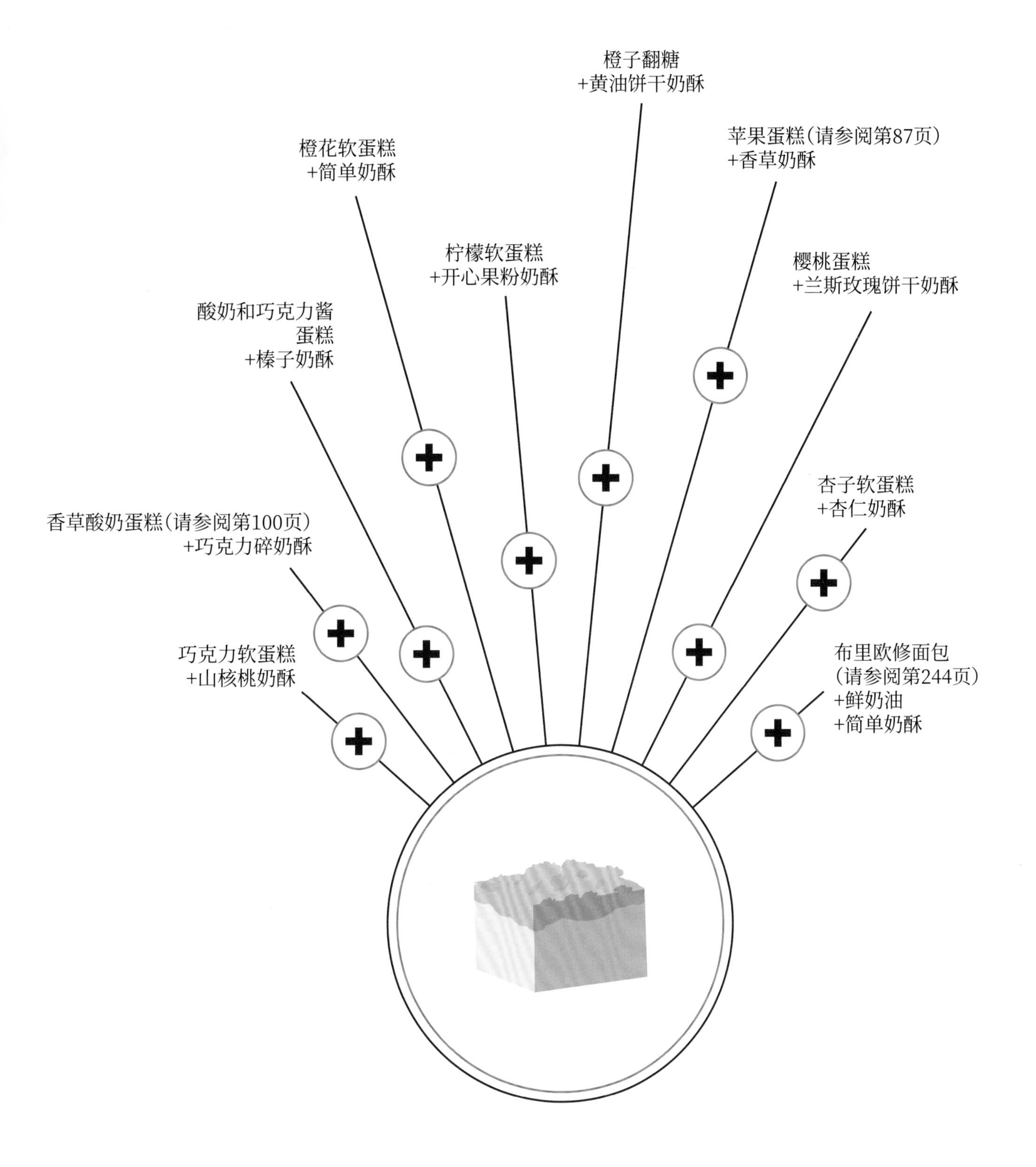
橙子翻糖
+黄油饼干奶酥
橙花软蛋糕
+简单奶酥
苹果蛋糕(请参阅第87页)
+香草奶酥
柠檬软蛋糕
+开心果粉奶酥
樱桃蛋糕
+兰斯玫瑰饼干奶酥
酸奶和巧克力酱
蛋糕
+榛子奶酥
杏子软蛋糕
+杏仁奶酥
香草酸奶蛋糕(请参阅第100页)
+巧克力碎奶酥
巧克力软蛋糕
+山核桃奶酥
布里欧修面包
(请参阅第244页)
+鲜奶油
+简单奶酥

布里欧修面包

Brioche

布里欧修面包是一种用发酵维也纳面包面团制成的膨松糕点。
它由面粉、黄油、糖、鸡蛋、牛奶、酵母和盐组成。
这种面包质地柔软。
不同地区制作的布里欧修面包在糖分、黄油、味道和形状上各具特色。

基本食谱

制作1个布里欧修面包（6~8人份）• 准备时间：30分钟 • 静置时间：1小时40分钟 • 烘焙时间：30~35分钟

- 25克啤酒酵母或面包酵母
- 250毫升牛奶
- 750克面粉
- 120克糖
- 120克融化的黄油
- 2个鸡蛋
- 2克盐
- 1个蛋黄

1. 将酵母放入4汤匙温牛奶中，发酵5~10分钟。
2. 将面粉倒入碗中。在中心处挖一个坑。加入糖、融化的黄油、鸡蛋、牛奶、酵母和盐。揉搓面团。盖上湿润的布，在温暖处静置1小时发酵。
3. 用手掌下压面团，以排空空气。将面团平分两份，制成冠状的编织物。
4. 将其放在衬有烘焙纸的烤盘上，置于温暖处发酵30分钟。将烤箱预热至200°C，将面团刷上蛋黄液，烘焙30~35分钟。

趣味创意

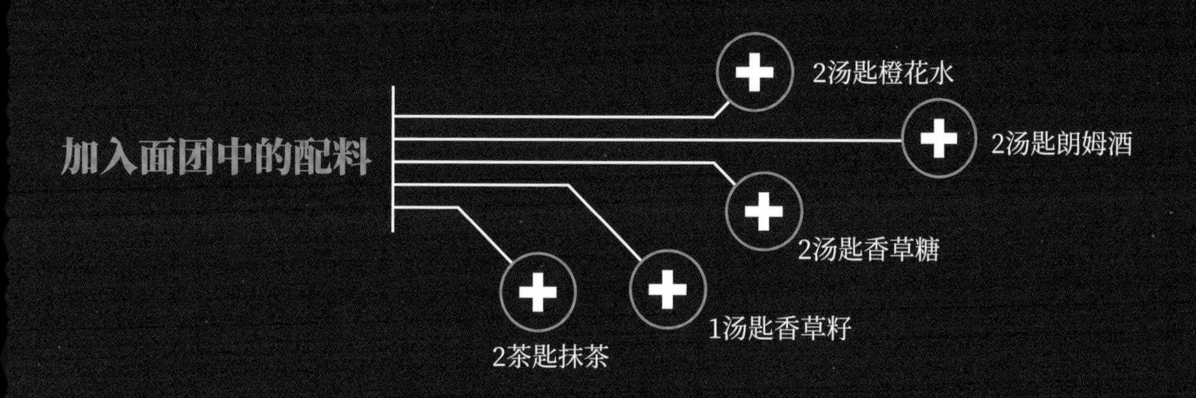

加入面团中的配料
2汤匙橙花水
2汤匙朗姆酒
2汤匙香草糖
1汤匙香草籽
2茶匙抹茶

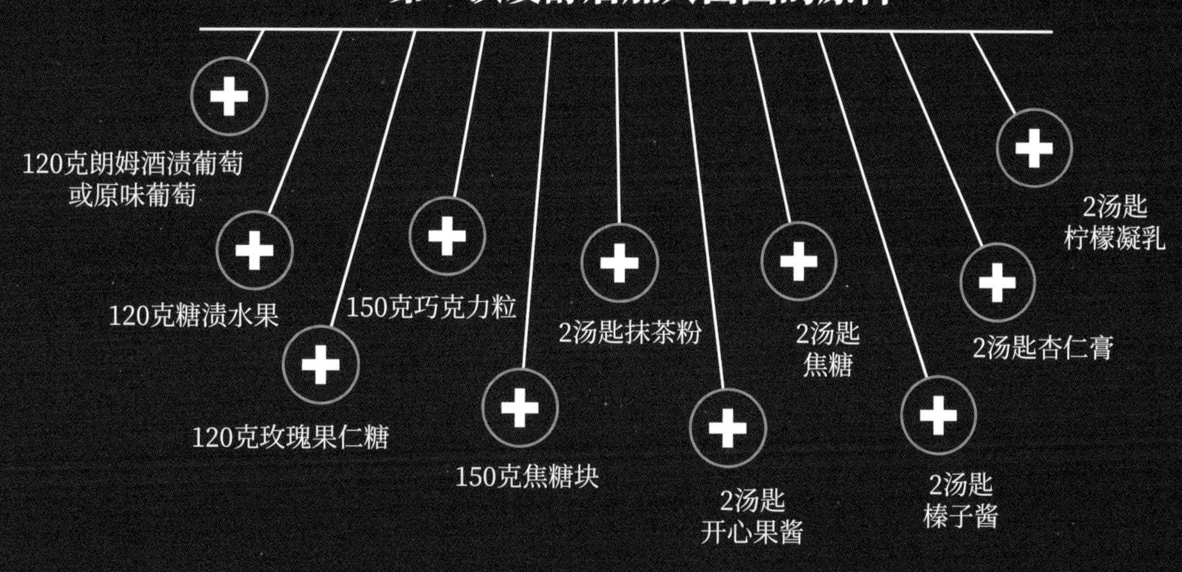

第一次发酵后加入面团的原料
120克朗姆酒渍葡萄
或原味葡萄
120克糖渍水果
150克巧克力粒
120克玫瑰果仁糖
150克焦糖块
2汤匙抹茶粉
2汤匙
开心果酱
2汤匙
焦糖
2汤匙
榛子酱
2汤匙杏仁膏
2汤匙
柠檬凝乳

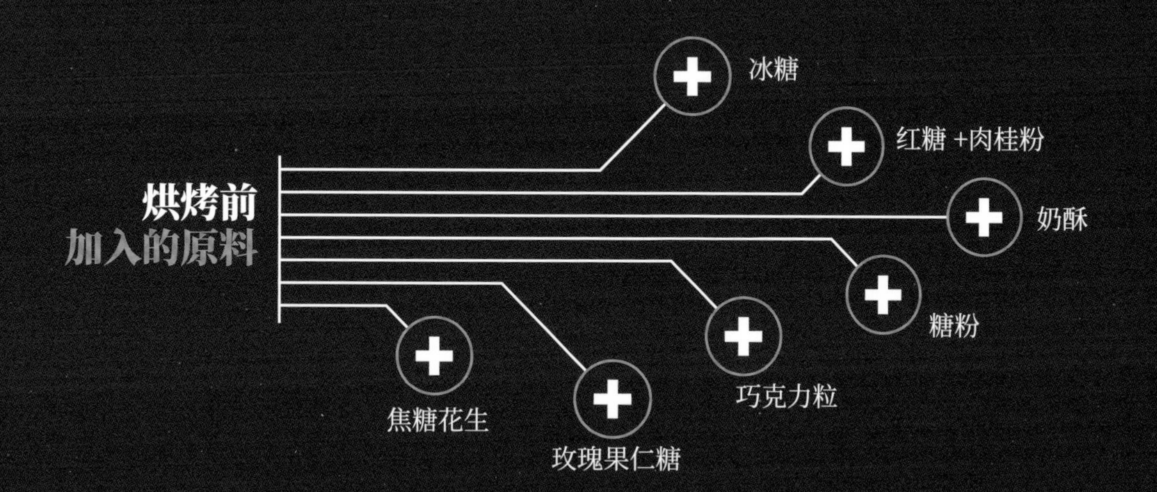

烘烤前
加入的原料
冰糖
红糖 +肉桂粉
奶酥
糖粉
巧克力粒
玫瑰果仁糖
焦糖花生

形状创意

各地的布里欧修面包具有不同的形状，可以根据自己的喜好制作面包。

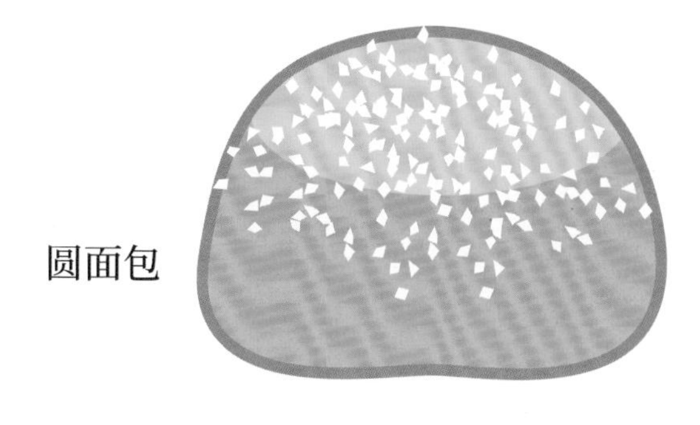

圆面包

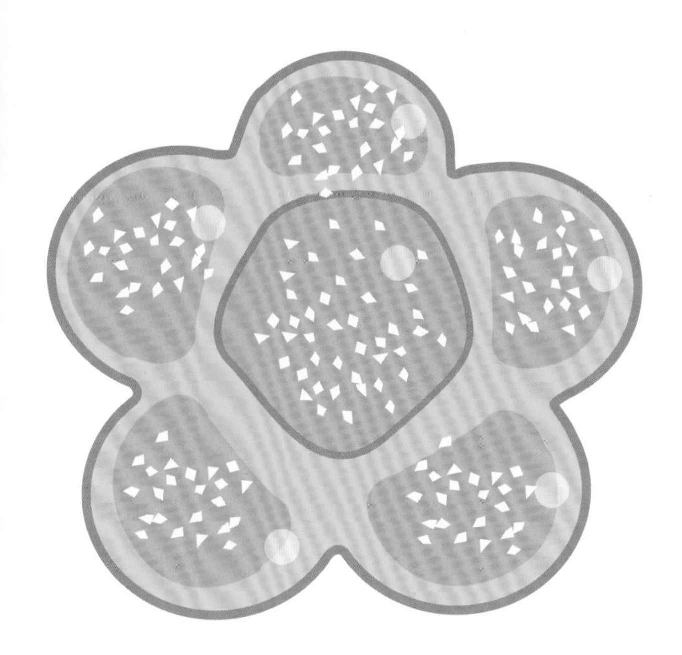

雏菊面包

人形面包

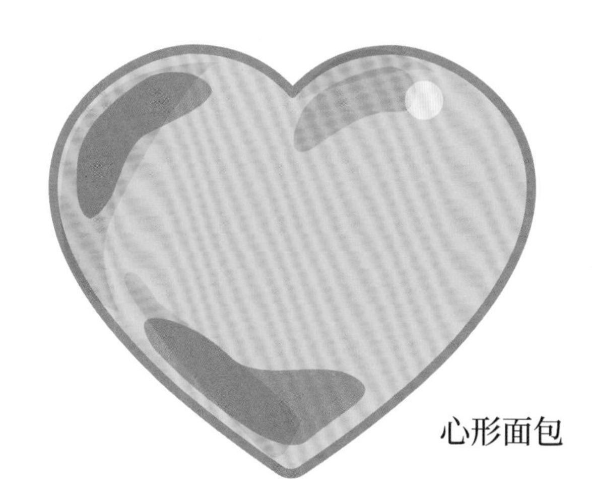

心形面包

经典糕点

和面机制作巴黎布里欧修面包

500克面粉
1茶匙精盐
50克砂糖
20克面包酵母
6个鸡蛋
250克常温淡黄油
1个蛋黄

1 将面粉、精盐、砂糖、鸡蛋和溶解在少量水中的酵母倒入和面机中。慢慢揉搓面团，直至面团不粘容器。
2 加入黄油，再揉20分钟或至面团不粘容器。然后提高揉面速度，直至面团呈球形。
3 将面团放在碗中，然后冷藏6个小时。
4 挤出空气，揉成球形。静置60分钟。
5 将面团放在布里欧修模具中，刷上蛋黄液并冷藏2小时，以使面团继续膨胀。刷上剩余的蛋黄液。
6 预热烤箱至180°C，烘焙20～25分钟。在烤架上冷却。

3种巧克力布里欧修面包

400克面粉
1袋面包酵母
1茶匙盐
80克糖
2汤匙可可粉
3个蛋黄
1升鲜牛奶
75克常温黄油
120克巧克力块
1个蛋黄（用于涂抹装饰）
1汤匙牛奶

1 将面粉、酵母、盐、糖、可可粉和蛋黄放入碗中。揉面30分钟，在揉搓过程中逐渐加入牛奶。继续揉面的同时逐渐加入黄油和巧克力。
2 再揉10分钟，制成球形，放在盖有干净布的碗中，在温暖处发酵1小时。揉5分钟以除去空气。
3 制成王冠面包或大头面包，放在衬有烘焙纸的烤盘上。继续静置发酵1小时。
4 将烤箱预热至200°C，面团刷上蛋黄和牛奶的混合液，在烤箱中烘焙35分钟。

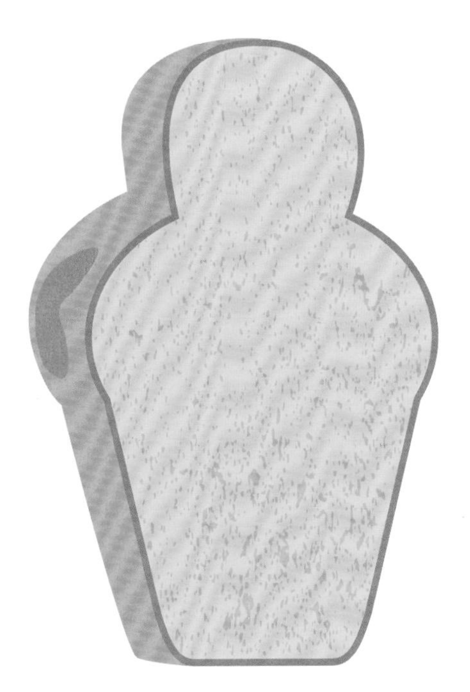

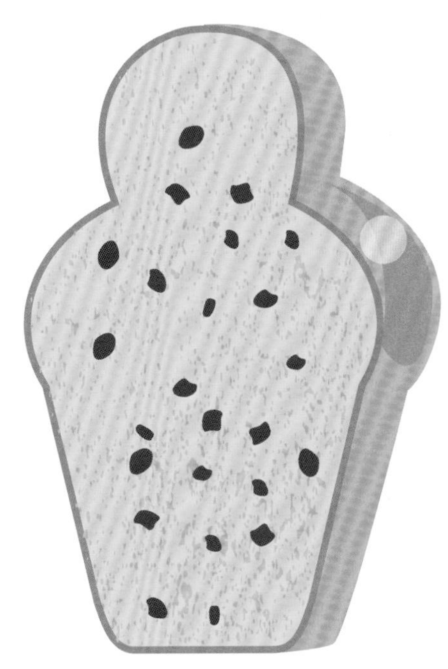

速成布里欧修面包

速成原味布里欧修面包

12克面包酵母

300毫升牛奶

400克面粉

1个鸡蛋

50克融化的黄油

20克糖

1茶匙盐

3汤匙砂糖

1. 将酵母放入少许温牛奶中，发酵5分钟。
2. 将除糖之外的所有原料在碗中混合搅拌。搅拌至混合物光滑。混合物有黏性，这是正常现象。将混合物倒入涂抹过黄油的布里欧修面包模具中。撒糖。
3. 将烤箱预热至80°C，发酵20分钟，面团膨胀。
4. 将烤箱升温至200°C，继续烘焙30～35分钟。脱模。

10分钟发酵粉速成布里欧修面包

180克鲜奶油

175克添加发酵粉的面粉

2个鸡蛋

30克糖粉

2克盐

10克黄油

1. 将面粉和鲜奶油倒入碗中，加入1个鸡蛋、糖粉和盐，混合搅拌。倒入涂抹过黄油的模具中，刷上蛋液。
2. 将烤箱预热至180°C，烘焙40～45分钟。

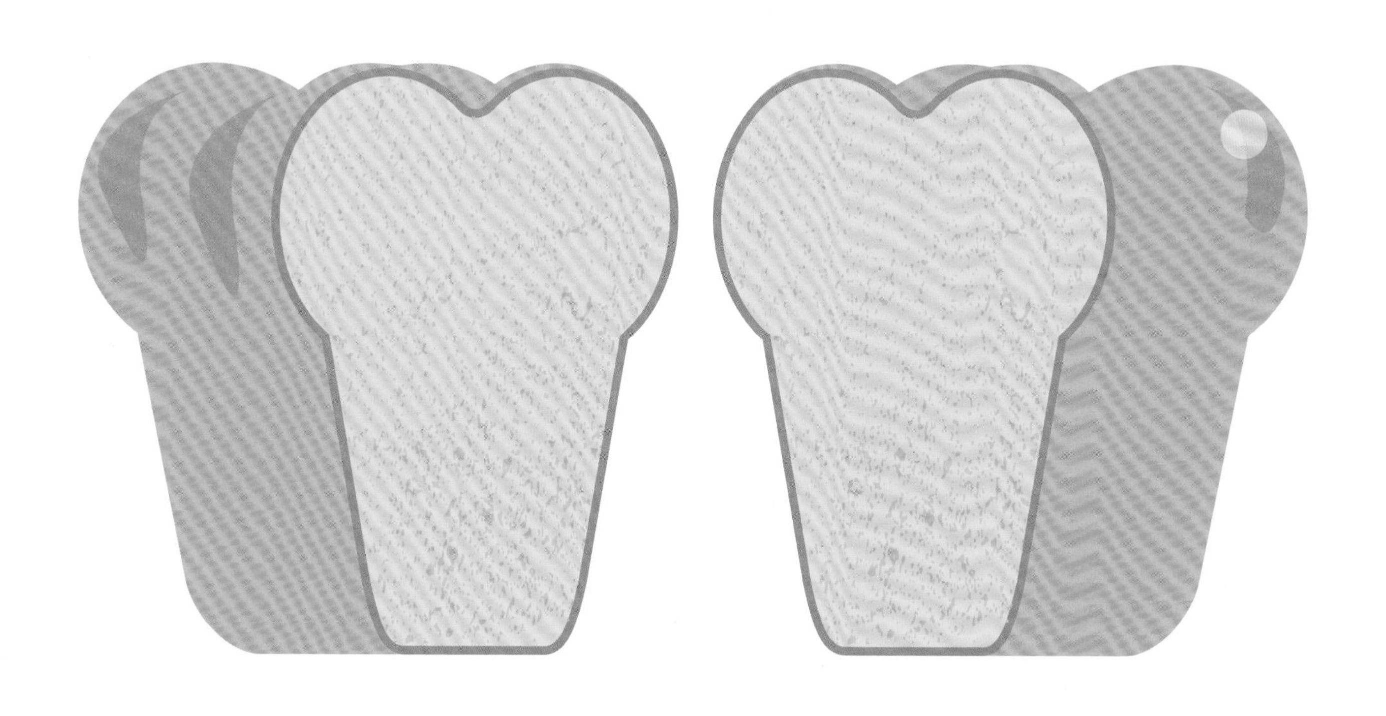

法国的布里欧修面包

葡萄干奶油面包（Cramique）

500克面粉
1袋面包酵母
1茶匙精盐
30克糖
150毫升温牛奶
80克常温黄油
100克葡萄干
1个蛋黄

1. 在碗中加入面粉、酵母、盐和糖。在揉面过程中逐步加入牛奶，直至混合物均匀。逐步加入黄油。制成面团，在温暖处静置1小时。
2. 挤出空气，加入葡萄干。
3. 放入衬有烘焙纸的烤盘中，在温暖处发酵1小时。
4. 将烤箱预热至200°C。刷上蛋黄液，烘焙40分钟。

法国圆面包（Gâche）

250克面粉
1/2袋面包酵母
2克盐
65克糖
1个鸡蛋
50毫升牛奶
2克香草籽
90克新鲜浓奶油
1汤匙朗姆酒
1汤匙橙花水
80克融化的黄油
1个蛋黄

1. 提前一天准备，将面粉、酵母、盐、糖、鸡蛋、牛奶和香草籽放入碗中，揉面。揉成面团后，放入鲜浓奶油、朗姆酒和橙花水。继续揉面，直至面团略膨胀。
2. 加入黄油，继续揉几分钟，制成面团，在温暖处发酵1小时。用手掌挤出空气，用保鲜膜包裹并冷藏一晚。
3. 将烤箱预热至200°C。制成圆面包，在衬有烘焙纸的烤盘上发酵2小时，刷上蛋黄液。用刀在圆面包中间位置划开，烘焙30分钟。

● 仅表示该甜点的主要制作地区

糖粉奶油细末面包（Streusel）

布里欧修面团+奶酥

1. 将奶酥放在布里欧修面团上。
2. 在预热至180°C的烤箱中烘焙35分钟。

国王布里欧修面包（Brioche des rois）

布里欧修面团
1个蚕豆
2汤匙杏子果酱
水果丁
糖粒

1. 可制成圆形或王冠形面包，在面团中放置蚕豆。用刀划出切口装饰。在预热至180°C的烤箱中烘焙35分钟。
2. 从烤箱中取出后，抹上热的杏子果酱。用水果丁和糖粒进行装饰。静置冷却。

圣吉尼斯布里欧修面包（Brioche de Saint-Genix）

500克面粉
100克糖
1茶匙盐
2袋面包酵母
250毫升温牛奶
6个鸡蛋
350克黄油
300克玫瑰果仁糖
1个鸡蛋

1. 将面粉、糖和盐倒入碗中。
2. 将酵母倒入温牛奶中，加入面粉。逐渐加入鸡蛋并混合均匀（可使用打蛋器）。加入黄油并用力搅拌。
3. 用湿润的布盖住容器，在温暖处发酵1小时。挤出空气并冷藏一晚。
4. 加入玫瑰果仁糖。将面团制成1～2个球，放置在衬有烘焙纸的烤盘上。在温暖处发酵2小时。刷上鸡蛋液，在预热至200°C的烤箱中烘焙30～35分钟。

圣特罗佩挞（Tarte tropézienne）

布里欧修面团
+香草卡仕达酱（请参阅第340页）
+黄油奶油（请参阅第344页）
+糖粒

1. 将布里欧修面团制成圆形，在烘焙前撒上糖粒。
2. 在圆形布里欧修面包冷却后，横切为两层。混合香草卡仕达酱和黄油奶油，抹在底层面包上，盖上另一层面包。

世界的布里欧修面包

德国蒸布里欧修面包（Dampfnudels）

250克面粉+1/2袋面包酵母+2克盐+30克糖+1个柠檬皮+1个鸡蛋+100毫升新鲜全脂牛奶+30克室温黄油+糖+6汤匙油+250毫升水

1. 将面粉倒入碗中，加入酵母、盐、糖、柠檬皮和鸡蛋。
2. 边揉边加入牛奶，将面团揉至均匀光滑。
3. 逐渐加入黄油，制成球形，在温暖处静置1小时。用潮湿的布盖住容器。将面团分成10 ~ 12个小球，然后将它们放在衬有烘焙纸的烤盘上，发酵1小时。
4. 在锅中加热油，将面球煎黄。
5. 加水，盖上锅盖并煮20分钟。放在盘子上冷却，然后撒上糖。

复活节布里欧修面包（Hot cross bun）

布里欧修面团+1茶匙四香粉+1茶匙肉桂粉+100克葡萄干+牛奶+红糖

1. 在面团中加入香料，发酵，加入葡萄干。
2. 将面团放在衬有烘焙纸的烤盘上。
3. 用刀在面团上划“十”字，在温暖处发酵1小时。在预热至180°C的烤箱中烘焙20分钟。从烤箱中取出后，涂抹牛奶和红糖。

瑞士布里欧修面包（Brioche suisse）

布里欧修面团+香草卡仕达酱（请参阅第340页）+巧克力粒+1个鸡蛋+橙花糖浆

1. 面团第一次发酵后，用保鲜膜包裹，冷藏2小时。
2. 将面团擀成30厘米宽的长方形，在下半部分涂上卡仕达酱，然后加入巧克力粒，将另一半折叠到馅料上。用擀面杖擀平，呈长方形。切出大约9厘米×15厘米的长方形。将面团放在衬有烘焙纸的烤盘上，在温暖处发酵1小时。
3. 刷上蛋液，在预热至180°C的烤箱中烘焙15分钟。从烤箱中取出，抹上橙花糖浆。

趣味创意

- 焦糖卡仕达酱（请参阅第341页）+黑巧克力
- 法式果仁糖卡仕达酱（请参阅第341页）+黑巧克力
- 柠檬卡仕达酱（请参阅第341页）+白巧克力

瓦赫兰八角布里欧修面包（Mouna）

布里欧修面团+1个柠檬皮+1个橙皮+3汤匙橙汁+1茶匙八角粉（溶于200毫升开水中）+砂糖

编织布里欧修面包（Kringel）

120毫升温牛奶+10克面包酵母+1汤匙砂糖
+300克面粉+2克盐+35克软化黄油+1个鸡蛋
馅料：40克黄油+3汤匙糖+2茶匙肉桂粉+糖粉

1. 准备酵母。将温牛奶倒入碗中，加入酵母和糖，使其发酵10分钟。
2. 将面粉、盐和切成小块的黄油倒入另一个碗中。用手指混合，直到获得沙质的混合物。将混合物与酵母和打好的鸡蛋一起倒入，用手或揉面机揉20分钟，在温暖处发酵1小时。
3. 再次揉面团以除去气体，制成球状。在案板上撒面粉，将面团擀成长方形。
4. 准备馅料。融化黄油，加入糖和肉桂粉。将馅料撒在面皮上，卷起。
5. 将面团纵向切成两半，然后编织在一起。形成王冠状，在温暖处继续发酵1小时。
6. 将烤箱预热至180°C。刷上黄油并撒上糖粉。烘焙约25分钟。冷却后品尝。

馅料创意

+巧克力粒
+玫瑰果仁糖
+巧克力酱

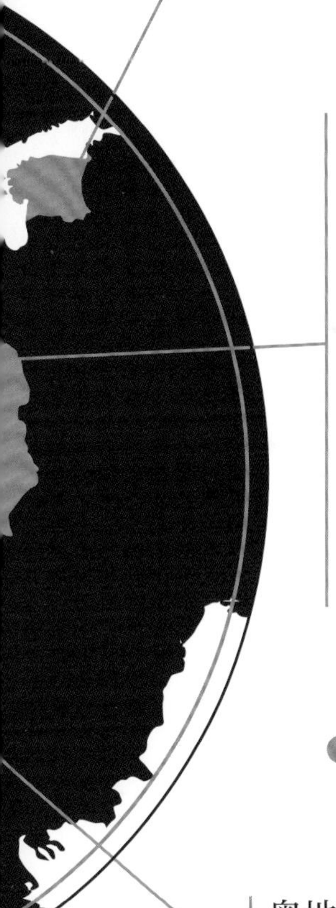

波兰布里欧修面包（Brioche polonaise）

布里欧修面团+朗姆酒糖浆+香草卡仕达酱（请参阅第340页）+果酱+意式蛋白酥（请参阅第304页）+杏仁碎

1. 制作圆形布里欧修面团。
2. 切成三片，涂抹朗姆酒糖浆。
3. 在刷果酱的一层涂抹卡仕达酱。
4. 用刮刀涂抹意式蛋白酥。
5. 用烤箱烤黄，撒杏仁碎。

趣味创意

制作迷你布里欧修面包及馅料：
- 开心果卡仕达酱（请参阅第341页）+新鲜树莓
- 巧克力卡仕达酱+橙子块
- 咖啡卡仕达酱（请参阅第341页）+朗姆酒渍香蕉

● 仅表示该甜点的主要制作地区

奥地利布里欧修面包（Strudel brioche）

布里欧修面团+3个苹果+15克黄油+50克朗姆酒渍葡萄干
+1汤匙糖+1汤匙蜂蜜+1茶匙肉桂粉+1个鸡蛋

1. 将苹果去皮，然后切成小方块。将苹果用黄油煎黄，然后加入葡萄干、糖、蜂蜜和肉桂粉。
2. 按食谱制作布里欧修面团，至第一次发酵（请参阅第244页）。
3. 将面团擀成长方形，然后在中间添加馅料。用刀将面皮切开，在顶部切成条状并编成辫子。放在衬有烘焙纸的的烤盘上，静置发酵30分钟。
4. 刷上蛋液，在预热至200°C的烤箱中烘焙30分钟。

两种经典布里欧修面包

甜面包（Chinois）

布里欧修面团+100克榛子粉+1小袋香草糖+3汤匙蜂蜜+4汤匙牛奶+30克葡萄干+50克红糖+1茶匙肉桂粉+30克黄油+糖粉+水

1. 按第244页的方法准备布里欧修面团，两次发酵后，用擀面杖将面团擀成长方形。
2. 在碗中混合榛子粉、香草糖、蜂蜜、牛奶、葡萄干、红糖和肉桂粉。
3. 在长方形面团上涂黄油，然后将榛子混合物撒在面团上。
4. 将面团卷起，并切成小块。得到蜗牛状的面团。
5. 将蜗牛状面团放在烤盘或大模具中。间隔一定距离，发酵2小时。
6. 将烤箱预热至180°C。面团表面刷黄油，烘焙约35分钟。
7. 从烤箱中取出，刷上糖粉和少许水。

替代榛子粉

核桃粉
山核桃粉
开心果粉
杏仁粉

替代葡萄干

巧克力屑
糖渍水果丁
焦糖碎
冰糖栗子碎

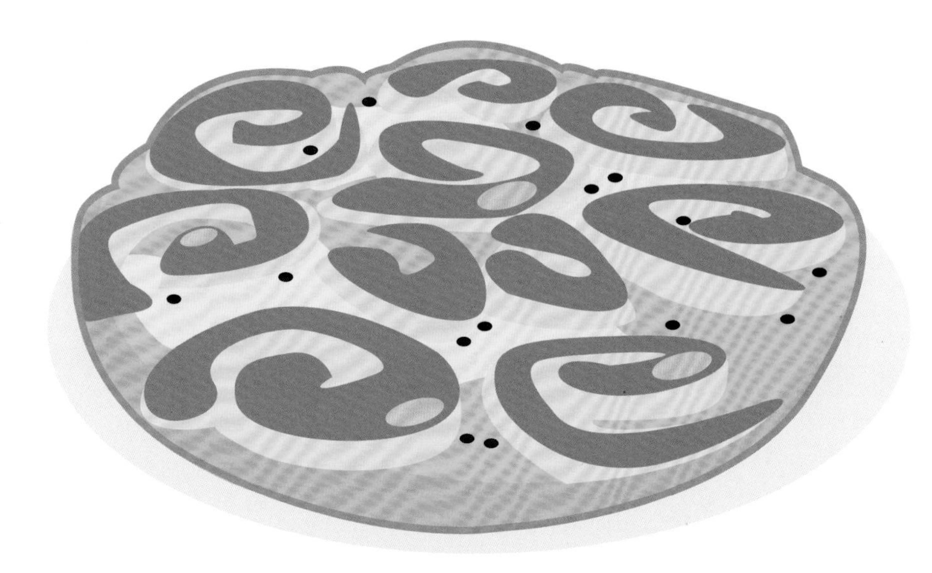

蜗牛面包（Escargot）

- 制作甜面包面团，在最后一步整个卷起，呈蜗牛状。
- 在预热至180℃的烤箱中烘焙20分钟。

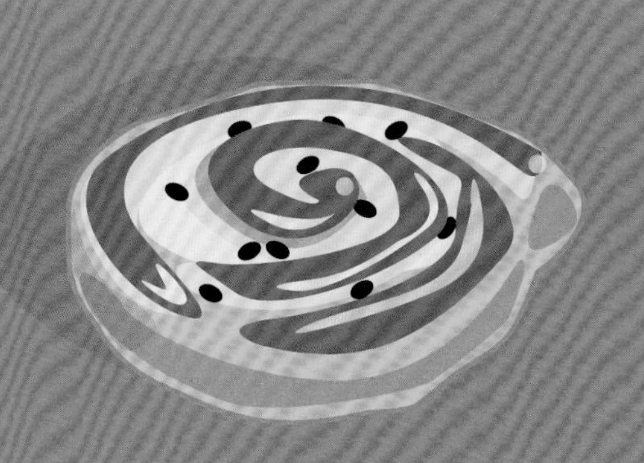

布里欧修小面包（Briochettes）

布里欧修面团+鸡蛋+糖粒

1 将面团揉成小球，刷上蛋液并撒上糖粒。
2 在预热至180°C的烤箱中烘焙20～25分钟。

趣味创意

布里欧修面团+巧克力粒
布里欧修面团+鸡蛋+热杏子果酱
布里欧修面团+鸡蛋+树莓果冻+开心果粉
布里欧修面团+鸡蛋+法式果仁糖
布里欧修面团+鸡蛋+软牛轧糖碎

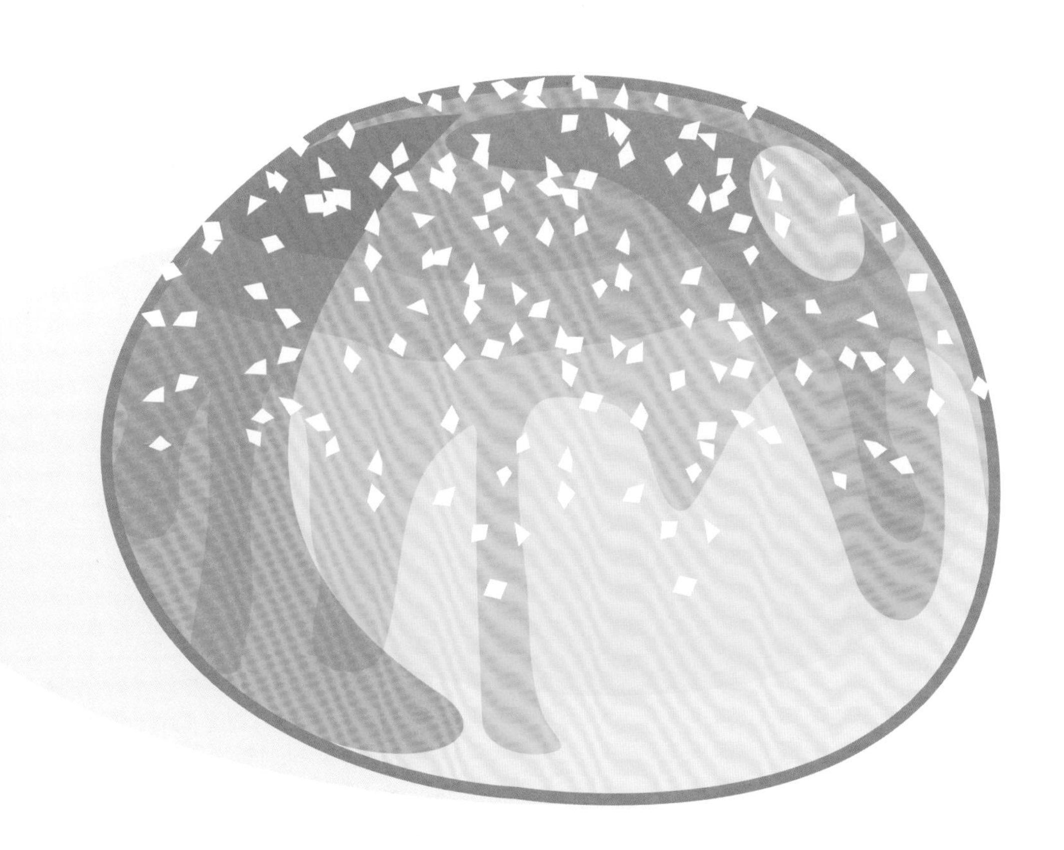

如何使用布里欧修面包余料？

请不要丢弃变硬的布里欧修面包，下面的创意能将其变为美味的甜点。

煎布里欧修面包

4片布里欧修面包+1个鸡蛋+4汤匙牛奶+2克肉桂粉
+柠檬皮+红糖+黄油

1 搅拌鸡蛋、牛奶、肉桂粉、柠檬皮和红糖。
2 将布里欧修面包片的两侧浸入混合物。
3 在平底锅中加入黄油，然后将切片煎黄。

趣味创意

鸡蛋+牛奶+香草+糖
鸡蛋+牛奶+枫糖浆+糖
鸡蛋+牛奶+橙花+糖
鸡蛋+牛奶+橙皮+糖

樱桃面包

6片布里欧修面包+400毫升鲜牛奶+120克红糖+1袋香草糖+1茶匙肉桂粉+4汤匙樱桃酒+4个鸡蛋+80克杏仁粉+1千克樱桃+黄油+红糖

1 将布里欧修面包片在沸腾的牛奶中浸泡10分钟。压碎后放入烤箱，加入红糖、香草糖、肉桂粉和樱桃酒，搅拌。
2 分离蛋清与蛋黄，加入蛋黄、杏仁粉和樱桃，充分搅拌。
3 打发蛋清，轻轻加入混合物中。
4 将烤箱预热至180°C，在模具中涂抹黄油，倒入混合物。
5 烘焙1小时。撒上红糖，待温热或冷却后食用。

趣味创意

用苹果、梨、红色浆果或杏子代替樱桃。
用朗姆酒代替樱桃酒。

朗姆酒布丁

5片布里欧修面包+125克葡萄干+4个鸡蛋+4汤匙糖+1袋香草糖
+250毫升牛奶+朗姆酒+黄油

1 在布丁或蛋糕模具上涂抹黄油。将布里欧修面包切成小块，在底部放一层布里欧修面包，然后放一层葡萄干，重复此步骤直至填满模具。
2 将鸡蛋、牛奶、糖和香草糖打入碗中。将混合物倒入模具。
3 盖上盖子并隔水加热至180°C，加热1小时。脱模，洒上朗姆酒，用明火灼烧。

趣味创意

+2个苹果切块
+2个梨子切块
+6个杏子
+李子
+蜜饯

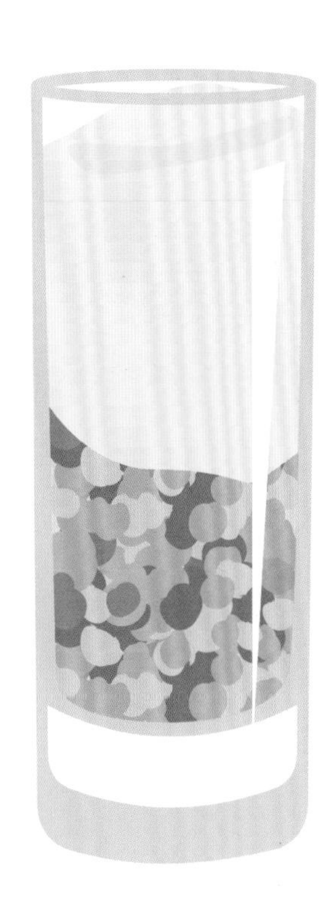

布里欧修提拉米苏蛋糕杯

布里欧修面包碎+咖啡+马斯卡彭奶酪奶油（请参阅第348页）+可可粉

布里欧修面包碎+巧克力牛奶+香草马斯卡彭奶酪奶油（请参阅第348页）+可可粉

布里欧修面包碎+杏仁利口酒+苹果果酱+马斯卡彭奶酪奶油（请参阅第348页）+肉桂粉

布里欧修面包碎+朗姆酒渍菠萝块+马斯卡彭奶酪奶油（请参阅第348页）+可可粉

布里欧修面包碎+开心果利口酒+树莓+马斯卡彭奶酪奶油（请参阅第348页）+开心果粉

布里欧修小面包块

布里欧修面包块+融化的黄油+红糖+肉桂粉

1. 将布里欧修面包切成方块，抹上黄油并撒上红糖。
2. 搅拌后放在衬有烘焙纸的烤盘上，撒上肉桂粉，在预热至200°C的烤箱烘焙15分钟，在烘焙过程中注意观察，面包块变黄即可。
3. 可与冰淇淋、果酱、奶油或白奶酪搭配食用。

香草橄榄油炸面包

布里欧修面包+橄榄油+香草糖

1. 将布里欧修面包切成条。
2. 将烤箱预热至200°C，浇上橄榄油并撒上香草糖。
3. 烘焙10分钟，然后将面包条翻面，继续烘焙10分钟。搭配冰淇淋、果酱或水果沙拉享用。

巴巴蛋糕&萨瓦兰蛋糕

Babas & savarins

朗姆酒巴巴蛋糕或萨瓦兰蛋糕是一种用发酵面团制成的糕点。
这种糕点轻盈柔软，具有朗姆酒的香味，通常搭配鲜奶油食用。
蛋糕的形状：萨瓦兰蛋糕呈圆形，中央有洞；
巴巴蛋糕呈葡萄酒瓶塞状。

基本食谱

制作1个萨瓦兰蛋糕 • 准备时间：20分钟 • 烘焙时间：较大的萨瓦兰蛋糕烘焙20分钟/较小的萨瓦兰蛋糕烘焙10分钟/巴巴蛋糕烘焙5～8分钟 • 静置时间：2小时

制作面团

- 500克面粉
- 10克盐
- 25克糖
- 15克新鲜酵母
- 5个鸡蛋
- 150克融化的淡黄油

制作糖浆

- 500克糖
- 500毫升水
- 300毫升朗姆酒

摆盘

- 温热的杏子果酱

1. 将面粉、盐和糖倒入碗中。将酵母捏碎放入碗中，加入3汤匙温水，搅拌。
2. 将酵母倒入混合物中，用打蛋器或手掌揉和面团。
3. 将鸡蛋制成煎蛋，加入混合物中。继续揉和面团，直至面团均匀光滑。在温热处静置1小时30分钟，直到面团体积翻倍。
4. 然后加入温热的融化黄油，搅拌直至完全吸收。在蛋糕模具上涂抹黄油，倒入面团，使其发酵约30分钟。
5. 将烤箱预热至180°C，较大的蛋糕烘焙20分钟，较小的蛋糕烘焙10分钟，在烘焙过程中注意观察，巴巴蛋糕需良好着色。
6. 准备糖浆。将糖和水倒入锅中，煮2～3分钟。倒入朗姆酒，离火。将糖浆浇在从烤箱中取出的萨瓦兰蛋糕上，冷却。用刷子刷上温热的杏子果酱。在烤架上冷却，然后在中心处点缀尚蒂伊鲜奶油（请参阅第342页）。

建议和窍门

- 制作巴巴蛋糕时，将面团放在模具中烘焙5～8分钟。将巴巴蛋糕浸入朗姆酒糖浆，在烤架上冷却。

糖浆的制作原则

- 使用等重量的水和糖。
- 将水和糖倒入锅中，煮沸。
- 糖溶化后离火，冷却。
- 加入香精或香料。
- 使用前过滤糖浆或取出香料。

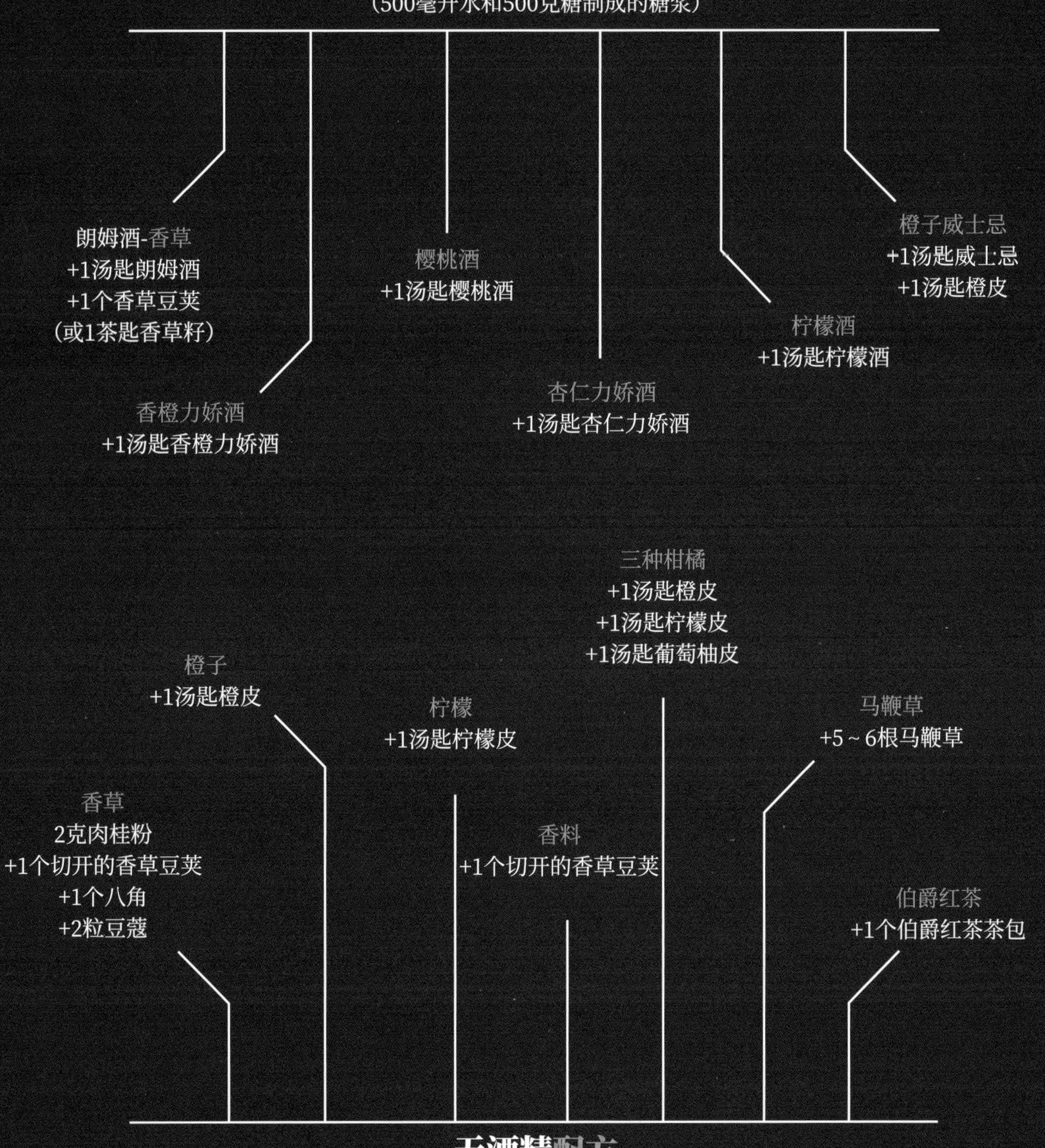
含酒精配方
（500毫升水和500克糖制成的糖浆）
朗姆酒-香草
+1汤匙朗姆酒
+1个香草豆荚
（或1茶匙香草籽）
香橙力娇酒
+1汤匙香橙力娇酒
樱桃酒
+1汤匙樱桃酒
杏仁力娇酒
+1汤匙杏仁力娇酒
柠檬酒
+1汤匙柠檬酒
橙子威士忌
+1汤匙威士忌
+1汤匙橙皮
三种柑橘
+1汤匙橙皮
+1汤匙柠檬皮
+1汤匙葡萄柚皮
橙子
+1汤匙橙皮
柠檬
+1汤匙柠檬皮
马鞭草
+5～6根马鞭草
香草
2克肉桂粉
+1个切开的香草豆荚
+1个八角
+2粒豆蔻
香料
+1个切开的香草豆荚
伯爵红茶
+1个伯爵红茶茶包
无酒精配方
（500毫升水和500克糖制成的糖浆）

速成朗姆酒巴巴蛋糕和萨瓦兰蛋糕

3个鸡蛋+60克糖+2汤匙温牛奶+130克面粉
+1袋发酵粉+2克盐+用于涂抹模具的黄油
制作糖浆：200克糖+120毫升朗姆酒

1 分离蛋清和蛋黄并分别放入2个碗中。搅打蛋黄和糖，直至打发。倒入牛奶、面粉和发酵粉，充分搅拌。
2 在蛋清中加入盐，打发，轻轻倒入混合物中。在萨瓦兰蛋糕模具中涂黄油，倒入混合物。
3 将烤箱预热至180°C并烘焙20分钟。
4 加热糖和水，煮沸3分钟，加入朗姆酒，离火。将糖浆倒在从烤箱中取出的蛋糕上，待蛋糕浸透糖浆后脱模。

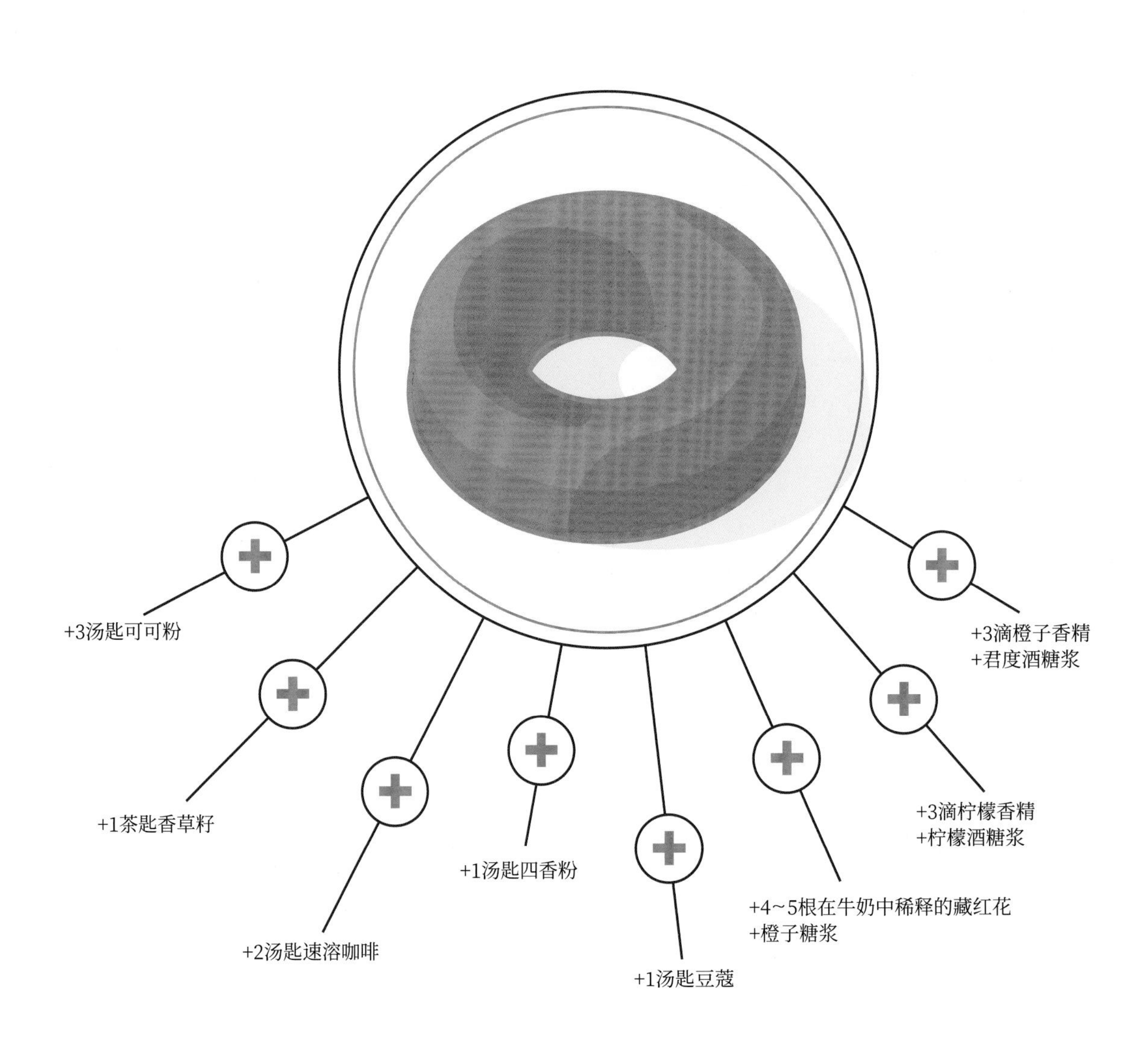

法兰多拉萨瓦兰蛋糕

萨瓦兰蛋糕
+樱桃酒糖浆
（请参阅第259页）
+ 红色浆果
+甘草尚蒂伊鲜奶油
（请参阅第343页）

萨瓦兰蛋糕
+香橙力娇酒糖浆
（请参阅第259页）
+菠萝丁
+椰子丁
+甘草尚蒂伊鲜奶油
（请参阅第343页）

萨瓦兰蛋糕
+朗姆酒-香草糖浆
（请参阅第259页）
+苹果果泥
（请参阅第366页）
+尚蒂伊鲜奶油
（请参阅第342页）

萨瓦兰蛋糕
+梨子果酱
（请参阅第367页）
+巧克力尚蒂伊鲜奶油

萨瓦兰蛋糕
+橙子糖浆
（请参阅第259页）
+巧克力慕斯
（请参阅第326页）
+顿加豆尚蒂伊鲜奶油

萨瓦兰蛋糕
+朗姆酒-香草糖浆
（请参阅第259页）
+栗子冰淇淋
+尚蒂伊鲜奶油
（请参阅第342页）

萨瓦兰蛋糕
+香料糖浆
（请参阅第259页）
+芒果雪葩
+百香果尚蒂伊鲜奶油

萨瓦兰蛋糕
+柠檬糖浆
（请参阅第259页）
+冬季水果沙拉
+尚蒂伊鲜奶油
（请参阅第342页）

巴巴蛋糕杯

瓶装或罐装巴巴蛋糕

巴巴蛋糕 + 朗姆酒 - 香草糖浆（请参阅第 259 页）

1. 将巴巴蛋糕放入果酱罐中。
2. 倒入煮沸的糖浆并封口。
3. 等待 5 分钟，待巴巴蛋糕浸透糖浆后，继续倒入少许糖浆，封口。

配咖啡的巴巴蛋糕创意组合

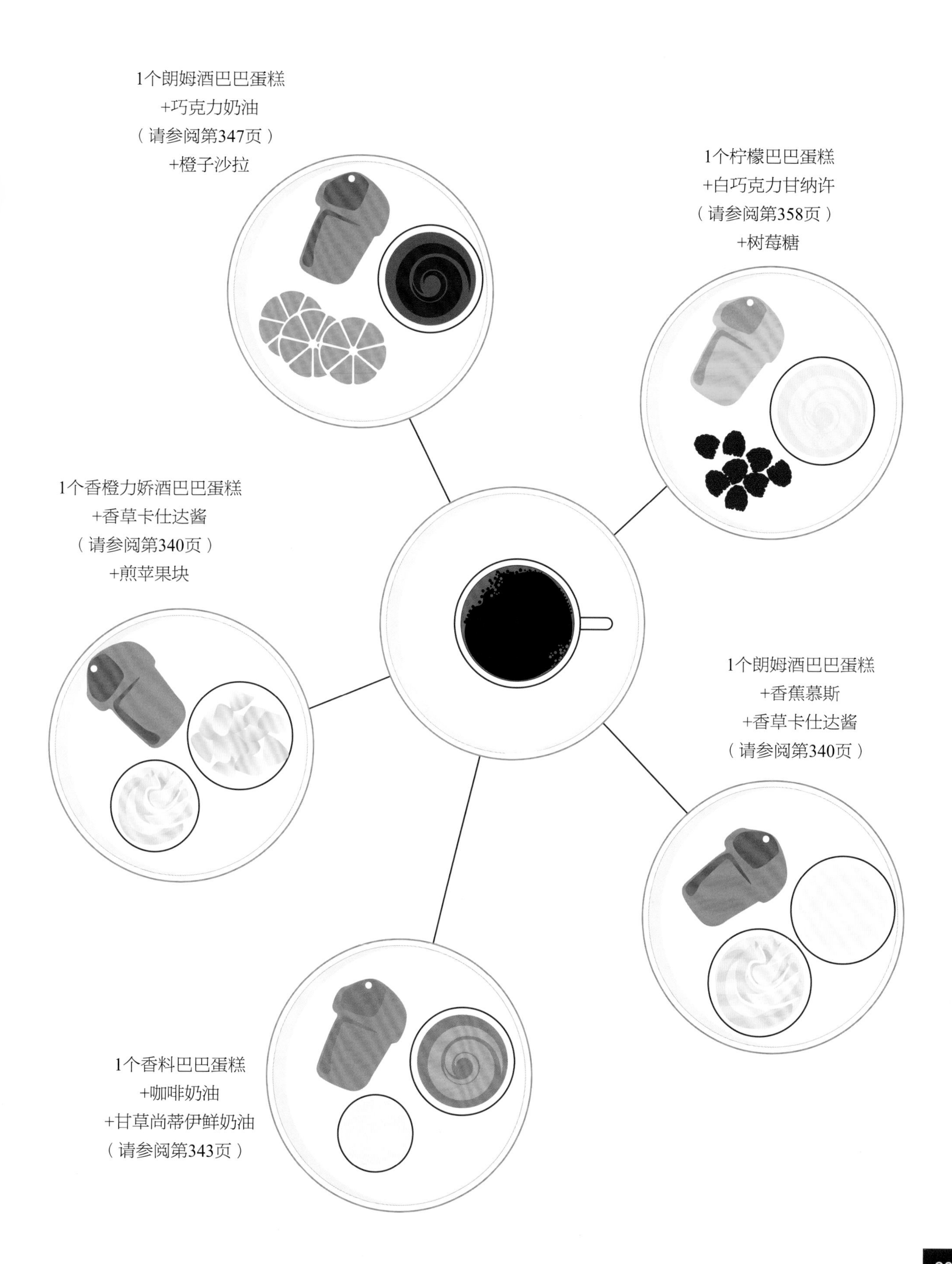

用于浸渍的巴巴蛋糕小串

巴巴蛋糕小串适宜作为餐前甜点。
可以参考以下蛋糕串创意示例，也可以发挥自己的创意，加入自己喜欢的食材。

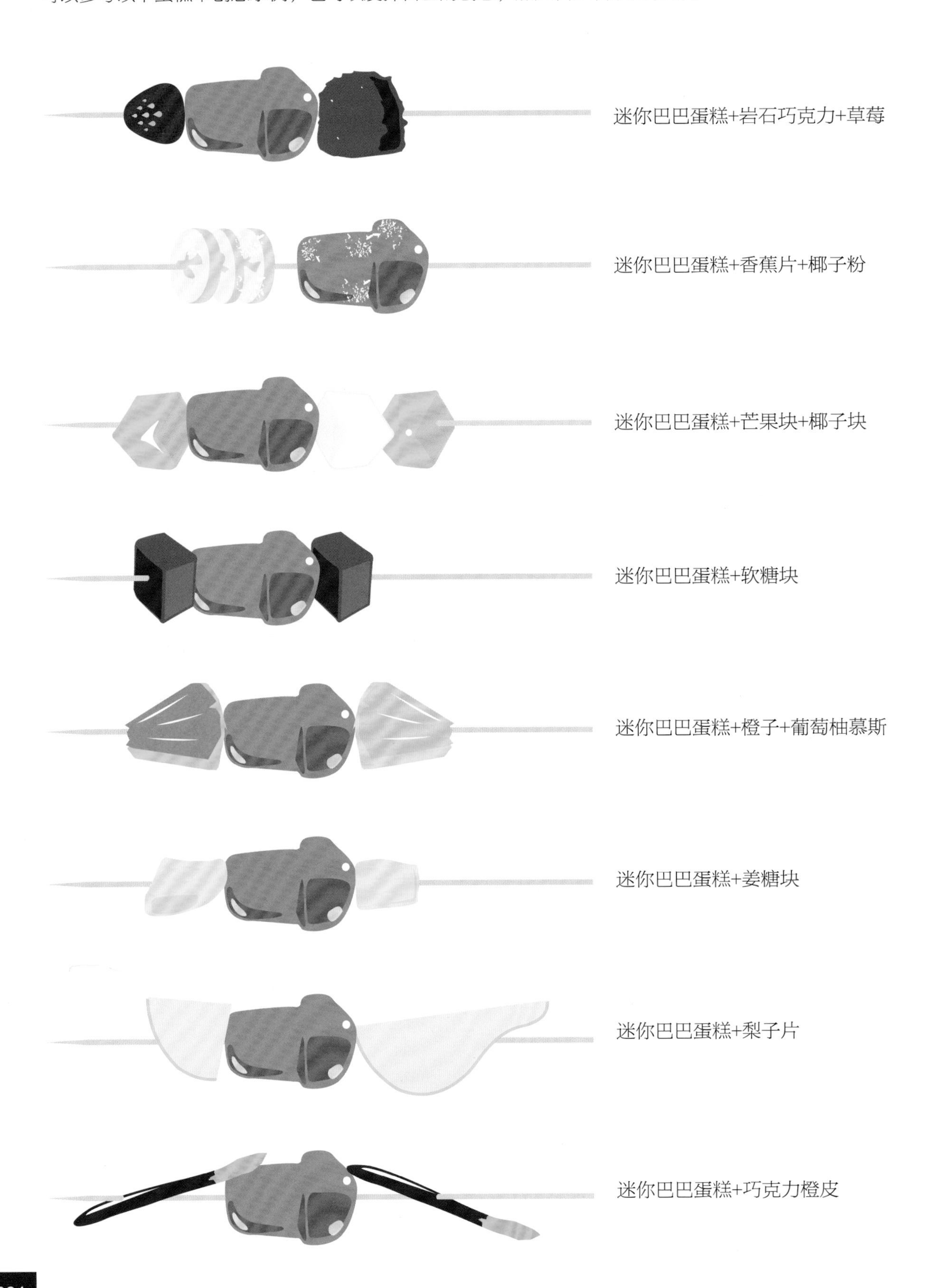

浸入

尚蒂伊鲜奶油（请参阅第342页）

焦糖

巧克力慕斯（请参阅第326页）

咖啡马斯卡彭奶酪奶油

香草卡仕达酱（请参阅第340页）

自制果酱（请参阅第367页）

草莓慕斯（请参阅第328页）

法式果仁酱甘纳许

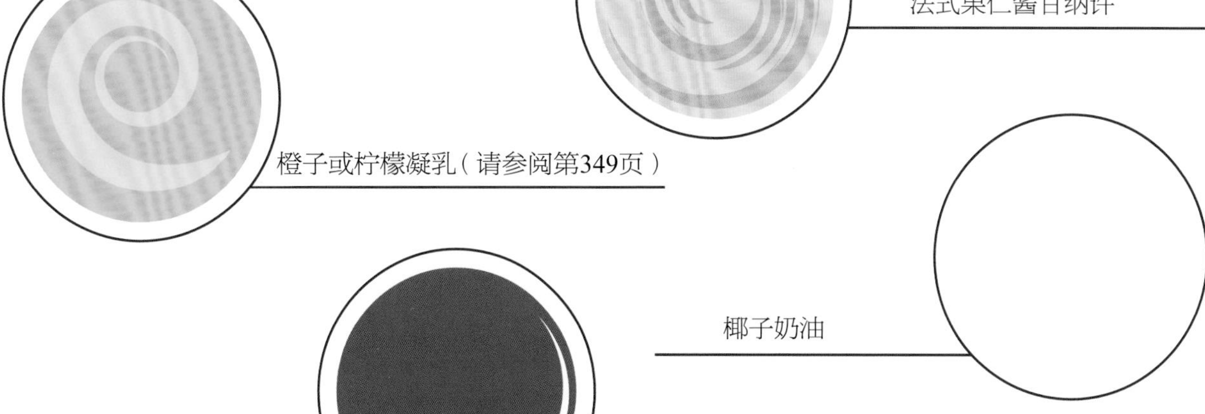

融化的巧克力

可丽饼面团

Pâte à crêpes

可丽饼是由牛奶、小麦面粉和鸡蛋制成的薄圆煎饼。
可丽饼通常是甜的，直接食用或搭配黄油和少量糖一起食用。
为使可丽饼更美味，可以搭配果酱、涂抹酱、糖渍水果和可可粉。

基本食谱

制作20张可丽饼 • 准备时间：10分钟 • 静置时间：1小时 • 烘焙时间：30分钟

- 50克黄油
- 250克面粉
- 1汤匙糖
- 3个鸡蛋
- 500毫升牛奶

1. 在锅中小火融化黄油。
2. 将面粉、糖和鸡蛋倒入碗中，逐渐加入牛奶，用电动打蛋器搅拌，搅拌均匀后倒入融化的黄油。
3. 用保鲜膜包裹，冷藏1小时。
4. 在平底锅中抹油，然后倒入一点面糊。几分钟后翻面，待可丽饼变黄。翻面，直到煎饼成形。

衍生食谱

啤酒食谱：250克面粉+500毫升啤酒+2个鸡蛋+40克融化的黄油+一小撮盐。
椰子粉食谱：用250克椰子粉+50克椰子油代替面粉和黄油。
蜂蜜食谱：用1汤匙蜂蜜代替糖。
枫糖浆食谱：用1汤匙枫糖浆代替糖。
咸黄油食谱：用50克咸黄油代替黄油。
无麸质食谱：200克玉米淀粉+250毫升牛奶+1汤匙糖+4个鸡蛋。
无鸡蛋食谱：250克面粉+500毫升牛奶+2袋香草糖+50克黄油。
素食食谱：125克T45型面粉+40克淀粉+500毫升豆奶+200毫升水+2汤匙葡萄籽油+一小撮盐。

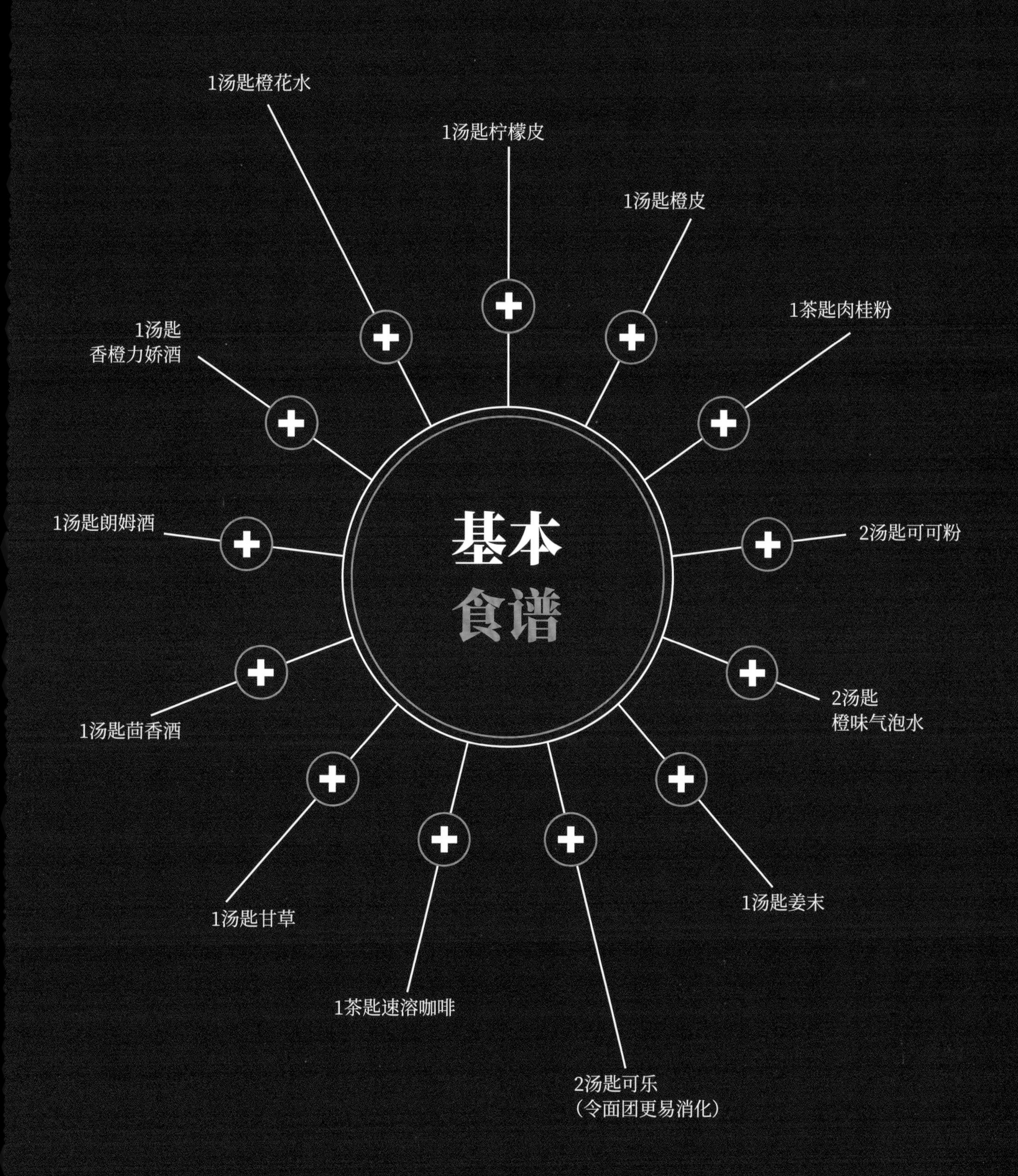

1汤匙橙花水
1汤匙柠檬皮
1汤匙橙皮
1茶匙肉桂粉
1汤匙
香橙力娇酒
基本
食谱
1汤匙朗姆酒
2汤匙可可粉
2汤匙
橙味气泡水
1汤匙茴香酒
1汤匙甘草
1汤匙姜末
1茶匙速溶咖啡
2汤匙可乐
（令面团更易消化）

可丽饼的折叠方法

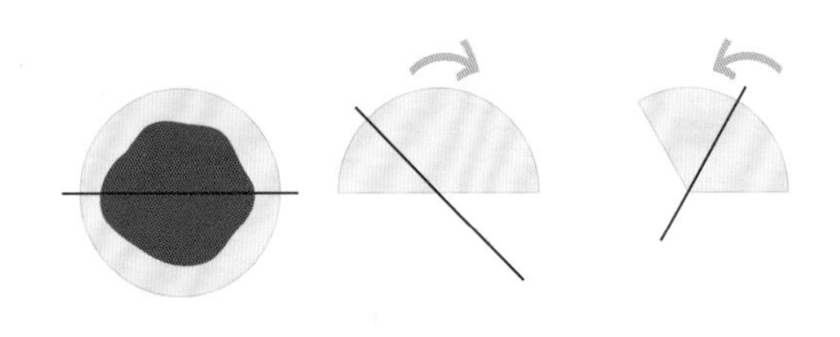

三角形：先分两份对折，然后分三份折叠，获得三角形的可丽饼。

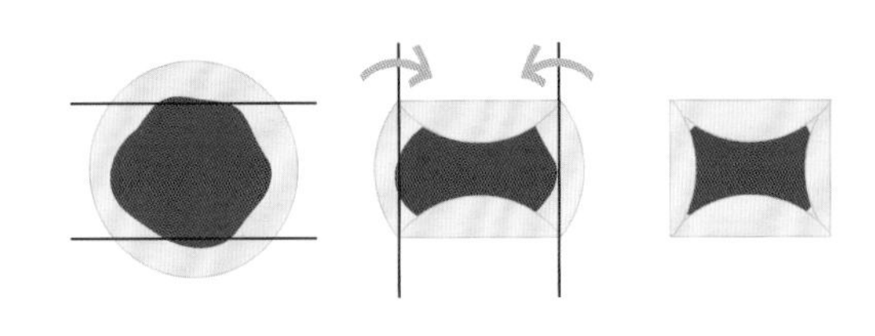

长方形：叠起四边，露出中间位置的温热馅料。

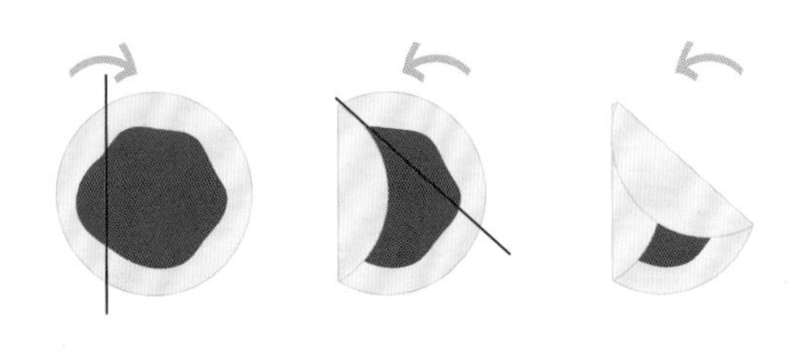

双层：用一边盖住可丽饼的一边，叠上另一边。

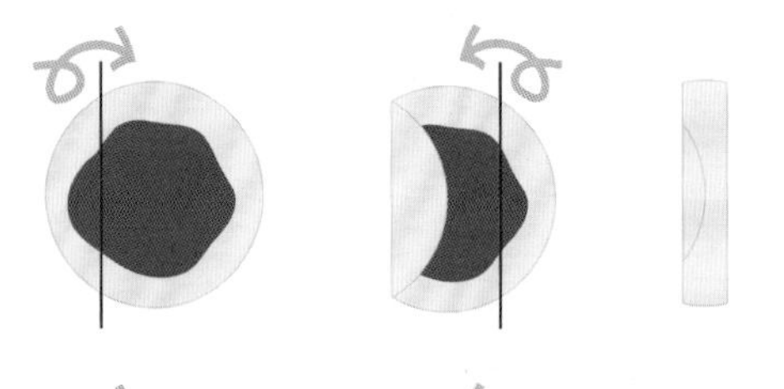

卷筒：将可丽饼卷起。

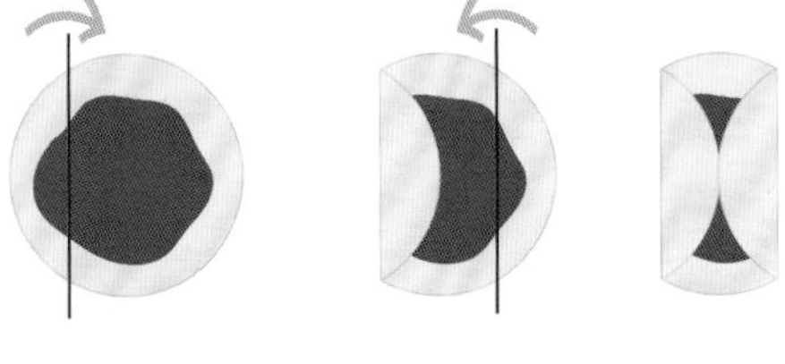

拖鞋：将两边向中间折叠。

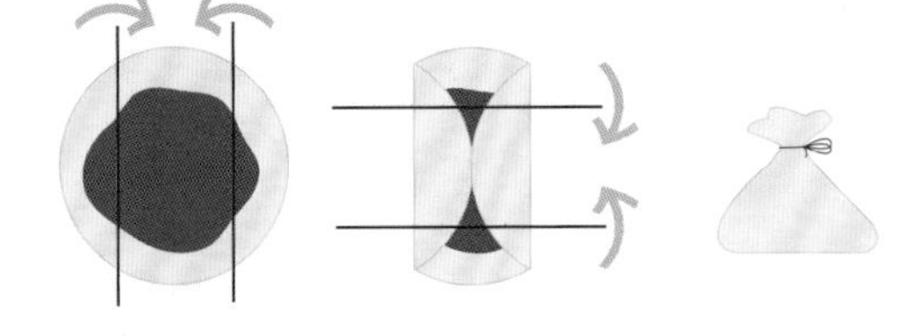

钱袋：将两边向中间折叠，另两边在中间位置系起。

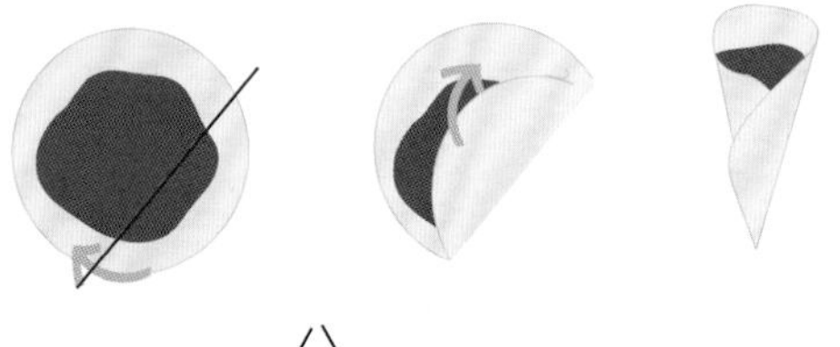

号角：将可丽饼卷成锥形。

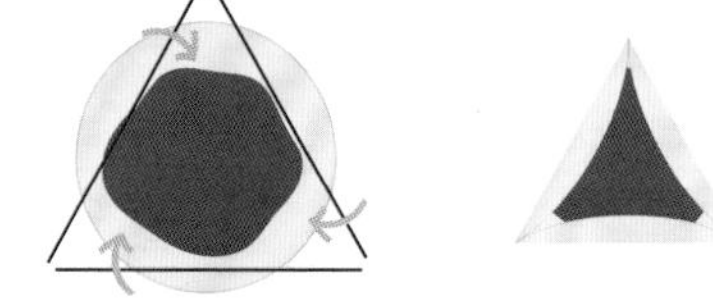

三角：将可丽饼的三边向中间折叠。

馅料创意

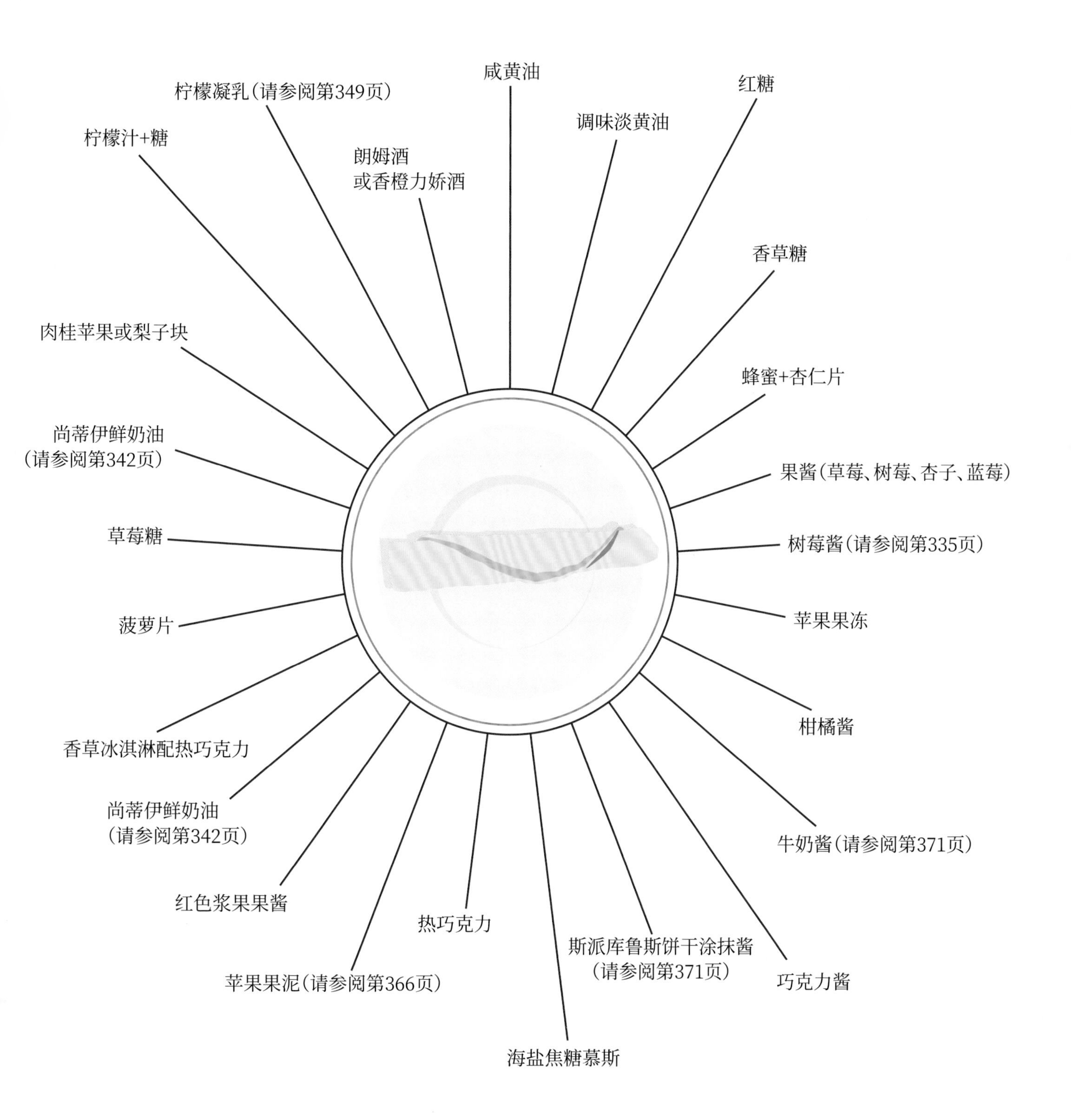

咸黄油
红糖
柠檬凝乳（请参阅第349页）
调味淡黄油
柠檬汁+糖
朗姆酒
或香橙力娇酒
香草糖
肉桂苹果或梨子块
蜂蜜+杏仁片
尚蒂伊鲜奶油
（请参阅第342页）
果酱（草莓、树莓、杏子、蓝莓）
草莓糖
树莓酱（请参阅第335页）
菠萝片
苹果果冻
柑橘酱
香草冰淇淋配热巧克力
尚蒂伊鲜奶油
（请参阅第342页）
牛奶酱（请参阅第371页）
红色浆果果酱
热巧克力
斯派库鲁斯饼干涂抹酱
（请参阅第371页）
苹果果泥（请参阅第366页）
巧克力酱
海盐焦糖慕斯

可丽饼店的馅料配方大揭秘

可参考如下馅料搭配，制作出美味而富有创意的可丽饼。

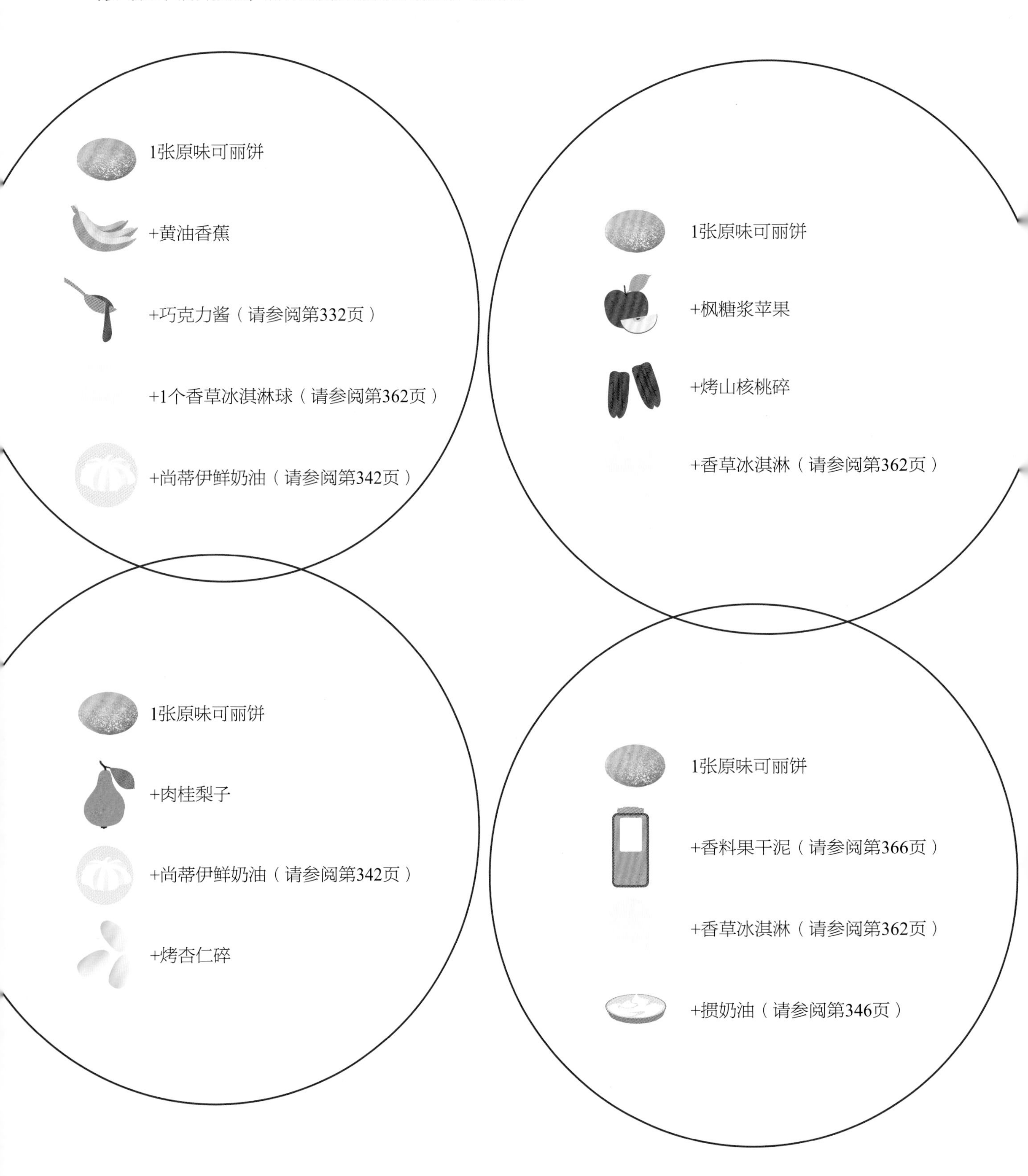

1张原味可丽饼

+栗子酱

+黑巧克力雪葩（请参阅第363页）

+浓鲜奶油

+柑橘皮

1张原味可丽饼

+黑巧克力甘纳许（请参阅第358页）

+苦橙果酱（请参阅第367页）

+香橙力娇酒

1张原味可丽饼

+红色浆果果酱（请参阅第335页）

+草莓

+草莓雪葩（请参阅第363页）

+尚蒂伊鲜奶油（请参阅第342页）

1张原味可丽饼

+香草卡仕达酱（请参阅第340页）

+肉桂杏子果泥

+烤开心果

1张原味可丽饼

+橙子片

+黑巧克力慕斯（请参阅第326页）

1张原味可丽饼

+百香果果酱（请参阅第335页）

+热带水果沙拉

+朗姆酒尚蒂伊鲜奶油

可丽饼还能做什么？

可丽饼可与糖或其他馅料搭配食用，但也可以用于制作更精致的甜点。

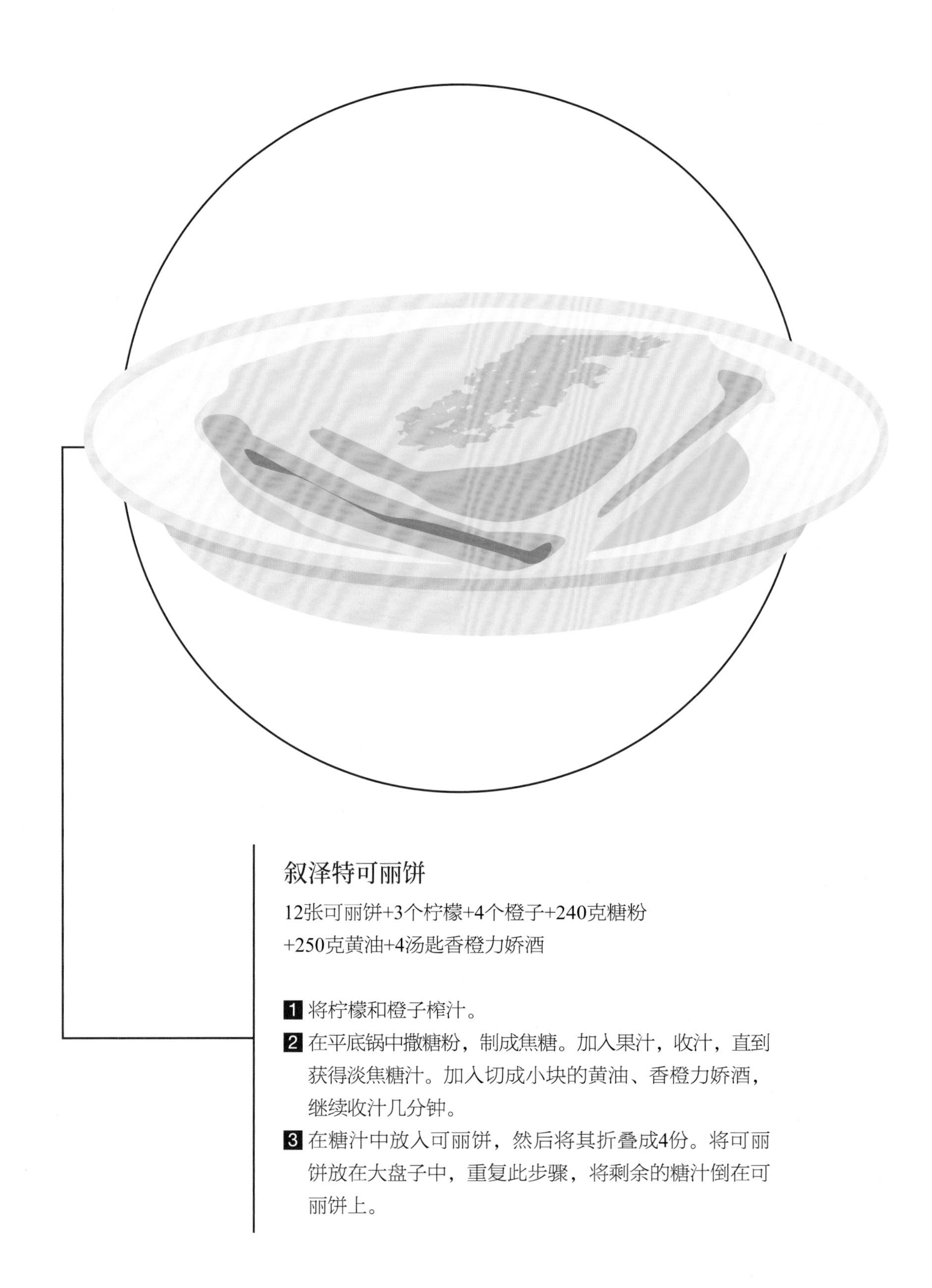

叙泽特可丽饼

12张可丽饼+3个柠檬+4个橙子+240克糖粉
+250克黄油+4汤匙香橙力娇酒

1. 将柠檬和橙子榨汁。
2. 在平底锅中撒糖粉，制成焦糖。加入果汁，收汁，直到获得淡焦糖汁。加入切成小块的黄油、香橙力娇酒，继续收汁几分钟。
3. 在糖汁中放入可丽饼，然后将其折叠成4份。将可丽饼放在大盘子中，重复此步骤，将剩余的糖汁倒在可丽饼上。

可丽饼烤蛋糕

20张可丽饼+柠檬凝乳（请参阅第349页）+树莓果酱（请参阅第335页）

1. 将可丽饼放入模具中，刷上柠檬凝乳，直至模具填满。
2. 在预热至180°C的烤箱中烘焙20分钟，搭配树莓果酱享用。

可丽饼蛋糕

20张可丽饼+自选口味奶油+糖粉

1. 将可丽饼放入模具中，刷上奶油。
2. 最后放一层可丽饼，撒上糖粉。直接食用或冷藏保存。

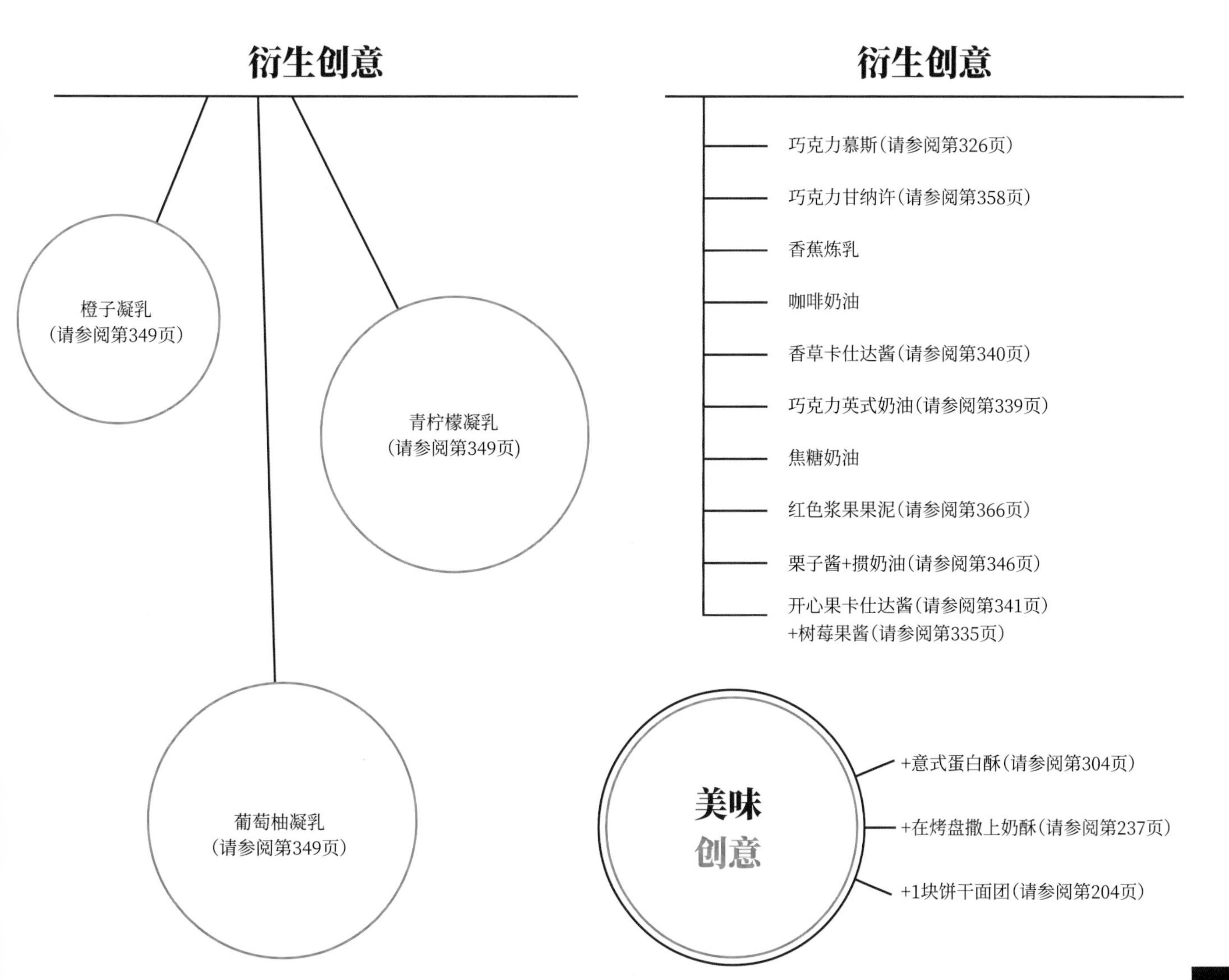

世界的可丽饼

每个国家都有自己的可丽饼！这些厚度不一的饼点缀着全球的餐桌，有的充当早餐，有的用于晚餐，还有的则作为甜点。让我们来看看几种不同的可丽饼。

英国烤面饼（Crumpets）

制作10个英国烤面饼

5克面包酵母+300毫升水+250克面粉+1/2袋发酵粉+10毫升牛奶+1茶匙盐

1. 将酵母倒入温水中发酵10分钟。在碗中倒入面粉和发酵粉，静置片刻，倒入酵母水。倒入牛奶和盐，混合搅拌直至面团均匀光滑。
2. 加热平底锅，放入圆形的黄油蛋糕模具，加面团至模具四分之三处。继续加热，直至出现气泡。取下模具，将蛋糕翻面，继续加热几分钟。
3. 以同样方法制作其他蛋糕。趁热享用。

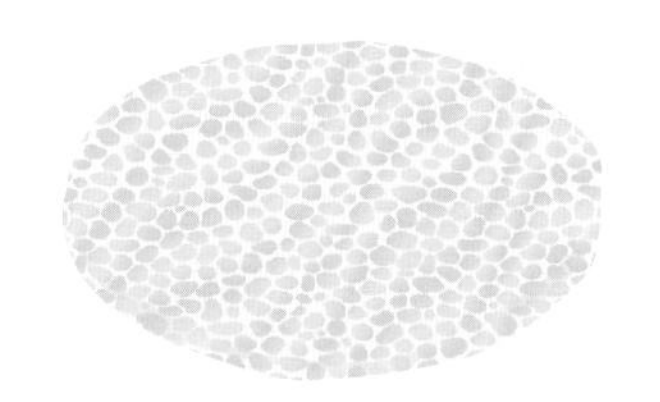

摩洛哥煎饼（Baghrirs）

制作15个摩洛哥煎饼

500克细玉米粉+1茶匙盐+1袋面包酵母+2汤匙糖+1袋香草糖+3个鸡蛋+500毫升温牛奶

1. 将玉米粉和盐倒入碗中。
2. 将酵母、糖与香草糖倒入少许温水中，发酵10分钟。将混合物倒入玉米粉中，加入鸡蛋和牛奶，搅拌过程中逐渐加入水，令面团渐渐变得紧实黏稠。用保鲜膜包裹面团，静置2小时，直至面团体积膨胀一倍。
3. 用长柄勺将面糊倒入平底锅中，加热，直至饼上出现小孔。上桌前撒糖。

美式松饼（Pancakes）

制作15个松饼

250克加发酵粉的面粉+75克糖+1袋香草糖+一小撮盐+2个鸡蛋+50克融化的黄油+400毫升牛奶+枫糖浆

1. 将面粉倒入大碗中。加入糖、香草糖和盐。混合搅拌。加入鸡蛋、融化的黄油并在液体混合物中逐渐加入牛奶，直至获得均匀的混合物。
2. 加热平底锅，倒入半汤匙面糊。加热几分钟，待气泡凝固，将松饼翻面，继续加热2～3分钟。浇上枫糖浆即可。

仅表示该甜点的主要制作地区

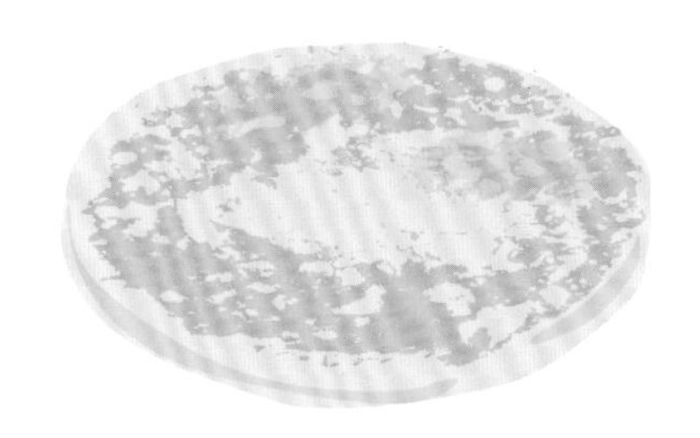

瑞典薄饼（Plättar）

制作10个瑞典薄饼

3个鸡蛋+500毫升牛奶+150克面粉+1大撮盐+90克融化的黄油

1 将鸡蛋打入碗中，然后加入一半的牛奶搅打。将面粉和盐倒入碗中，搅拌直至混合物均匀。倒入牛奶和融化的黄油。

2 将面糊倒入平底锅中，双面加热。

俄罗斯软饼（Blinis）

制作10～12个俄罗斯软饼

250克面粉+1袋面包酵母+2克盐+250毫升温牛奶+2个鸡蛋

1 将面粉、酵母和盐倒入碗中，加入牛奶并搅拌，置于温暖处发酵1小时。

2 分离蛋清和蛋黄。将蛋黄打入面糊中，继续在温暖处发酵1小时。

3 打发蛋清，轻轻加入混合物中。将面糊倒入平底锅中，加热几分钟，直到气泡凝固。然后将饼翻面，继续加热几分钟。

印度米饼（Kallappam）

制作12个印度米饼，需提前一晚准备

260克米粉+125毫升水+10克面包酵母+150克椰子粉+50克糖+一小撮盐+450毫升水+1茶匙油

1 在碗中将10克米粉与水混合，然后全部倒入锅中。加热至沸腾，在加热过程中不断搅拌，留存备用。用少许水溶化酵母。

2 将剩余的米粉、椰子粉、糖和盐倒入碗中。加入之前未变凉的混合物，倒入酵母和其余的水，充分搅拌。盖上保鲜膜，冷藏一晚。

3 次日，如面糊太厚，可适量加入水。倒入加油的平底锅中，小火加热米饼的两面。

关于可丽饼的其他创意

以下是一些可丽饼摆盘和调味的奇思妙想。

可丽饼面条

4张可丽饼+香草英式奶油（请参阅第338页）

1 用剪刀将可丽饼剪成细面条，摆放在盘中。

2 浇上香草英式奶油。

衍生创意

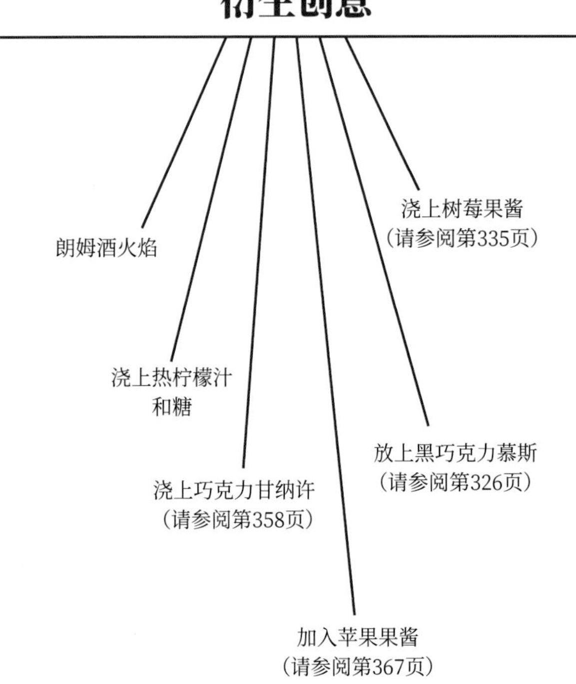

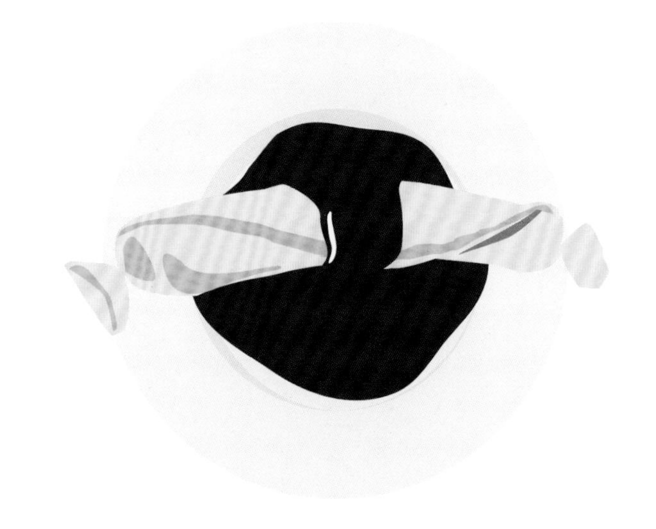

香蕉可丽饼糖果配巧克力酱

4张可丽饼+4根香蕉+巧克力酱（请参阅第332页）

1 用可丽饼卷起香蕉，切掉香蕉两端。用厨用线扎紧两端，制成糖果形。按同样的方法处理其他可丽饼。

2 放在烤盘上，在预热至180°C的烤箱中烘焙20分钟。

3 浇上热巧克力酱。

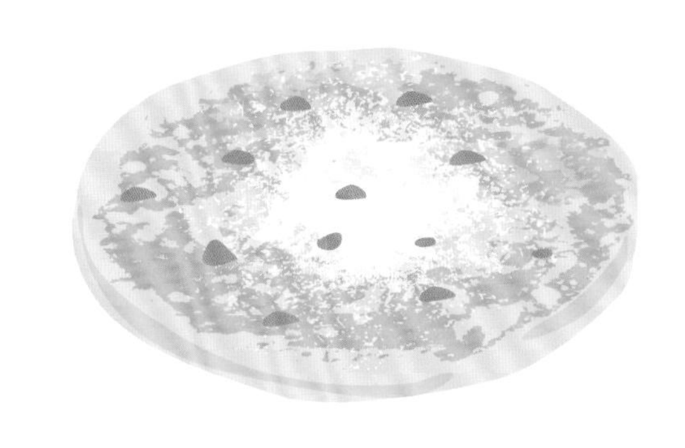

速成平底锅蛋糕

1/2张可丽饼面糊+水果+黄油+糖

1. 将水果切成小块，倒入加入少许黄油的平底锅中。
2. 加入可丽饼面糊，待其凝固后翻面。继续加热，直到获得更厚的面团。撒糖后品尝。

可丽饼卷串浸融化的巧克力

15张可丽饼+木扦+融化的巧克力

1. 将每张可丽饼卷成等大的3个卷。
2. 穿上木扦，然后浸入融化的巧克力中。

衍生创意

- 6个朗姆酒烧苹果
- 6个梨+100克巧克力片+咸黄油
- 200克红色浆果+1茶匙香草籽
- 5个香蕉切片+1撮豆蔻粉
- 3个芒果切块+2汤匙椰子粉
- 200克无核黑樱桃
- 200克菠萝丁+2汤匙椰子粉
- 12个杏子
- 150克杏干+1茶匙抹茶
- 150克李子+2汤匙朗姆酒

华夫饼面团

Pâte à gaufres

华夫饼是以鸡蛋、牛奶和面粉为原料的松软点心。
华夫饼表层酥脆，内部柔软。
这种点心用华夫饼模具制成，即两面为蜂窝状的金属模具。
华夫饼是一种节庆食品，也是常见的街头小吃。
撒上糖粉，便会制成美味的华夫饼。

基本食谱

制作5～6个华夫饼 • 准备时间：10分钟 • 静置时间：30分钟 • 烘焙时间：4～5分钟

- 250克面粉
- 1袋发酵粉
- 30克糖
- 2个鸡蛋
- 500毫升牛奶
- 60克融化的黄油
- 一小撮盐

1. 将面粉、发酵粉和糖倒入碗中。
2. 加入打好的鸡蛋，搅拌均匀。
3. 逐渐加入牛奶、融化的黄油和盐，冷藏静置30分钟。
4. 加热华夫饼模具，刷上黄油，然后倒入面糊，合上模具并加热几分钟。

衍生食谱

佛手柑食谱：在牛奶中加入一袋伯爵红茶。
栗子粉食谱：用125克栗子粉和125克面粉代替面粉。
人造黄油食谱：用人造黄油代替黄油。
马鞭草食谱：将马鞭草叶子放入250毫升水和250毫升牛奶中。
油食谱：用橄榄油、葡萄籽油、椰子油或葵花籽油代替黄油。
咸黄油食谱：用咸黄油代替黄油。
杏仁奶食谱：用杏仁奶代替牛奶。
椰子奶食谱：用椰子奶代替牛奶。
有机食谱：自选有机面粉+有机鸡蛋+有机黄油+有机鲜牛奶。
全麦食谱：用150克面粉+125克全麦面粉代替面粉。
轻食食谱，版本1：用等量的玉米淀粉代替面粉。
轻食食谱，版本2：用等量的水代替牛奶。
无麸质食谱：用250克米粉代替面粉。
素食食谱：用豆浆代替牛奶，用人造黄油代替黄油，用红糖代替糖，并去掉鸡蛋。

趣味创意

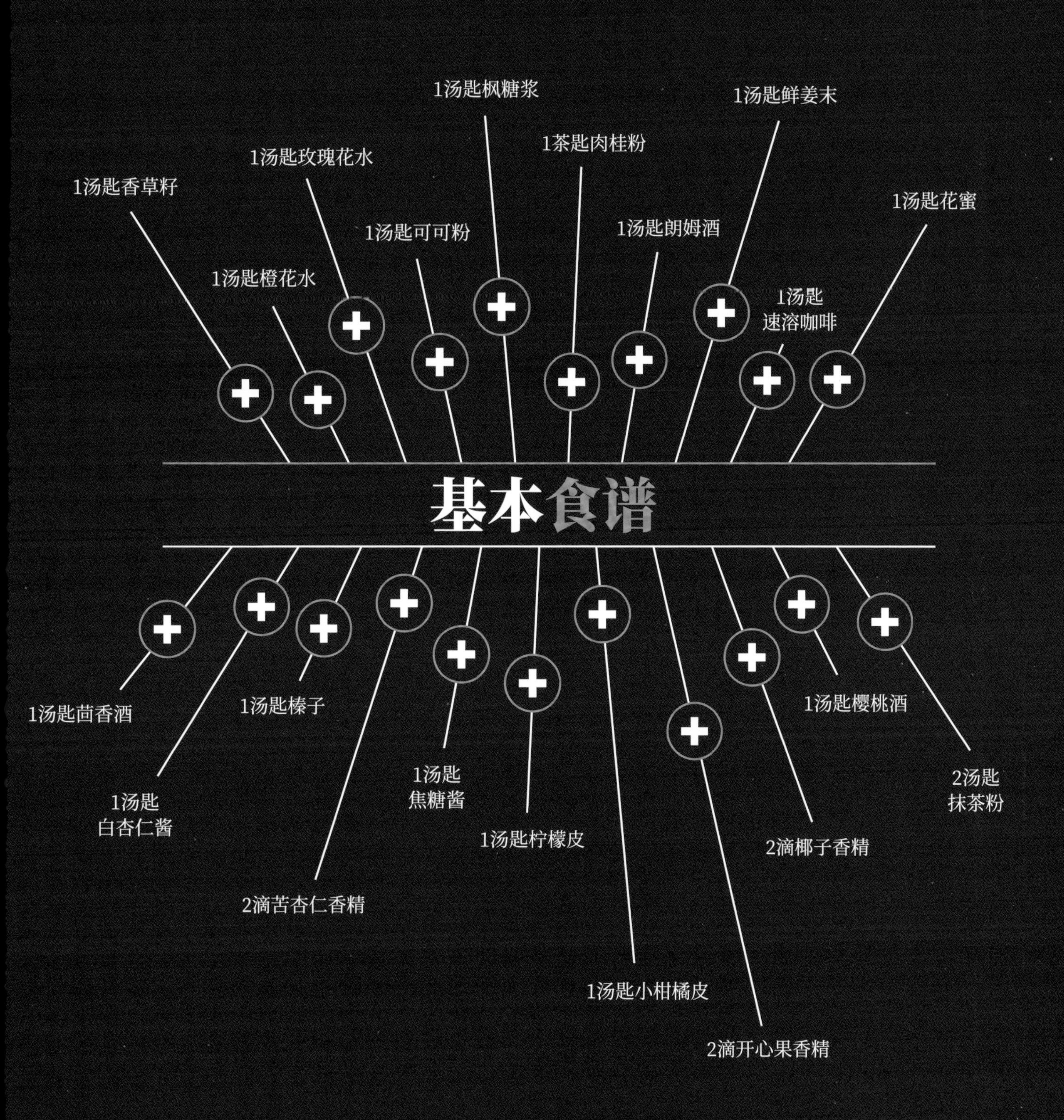

1汤匙枫糖浆
1汤匙鲜姜末
1茶匙肉桂粉
1汤匙玫瑰花水
1汤匙香草籽
1汤匙花蜜
1汤匙可可粉
1汤匙朗姆酒
1汤匙橙花水
1汤匙
速溶咖啡
基本食谱
1汤匙茴香酒
1汤匙榛子
1汤匙樱桃酒
2汤匙
抹茶粉
1汤匙
焦糖酱
1汤匙
白杏仁酱
1汤匙柠檬皮
2滴椰子香精
2滴苦杏仁香精
1汤匙小柑橘皮
2滴开心果香精

华夫饼馅料

华夫饼的馅料多种多样，仅需改变馅料配方，就能让华夫饼更加美味。以下是一些创意。

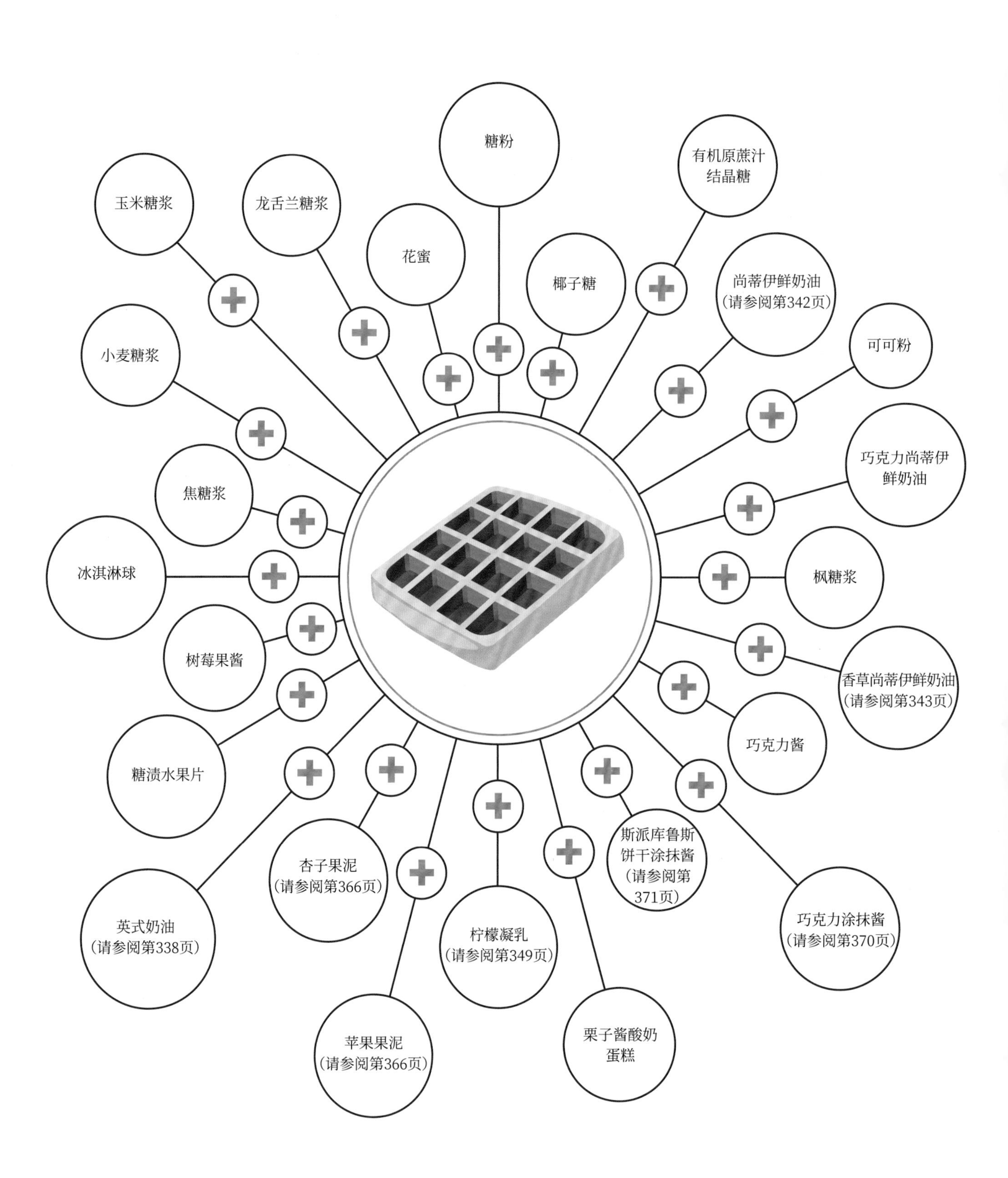

华夫饼制作大全

参考如下馅料搭配，可制作出美味而富有创意的华夫饼。

1个华夫饼+巧克力酱（请参阅第332页）+1个香草冰淇淋球+尚蒂伊鲜奶油（请参阅第342页）+巧克力

1个华夫饼+肉桂苹果果泥（请参阅第366页）+鲜奶油+烤杏仁碎

1个华夫饼+糖渍梨子片+1个香草冰淇淋球+巧克力酱（请参阅第332页）+尚蒂伊鲜奶油（请参阅第342页）

1个华夫饼+栗子酱+巧克力酱+尚蒂伊鲜奶油（请参阅第342页）

1个华夫饼+1根香蕉+巧克力酱（请参阅第332页）+掼奶油

1个华夫饼+咖啡卡仕达酱（请参阅第341页）+巧克力酱（请参阅第332页）+咖啡碎巧克力

1个华夫饼+开心果卡仕达酱（请参阅第341页）+新鲜树莓+草莓雪葩+尚蒂伊鲜奶油（请参阅第342页）

1个华夫饼+菠萝片+朗姆酒冰淇淋+香草尚蒂伊鲜奶油（请参阅第343页）

1个华夫饼+斯派库鲁斯饼干涂抹酱（请参阅第371页）+苹果片+柑橘果酱（请参阅第337页）

1个华夫饼+柠檬凝乳（请参阅第349页）+意式蛋白酥（请参阅第304页）+树莓果酱（请参阅第335页）

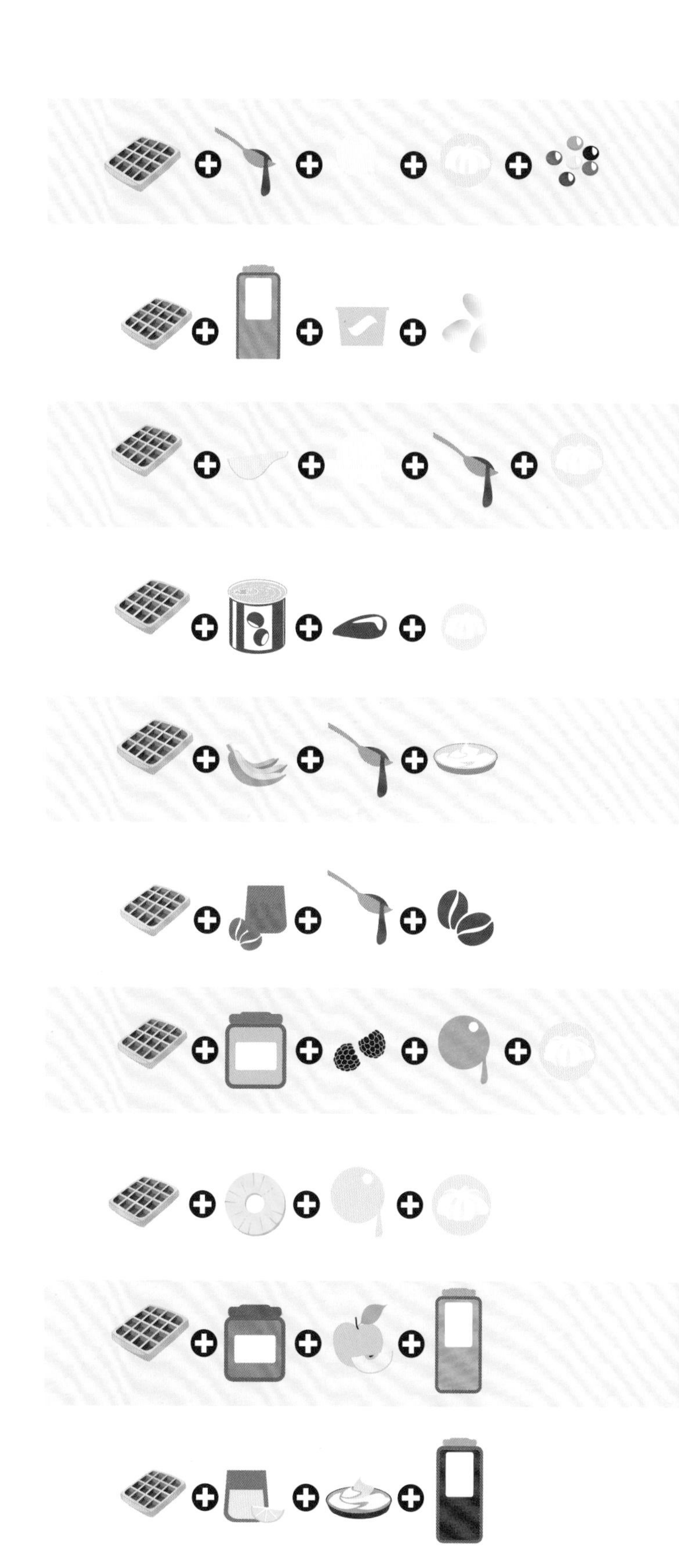

世界各地的华夫饼

世界各地均有当地特色的华夫饼，让我们来看一看吧。

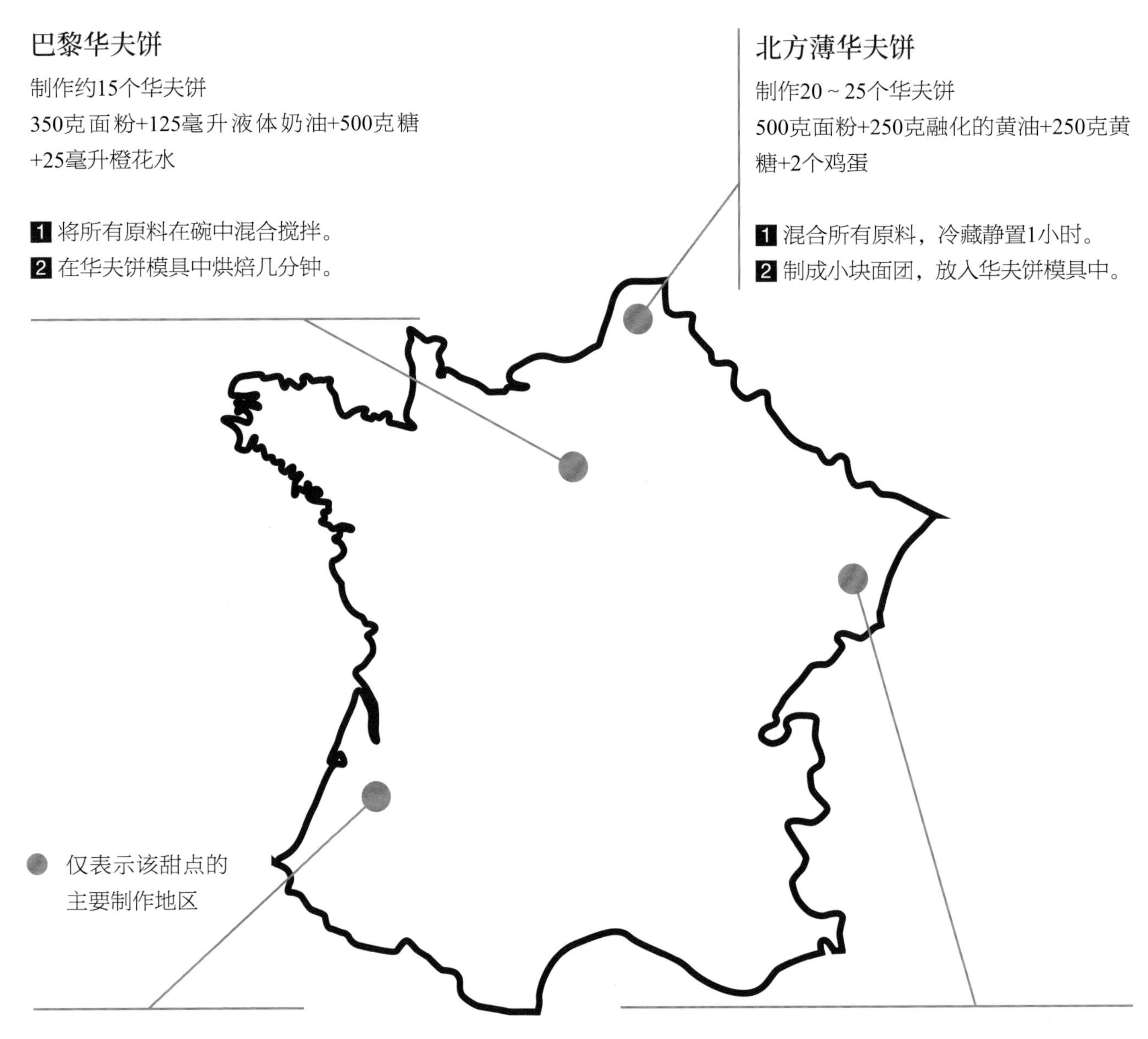

巴黎华夫饼

制作约15个华夫饼

350克面粉+125毫升液体奶油+500克糖+25毫升橙花水

1 将所有原料在碗中混合搅拌。

2 在华夫饼模具中烘焙几分钟。

北方薄华夫饼

制作20～25个华夫饼

500克面粉+250克融化的黄油+250克黄糖+2个鸡蛋

1 混合所有原料，冷藏静置1小时。

2 制成小块面团，放入华夫饼模具中。

波尔多华夫饼

制作约20个华夫饼

250克面粉+1/2袋发酵粉+75克融化的黄油+120克糖+1个鸡蛋+1个橘皮+1汤匙水+1块融化的法式果仁酱巧克力

1 用手混合所有原料（巧克力除外）并制成小面团。

2 在华夫饼模具中烘焙几分钟，浇上融化的法式果仁酱巧克力。

米卢斯华夫饼

25克啤酒酵母+750毫升温牛奶+250克软化的黄油+8个鸡蛋+500克面粉+2克盐+125克糖

1 将酵母放入少许温牛奶中。

2 将黄油打发，逐个加入鸡蛋，加入面粉、盐、糖和温牛奶，搅拌均匀。加入酵母，在温暖处静置发酵1小时。

3 将面糊倒入华夫饼模具中烘焙。

比利时华夫饼（Waffles）

制作8～10个华夫饼

250克面粉+2汤匙糖+2个鸡蛋+3汤匙橄榄油+2克盐+400毫升牛奶+1茶匙发酵粉+2汤匙柠檬汁+1汤匙橙花水

1 按照上述顺序将所有原料在碗中混合搅拌。
2 放入华夫饼模具中烘焙。

瑞士华夫饼（Bricelet）

制作约20个华夫饼

200克糖+4个鸡蛋+250克融化的黄油+2个柠檬皮+250克面粉+2克盐

1 打发鸡蛋和糖，加入融化的黄油和柠檬皮。
2 加入面粉和盐，充分搅拌。
3 将面糊倒入华夫饼模具中烘焙几分钟。

列日华夫饼（Gaufres de Liège）

250克面粉+7克发酵粉+2汤匙黄糖+1个鸡蛋+60毫升牛奶+1汤匙蜂蜜+2克肉桂粉+125克融化的黄油+70克玛德琳粉（请参阅第218页）+30克泡芙糖

1 将175克面粉倒入装有发酵粉和黄糖的碗中。在小碗中打发鸡蛋和牛奶，然后倒在面粉上，搅拌均匀，在温暖处静置15分钟。
2 然后加入其余的面粉、蜂蜜、肉桂粉、融化的黄油、玛德琳粉和泡芙糖，搅拌均匀。
3 形成球形，静置10分钟。制成约100克的面团，将其轻轻压扁，然后放入华夫饼模具中。
4 加热4～5分钟，趁热食用。

德国华夫饼（Gaufres à láuemande）

125克软化黄油+75克糖+1茶匙香草籽+1茶匙肉桂粉+2克盐+250克加发酵粉的面粉+2个鸡蛋+180毫升酪乳+2汤匙蜂蜜

1 按照上述顺序将所有原料在碗中混合搅拌。
2 放入华夫饼模具中烘焙。

意大利华夫饼（Pizelle）

制作约12个华夫饼

3个鸡蛋+125克糖+60毫升植物油+1汤匙八角+2克盐+125克面粉

1 按照上述顺序将所有原料在碗中混合搅拌。
2 放入华夫饼模具中烘焙。

斯堪的纳维亚华夫饼（Gaufres scandinaves）

250克加发酵粉的面粉+40克糖+2个鸡蛋+500毫升牛奶+100克融化的黄油+2克盐

1 按照上述顺序将所有原料在碗中混合搅拌。
2 放入华夫饼模具中烘焙。

佛拉芒华夫饼（Gaufres à la flamande）

制作约15个华夫饼

20克面包酵母+500毫升温牛奶+250克面粉+2个鸡蛋+65克软化黄油

1 将酵母放入牛奶中。
2 将面粉倒入碗中，在面粉中心位置挖一个坑，加入打发鸡蛋、黄油和酵母。揉和面团，至面团光滑。用干净的布盖上，静置1小时30分钟。
3 分成15等份，在烤盘上发酵30分钟。将面团块放入华夫饼模具中，加热几分钟。将华夫饼切成两半，然后撒上红糖奶油（红糖奶油：85克软化黄油+85克糖粉+85克红糖+2汤匙朗姆酒）。

克拉芙缇蛋糕面团

Pâteà clafoutis

克拉芙缇蛋糕是利穆赞地区的甜点。
它由牛奶、面粉、糖和鸡蛋制成。制作过程中通常使用樱桃。
可在温热时品尝，也可在冷却后撒上糖粉享用。

基本食谱

制作4人份蛋糕 • 准备时间：10分钟 • 烘焙时间：35～40分钟

- 600克水果（樱桃、苹果、梨、杏子、桃子、黄香李、紫李、李子干）
- 2个鸡蛋
- 120克糖
- 100克面粉
- 350毫升牛奶
- 1汤匙用于涂抹模具的黄油

1 将樱桃洗净晾干，将较大的樱桃切开。

2 将鸡蛋打入碗中，加入糖，打发。加入面粉和牛奶并搅拌。

3 将烤箱预热至180°C，在蛋糕模具中涂黄油，倒入面团并加入樱桃，烘焙35～40分钟。

衍生食谱

杏仁奶食谱：用一半奶油和一半杏仁奶代替牛奶。
椰子奶食谱：用一半奶油和一半椰子奶代替牛奶。
豆奶食谱：用豆奶代替牛奶。
有机食谱：用全麦面粉代替面粉，使用有机鸡蛋和全脂牛奶。
乡村食谱：用鸭蛋代替鸡蛋。
美味食谱：50克杏仁粉+90克玉米淀粉+120克红糖+350毫升液体奶油。
轻食食谱：用玉米淀粉代替面粉，用半脱脂牛奶代替牛奶。
素食食谱：600克樱桃+400毫升杏仁奶+120克杏仁奶油+25克杏仁粉+1汤匙杏仁酱+100克黄糖+70克面粉+30克米粉。

建议和窍门

- 特别小的水果无需去核。
- 用陶制容器烘焙克拉芙缇蛋糕。
- 在倒入面团前，需用足量黄油涂抹烤盘。

趣味创意

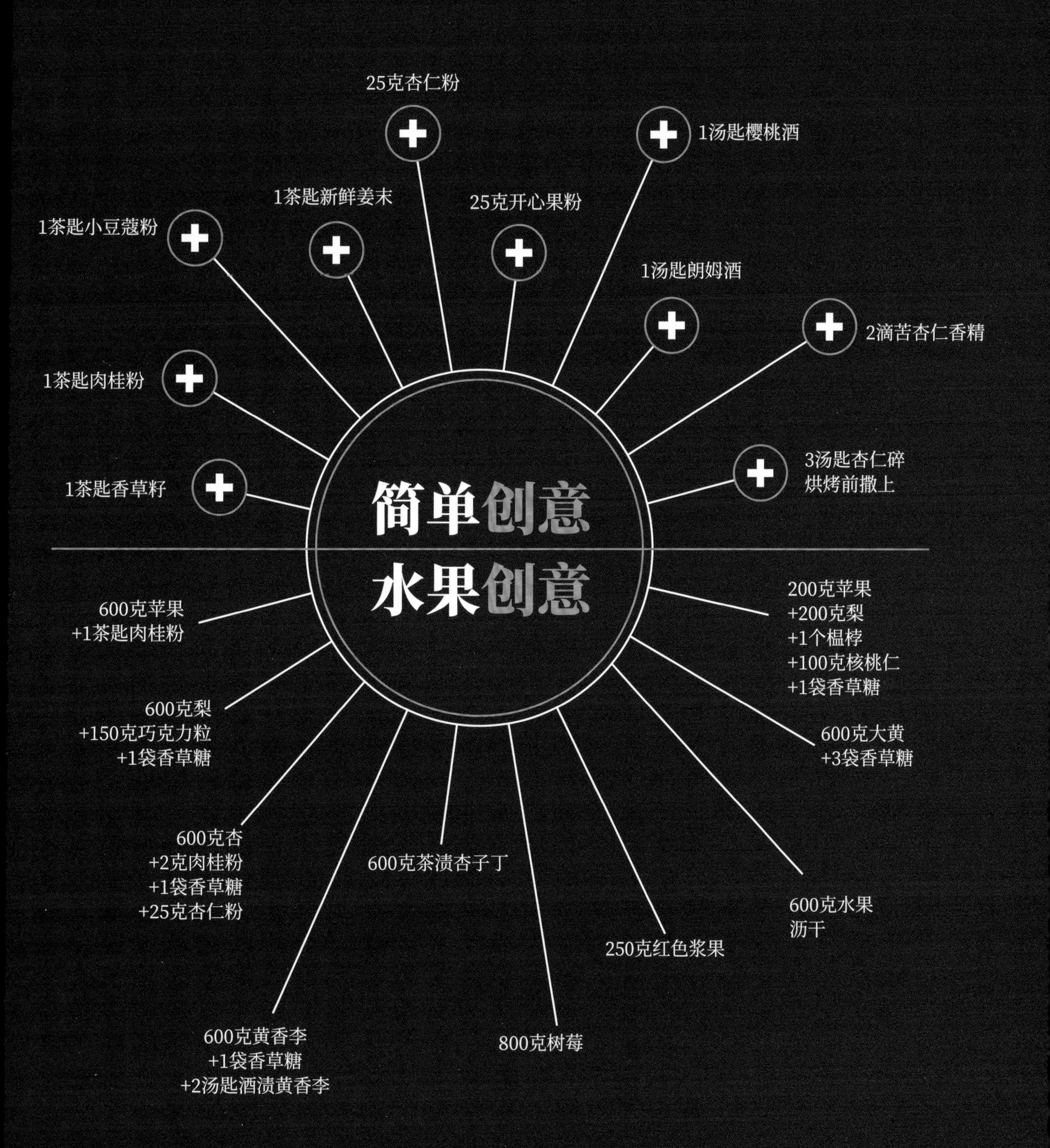

简单创意
25克杏仁粉
1汤匙樱桃酒
1茶匙新鲜姜末
25克开心果粉
1茶匙小豆蔻粉
1汤匙朗姆酒
2滴苦杏仁香精
1茶匙肉桂粉
3汤匙杏仁碎
烘烤前撒上
1茶匙香草籽
水果创意
600克苹果
+1茶匙肉桂粉
200克苹果
+200克梨
+1个榅桲
+100克核桃仁
+1袋香草糖
600克梨
+150克巧克力粒
+1袋香草糖
600克大黄
+3袋香草糖
600克杏
+2克肉桂粉
+1袋香草糖
+25克杏仁粉
600克茶渍杏子丁
600克水果
沥干
250克红色浆果
600克黄香李
+1袋香草糖
+2汤匙酒渍黄香李
800克树莓

法国各地的特产蛋糕

布列塔尼蛋糕（Far breton）

25颗去核李子+200克面粉+150克糖+4个鸡蛋+1茶匙香草籽+750毫升全脂牛奶

1. 将李子放在模具中。
2. 在碗中混合面粉、糖、鸡蛋、香草籽和全脂牛奶，将面团倒在烤盘上。
3. 在预热至180°C的烤箱中烘焙35～40分钟。

趣味创意

加入2汤匙朗姆酒
用250毫升液体奶油代替250毫升牛奶
用原味杏干代替李子

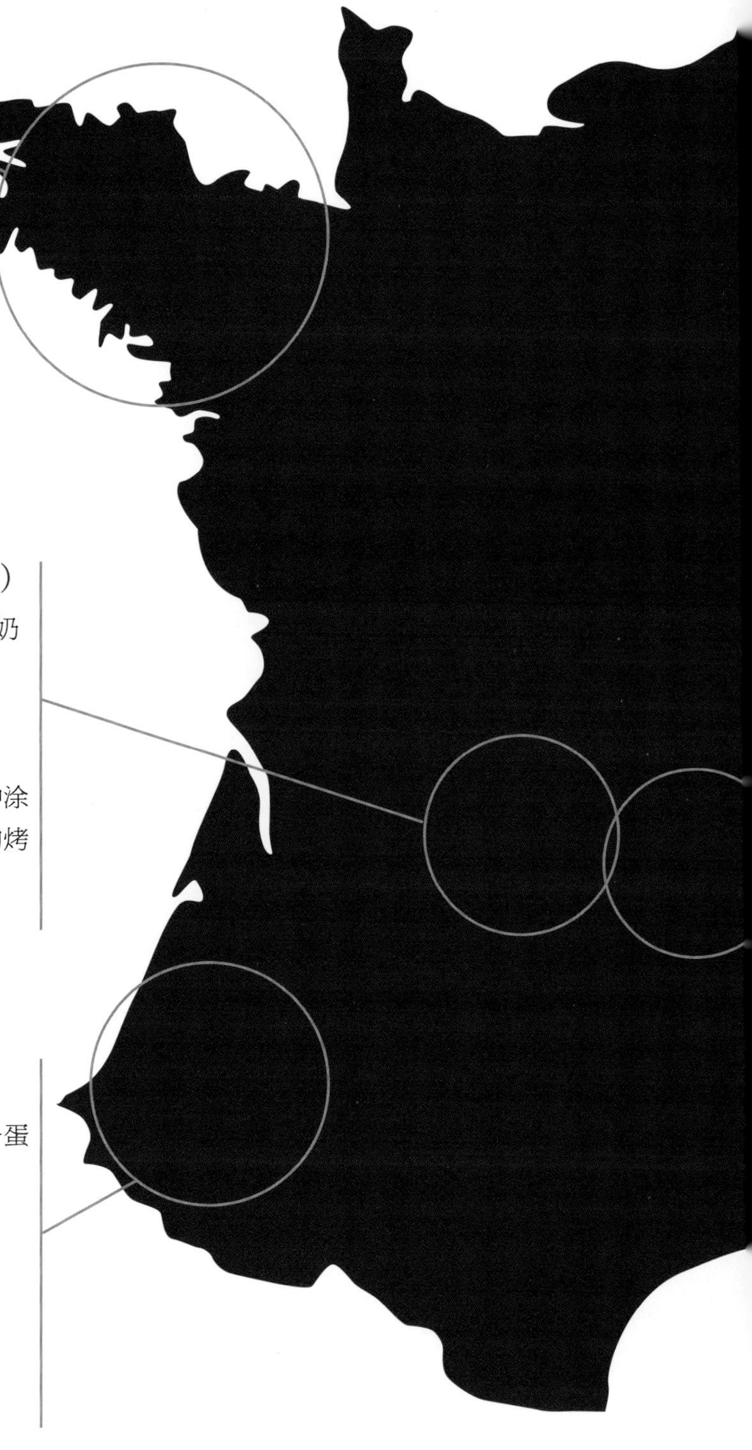

利穆赞克拉芙缇蛋糕（Clafoutis du limousin）

500克黑樱桃+125克面粉+125克糖+4个鸡蛋+300毫升牛奶+2克盐+涂抹模具的黄油+装饰糖粉

1. 洗净樱桃并去核。
2. 在碗中混合面粉、糖、鸡蛋、牛奶和盐。在模具中涂抹黄油并放入樱桃。倒入面团，在预热至180°C的烤箱中烘焙35～40分钟。
3. 静置冷却，撒上糖粉。

朗代玉米蛋糕（Millas des landes）

250克玉米粉+1升热牛奶+750克糖+1汤匙柠檬皮+8个蛋黄+8个打发的蛋清

1. 搅拌玉米粉和糖。
2. 加入热牛奶并搅拌，静置冷却。
3. 加入蛋黄和柠檬皮，然后加入打发的蛋清。
4. 在预热至180°C的烤箱中烘焙45分钟。

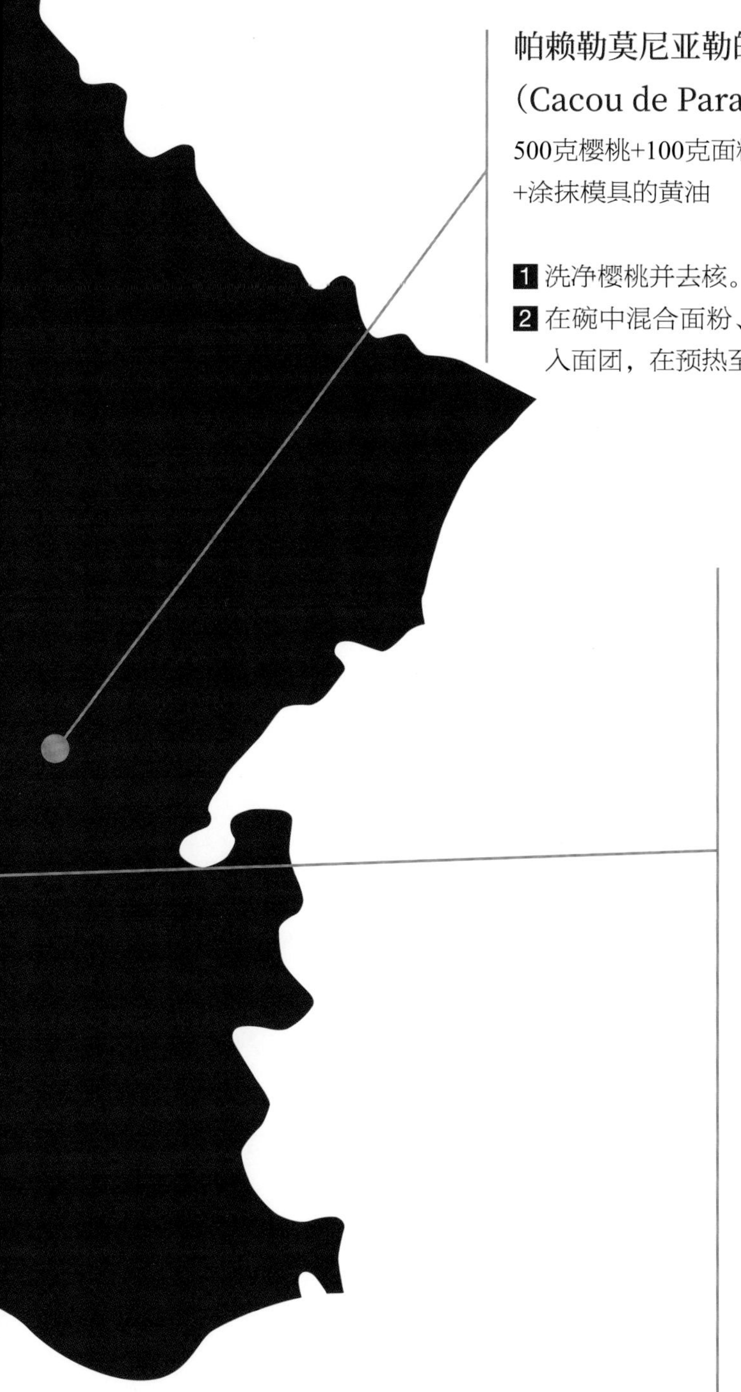

帕赖勒莫尼亚勒的克拉芙缇蛋糕（Cacou de Paray-le-Monial）

500克樱桃+100克面粉+150克糖+3个鸡蛋+ 2克盐+涂抹模具的黄油

1. 洗净樱桃并去核。
2. 在碗中混合面粉、糖、鸡蛋和盐。在模具中涂抹黄油并放入樱桃，倒入面团，在预热至180°C的烤箱中烘焙35～40分钟。

奥弗涅的芙纽多蛋糕（Flognarde auvergnate）

6个梨子切薄片+60克面粉+150克糖+3个鸡蛋+300毫升牛奶+200毫升奶油+涂抹模具的黄油

1. 在碗中混合面粉、糖、鸡蛋、牛奶和奶油。
2. 在模具中涂抹黄油并放入梨子片。倒入面团，在预热至180°C的烤箱中烘焙35～40分钟。

趣味创意

+150克巧克力粒
+1袋香草糖
+2克丁香粒
+1汤匙酒渍梨
+25克杏仁粉
+1汤匙杏仁酱
+2克四香粉
+1汤匙鲜姜末
+150克鲜树莓
+1个苹果

● 仅表示该甜点的主要制作地区

其他布丁蛋糕食谱

糕点布丁

1块层酥面团+1升全脂牛奶+1汤匙香草籽+3个鸡蛋+160克糖+100克玉米淀粉

1 将层酥面团铺在模具中。
2 将牛奶和香草籽一起加热。
3 将鸡蛋打入碗中，然后放入玉米淀粉和糖。倒入沸腾的牛奶，搅拌。倒入锅中，加热2分钟，在加热过程中不断搅拌。
4 倒在层酥挞皮上，在预热至180°C的烤箱中烘焙40分钟。

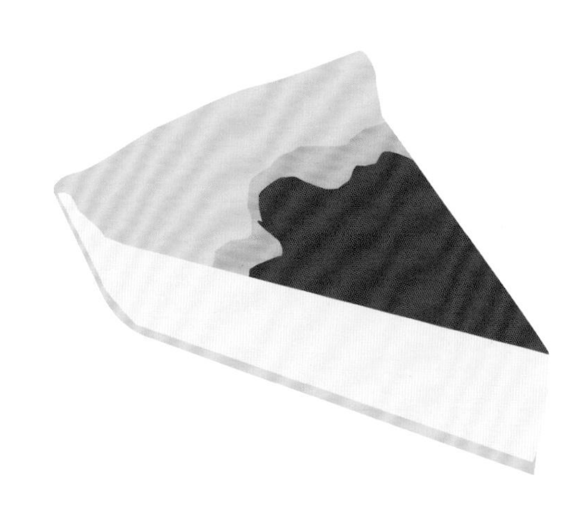

鸡蛋布丁

33个鸡蛋+500毫升牛奶+50克糖+1汤匙橙花水

1 将牛奶煮沸，倒入糖和橙花水。
2 搅打鸡蛋，倒入热牛奶中，无需继续搅拌。
3 在预热至180°C的烤箱中隔水加热45分钟。

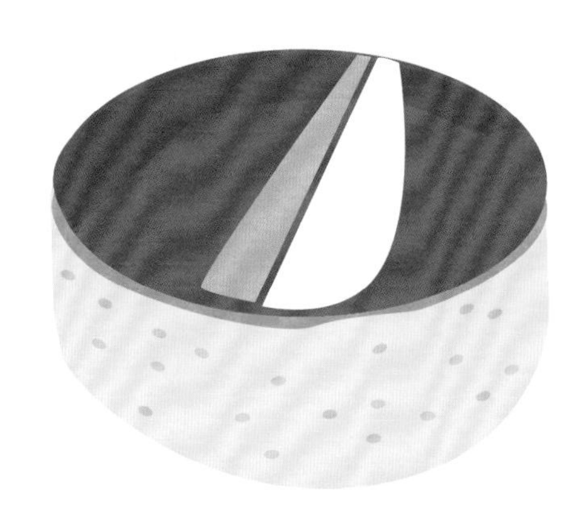

安地列斯椰子布丁

1盒牛奶+1盒椰奶+3个鸡蛋+125克椰子粉+1汤匙青柠檬皮+1汤匙香草籽+3汤匙焦糖液

1 搅打鸡蛋，放入牛奶、椰奶、青柠檬皮、香草籽和椰子粉。
2 在模具中倒入焦糖液，然后倒入混合物。
3 在180°C的烤箱中隔水加热1小时。

菠萝布丁

1罐切片菠萝+100克砂糖+1袋香草糖+1汤匙玉米淀粉+1个柠檬榨汁+5个鸡蛋+2汤匙朗姆酒+1份焦糖（请参阅第368页）

1. 将菠萝片与一半柠檬汁混合，倒入锅中，加砂糖和香草糖，小火煮开，加热10分钟。
2. 将玉米淀粉溶解在柠檬汁中，并加入混合物中，加入打好的鸡蛋和朗姆酒。
3. 将焦糖倒入模具的底部，在预热至150°C的烤箱中隔水加热45分钟。冷藏，次日品尝。

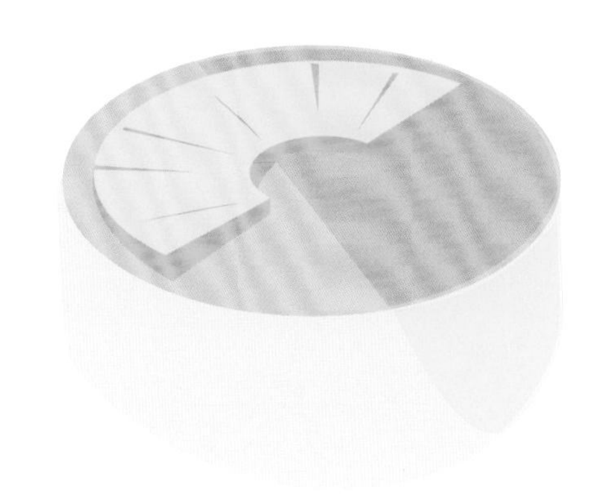

速成布丁蛋糕（Tôt fait d’Antan）

4个鸡蛋+180克糖+130克面粉+250毫升全脂牛奶+涂抹模具的黄油+2克盐

1. 将烤箱预热至180°C。分离蛋清和蛋黄。
2. 搅打蛋黄和糖，加入面粉和盐，然后倒入牛奶。
3. 打发蛋清，然后将其轻轻地加入混合物中。将混合物倒入涂抹过黄油的模具中，在预热至180°C的烤箱中烘焙30分钟。
4. 品尝原味蛋糕或搭配水果享用。

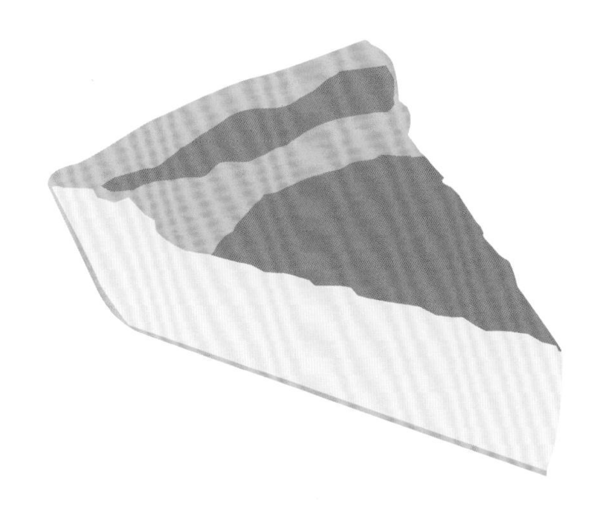

焦糖牛奶蛋糕（Coque au lait）

200克糖+1汤匙新鲜奶油+6个蛋黄+3个打发的蛋清+500毫升煮沸的牛奶+1杯雅文邑白兰地

1. 用100克糖和少许水制作焦糖（请参阅第368页）。
2. 混合蛋黄和剩余的糖。将热牛奶倒入蛋黄和糖的混合物中，不断搅拌。
3. 加入鲜奶油，然后加入雅文邑白兰地和打发的蛋清。
4. 在预热至180°C的烤箱中隔水加热1小时。

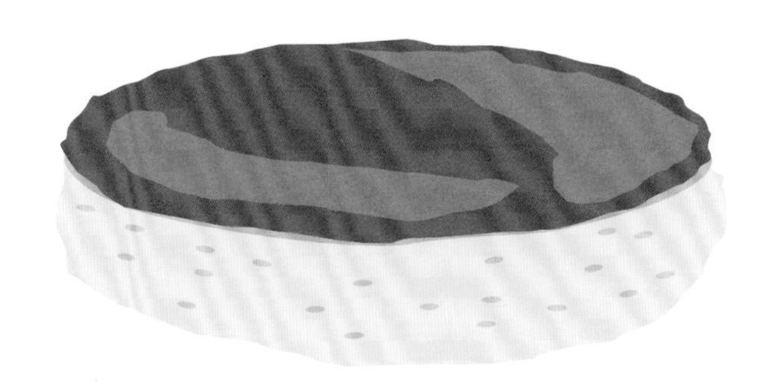

魔术蛋糕

魔术蛋糕是由三层完全不一样的蛋糕组成的创意甜点，通过一次准备和一次烘焙即可获得。在三层中，含一层布丁、一层奶油和一层柔软的蛋糕。传统的魔术蛋糕含有香草，也可以加入水果，令蛋糕更美味。

树莓魔术蛋糕

500毫升牛奶+1个香草豆荚+4个鸡蛋+125克糖+1汤匙水+125克融化的黄油+115克面粉+200克树莓+装饰糖粉

1. 将牛奶倒入锅中，放入切开的香草豆荚，然后小火煮沸后留存。
2. 分离蛋清和蛋黄。打发糖和蛋黄，加水搅拌。
3. 加入融化的黄油、面粉和香草牛奶，混合搅拌。
4. 打发蛋清，轻轻加入混合物中。
5. 将树莓倒入涂抹过黄油的模具中，然后放入混合物。用抹刀将顶部抹平。
6. 将烤箱预热至150°C，烘焙50分钟。脱模前等待6小时。
7. 将蛋糕冷藏后品尝。撒上糖粉。

使用哪种水果?

蓝莓
桑葚
红色浆果
蜂蜜苹果和肉桂粉
焦糖梨子
梨和巧克力碎
菠萝和青柠檬
杏子和薰衣草
芒果
椰子丁和黑巧克力碎

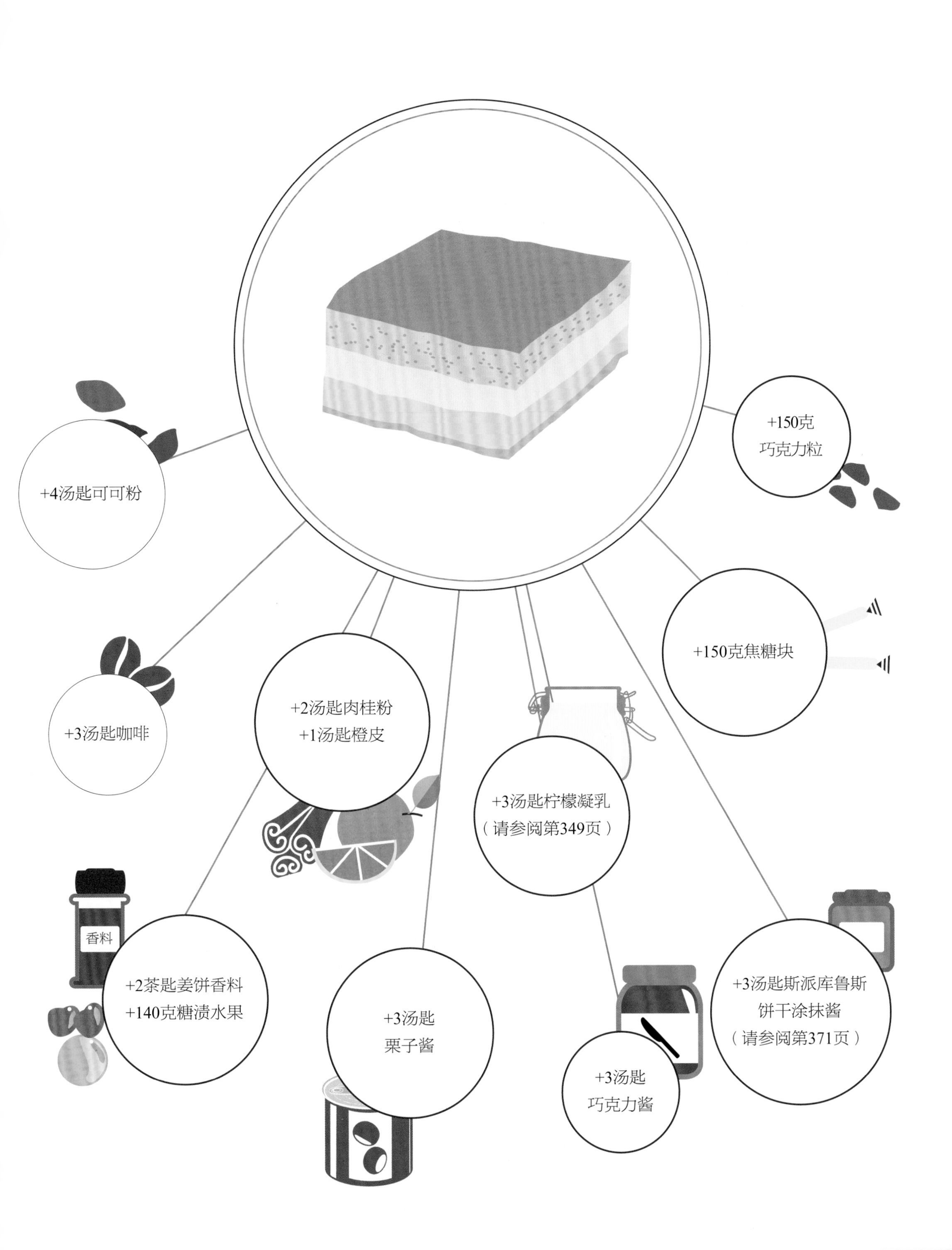
+4汤匙可可粉
+150克
巧克力粒
+3汤匙咖啡
+2汤匙肉桂粉
+1汤匙橙皮
+150克焦糖块
+3汤匙柠檬凝乳
（请参阅第349页）
香料
+2茶匙姜饼香料
+140克糖渍水果
+3汤匙
栗子酱
+3汤匙
巧克力酱
+3汤匙斯派库鲁斯
饼干涂抹酱
（请参阅第371页）

蛋白酥

Meringues

蛋白酥是非常轻盈的点心，由蛋清和糖的混合物制成。
在不同的国家和地区，有不同的制作方法。
在瑞士，一般是趁热打发蛋清和糖。
而在意大利，制作蛋白酥则需要添加糖浆。
但是，无论采用哪种方式制作，蛋白酥都是令您梦想成真的甜点。

法式蛋白酥

基本食谱

制作40个小蛋白酥 • 准备时间：30分钟 • 烘焙时间：45 ~ 60分钟

- 4个蛋清
- 2克盐
- 2滴柠檬汁
- 250克糖

1 加入少许盐和柠檬汁，将蛋清打发。在打发过程中逐渐加入糖。
2 搅拌至蛋清发亮。
3 用裱花袋或勺子将制成的蛋白酥放在衬有烘焙纸的烤盘中。
4 将烤箱预热至120°C，烘焙45分钟至1小时。

建议和窍门

- 蛋白酥的烘焙时间由其大小决定，因此在烤盘中的蛋白酥需大小一致。
- 应使用常温蛋清。
- 蛋清在冰箱中最多保存5天。
- 将蛋清用勺子略打发后冷冻保存（容器内需有足量泡沫）。
- 蛋白酥可保存在铁盒中。

基础食谱创意

糖粉食谱：用125克糖粉代替糖。
粗糖或全糖食谱：用170克粗糖或80克全糖代替糖。
有机食谱：使用有机蛋清和全糖。
乡村食谱：加入1汤匙玉米淀粉。
轻食食谱：加水（与蛋清等量）。
素食食谱：140克豆浆+280克糖粉（搅打豆浆至质地紧实，然后放入糖）。

趣味创意

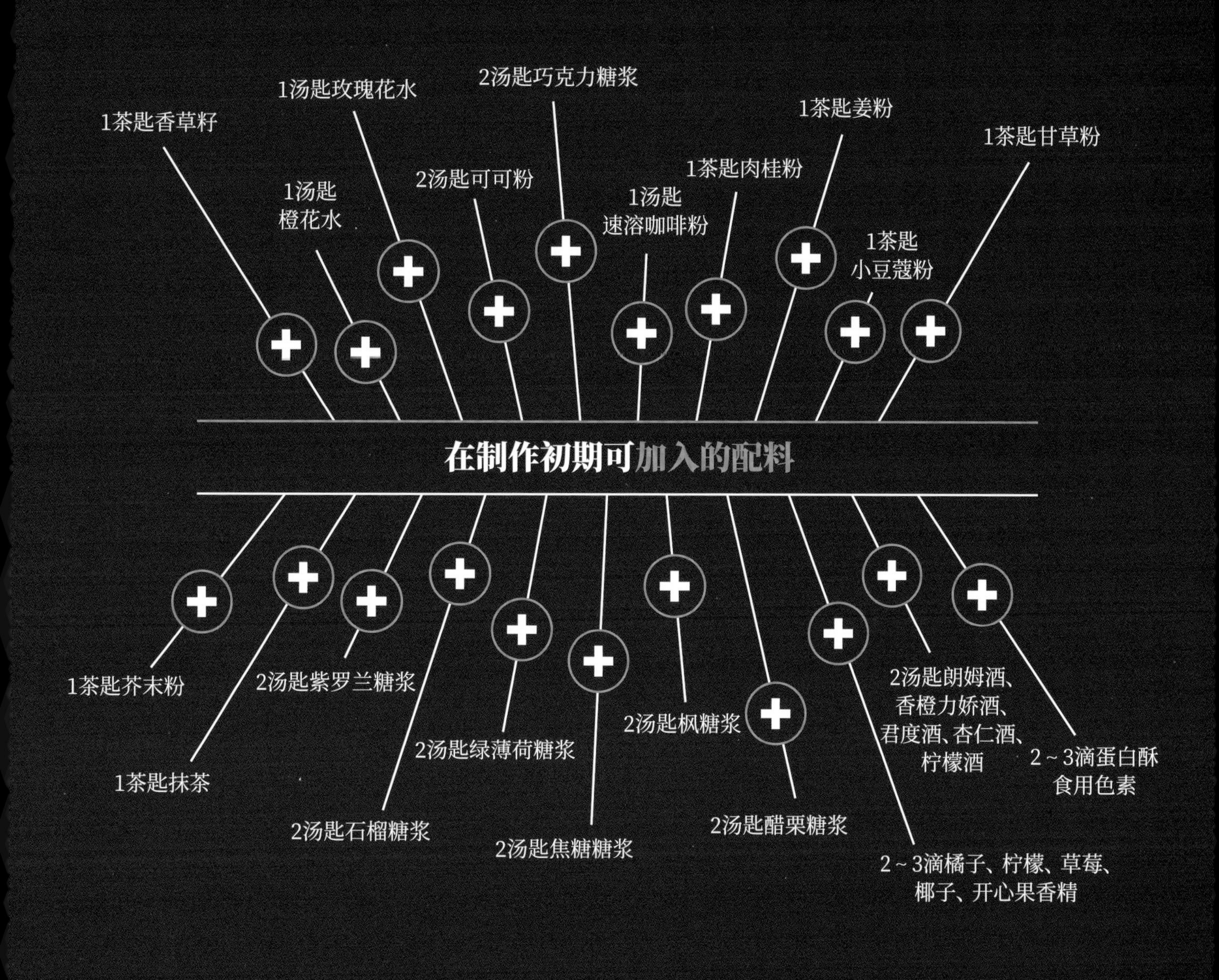

1茶匙香草籽
1汤匙玫瑰花水
2汤匙巧克力糖浆
1茶匙姜粉
1茶匙甘草粉
1汤匙
橙花水
2汤匙可可粉
1汤匙
速溶咖啡粉
1茶匙肉桂粉
1茶匙
小豆蔻粉
在制作初期可加入的配料
1茶匙芥末粉
2汤匙紫罗兰糖浆
1茶匙抹茶
2汤匙绿薄荷糖浆
2汤匙石榴糖浆
2汤匙焦糖糖浆
2汤匙枫糖浆
2汤匙醋栗糖浆
2汤匙朗姆酒、
香橙力娇酒、
君度酒、杏仁酒、
柠檬酒
2～3滴蛋白酥
食用色素
2～3滴橘子、柠檬、草莓、
椰子、开心果香精

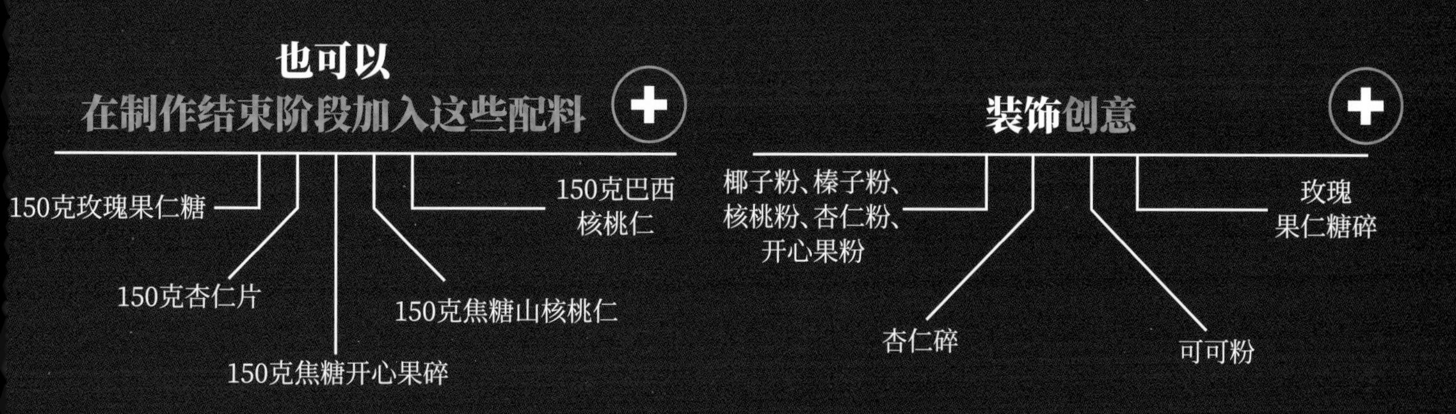

也可以
在制作结束阶段加入这些配料
150克玫瑰果仁糖
150克杏仁片
150克焦糖开心果碎
150克焦糖山核桃仁
150克巴西
核桃仁
装饰创意
椰子粉、榛子粉、
核桃粉、杏仁粉、
开心果粉
杏仁碎
可可粉
玫瑰
果仁糖碎

简易蛋白酥

珍珠蛋白酥

1份法式蛋白酥蛋白糊+糖粉

1. 用裱花袋或茶匙将蛋白酥蛋白糊放在烤盘中，撒上糖粉，静置10分钟。
2. 再撒一次糖粉，然后进行烘焙。

法国长棍蛋白酥

制作10个大蛋白酥

250克蛋清+2克盐+3滴柠檬汁+250克砂糖+250克糖粉

1. 搅打蛋清、盐和柠檬汁。
2. 在混合物中加入少许砂糖，搅拌成慕斯状，然后加入剩余的砂糖。
3. 加入糖粉，用木勺自下而上翻动混合物。
4. 将小块蛋白糊放在衬有烘焙纸的烤盘中，烤箱预热至100°C烘焙1小时30分钟，然后打开烤箱门，冷却。

杏仁蛋白酥

4个蛋清+2克盐+250克糖+1茶匙柠檬汁+100克杏仁片

1. 加入少许盐和柠檬汁，将蛋清打发。在打发过程中逐渐加入糖。
2. 搅拌至蛋清发亮，加入杏仁片，轻轻搅拌。
3. 用裱花袋或勺子制成蛋白糊小块，放在衬有烘焙纸的烤盘中。
4. 将烤箱预热至120°C，烘焙45分钟至1小时。

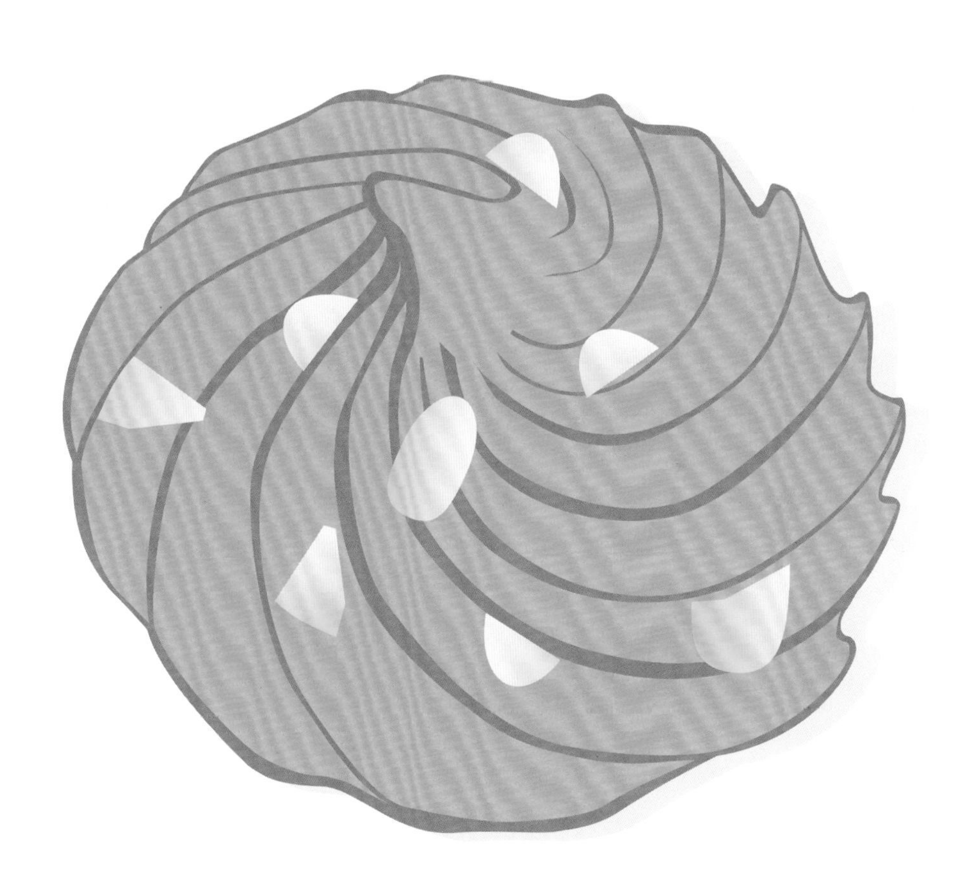

巧克力秋叶

3盘法国巧克力蛋白酥+巧克力慕斯（请参阅第326页）
+巧克力甘纳许（请参阅第358页）+巧克力屑

1. 将巧克力蛋白酥和巧克力慕斯交替叠放。
2. 浇上巧克力甘纳许，并撒上巧克力屑（也可以制作巧克力叶子，请参阅第310页）。静置冷藏。

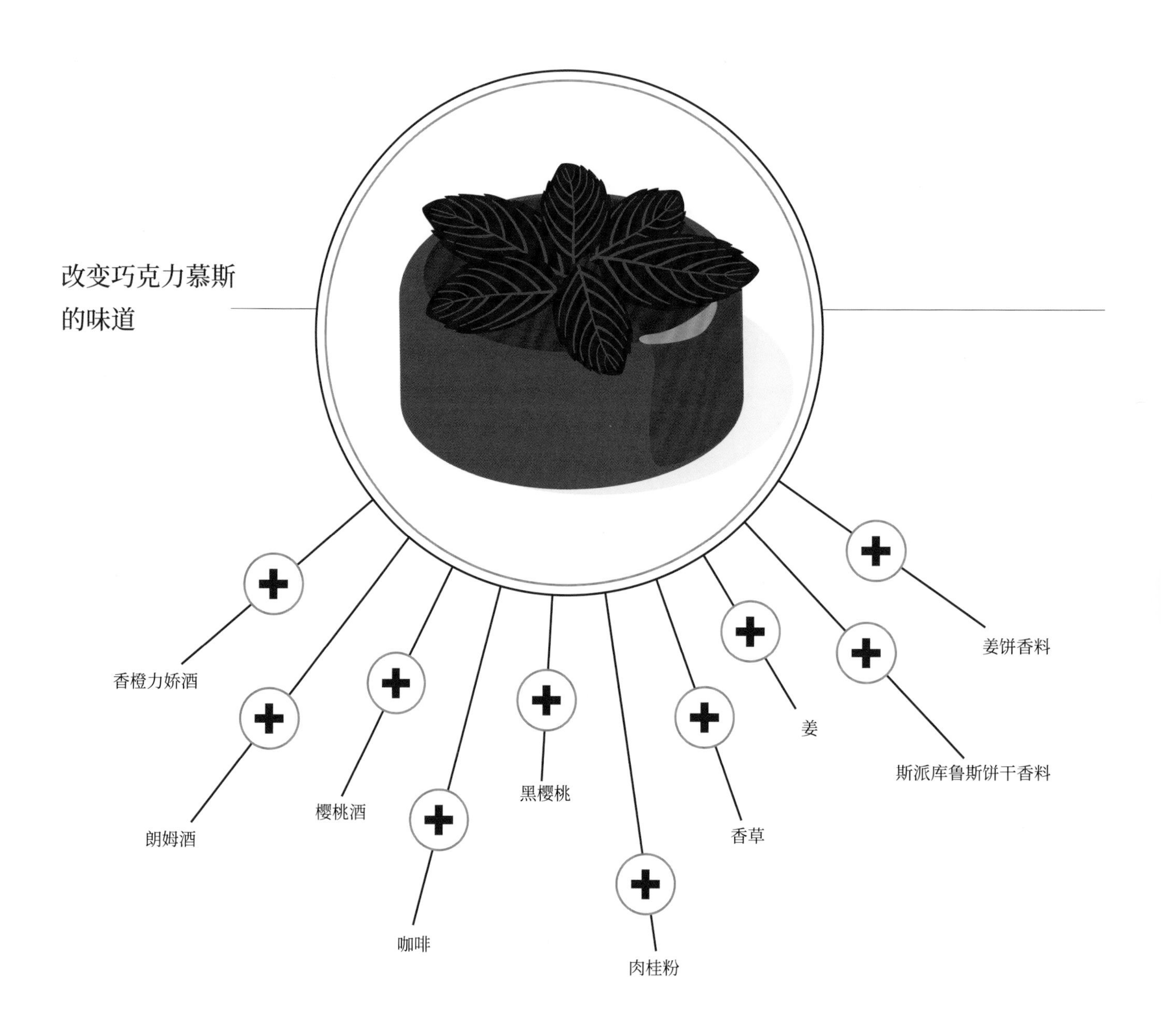

蛋白酥蛋糕 Merveilleux

简单蛋白酥：8 ~ 10个蛋白酥+尚蒂伊鲜奶油（请参阅第342页）+巧克力屑

巧克力蛋白酥：8 ~ 10个蛋白酥+巧克力尚蒂伊鲜奶油（请参阅第343页）+巧克力屑

香草杏仁蛋白酥：8 ~ 10个蛋白酥+香草尚蒂伊鲜奶油（请参阅第343页）+焦糖杏仁碎

开心果白巧克力蛋白酥：8 ~ 10个蛋白酥+开心果尚蒂伊鲜奶油（请参阅第343页）+白巧克力屑

柠檬芝麻蛋白酥：8 ~ 10个蛋白酥+柠檬尚蒂伊鲜奶油（请参阅第343页）+芝麻

焦糖蛋白酥：8 ~ 10个蛋白酥+焦糖尚蒂伊鲜奶油（请参阅第343页）+牛奶巧克力屑

咖啡蛋白酥：8 ~ 10个蛋白酥+咖啡尚蒂伊鲜奶油（请参阅第343页）+焦糖榛子碎

朗姆酒蛋白酥：8 ~ 10个蛋白酥+朗姆酒尚蒂伊鲜奶油（请参阅第343页）+法式果仁糖

橙子蛋白酥：8 ~ 10个蛋白酥+橙子尚蒂伊鲜奶油（请参阅第343页）+黑巧克力屑

肉桂蛋白酥：8 ~ 10个蛋白酥+肉桂尚蒂伊鲜奶油（请参阅第343页）+牛奶巧克力屑

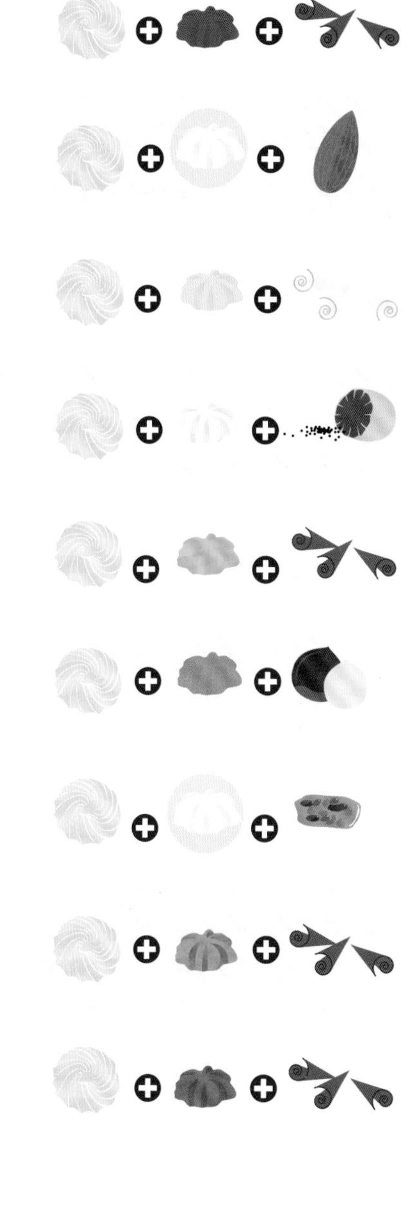

巴甫洛娃蛋糕 Pavlova

制作方法

1份法式蛋白酥蛋白糊+尚蒂伊鲜奶油（请参阅第342页）+新鲜水果

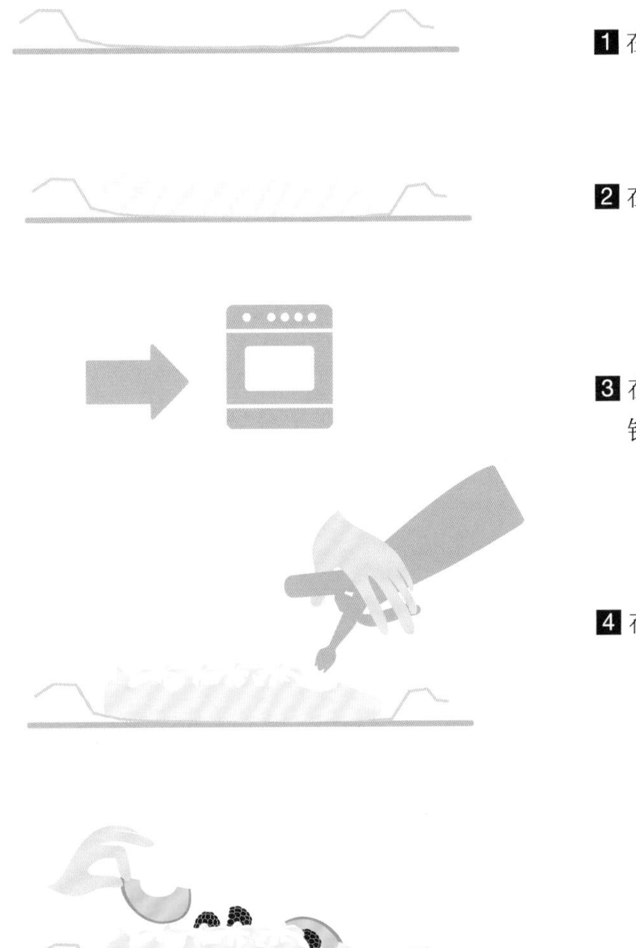

1 在烤盘中放入烘焙纸。

2 在烤盘上放置圆形的蛋白糊。

3 在预热至120°C的烤箱中将挞皮烘焙1小时15分钟，在烤箱中冷却。

4 在蛋白酥上装饰尚蒂伊鲜奶油。

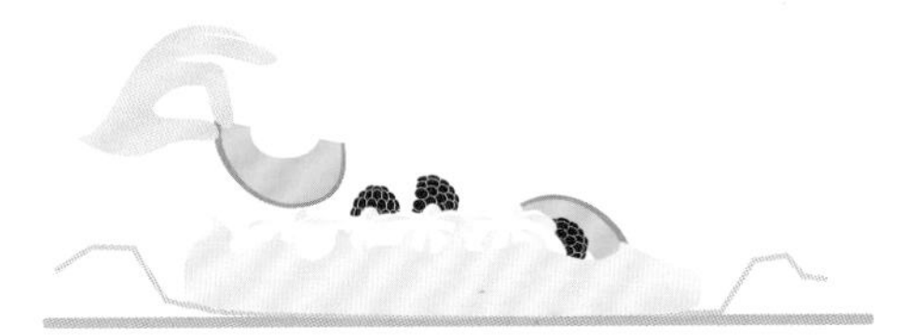

5 放上新鲜水果。

+野草莓

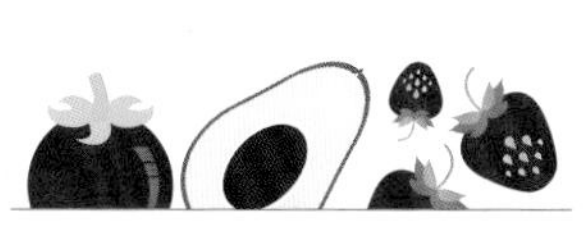

+番茄 +鳄梨 +草莓

+大黄+草莓

+猕猴桃+香蕉+百香果

+红色浆果

+西瓜

+樱桃

+菠萝

+黄桃+白桃+油桃

+芒果 +百香果 +
杨桃+石榴+柿子+猕猴桃

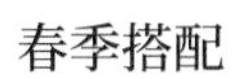

春季搭配

+蓝莓

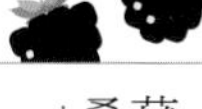

+桑葚

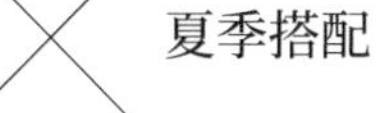

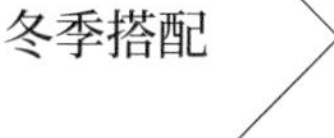

冬季搭配

夏季搭配

+杏子

+橙子+小柑橘
+橘子+金橘

+葡萄柚

秋季搭配

+什锦黄色水果
（杏子、桃子、黄香李、李子）

+苹果 +梨 +香料烤榅桲

+热带水果组合

+什锦黑色水果
（醋栗、桑葚、蓝莓）

+西瓜+桑葚

+白葡萄和黑葡萄

+ 无花果

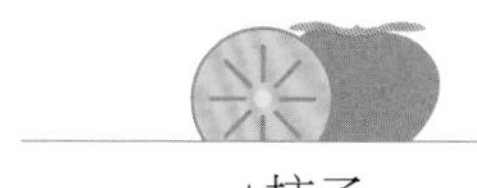

+柿子

+猕猴桃+荔枝+橘子

另一些用法式蛋白酥制作的甜点

水果泥蛋白酥

制作方法

1千克水果+1层蛋白酥+糖

在预热至180°C的烤箱中烘焙10分钟

1 用少许水和糖在锅中加热水果。

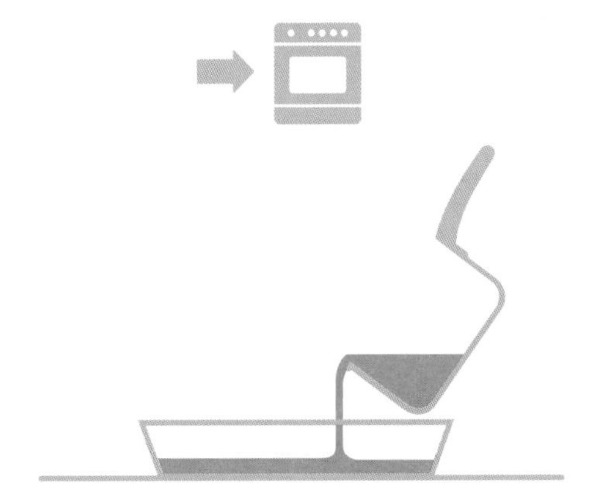

2 在预热至180°C的烤箱中重新加热，制成果泥。

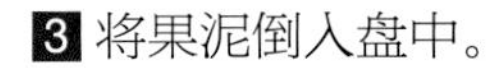

3 将果泥倒入盘中。

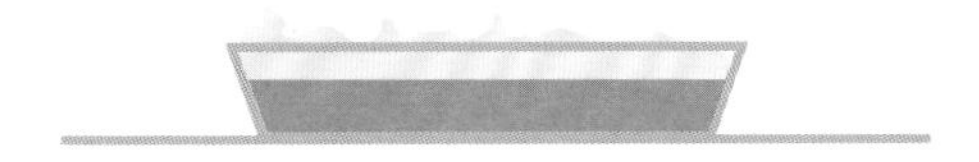

4 在果泥上盖上蛋白酥。

5 烘焙10分钟。

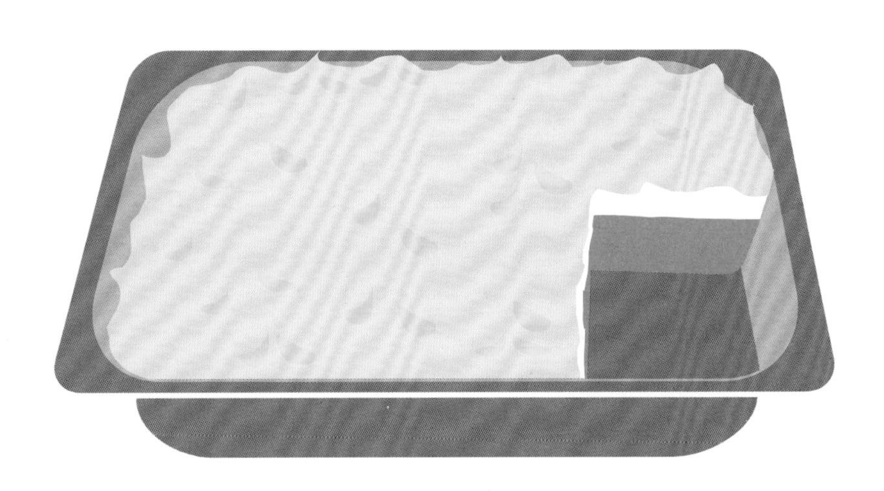

理想派

2块圆形杏仁蛋白酥+法式果仁酱奶油+糖粉

1 将圆形杏仁蛋白酥放在盘中。
2 涂上法式果仁酱奶油。
3 盖上另一块杏仁蛋白酥。
4 撒上糖粉。

趣味创意

核桃奶油
巧克力奶油（请参阅第347页）
焦糖奶油
咖啡奶油
巧克力慕斯（请参阅第326页）
咖啡慕斯

栗子蛋糕

蛋白酥+掼奶油（请参阅第346页）+栗子酱细条

蛋白酥无比派

40个迷你蛋白酥+自选馅料

在蛋白酥皮冷却后，用自选酱料将其两两组装。

— 巧克力甘纳许（请参阅第358页）
— 巧克力酱
— 涂抹酱（请参阅第370页）
— 果酱（请参阅第367页）
— 果冻（请参阅第367页）
— 焦糖
— 柠檬凝乳（请参阅第349页）
— 调味黄油奶油（请参阅第345页）
— 卡仕达酱（请参阅第340页）
— 橙子奶油（请参阅第349页）

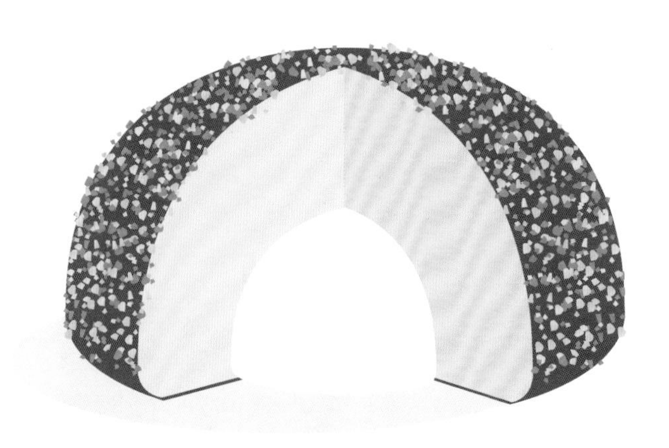

杏仁奶油冰淇淋（Mysrtère）

蛋白酥+香草冰淇淋（请参阅第362页）+法式果仁酱+涂抹模具的黄油+法式果仁糖

1. 在模具或杯子中涂抹黄油，在内壁涂抹法式果仁酱。
2. 倒入香草冰淇淋，加入一小块蛋白酥，盖上冰淇淋。
3. 撒上法式果仁糖并冷冻。
4. 取出后静置几分钟，脱模。

趣味创意

蛋白酥+树莓冰淇淋+开心果碎
蛋白酥+草莓冰淇淋+焦糖杏仁
蛋白酥+蓝莓冰淇淋+巧克力屑
蛋白酥+巧克力冰淇淋+法式果仁糖
蛋白酥+糖渍水果冰淇淋+栗子碎
蛋白酥+糖渍栗子+蛋白酥碎
蛋白酥+柠檬雪葩+红色浆果干碎
蛋白酥+芒果冰淇淋+焦糖杏仁粉和巧克力

冰淇淋夹心蛋糕

2个圆形蛋白酥+香草冰淇淋（请参阅第362页）+树莓雪葩（400克）（请参阅第363页）+尚蒂伊鲜奶油（请参阅第342页）

1. 将香草冰淇淋放在蛋白酥上，在第二层蛋白酥上涂抹树莓雪葩。
2. 盖上尚蒂伊鲜奶油，冷冻保存。

趣味创意

开心果冰淇淋+黑巧克力雪葩
咖啡冰淇淋+橘子雪葩
树莓冰淇淋+柠檬糖浆
巧克力冰淇淋+樱桃糖浆
白巧克力冰淇淋+醋栗糖浆
桂皮冰淇淋+黄香李糖浆
香草冰淇淋+草莓糖浆
焦糖冰淇淋+梨子糖浆
牛轧糖冰淇淋+树莓糖浆
栗子冰淇淋+橙子糖浆

蛋白酥尚蒂伊鲜奶油冰淇淋

5或6个大蛋白酥+500毫升尚蒂伊鲜奶油（请参阅第342页）+2汤匙咖啡利口酒

1 把蛋白酥压碎成蛋白酥块。
2 将鲜奶油和咖啡利口酒倒在蛋白酥块上。
3 混合搅拌后，倒入好看的模具或咖啡盘中，冷藏一晚。

如果不喜欢咖啡味，可选用其他口味：

2汤匙巧克力酱（请参阅第332页）+ 40克巧克力粒
5汤匙树莓果酱（请参阅第335页）
5汤匙蓝莓果酱（请参阅第335页）
2汤匙香草籽+2汤匙朗姆酒
2汤匙杏仁利口酒+100克树莓

蛋白酥冰淇淋

500毫升香草英式奶油（请参阅第338页）+15个小蛋白酥

1 将香草英式奶油倒入冰淇淋碗中。
2 转动10分钟，加入蛋白酥块。
3 继续转动10分钟，冷冻。

500毫升巧克力奶油（请参阅第347页）+15个小蛋白酥+2汤匙焦糖杏仁
500毫升开心果奶油+15个小蛋白酥
500毫升草莓果酱（请参阅第335页）+15个小蛋白酥+200克树莓
500毫升蓝莓果酱（请参阅第335页）+15个小蛋白酥
500毫升红色浆果果酱（请参阅第335页）+15个小蛋白酥
500毫升芒果果酱（请参阅第335页）+15个小蛋白酥

意式蛋白酥

相较于法式蛋白酥，意式蛋白酥更加柔软，它由搅打过的蛋清制成，在搅拌过程中加入糖浆。这种蛋白酥主要用于制作挞派或甜点。马卡龙的外壳是由意式蛋白酥制成的，这种酥皮无需等待结皮，而且表面也更光滑。

基本食谱

5个蛋清（约200克）
75克细砂糖

制作糖浆
325克细砂糖
85克水

1 将细砂糖和水煮至约121°C。
2 打发蛋清并加入细砂糖。
3 将热糖浆倒在蛋清中，不停搅拌。蛋白酥应该光滑且有光泽。
4 倒在蛋糕上，放入烤箱烘焙或用喷枪着色。

趣味创意

- 加入食用色素。
- 放置造型装饰物。

挪威煎蛋

1升冰淇淋+500毫升雪葩+ 意式海绵蛋糕（请参阅第106页）+糖浆+意式蛋白酥

柠檬蛋白酥挞

1个成品挞皮（请参阅第28页）+柠檬凝乳（请参阅第349页）+意式蛋白酥

橙子蛋白酥挞

1个成品挞皮（请参阅第28页）+橙子凝乳（请参阅第349页）+意式蛋白酥

醋栗蛋白酥挞

1个成品挞皮（请参阅第28页）+800克醋栗+鸡蛋布丁（请参阅第288页）+意式蛋白酥

青醋栗蛋白酥挞

1个成品挞皮（请参阅第28页）+800克青醋栗+香草布丁+意式蛋白酥

大黄蛋白酥挞

1个成品挞皮（请参阅第28页）+800克大黄+鸡蛋布丁（请参阅第288页）+意式蛋白酥

柠檬蛋白酥玛芬蛋糕

加柠檬皮的玛芬蛋糕面团（请参阅第152页）+意式蛋白酥

醋栗蛋白酥杯子蛋糕

杯子蛋糕面团（请参阅第153页）+200克醋栗+意式蛋白酥

特浓黑巧克力慕斯蛋白酥

黑巧克力慕斯（请参阅第326页）+意式蛋白酥+4汤匙可可粉

香草英式奶油蛋白酥杯子蛋糕

香草英式奶油（请参阅第338页）+意式蛋白酥

蛋白酥芝士蛋糕

芝士蛋糕坯+加柠檬凝乳的芝士奶油+意式蛋白酥

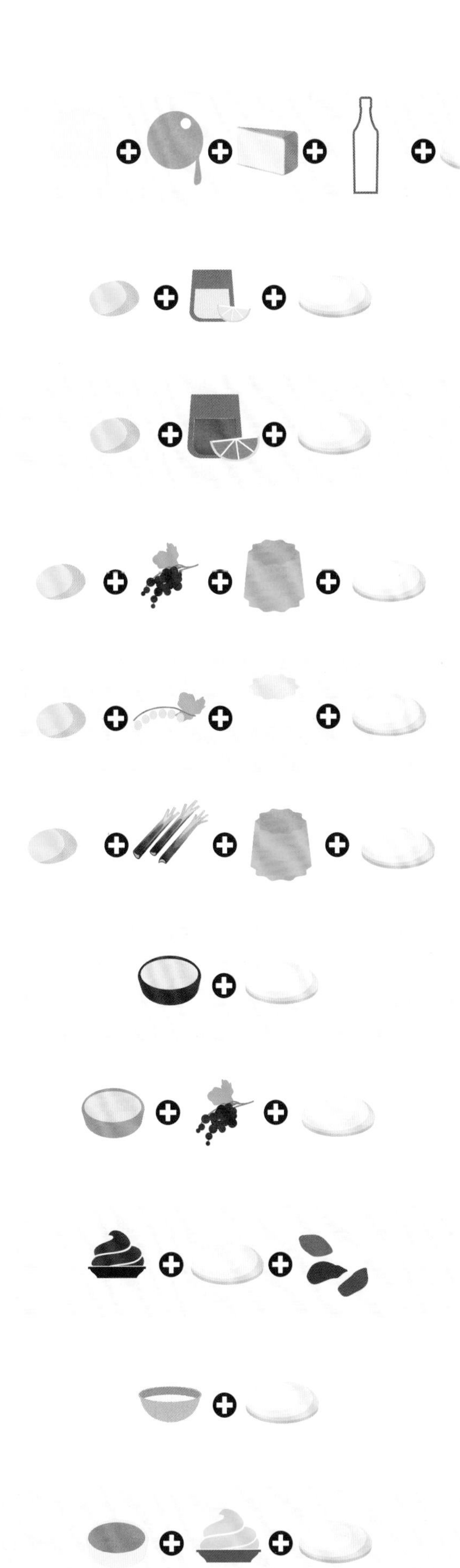

瑞士蛋白酥

瑞士蛋白酥较法式和意式蛋白酥更脆更硬。在搅打蛋清和糖时，需隔水加热。通常制成蘑菇形，常用于装饰圣诞树桩蛋糕。

制作方法

3个蛋清

180克糖（根据甜度可适量增减）

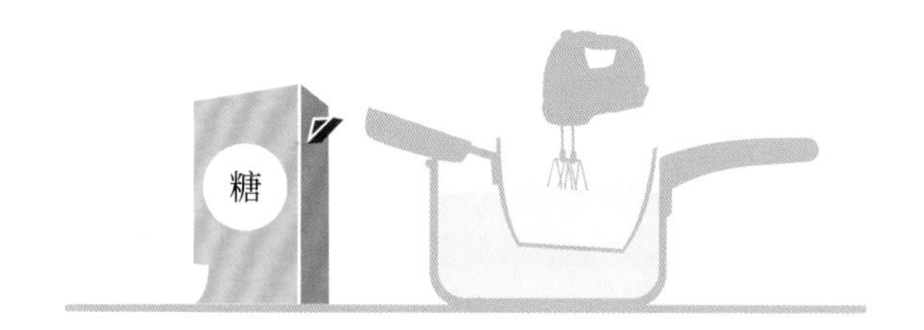

1 搅打蛋清和糖，并隔水加热（温度保持在55～60°C）。用打蛋器继续搅拌。

2 用裱花袋制成不同形状，如蘑菇形、花朵形等。

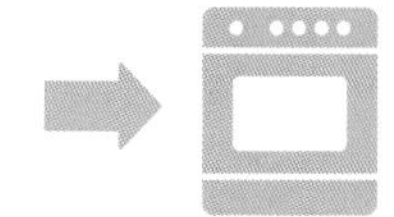

3 在预热至100°C的烤箱中烘焙约30分钟。

建议和窍门

- 小蛋白酥表面光滑，常制成纽扣形、花朵形、蘑菇形等。
- 可用粉质调色粉为蛋白酥着色。
- 蛋白酥应储存在密封容器中。

制作用于蛋糕装饰的黄油奶油瑞士蛋白酥

制作一碗约300克的蛋白酥

140克糖+2个蛋清+140克软化黄油+调味剂

1 准备瑞士蛋白酥蛋白糊。
2 用抹刀加入软化黄油和自选口味的调味剂。
3 将混合物放入裱花袋，装饰蛋糕。

调味创意

- 1茶匙香草籽
- 2汤匙可可粉
- 1茶匙肉桂粉
- 1茶匙姜粉
- 1汤匙柠檬皮
- 1汤匙橙皮
- 3滴咖啡香精
- 3滴开心果香精
- 2汤匙树莓果酱（请参阅第335页）
- 2汤匙草莓果酱（请参阅第335页）

瑞士甜点

蛋白酥+高脂厚奶油

这是一款制作简单的点心，只需要蛋白酥和高脂厚奶油。

高脂厚奶油可在超市或奶酪店购买。

1 在盘中放上1～2块蛋白酥。
2 加上厚奶油。
3 品尝。

酥脆夹心蛋白酥

瑞士蛋白酥+水果膏

1 将圆形或点状的蛋白糊放在衬有烘焙纸的烤盘中。
2 在预热至100°C的烤箱中烘焙30分钟。
3 将水果膏涂在一块蛋白酥上，然后盖上另一块蛋白酥。

蛋糕装饰

巧克力装饰

Décoration en chocolat

融化巧克力

为保持巧克力的光泽和润滑，在融化时请勿过热，建议使用厨用温度计。

建议用烤箱融化巧克力，不建议用微波炉融化巧克力。

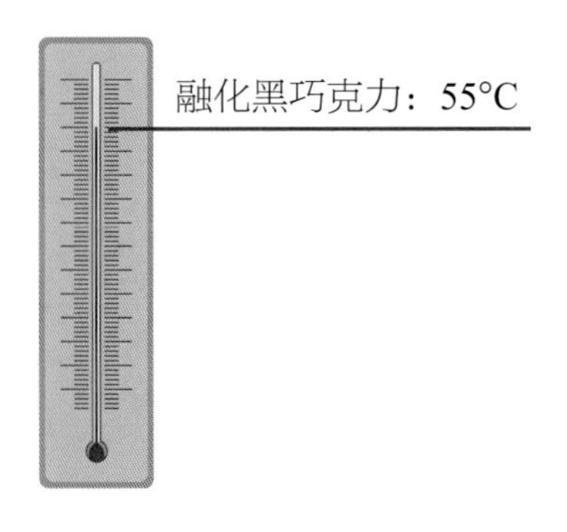

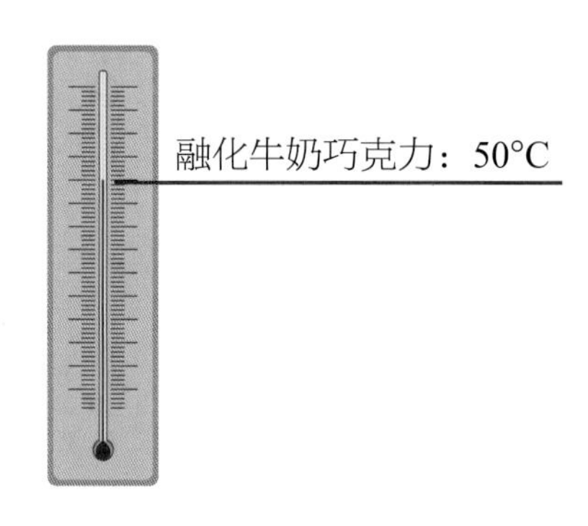

巧克力屑

1 将巧克力隔水加热至融化。

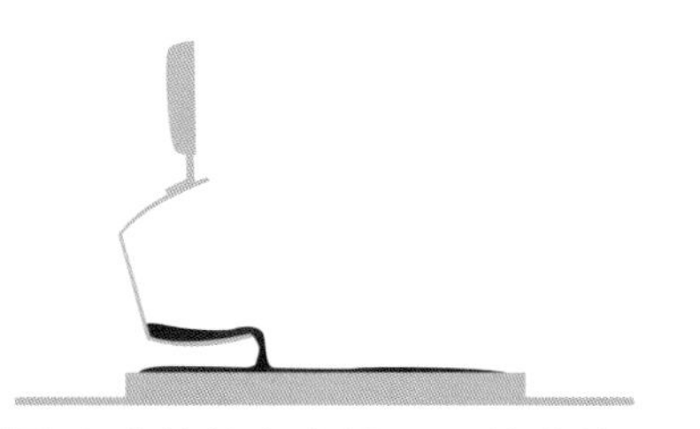

2 在凉的烤盘上铺一层较薄的巧克力。

3 静置冷却，然后用刮刀或无齿刀刮起。

巧克力叶子

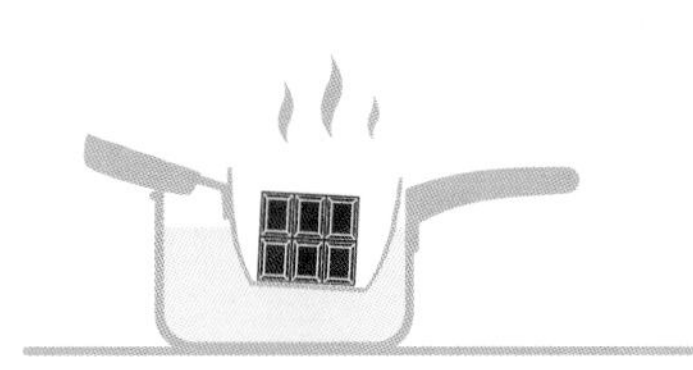

1 将巧克力隔水加热至融化。

2 用刷子在叶子（冬青叶或月桂叶）上均匀涂一层巧克力，静置晾干。

3 轻轻地将巧克力从叶子上剥下来。

巧克力装饰画

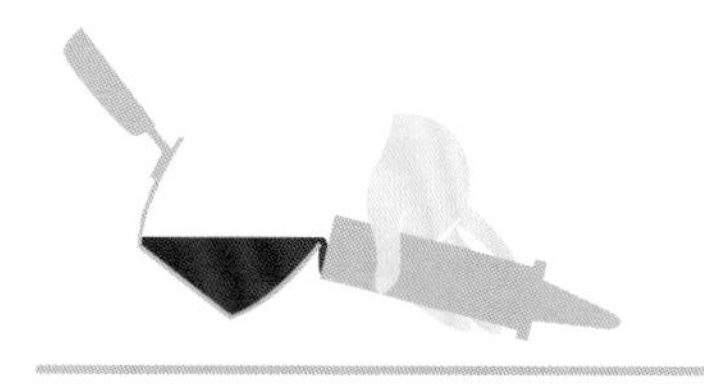

1 将融化的巧克力放入装饰笔或裱花纸袋中。

2 画出图案。

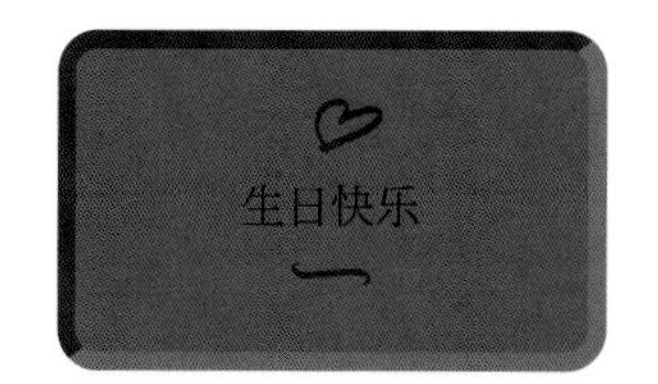

巧克力鸟巢

1 将巧克力隔水加热至融化。

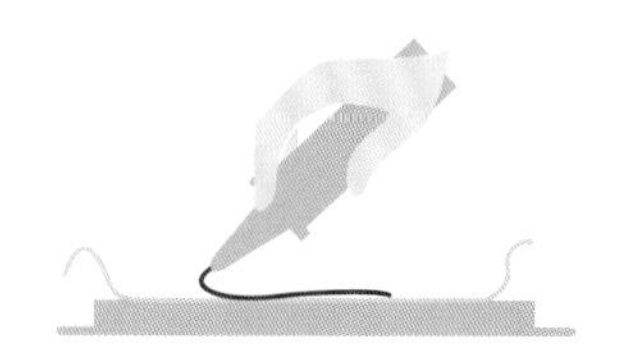

2 在冷冻过的烤盘上来回拉出巧克力丝，静置几分钟使其变硬。

3 轻轻剥离。

4 制成鸟巢形，用手适当扭动巧克力丝静置，使其变硬。

巧克力曲线条

1 将巧克力隔水加热至融化。

2 在冷冻过的烤盘上画出巧克力曲线，冷冻。

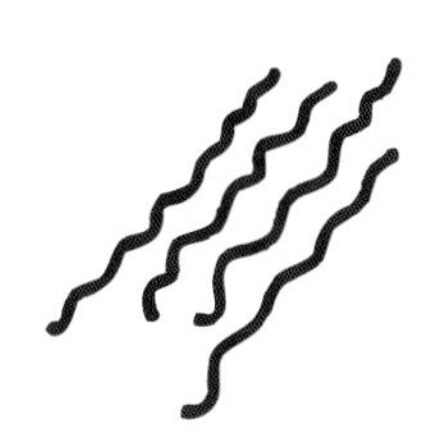

用硅胶模具或铁质模具制作异形巧克力（星形、心形、鱼形、花朵形）

1 将巧克力隔水加热至融化。

2 将融化的巧克力倒入模具中。

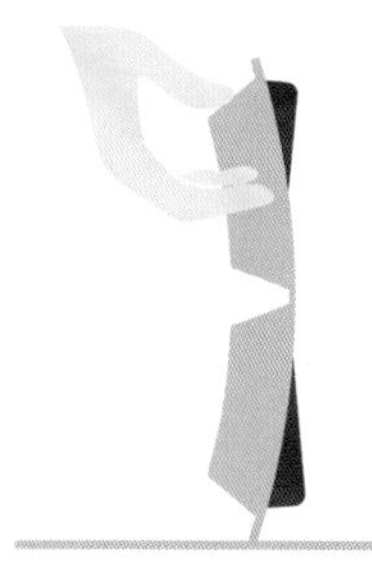

3 静置冷却后脱模。

水果装饰

Décors en fruits

焦糖新鲜水果或干果

200克砂糖+新鲜水果或干果+木扦

1 在平底锅中将一半的砂糖溶化，加热过程中用木铲搅拌。
2 当砂糖熬成液体时，加入其余的砂糖。
3 熬煮成棕黄色的液体焦糖。
4 冷却后，焦糖更加黏稠，用木扦穿过水果，浸入焦糖中，待其冷却变硬。

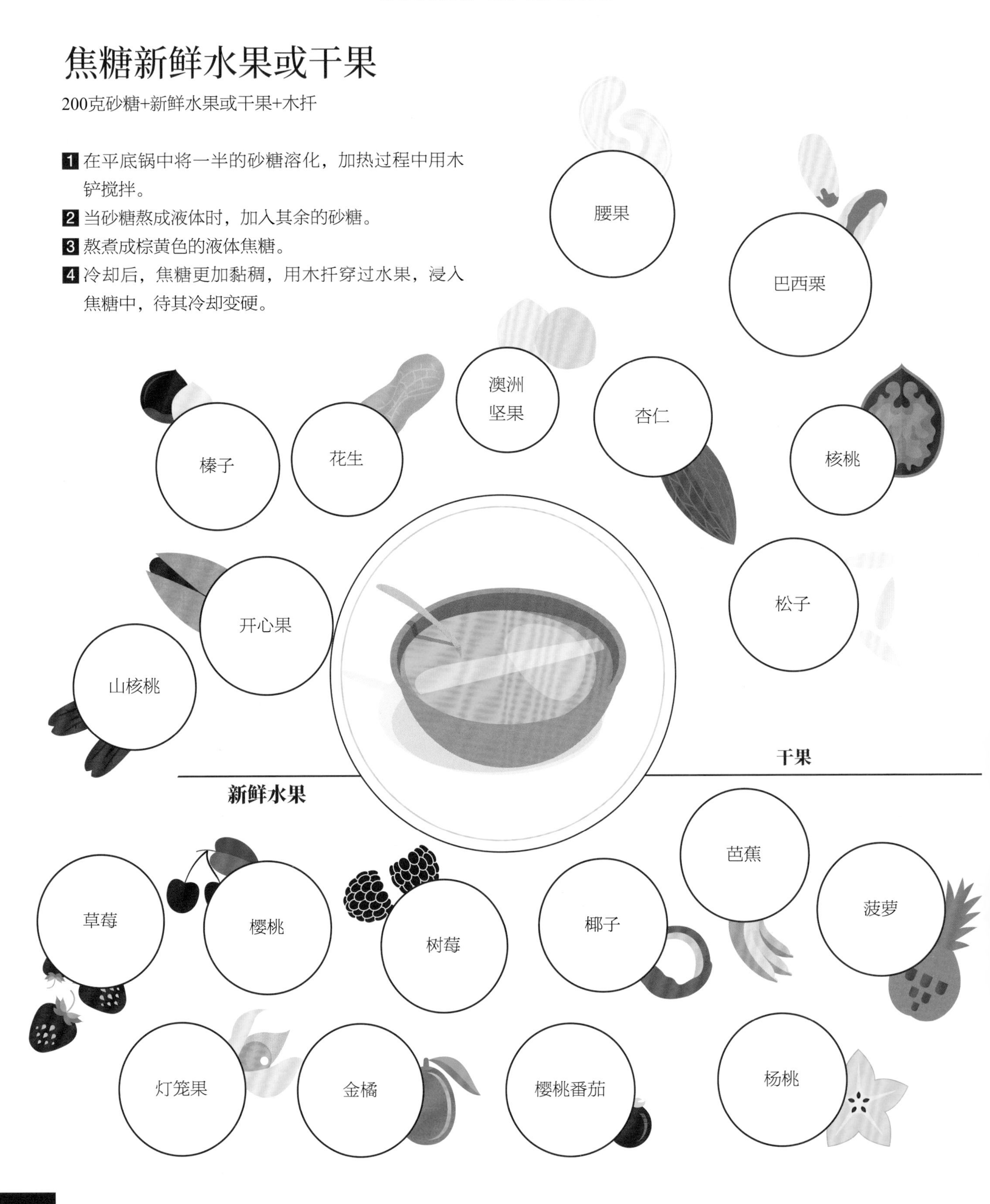

炸水果块

烤梨子和苹果

1个梨和1个苹果+柠檬汁+糖粉

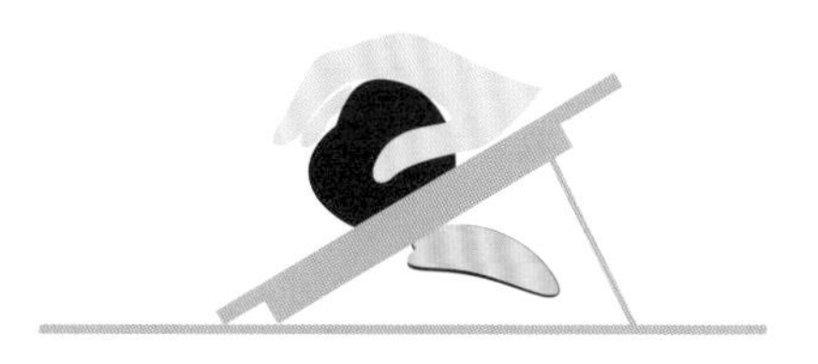

1 将烤箱预热至80°C。用切片器将带皮的水果切成约3毫米厚的水果片。

2 将水果片浸入柠檬汁。

3 将水果放在衬有烘焙纸的烤盘中，撒上糖粉。

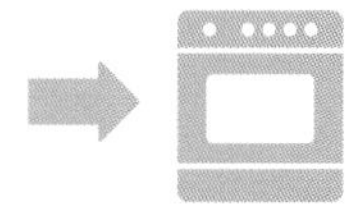

4 烘焙1小时30分钟。

烤草莓或无花果

6~7个草莓或无花果+50克糖粉+1个蛋清

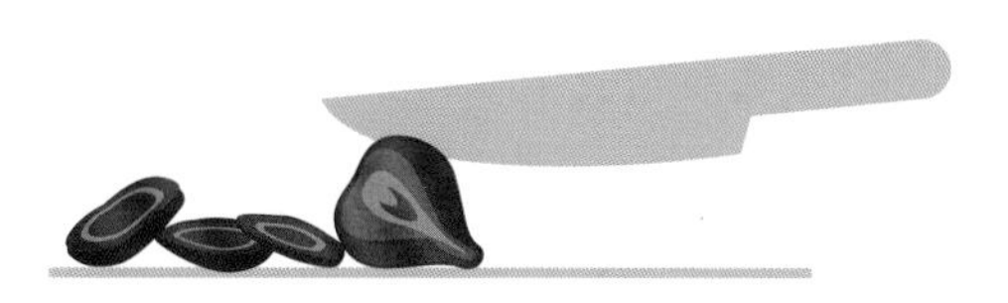

1 将烤箱预热至80°C。将草莓或无花果切成薄片。

2 搅打糖粉和蛋清。

3 将草莓或无花果放在衬有烘焙纸的烤盘中。

4 将蛋清或糖粉的混合物刷在水果上。

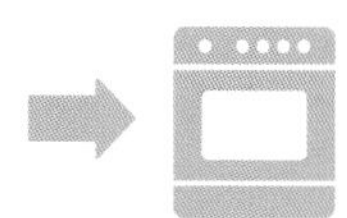

5 烘焙1小时。保存在铁盒中。

建议和窍门

可以为蛋清和糖粉的混合物调味：

- 2~3滴玫瑰花水
- 2~3滴橙花水
- 2~3滴紫罗兰糖浆

简易糖制品装饰

Déco facile en sucre

冰糖花朵、叶子或水果

制作方法

花朵、叶子或水果+1个蛋清+砂糖

1 用刷子在花朵或水果上刷一层蛋清。

2 浸入砂糖中，冷藏一晚。

3 保存在铁盒中。

用哪些花朵和叶子？

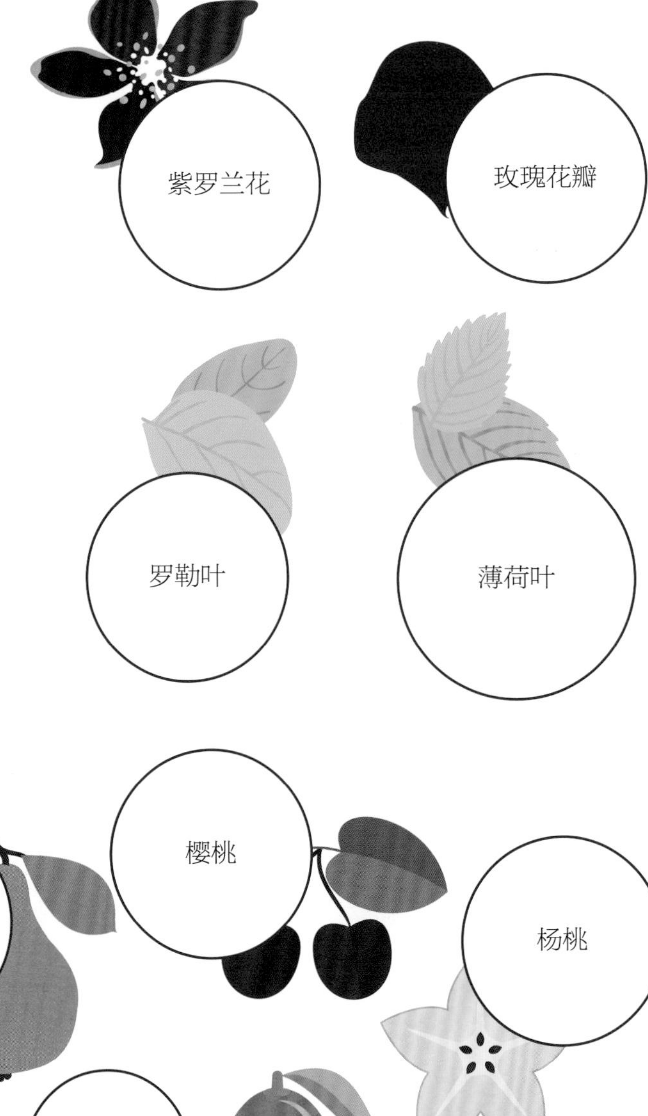

用哪些水果？

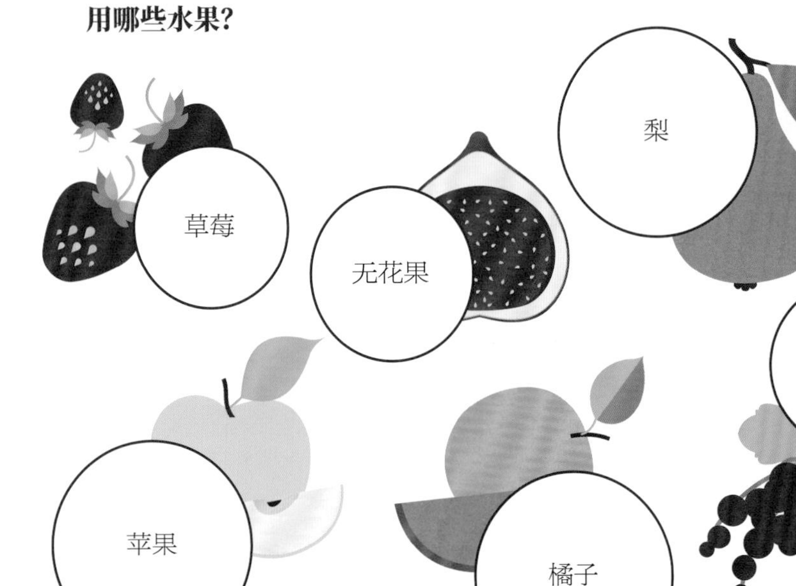

牛轧糖

制作方法

100克杏仁片+230克砂糖+5滴柠檬汁

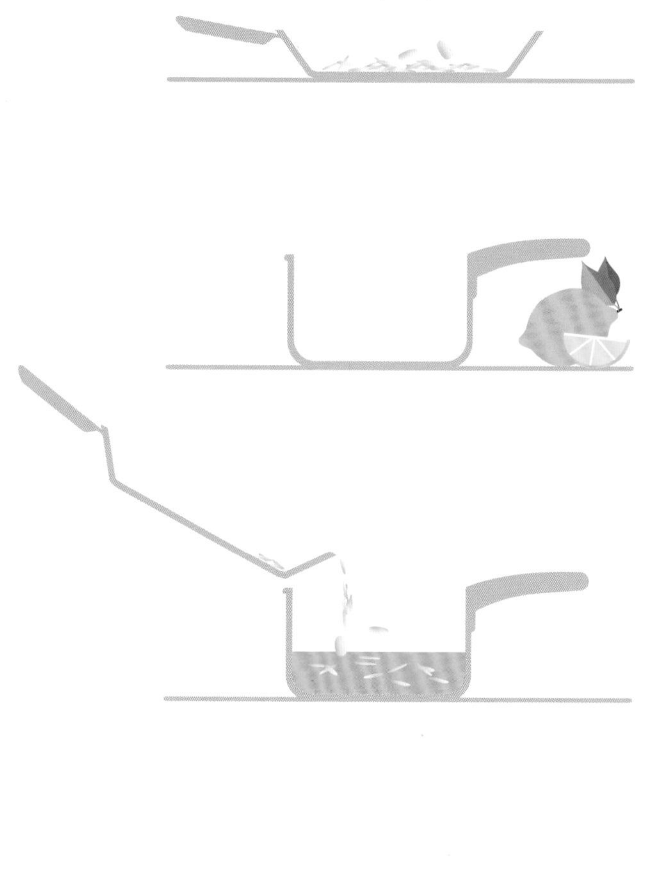

1 将杏仁片在平底锅中烤5分钟，加热过程中不断翻动。

2 将砂糖倒入长柄锅中，小火加热，熬煮成黄色的糖液，加入柠檬汁，熬成浓稠的焦糖。

3 加入杏仁片，然后倒在硅胶面板上。

4 揉和糖块，直至不会散开为止。

5 用擀面杖擀平并剪成所需的形状。

6 可剪成圆形，也可放入小模具中来制作牛轧糖杯子或其他形状，然后等待其冷却。

裱花装饰

Déco à la poche à douille

三角形的塑料或棉布涂层裱花袋十分实用，可重复使用。
这种裱花袋非常柔软，易于操作，可用热水清洗。
使用不锈钢或塑料材质的裱花嘴，可以制作出各种形状。

裱花袋

如果没有裱花嘴或裱花袋，可使用冷冻袋，并按需要剪下末端。
在手上将袋子翻开，放入奶油。剪开末端：

- 剪出小口，用于制作细线条。
- 斜剪，用于制作规则的线条或平面。
- 剪成三角形，用于制作装饰边。

折纸锥

也可以将烘焙纸剪成等腰直角三角形，将直角朝向自己，如图卷成锥状。将纸锥底部的尖角向内折叠固定，也可使用胶带固定。

选用哪种奶油放入裱花袋？

— 黄油奶油（请参阅第344页）
— 巧克力甘纳许（请参阅第358页）
— 卡仕达酱（请参阅第340页）
— 芝士奶油（请参阅第344页）
— 马斯卡彭奶酪奶油（请参阅第348页）
— 柠檬凝乳（请参阅第349页）
— 栗子酱
— 斯派库鲁斯饼干涂抹酱（请参阅第371页）
— 巧克力酱
— 黄油花生酱

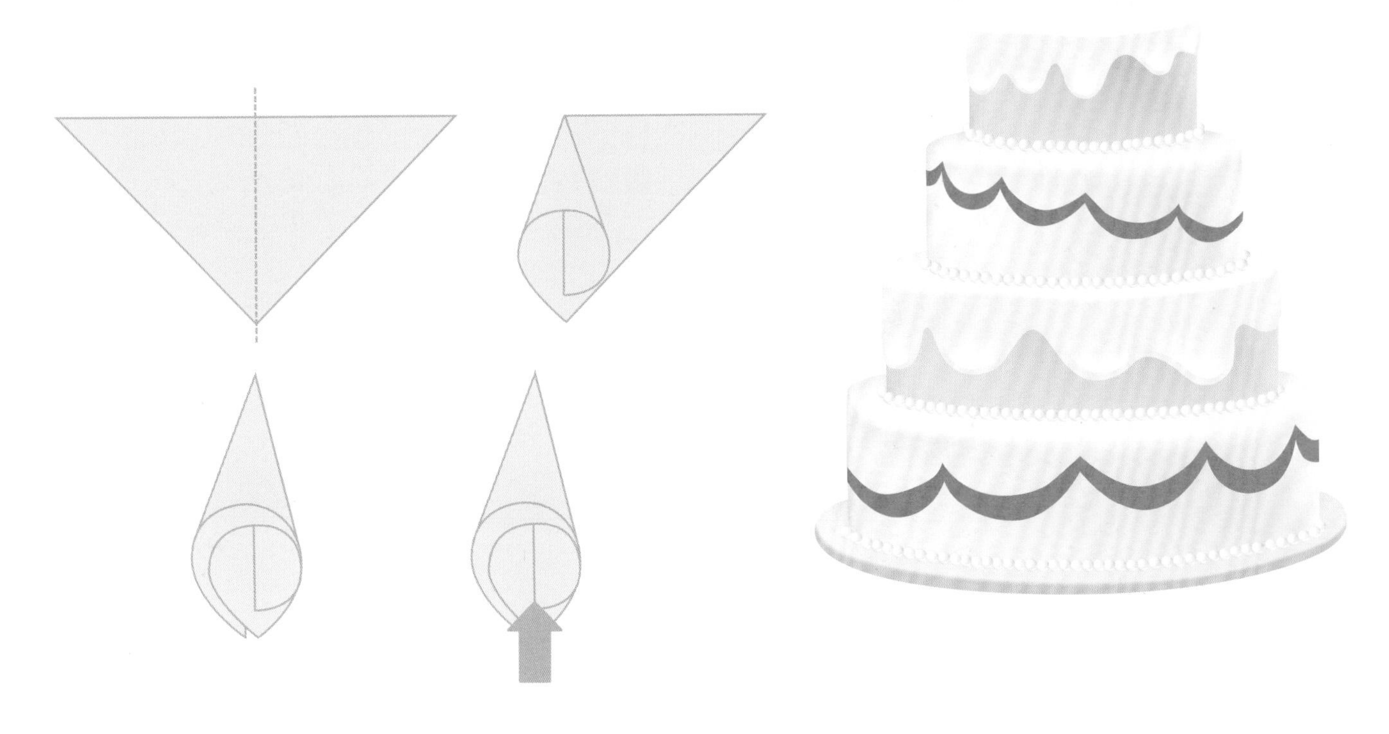

各类裱花嘴

— 锯齿裱花嘴：用于制作边框、蛋糕面和蔓藤花纹。

— 中号圆形裱花嘴：用于制作圆点并绘制粗线，也可用于制作马卡龙。

圆形裱花嘴：小开口的圆形裱花嘴可写字或点划线。

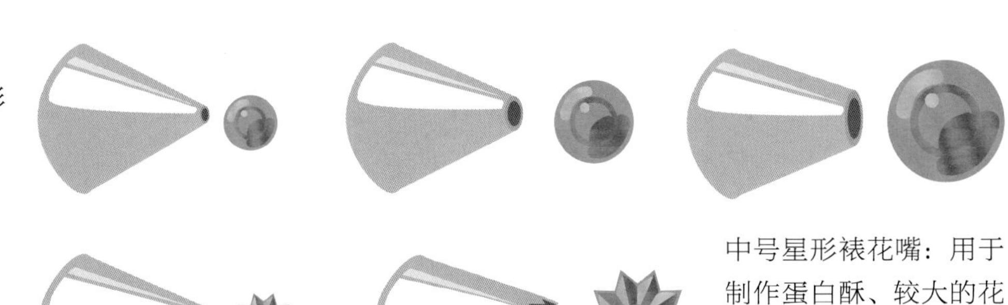

星形裱花嘴：制作星星。

中号星形裱花嘴：用于制作蛋白酥、较大的花朵、贝壳和杯子蛋糕奶油花。

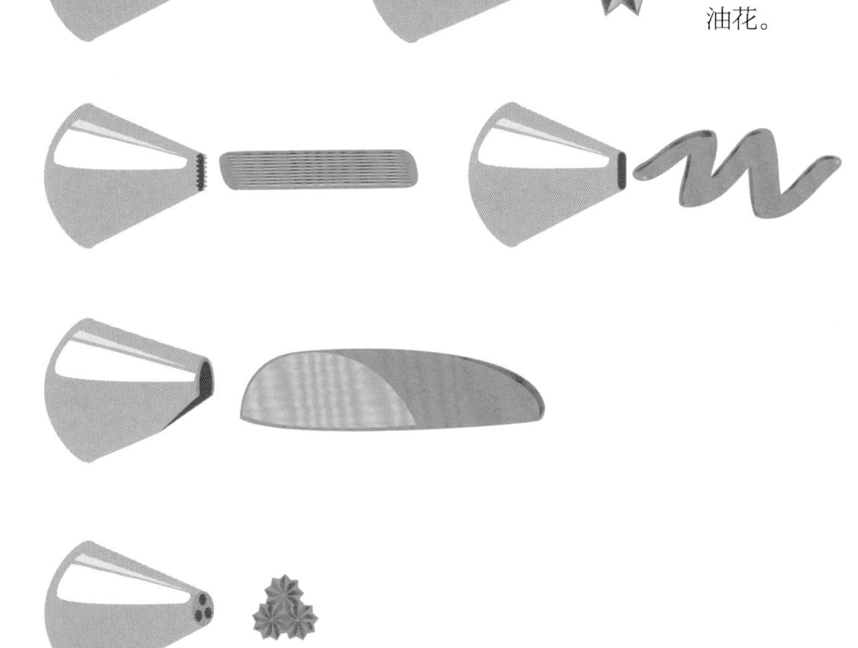

篮子或树桩裱花嘴：这种裱花嘴呈光滑或锯齿状，可以制作波浪、辫子和蔓藤花纹。

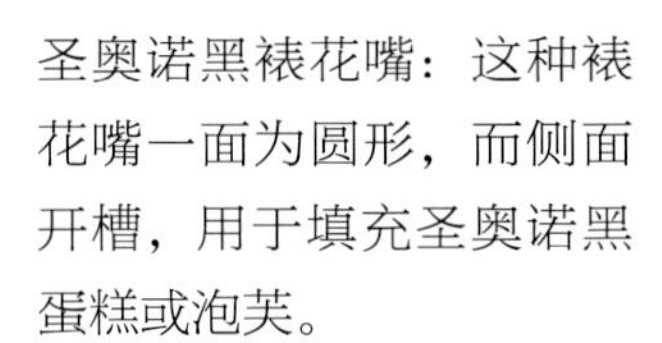

圣奥诺黑裱花嘴：这种裱花嘴一面为圆形，而侧面开槽，用于填充圣奥诺黑蛋糕或泡芙。

蜂巢裱花嘴：用于制作栗子蛋糕的细条或用于装饰复活节蛋糕。

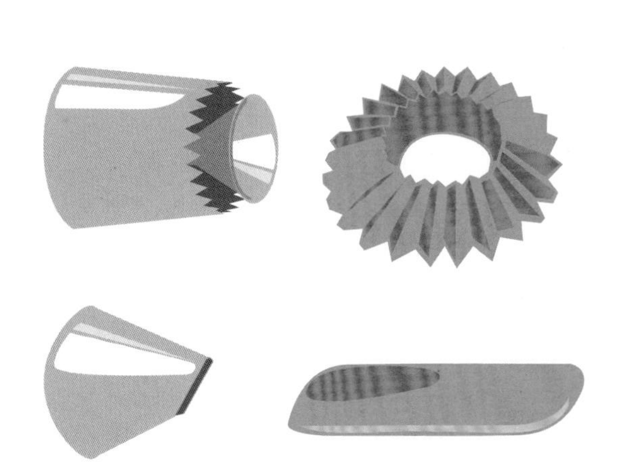

苏丹娜裱花嘴：用于装饰修女泡芙或其他蛋糕。

糖釉裱花嘴：有细锯齿，可使糖面光亮，用于制作泡芙和杯子蛋糕。

杏仁膏装饰

Décoration en pâte d'amandes

基本食谱

200克杏仁粉+200克糖粉
+2滴苦杏仁香精+40毫升水

1 将所有配料混合至颜色均匀。
2 制成球形，包上保鲜膜，冷藏2小时。
3 然后将杏仁膏在玉米淀粉或糖粉上铺开，用模具制作出想要的形状。

建议和窍门

- 可自选颜色为杏仁膏着色。
- 在杏仁膏中滴入几滴食用色素。戴上手套揉和杏仁膏。
- 提前准备各种颜色的杏仁膏。

杏仁膏的创意主题

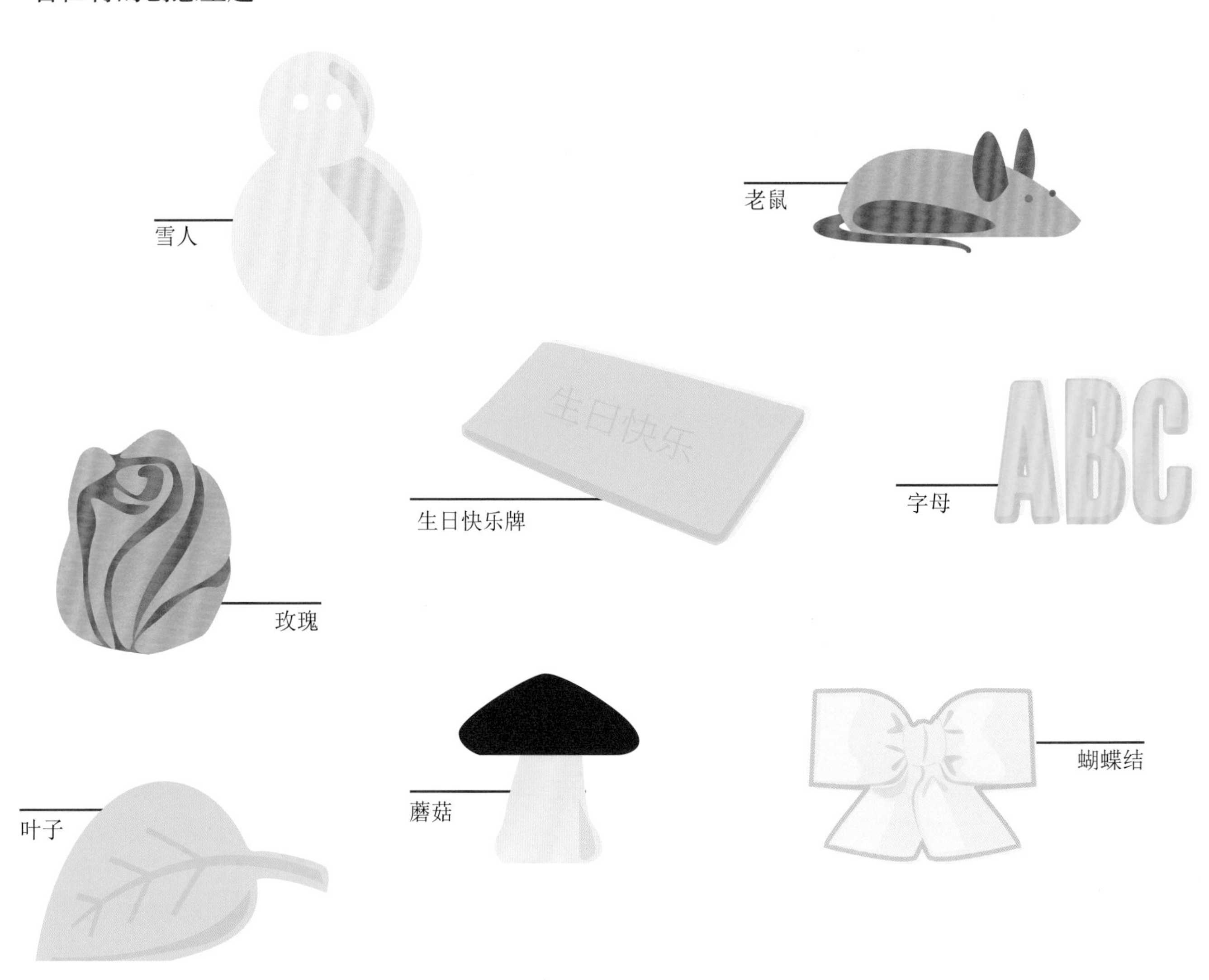

简易杏仁膏蛋糕面

可以在蛋糕上涂抹奶油或糖面，然后盖上杏仁膏或糖膏（请参阅第320页）。

1 先在蛋糕上涂抹黄油奶油或卡仕达酱。

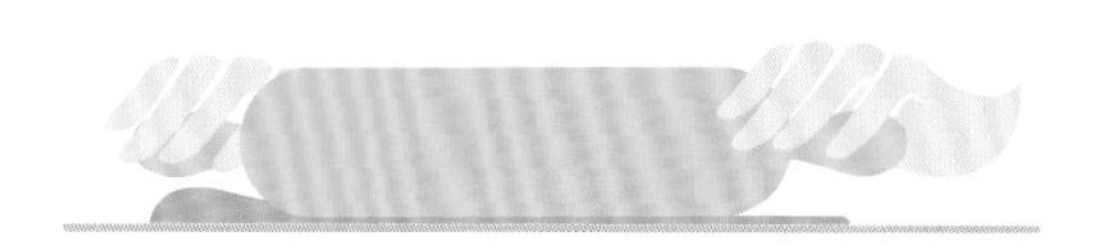

2 用擀面杖擀平杏仁膏，注意厚薄均匀。

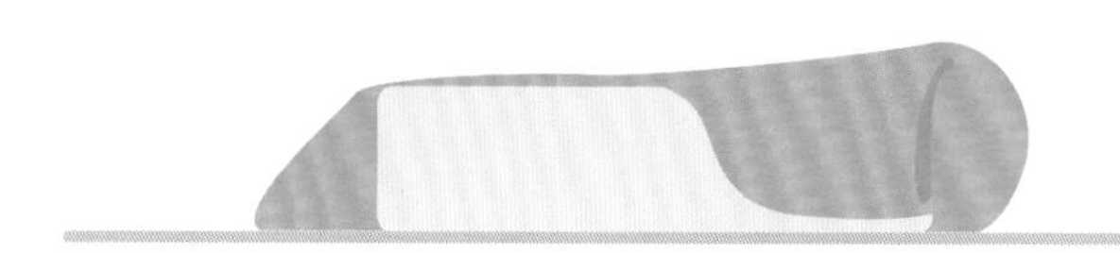

3 为避免撕破杏仁膏糖面，可用擀面杖将其提起，盖在蛋糕上。

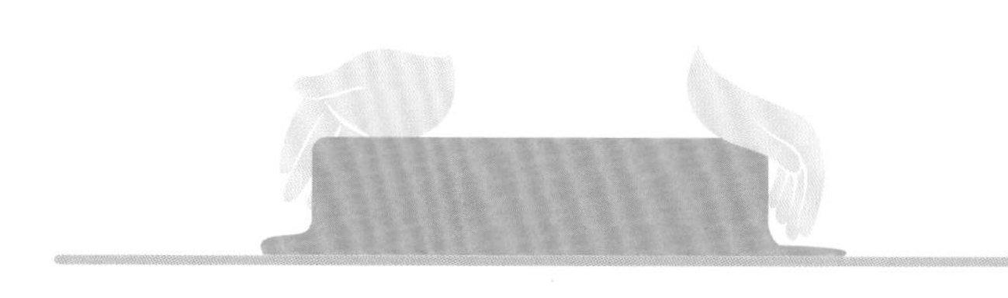

4 用手将杏仁膏糖面抚平，避免折痕。

5 盖好蛋糕后，用滚轮切刀切掉多余的部分。

糖膏装饰

Décoration en pâte à sucre

糖膏可用于装饰蛋糕，通常使用模具和硅胶板制作糖膏装饰。
市场上能够买到白色和彩色的糖膏。
自制糖膏时，可以用食用色素上色。

基本食谱

1块糖膏 • 准备时间：15分钟 • 烘焙时间：5分钟

12块白色（或粉色、绿色）棉花糖+500克糖粉+2汤匙水

1 将棉花糖隔水加热，直至获得均匀光滑的糖膏。
2 停止加热。
3 逐渐加入糖粉，直至糖膏不再黏稠。
4 用保鲜膜包裹糖膏，保存。

建议和窍门

- 如果使用白色的棉花糖，可进行调色处理。
- 可加入天然香料：草莓、柠檬、橙子、咖啡、橙花水等。

糖膏装饰

150克糖膏+糖粉+圆形切刀+1个玻璃杯

1 用擀面杖在撒有糖粉的案板上将糖膏擀平。
2 用刀切出3条大小相等的糖膏条。
3 切出一条长度为其他3条长度一半的糖膏条。
4 将前3条的末端切出尖角。
5 将其中一条对折，可在中间位置放一个玻璃杯，使其更容易固定，将末端用力捏合。
6 用小糖膏条绕过捏合处。
7 将其余2条的末端滑到下方制成蝴蝶结，干燥后装饰在蛋糕上。

糖膏蛋糕面

1个大蛋糕+杏子果酱或奶油淋面（请参阅第352页）或黄油奶油（请参阅第344页）+糖膏+糖粉

1 用杏子果酱或奶油淋面或黄油奶油涂抹整个蛋糕。
2 用手揉和糖膏。
3 在案板上撒糖粉，用擀面杖擀平糖膏。
4 将擀面杖从糖膏中间向边缘擀，注意不要擀破。
5 将糖膏皮用手掌托放至蛋糕上，从蛋糕中间位置开始放置，然后贴合边缘。
6 用刀切掉侧面多余的糖膏。
7 用模具制作出糖膏装饰，装饰蛋糕。

建议和窍门

- 擀糖膏时，建议使用防粘黏的擀面杖，并在案板上撒上糖粉。
- 如使用硅胶模具或模具切刀，建议在使用前撒上少许糖粉，以防止糖膏粘黏。
- 制作好的糖膏装饰在空气中易干裂，需用保鲜膜包裹保存。

糖膏玫瑰

150克糖膏+糖粉+圆形切刀+1个灯泡

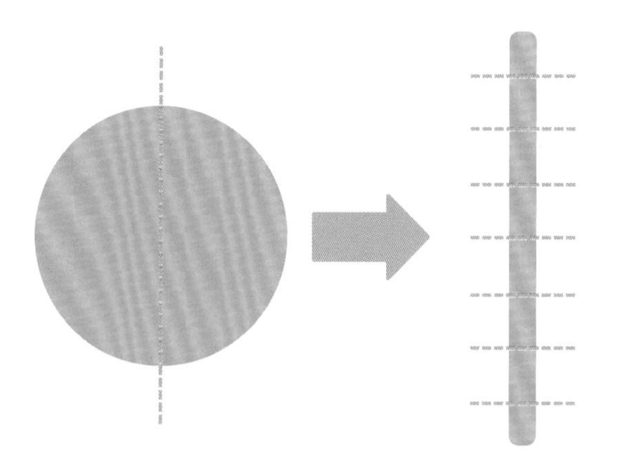

1 擀平糖膏前撒上糖粉。将糖膏切成两半，将一半卷成圆柱，等分切成八块。

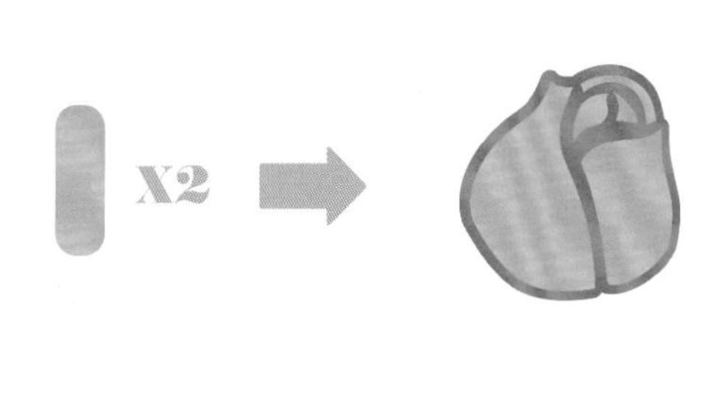

2 用两块圆柱制成圆锥状，组成花心。

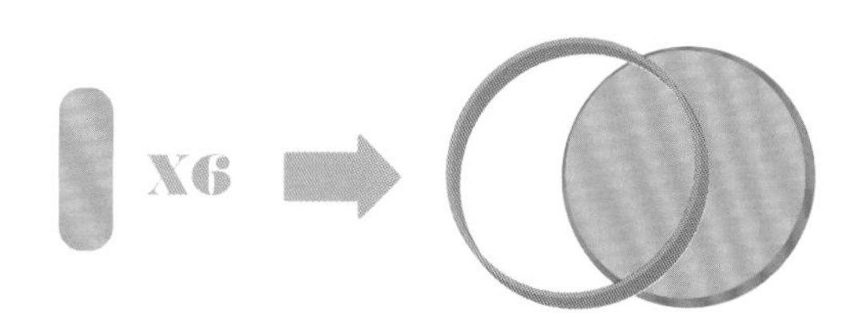

3 将剩余的糖膏用手指按平，用圆形切刀切开。

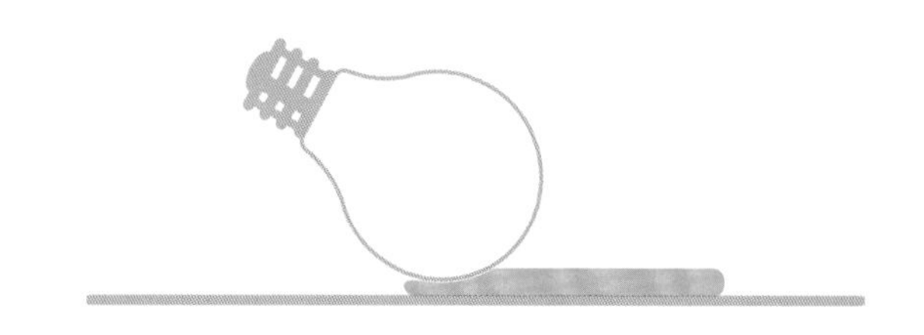

4 用灯泡按平边缘，制成花瓣。

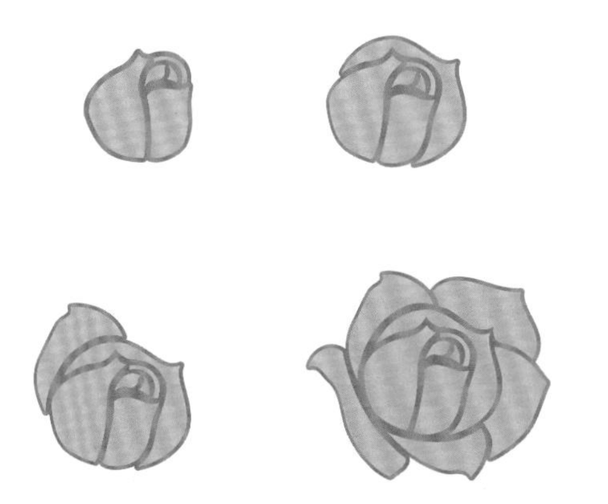

5 用一片花瓣包裹花心，在边缘处粘上其他花瓣，制成玫瑰形。

6 用刀切掉玫瑰边缘多余的糖膏。

杏仁膏和糖膏的简单创意

Sujets simples en pâte d'amandes ou en pâte à sucre

老鼠

1块白色糖膏+1块粉色糖膏
+糖珠+1条甘草糖

1 用白色糖膏制作水滴形的老鼠身体。
2 用粉色糖膏制作椭圆形的老鼠耳朵。用刷子蘸水，刷在糖膏上，将老鼠耳朵粘在身体上。
3 用粉色糖珠制作鼻子。
4 用两个黑色糖珠制作眼睛，然后用甘草糖制作尾巴。
5 用粉色糖膏制作爪子，粘在身体下方。

小鸡

1块黄色糖膏+1小块橙色糖膏+1支黑色食品笔或巧克力丝

1 揉出两个黄色糖膏球：一个制成身体，另一个制成头。
2 将小糖球粘在大糖球上。
3 用橙色糖膏制成小三角形，用水粘在黄色小球的中心。
4 用食品笔或巧克力丝制成眼睛。

拐杖糖

1块白色糖膏+1块红色糖膏

1 将两块糖膏卷成等长的条。
2 将两条糖缠绕卷起，制成拐杖的形状。

瓢虫

1块红色糖膏+1块黑色糖膏

1 揉出红色糖膏球，压扁，制成瓢虫的身体，用刀背划开中间部分。
2 揉出黑色小球，然后稍稍将其固定在红色瓢虫身体上，制作两个黑色触角，切出眼睛和嘴巴。
3 制作黑色的小圆点，粘在瓢虫的背面。

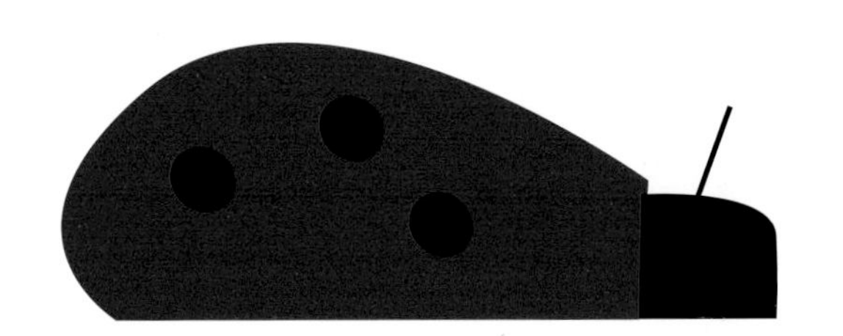

企鹅

1块黑色糖膏+1块白色糖膏+1块橙色糖膏

1. 用黑色糖膏制作一个椭圆形小球，作为企鹅的身体。
2. 将白色糖膏制成椭圆形，贴在企鹅身体前面。
3. 将黑色糖膏切成半月形，制成翅膀，粘在身体两侧，盖在白色糖膏上。
4. 用1个黑色的糖膏球制成企鹅的头，粘在企鹅的身体上。用白色圆形糖膏制成企鹅的眼睛。
5. 用橙色糖膏制成企鹅的嘴。
6. 用橙色糖膏制成企鹅的脚蹼，用水固定在企鹅身上。

圣诞星星松树

1块绿色糖膏+糖粉

1. 将糖膏擀平，约4毫米厚。
2. 用切刀切成星形。
3. 将小星星叠放在大星星上，制成松树形，把最后一颗星星竖放在顶部，撒上糖粉。

简易圣诞松树

1块深绿色糖膏+1块鲜红色糖膏+1块黄色糖膏

1. 将绿色糖膏用手揉成条状。
2. 将糖条螺旋状卷起。
3. 将红色糖膏做成小糖球粘在松树上。
4. 将黄色糖膏切成星形，放在松树上。

奶油慕斯和果酱

慕斯

Mousses

慕斯质感轻盈，有泡沫般的口感。
可用勺子直接品尝，也可搭配酥皮面包、海绵蛋糕、饼干和蛋白酥享用。

黑巧克力慕斯或牛奶巧克力慕斯

基本食谱

200克黑巧克力或牛奶巧克力
6个鸡蛋
2克盐

1 将巧克力隔水加热至融化。分离蛋清和蛋黄。
2 离火，逐渐加入搅拌好的蛋黄。
3 在蛋清中加入盐，打发。
4 将蛋清轻轻加入巧克力中，注意不要搅碎气泡。
5 冷藏静置4小时。

其他食谱

黄油食谱：200克巧克力+20克黄油+6个打发的蛋清。
无鸡蛋食谱：200克巧克力+250毫升掼奶油。
素食食谱：200克巧克力+250毫升植物奶油。

趣味创意

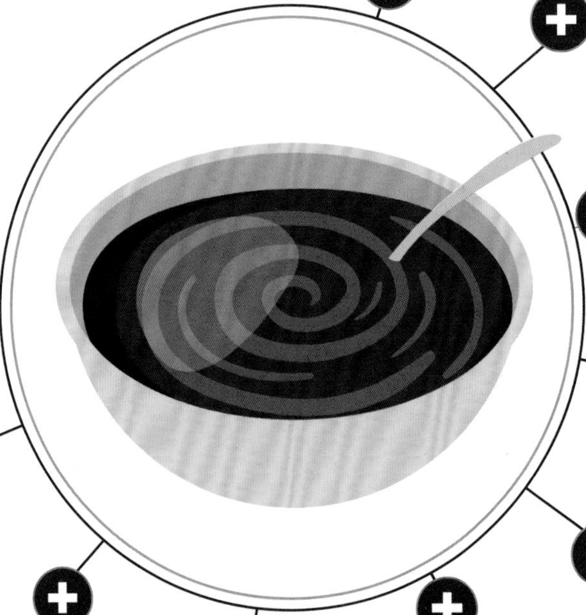

2汤匙糖
1茶匙香草籽
1茶匙速溶咖啡
1茶匙四香粉
2汤匙薄荷糖浆
2滴苦杏仁香精
1汤匙橙皮
1汤匙姜
1汤匙香橙力娇酒
1汤匙朗姆酒

白巧克力慕斯

基本食谱

180克白巧克力+200毫升掼奶油

1 将白巧克力隔水加热至融化。
2 离火，加入掼奶油，搅拌均匀。
3 冷藏静置4小时。

其他食谱

加马斯卡彭奶酪食谱：200克白巧克力+200克马斯卡彭奶酪 +6个鸡蛋。
加蛋清食谱：250克白巧克力+40克黄油+4个加50克糖打发的蛋清。
素食食谱：使用植物奶油。

趣味创意

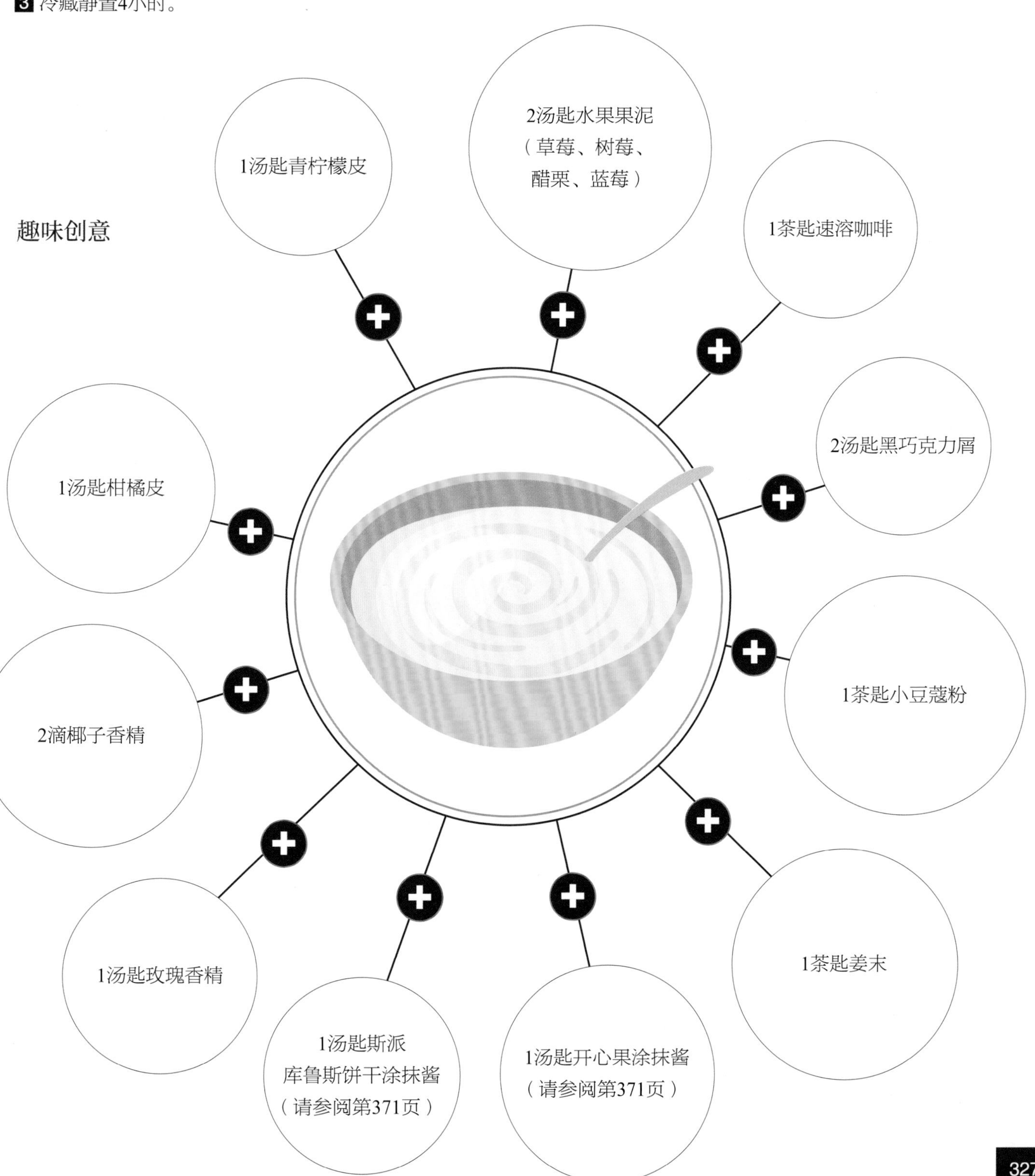

水果慕斯

基本食谱

150克加糖水果果泥
2片明胶
150毫升液体奶油

1. 用冷水浸泡明胶。
2. 小火加热一半水果果泥，将果泥加热至温热。
3. 加入明胶和剩余的水果果泥，混合搅拌。
4. 打发奶油，放入水果果泥。冷藏保存。

使用琼脂的创意

用12克琼脂代替明胶，或根据产品说明使用。

使用鸡蛋的创意

150克水果
3汤匙糖
1汤匙水
2片明胶
2个鸡蛋
125毫升液体奶油

1. 加热水果、糖和水。
2. 用水浸泡明胶片。
3. 分离蛋清和蛋黄。将蛋黄加入水果中，搅拌，然后放入明胶。倒入奶油后，冷却至温热。打发蛋清，轻轻加入混合物中。
4. 静置冷藏4小时。

使用白奶酪的创意

250克新鲜水果
150克白奶酪
30克糖
50毫升液体奶油
2克琼脂

1. 混合水果、白奶酪和糖。
2. 加热放入琼脂的奶油。
3. 将奶油加入水果、白奶酪和糖的混合物中，冷藏。

使用哪些水果？

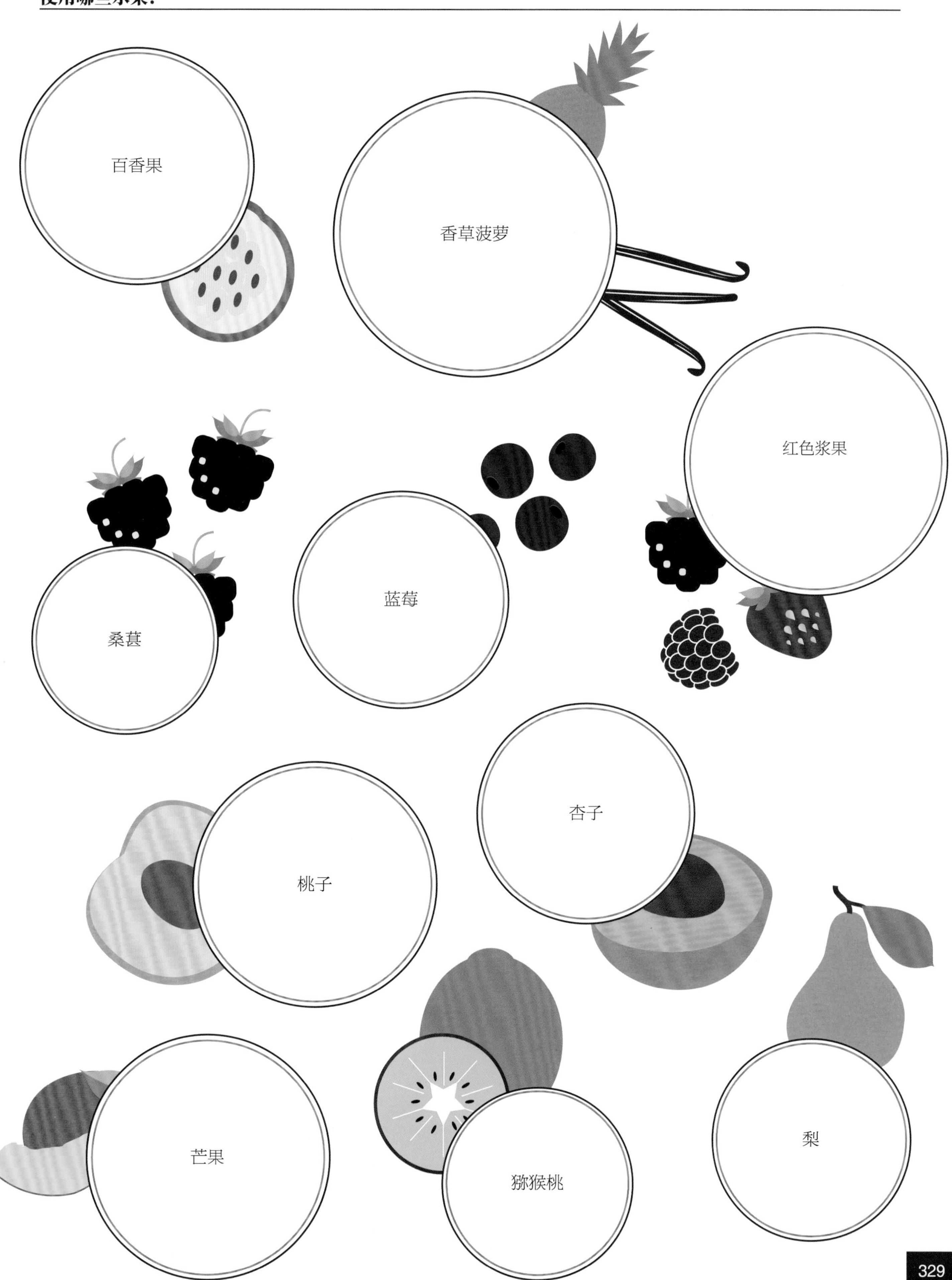

其他慕斯

焦糖慕斯

2片明胶+1个蛋黄+125克焦糖液+1汤匙玉米淀粉+125毫升全脂牛奶+200毫升掼奶油

1. 用冷水浸泡明胶。
2. 将焦糖液倒入大碗中，加入蛋黄和玉米淀粉，搅拌。
3. 小火煮开牛奶，倒入焦糖并搅拌，继续加热，变浓稠后加入明胶。
4. 静置冷却后加入掼奶油。

趣味创意

琼脂食谱：用琼脂代替明胶（或根据产品说明使用）。
轻食食谱：使用脱脂牛奶。
素食食谱：用植物奶或植物奶油代替牛奶和奶油。

香草慕斯

1升全脂牛奶+2个香草豆荚+100克糖+5汤匙玉米淀粉+5个鸡蛋

1. 在锅中小火加热牛奶。
2. 将香草豆荚切成两半，加入糖，小火煮10分钟。
3. 加入玉米淀粉，小火加热并搅拌。冷却。
4. 分离蛋清和蛋黄，将蛋黄放入混合物中。
5. 打发蛋清。
6. 轻轻倒入混合物中。
7. 冷藏4小时后品尝。

趣味创意

+2汤匙速溶咖啡
+4粒豆蔻
+2汤匙蜂蜜
+4根肉桂

法式果仁酱慕斯

170克法式果仁酱巧克力+10克黄油+200毫升掼奶油

1. 将巧克力隔水加热至融化。
2. 加入切成小块的黄油。
3. 搅打掼奶油，逐渐加入巧克力。
4. 倒入玻璃杯中，冷藏静置4小时。

趣味创意

白巧克力+青柠檬
黑巧克力+鲜姜末
牛奶巧克力+1汤匙咖啡

开心果慕斯

150克马斯卡彭奶酪+2个鸡蛋+50克糖+1片明胶+1汤匙开心果涂抹酱+1汤匙牛奶

1. 分离蛋清和蛋黄，将蛋黄和糖搅打成慕斯状。
2. 用水浸泡明胶片。
3. 将明胶片捞起放入牛奶中，倒入蛋黄和糖的混合物中。
4. 加入马斯卡彭奶酪和开心果涂抹酱。
5. 打发蛋清，然后将其轻轻地加入混合物中。
6. 静置冷藏4小时。

建议和窍门

- 加入绿色食用色素可制作出绿色慕斯。
- 为慕斯增加酥脆的口感，可加入150克开心果碎和焦糖碎。

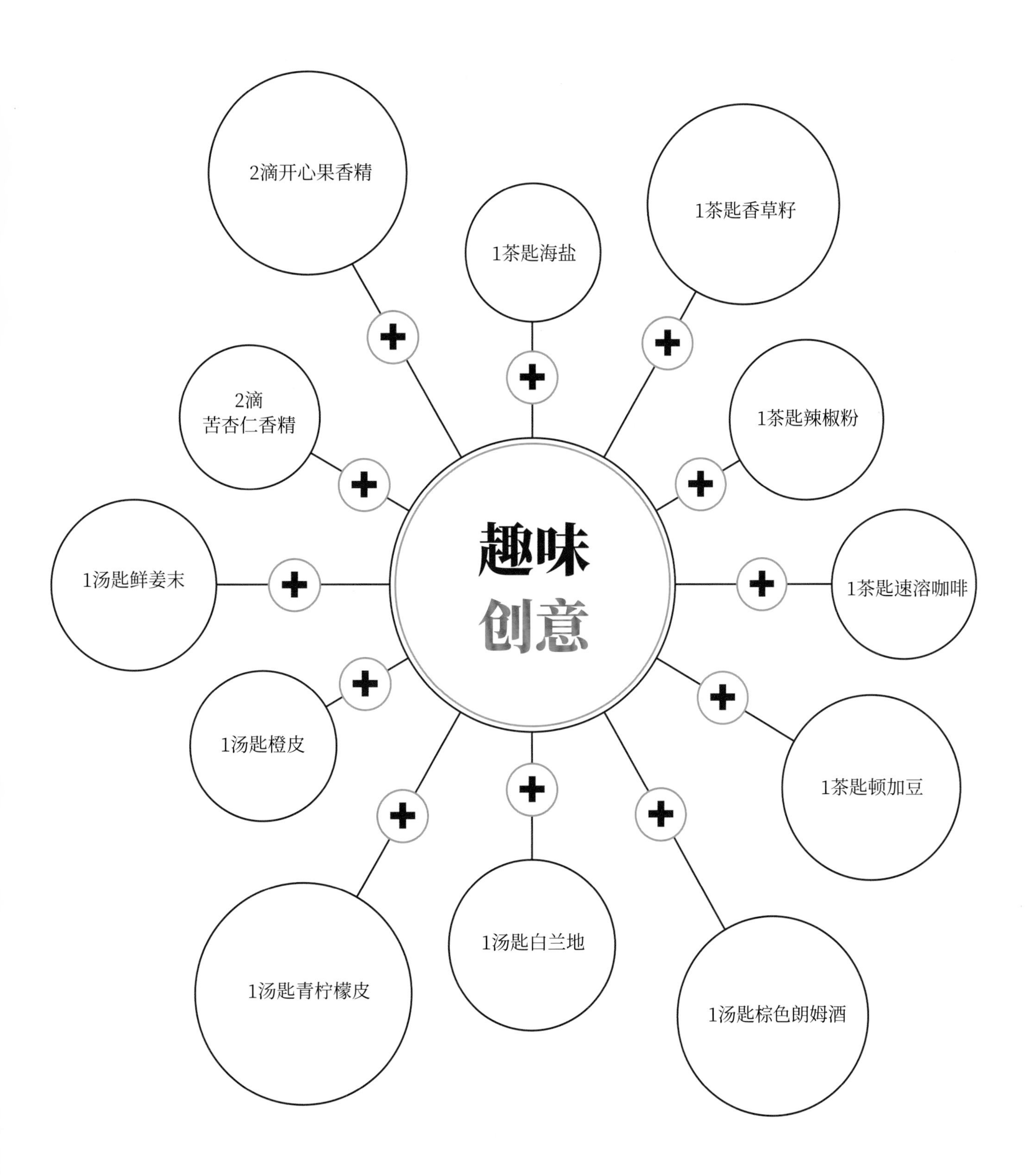
2滴开心果香精
1茶匙海盐
1茶匙香草籽
2滴
苦杏仁香精
1茶匙辣椒粉
趣味
创意
1汤匙鲜姜末
1茶匙速溶咖啡
1汤匙橙皮
1茶匙顿加豆
1汤匙白兰地
1汤匙青柠檬皮
1汤匙棕色朗姆酒

酱汁

Coulis

酱汁是由水果、巧克力或焦糖制成的糖浆制剂，
用于覆盖蛋糕、冰淇淋、可丽饼、华夫饼、酸奶、白奶酪、奶油、挞派或吐司。

巧克力酱

制作原则

- 加热液体（水、奶油或牛奶），倒入巧克力块并融化。
- 搅拌，直至获得均匀的混合物。
- 可按需加入调味黄油。

3种基础食谱

轻食速成巧克力酱

150毫升牛奶（全脂牛奶、半脱脂牛奶或脱脂牛奶）+200克黑巧克力

浓郁巧克力酱

100克掼奶油+80克黑巧克力+25克黄油

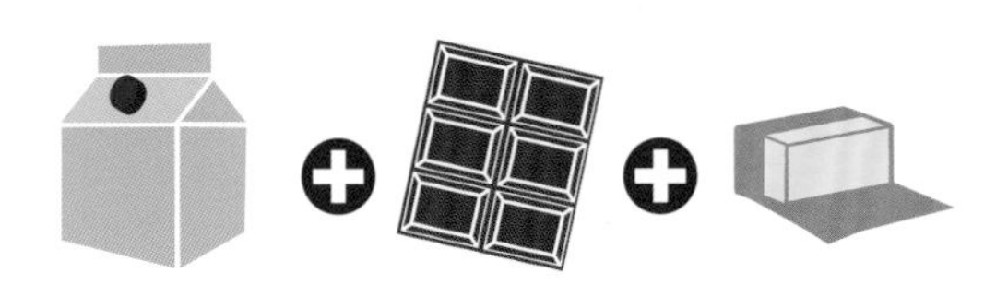

奶油巧克力酱

200克巧克力+3汤匙牛奶+80克黄油+1汤匙糖+2个蛋黄

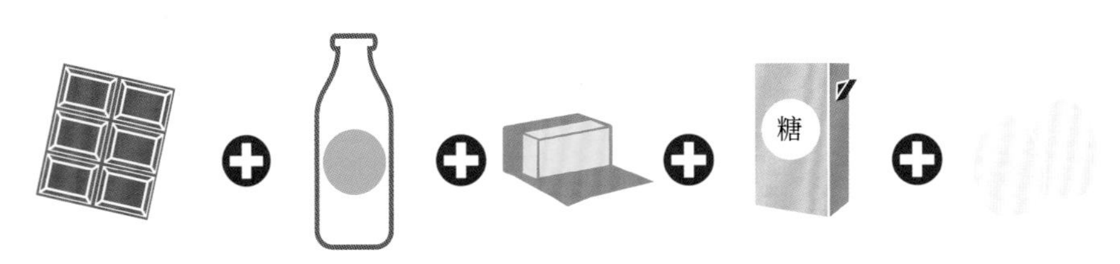

趣味创意

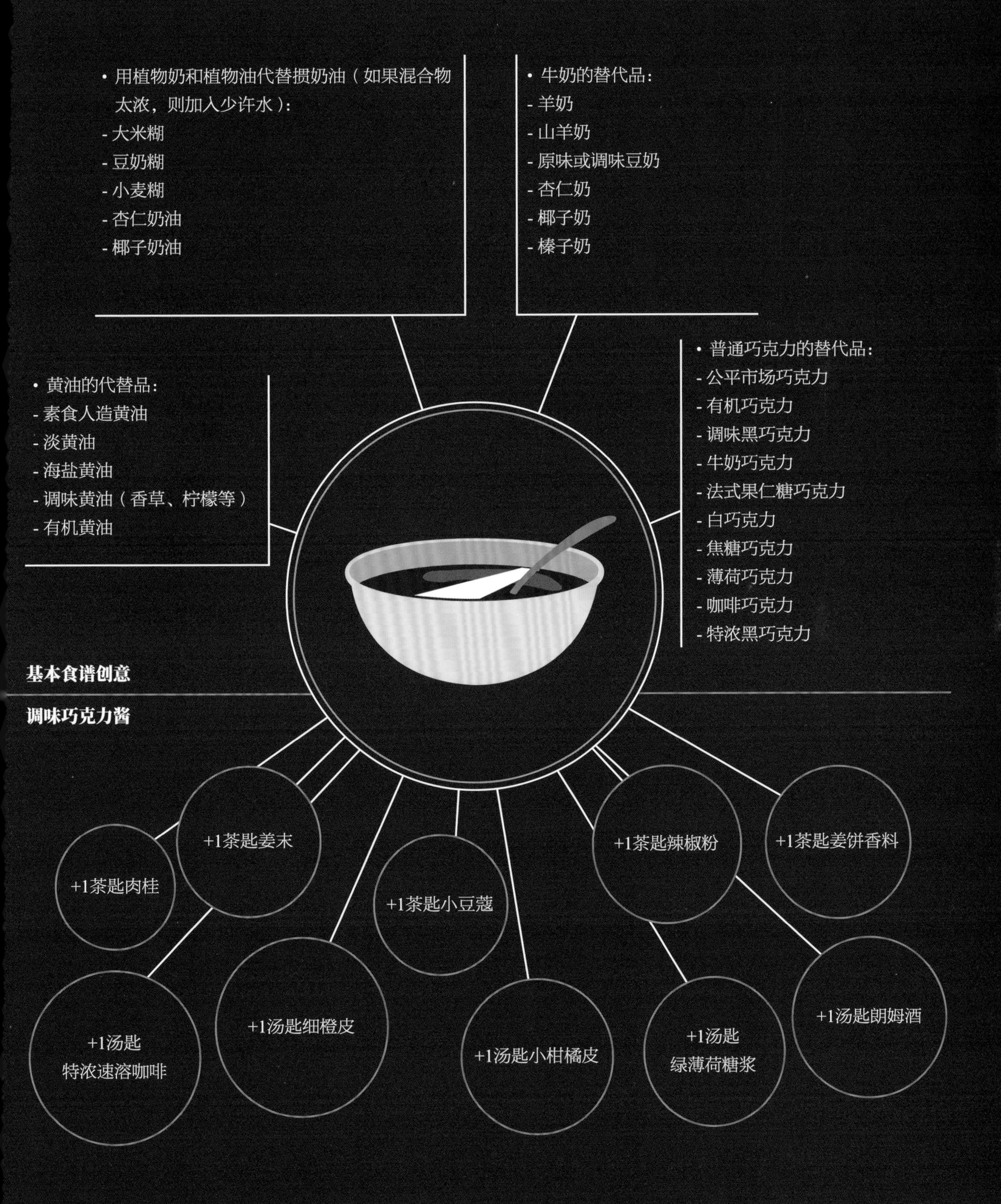

• 用植物奶和植物油代替掼奶油（如果混合物太浓，则加入少许水）：
- 大米糊
- 豆奶糊
- 小麦糊
- 杏仁奶油
- 椰子奶油
• 牛奶的替代品：
- 羊奶
- 山羊奶
- 原味或调味豆奶
- 杏仁奶
- 椰子奶
- 榛子奶
• 黄油的代替品：
- 素食人造黄油
- 淡黄油
- 海盐黄油
- 调味黄油（香草、柠檬等）
- 有机黄油
• 普通巧克力的替代品：
- 公平市场巧克力
- 有机巧克力
- 调味黑巧克力
- 牛奶巧克力
- 法式果仁糖巧克力
- 白巧克力
- 焦糖巧克力
- 薄荷巧克力
- 咖啡巧克力
- 特浓黑巧克力
基本食谱创意
调味巧克力酱
+1茶匙姜末
+1茶匙肉桂
+1茶匙小豆蔻
+1茶匙辣椒粉
+1茶匙姜饼香料
+1汤匙特浓速溶咖啡
+1汤匙细橙皮
+1汤匙小柑橘皮
+1汤匙绿薄荷糖浆
+1汤匙朗姆酒

焦糖酱

基本食谱

100克砂糖+150毫升液体奶油+50克黄油

1 将砂糖在平底锅中加热。
2 直至砂糖变为黄色，加入奶油和黄油块，小心液体喷溅。
3 充分搅拌。

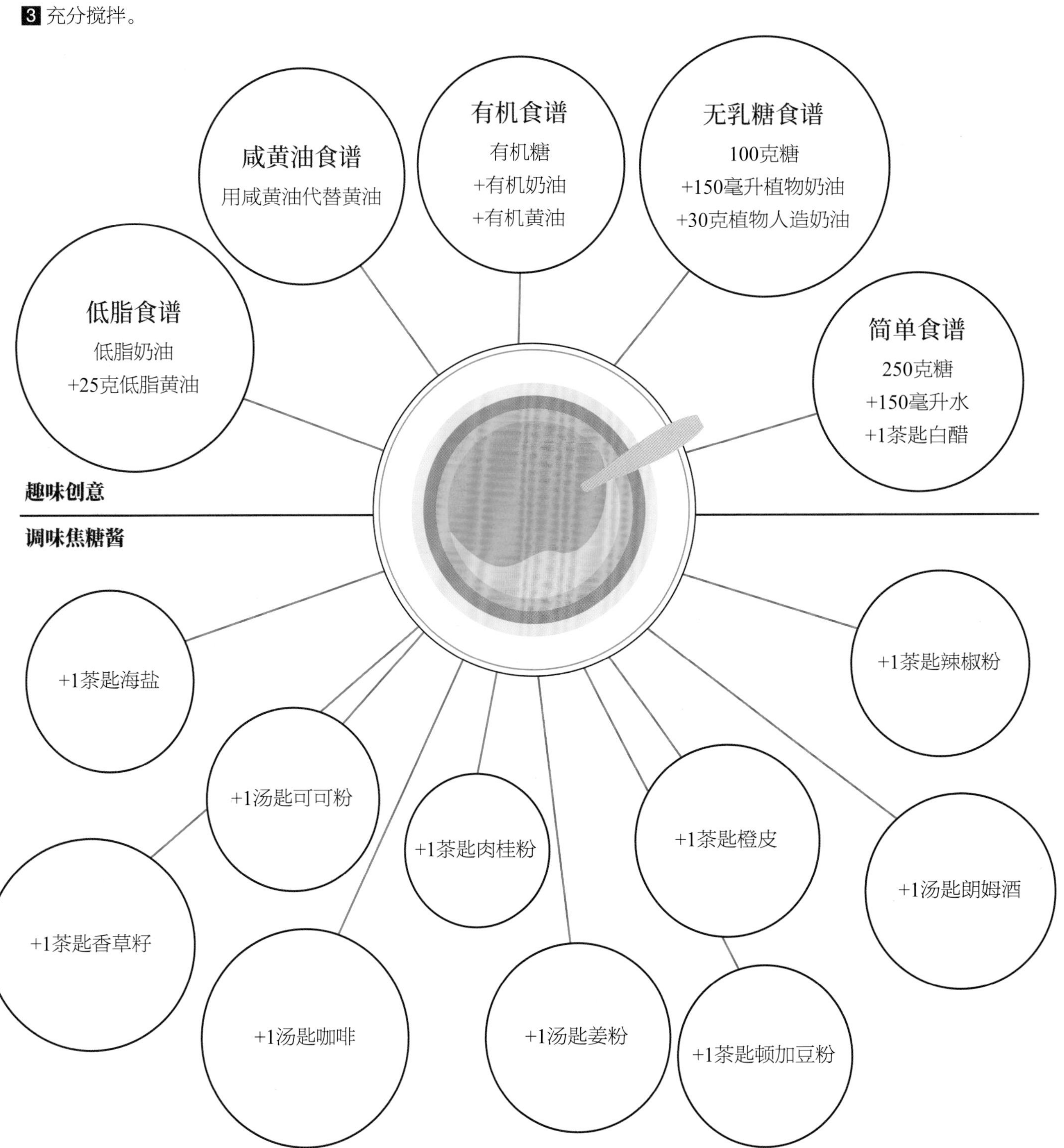

新鲜水果酱

制作方法

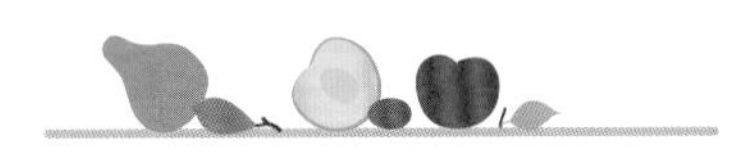

1 将水果洗净晾干。

2 去皮去核。

3 倒入搅拌机中，混合，加入几滴柠檬汁。如混合物较浓稠，可加入2汤匙水。加糖后品尝。

果酱创意

300克树莓

300克树莓+1汤匙紫罗兰糖浆

300克树莓+1汤匙樱桃糖浆

300克红色浆果+1袋香草糖

300克草莓

300克草莓+1汤匙石榴糖浆

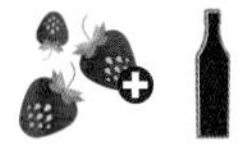

300克草莓+1汤匙鲜姜末

300克草莓+2汤匙橙汁

300克草莓+2汤匙菠萝糖浆

300克蓝莓+2袋香草糖

300克黑加仑+2汤匙黑加仑利口酒

3个芒果+1个柠檬榨汁+1汤匙黑胡椒

3个芒果+1个橙子榨汁

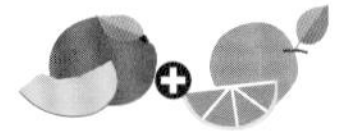

1个菠萝+5片薄荷叶

1个菠萝+2汤匙椰子酒

2个芒果+2个百香果

3根香蕉+2汤匙枫糖浆+2汤匙水

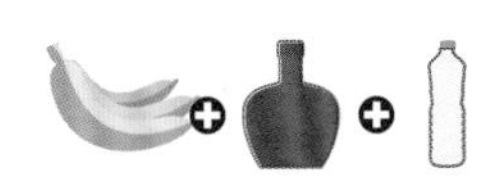

3根香蕉+1汤匙香草水+1个橙子榨汁

4个苹果+1茶匙肉桂粉+2汤匙柠檬汁

4个梨子+1茶匙柠檬皮+1袋香草糖+2克丁香

1个菠萝+1个芒果+200克草莓

5个白桃+柠檬汁+1茶匙香草籽

2个哈密瓜+1汤匙茴香酒

2个哈密瓜+1汤匙柠檬汁

1/2个西瓜+1汤匙石榴糖浆

熟制水果酱

制作方法

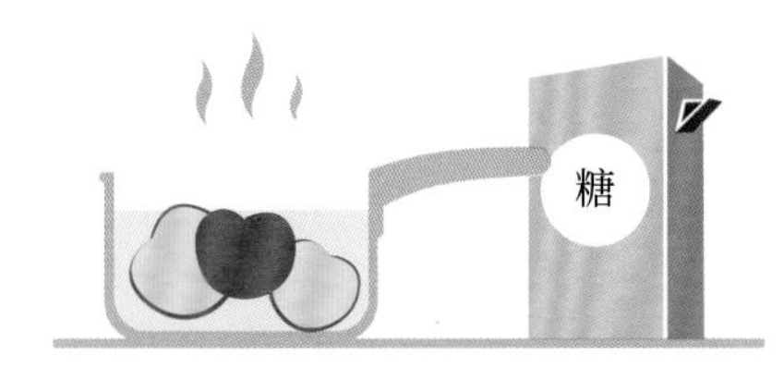

1 将水果加水和糖，煮熟，调味。

2 搅碎并过筛，趁热或冷却后品尝。

熟制果酱创意

250克树莓+250毫升水+40克糖

350克红色浆果+250毫升水+40克糖

250克桑葚+250毫升水+40克糖

250克蓝莓+250毫升水+2汤匙黑加仑利口酒

200克矢车菊+50克黑加仑+250毫升水+4袋香草糖

250克杏子+250毫升水+30克糖+1袋香草糖

250克桃子+250毫升草药茶+40克糖

200克大黄+100克草莓+200毫升水+60克糖

250克苹果+200毫升水+1茶匙香草籽

250克梨+2克四香粉+1袋香草糖+150毫升水

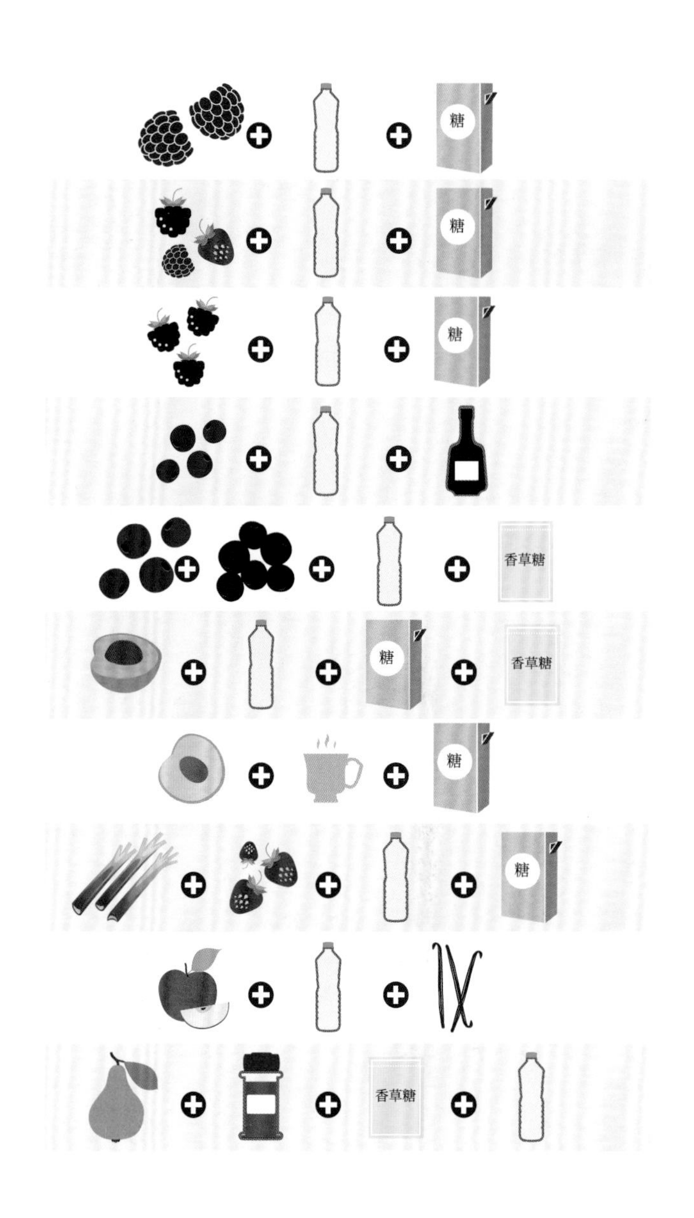

柑橘果酱

制作方法

250毫升柑橘汁+1汤匙糖+2克明胶+1汤匙柑橘皮+1茶匙柠檬汁

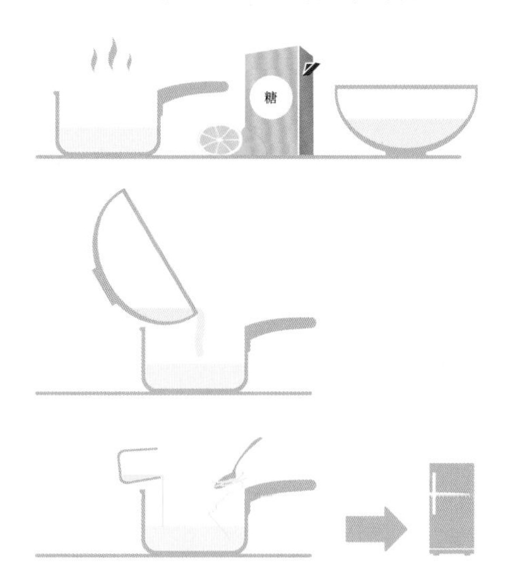

1 将柑橘汁和糖在锅中加热，将明胶泡入水中。

2 将明胶放入柠檬汁中。

3 倒入柑橘皮和柠檬汁，冷藏。

柑橘果酱创意

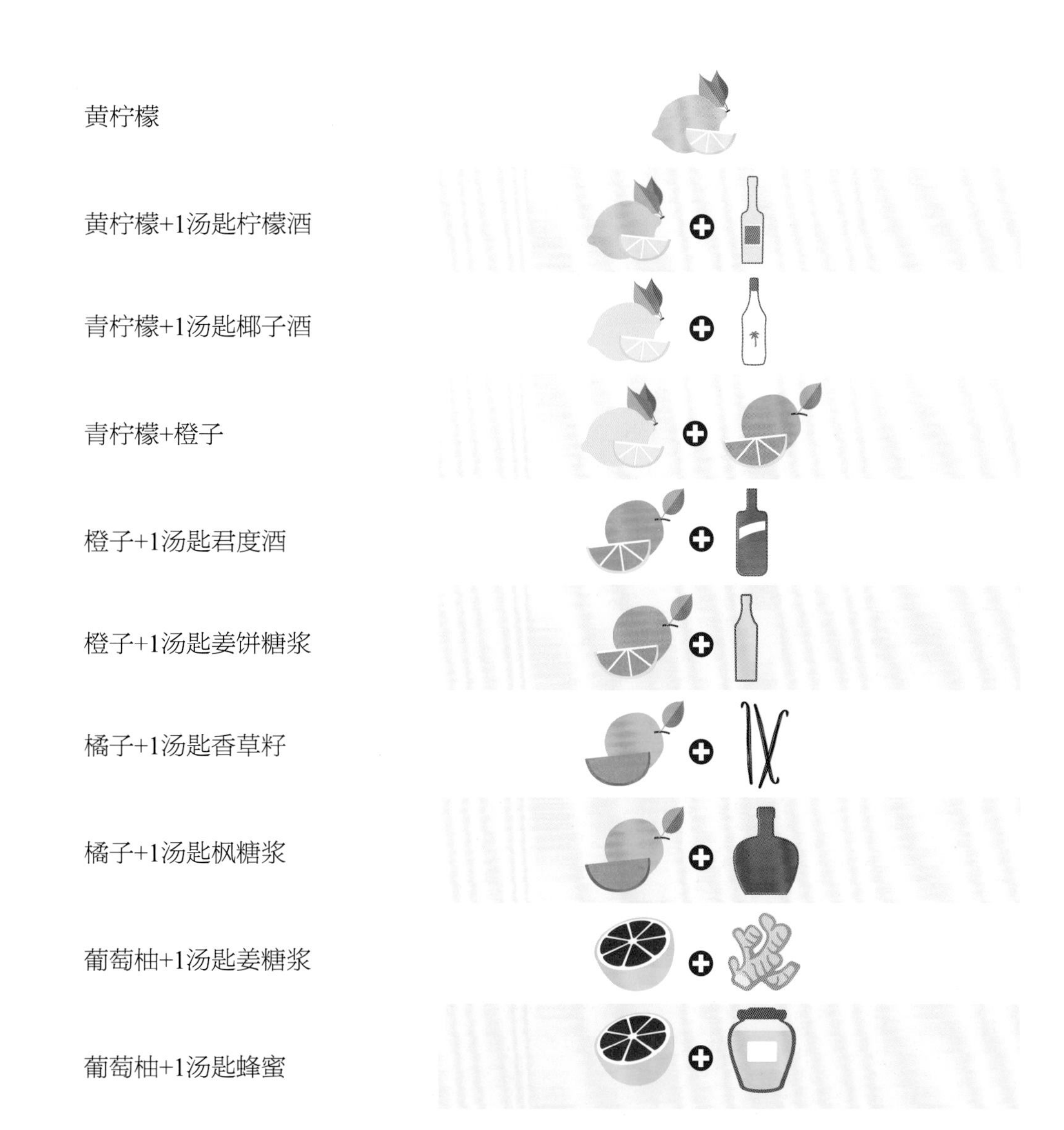

黄柠檬

黄柠檬+1汤匙柠檬酒

青柠檬+1汤匙椰子酒

青柠檬+橙子

橙子+1汤匙君度酒

橙子+1汤匙姜饼糖浆

橘子+1汤匙香草籽

橘子+1汤匙枫糖浆

葡萄柚+1汤匙姜糖浆

葡萄柚+1汤匙蜂蜜

奶油

Crèmes

英式奶油美味又滑腻，可搭配水果、蛋糕，或直接享用。
英式奶油通常由牛奶、奶油和蛋黄制成，可根据口味和需求进行调味。

香草英式奶油

基本食谱

1个香草豆荚+500毫升牛奶+4个蛋黄+100克糖

1 将香草豆荚切成两半。
2 将牛奶倒入锅中，加入香草豆荚，煮沸。
3 在碗中搅拌蛋黄和糖。
4 加入一半煮沸的牛奶，搅拌。加入另一半牛奶。
5 将混合物放入搅拌皿中，用木勺搅拌。
6 搅拌至奶油能够粘在木勺上。直接享用。

建议和窍门

- 英式奶油可冷藏保存24小时。
- 剩余的蛋清可用于制作马卡龙或蛋白酥。

怎样使用英式奶油？

— 搭配巧克力软糖、苹果挞、巧克力挞、夏洛特蛋糕、巧克力酥梨、布丁
— 制作漂浮奶油蛋白
— 制作小罐香草奶油
— 制作糖霜炸弹
— 制作巴伐利亚果冻蛋糕
— 制作奶油糖面
— 制作蜜饯布丁
……

基础食谱创意

羊奶食谱：用羊奶代替牛奶。
植物奶食谱：用植树奶（杏仁奶、榛子奶、豆奶）代替牛奶。
红糖食谱：用红糖代替糖。
有机食谱：使用农场蛋和有机牛奶，加入粗糖。
轻食食谱：使用半脱脂牛奶。
奶油食谱：用奶油替代牛奶。
无鸡蛋食谱：用30克玉米淀粉代替蛋黄。

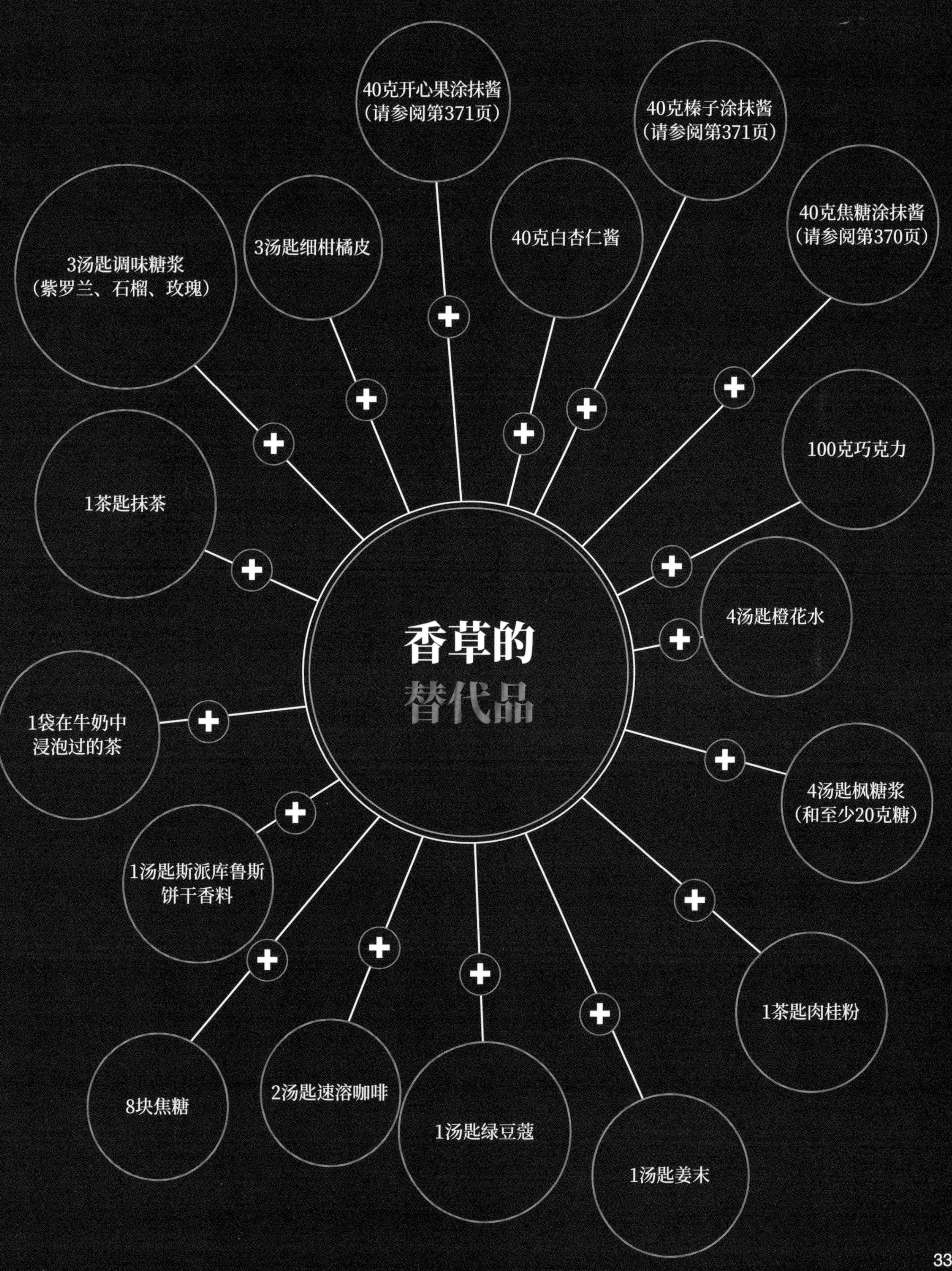
香草的
替代品
40克开心果涂抹酱
（请参阅第371页）
40克榛子涂抹酱
（请参阅第371页）
40克焦糖涂抹酱
（请参阅第370页）
3汤匙细柑橘皮
40克白杏仁酱
3汤匙调味糖浆
（紫罗兰、石榴、玫瑰）
100克巧克力
1茶匙抹茶
4汤匙橙花水
1袋在牛奶中
浸泡过的茶
4汤匙枫糖浆
（和至少20克糖）
1汤匙斯派库鲁斯
饼干香料
1茶匙肉桂粉
8块焦糖
2汤匙速溶咖啡
1汤匙绿豆蔻
1汤匙姜末

卡仕达酱（Crème Pâtissière）

基本食谱

1个香草豆荚
500毫升牛奶
6个蛋黄
120克糖
50克玉米淀粉
50克黄油

1. 将香草豆荚纵切成两半，放入牛奶中。煮沸。
2. 将蛋黄、玉米淀粉和糖放入碗中。
3. 倒入少许煮沸的牛奶，混合搅拌，然后倒入剩余的牛奶，继续搅拌。
4. 将混合物倒入锅中，大火加热。
5. 至混合物变浓稠后停止加热，加入黄油，搅拌。倒入碗中，包裹上保鲜膜。冷藏保存。

趣味创意

加水食谱：用水代替牛奶。
牛奶和奶油食谱：350毫升牛奶+150毫升液体奶油。
植物奶食谱：杏仁奶、榛子奶、豆奶等。
轻食食谱：用3个全蛋代替蛋黄，用马斯卡彭奶酪代替黄油。
无黄油食谱：用人造黄油代替黄油。

怎样使用卡仕达酱?

— 泡芙、闪电泡芙、修女泡芙等
— 法式千层酥
— 水果挞、速成迷你挞
— 圣特罗佩挞
— 树桩蛋糕
— 巴巴蛋糕奶油
— 夹心意式海绵蛋糕
— 蜗牛卷蛋糕、小千层卷蛋糕、香草阿尔萨斯蝴蝶面包、波兰布里欧修面包
— 油酥蛋糕
……

卡仕达酱创意

蜜饯布丁奶油：卡仕达酱+掼奶油（请参阅第346页）
慕斯琳奶油：卡仕达酱+常温黄油
杏仁奶油：1/3卡仕达酱+2/3杏仁奶油（请参阅第346页）
奇布斯特奶油：卡仕达酱+意式蛋白酥（请参阅第304页）
圣奥诺黑奶油：卡仕达酱+打发的蛋清
普隆比埃奶油：圣奥诺黑奶油（卡仕达酱+打发的蛋清）+果酱+糖渍水果

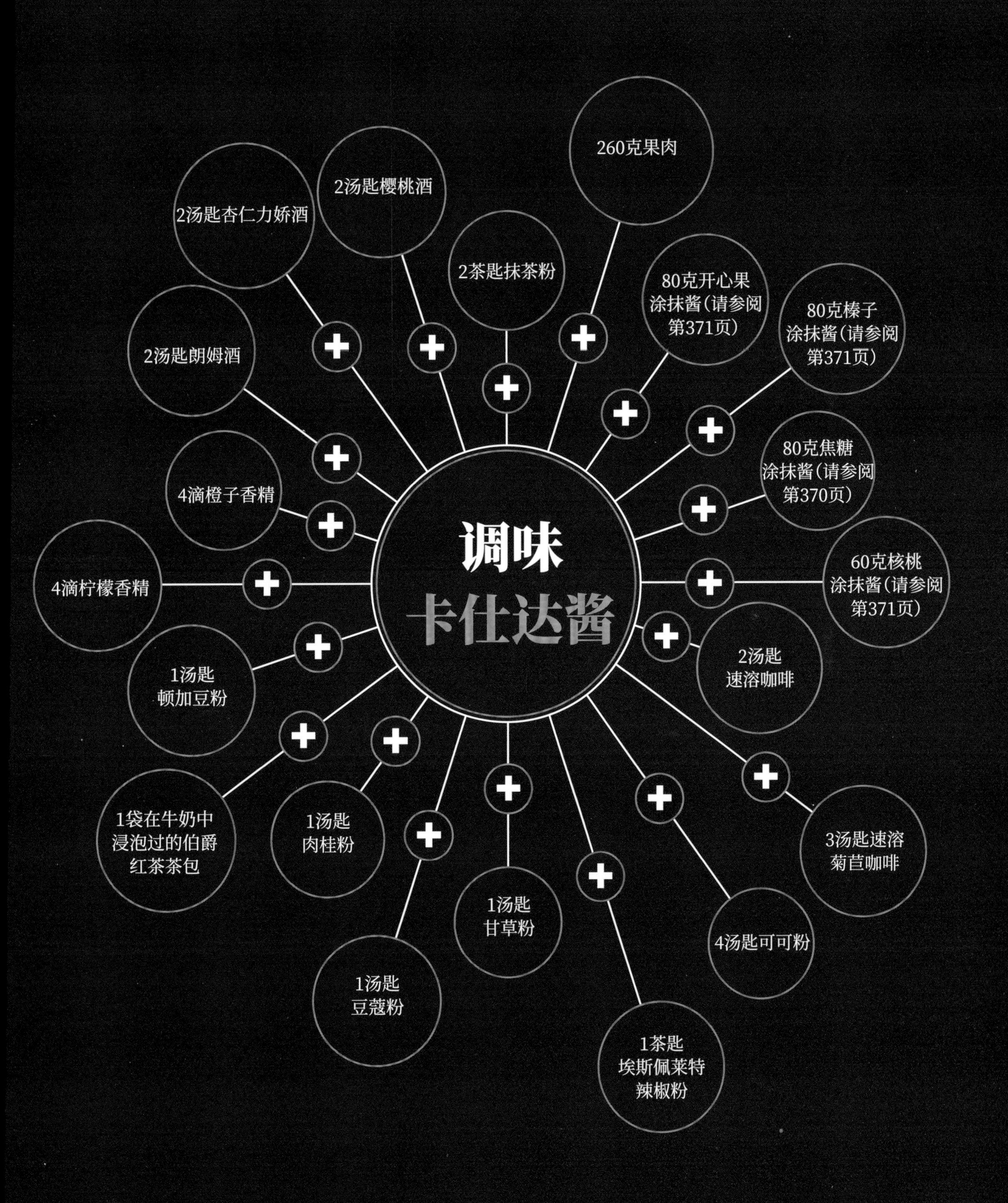
2汤匙杏仁力娇酒
2汤匙樱桃酒
260克果肉
2茶匙抹茶粉
80克开心果
涂抹酱（请参阅
第371页）
80克榛子
涂抹酱（请参阅
第371页）
2汤匙朗姆酒
80克焦糖
涂抹酱（请参阅
第370页）
4滴橙子香精
调味
卡仕达酱
60克核桃
涂抹酱（请参阅
第371页）
4滴柠檬香精
2汤匙
速溶咖啡
1汤匙
顿加豆粉
3汤匙速溶
菊苣咖啡
1袋在牛奶中
浸泡过的伯爵
红茶茶包
1汤匙
肉桂粉
1汤匙
甘草粉
4汤匙可可粉
1汤匙
豆蔻粉
1茶匙
埃斯佩莱特
辣椒粉

尚蒂伊鲜奶油（Crème Chantilly）

基本食谱

250毫升全脂鲜奶油
25克糖粉

1 将盛有奶油的碗放在冰箱中，冷藏备用。
2 将奶油和糖粉倒入碗中，用电动搅拌器搅拌。
3 搅拌至提起奶油时可拉出尖角。

建议和窍门

- 使用优质的全脂奶油。
- 为了使奶油更易于打发，需将奶油冷藏降温。也可以将搅拌机的搅拌头放入冰箱冷藏。
- 为了使奶油保持打发状态，可添加一小袋奶油稳定剂（请参考包装量）。
- 使用奶油虹吸瓶，应提前冷藏降温。

素食创意

有机杂货店中出售特别的植物搅打奶油砖，例如大豆奶油。

奶油虹吸瓶制尚蒂伊鲜奶油

200毫升全脂液体奶油+100毫升半脱脂牛奶+30克糖粉

1 将所有原料放入奶油虹吸瓶中，用力摇动。
2 充入2个气弹，将奶油虹吸瓶倒置，放入冰箱冷藏。

奶油虹吸瓶制尚蒂伊马斯卡彭奶酪鲜奶油

200毫升全脂液体奶油+2汤匙马斯卡彭奶酪+1袋香草糖+3汤匙糖粉

1 将所有原料倒入碗中，搅拌均匀。
2 将混合物过筛，倒入奶油虹吸瓶中。
3 充入1个气弹。
4 摇晃奶油虹吸瓶，水平放入冰箱冷藏。

如何使用尚蒂伊鲜奶油?

— 搭配苹果挞
— 制作尚蒂伊泡芙
— 搭配维也纳巧克力
— 速成水果挞
— 制作尚蒂伊萨瓦兰蛋糕
— 制作帕夫洛娃蛋糕
— 制作黑森林蛋糕或白森林蛋糕
— 制作尚蒂伊华夫饼
……

趣味创意

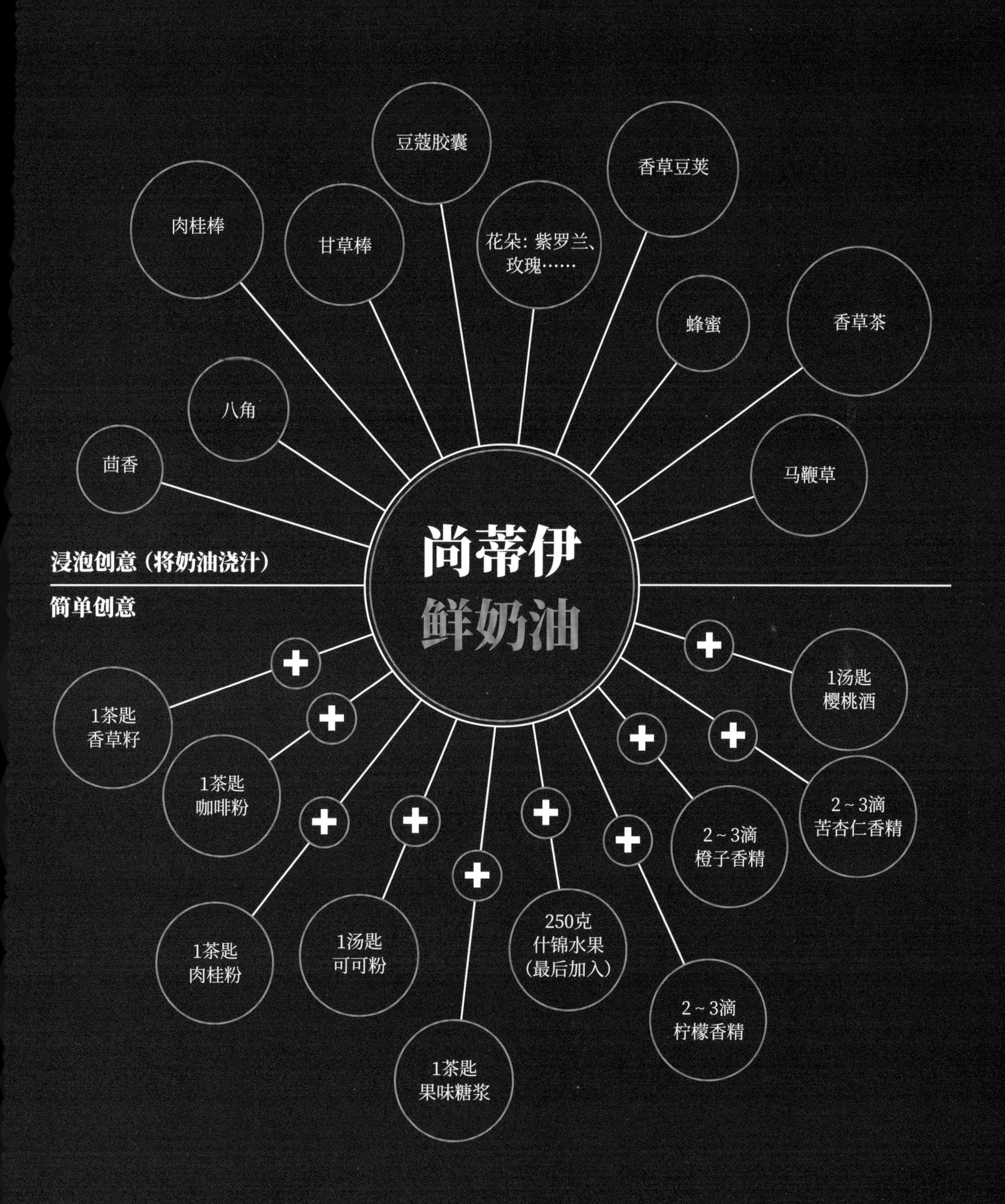

豆蔻胶囊
香草豆荚
肉桂棒
甘草棒
花朵：紫罗兰、玫瑰……
蜂蜜
香草茶
八角
茴香
马鞭草
浸泡创意（将奶油浇汁）
尚蒂伊
鲜奶油
简单创意
1汤匙樱桃酒
1茶匙香草籽
1茶匙咖啡粉
2～3滴苦杏仁香精
2～3滴橙子香精
1茶匙肉桂粉
1汤匙可可粉
250克什锦水果（最后加入）
2～3滴柠檬香精
1茶匙果味糖浆

黄油奶油（Crème au beurre）

基本食谱

3500克常温淡黄油
5个蛋黄
240克糖
100毫升水

1 用木制刮刀处理软化的黄油。
2 将蛋黄倒入碗中。
3 将糖倒入锅中，加少许水，烧开并熬煮成糖浆。
4 将糖浆倒在蛋黄上，搅拌至拉丝。
5 加入黄油，搅拌成光滑轻盈的奶油。

趣味创意

轻食食谱：在混合物中加入蛋白酥（请参阅第304页）。
无鸡蛋食谱：用250克糖粉和2汤匙牛奶代替鸡蛋。

芝士黄油奶油

150克软化黄油+150克芝士奶油 +100克糖粉

使用搅拌器搅打软化黄油与芝士奶油，直到获得柔软蓬松的混合物。加入100克糖粉，继续低速搅拌混合物。

怎样使用黄油奶油？

— 用裱花袋装饰杯子蛋糕
— 摩卡蛋糕
— 树桩蛋糕
— 歌剧院蛋糕
— 蛋白糖霜蛋糕
……

趣味创意

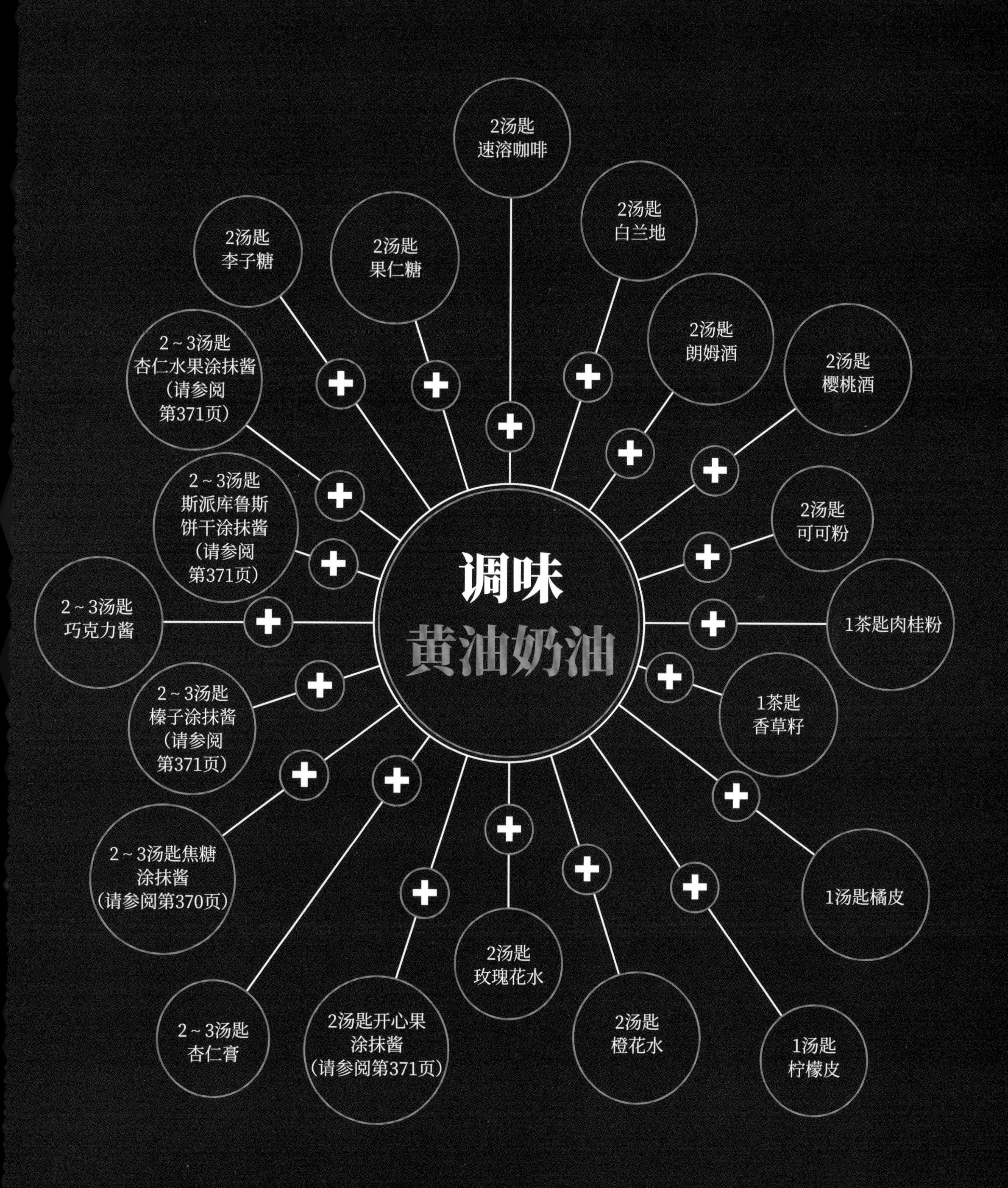

调味
黄油奶油
2汤匙
速溶咖啡
2汤匙
白兰地
2汤匙
朗姆酒
2汤匙
樱桃酒
2汤匙
可可粉
1茶匙肉桂粉
1茶匙
香草籽
1汤匙橘皮
1汤匙
柠檬皮
2汤匙
橙花水
2汤匙
玫瑰花水
2汤匙开心果
涂抹酱
（请参阅第371页）
2～3汤匙
杏仁膏
2～3汤匙焦糖
涂抹酱
（请参阅第370页）
2～3汤匙
榛子涂抹酱
（请参阅
第371页）
2～3汤匙
巧克力酱
2～3汤匙
斯派库鲁斯
饼干涂抹酱
（请参阅
第371页）
2～3汤匙
杏仁水果涂抹酱
（请参阅
第371页）
2汤匙
李子糖
2汤匙
果仁糖

其他奶油

巴伐利亚奶油

2片明胶
250克香草英式奶油（请参阅第338页）
250克鲜奶油

1 将明胶泡入水中。
2 将其放入温热的香草英式奶油中。
3 冷却后加入鲜奶油。

掼奶油

全脂鲜奶油
可根据个人喜好添加：糖、樱桃酒、糖浆、咖啡、可可粉等。

杏仁奶油

50克软化黄油+50克糖+50克杏仁粉
+2个鸡蛋+25克鲜奶油

1 用搅拌器搅打糖和黄油，直至打发。
2 加入杏仁粉，并在搅拌过程中逐一加入鸡蛋。
3 搅拌片刻，加入鲜奶油，继续搅拌。

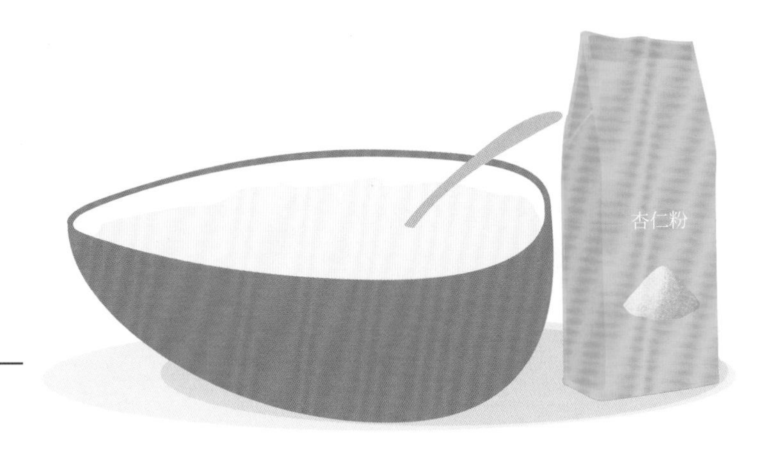

趣味创意

榛子粉
核桃粉
山核桃粉

香草奶油

125毫升牛奶+250毫升鲜奶油+2茶匙香草籽
+3个蛋黄+40克糖

1. 加热放入香草籽的牛奶和鲜奶油。
2. 搅打糖和蛋黄，直至混合物打发。一边搅拌，一边将混合物倒入热牛奶中。
3. 小火加热5分钟，制成浓稠的奶油。

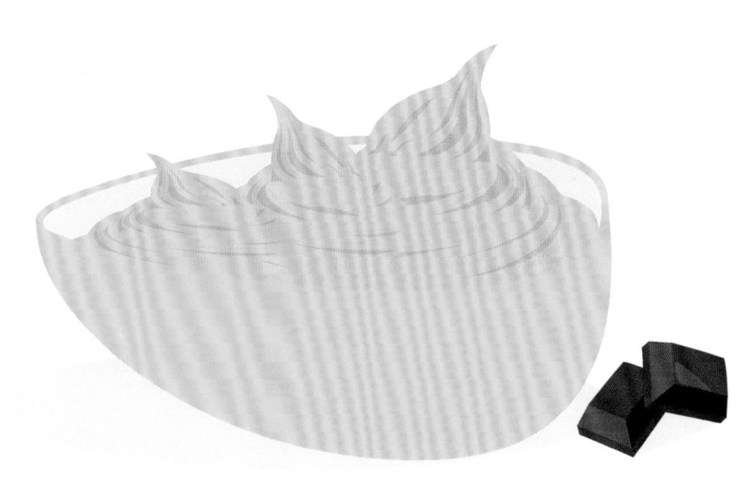

“巴黎-布列斯特”奶油

4汤匙水+150克糖+4个蛋黄+125克黄油+100克融化的法式果仁糖+200毫升打发的尚蒂伊鲜奶油

1. 用糖和水制成糖浆。
2. 将糖浆倒入蛋黄中，加入黄油和融化的法式果仁糖。
3. 加入尚蒂伊鲜奶油即可。

巧克力奶油

150毫升牛奶+150毫升鲜奶油+3个蛋黄+25克糖
+150克巧克力

1. 将融化的巧克力放入煮沸的牛奶和鲜奶油混合物中。
2. 搅打糖和蛋黄，直至混合物打发。一边搅拌，一边将混合物倒入热巧克力牛奶中。
3. 小火加热5分钟，制成浓稠的奶油。

小知识

可使用黑巧克力、牛奶巧克力、法式果仁酱巧克力、白巧克力……
如使用白巧克力，需将糖减量。

原味马斯卡彭奶酪奶油

3个鸡蛋+100克糖+375克马斯卡彭奶酪

1 分离蛋清和蛋黄。
2 打发蛋黄和一半量的糖，加入马斯卡彭奶酪。
3 打发蛋清和剩余的糖，加入先前的混合物中。

调味马斯卡彭奶酪奶油

200毫升鲜奶油+400克马斯卡彭奶酪+40克糖粉

1 将鲜奶油打发。
2 加入马斯卡彭奶酪和糖粉，然后加入水果和自选调味料。

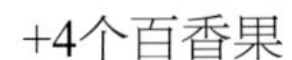

+4个百香果
+4～5汤匙草莓果酱（请参阅第335页）
+4汤匙焦糖酱（请参阅第334页）
+4汤匙涂抹酱（请参阅第370页）
+4汤匙可可粉
+1茶匙香草籽
+1汤匙柠檬皮
+2茶匙抹茶
+1汤匙鲜姜末
+1汤匙樱桃酒

巧克力马斯卡彭奶酪奶油

200毫升鲜奶油+200克巧克力+250克马斯卡彭奶酪

1 将鲜奶油煮沸，加入巧克力块，搅拌，直至巧克力融化。
2 冷却后加入马斯卡彭奶酪。
3 冷藏。在使用前充分搅拌。

柠檬凝乳

44个未经处理的黄柠檬+4个鸡蛋+160克糖+80克软化黄油

1. 将柠檬榨汁。
2. 在碗中打入鸡蛋，搅拌。加入糖和柠檬汁，搅拌。
3. 在锅中融化黄油，倒入混合物，搅拌，制成浓稠的奶油状混合物。

趣味创意

青柠檬
橙子
橘子
葡萄柚
柚子
百香果
芒果

浓厚杏仁奶油

80克常温淡黄油+80克砂糖+1袋香草糖+2个鸡蛋+1滴朗姆酒或苦杏仁香精+110克杏仁粉+2汤匙面粉

1. 将黄油切成小块，加砂糖和香草糖。
2. 搅拌，直至获得浓稠的奶油状混合物。
3. 在搅拌过程中逐一加入鸡蛋，然后倒入朗姆酒或苦杏仁香精、杏仁粉和面粉。
4. 搅拌，获得均匀的混合物。

意大利式蛋黄酱（Sabayon）

4个蛋黄+100克砂糖+150毫升白葡萄酒或自选酒

1. 将蛋黄倒入碗中，加砂糖。
2. 搅拌至混合物起泡。
3. 将白葡萄酒或自选酒倒入混合物中，隔水加热。
4. 搅拌，直至混合物膨胀至2倍。

淋面

Glacages

淋面或镜面用于包裹或覆盖糕点，常用于蛋糕、玛芬蛋糕、闪电泡芙、泡芙或杯子蛋糕。淋面通常非常光滑而富有光泽，具有多种颜色。

糖面

250克糖粉+ 4汤匙水

逐渐混合糖粉和水，制作出浓度适宜的糖面。

调味糖面

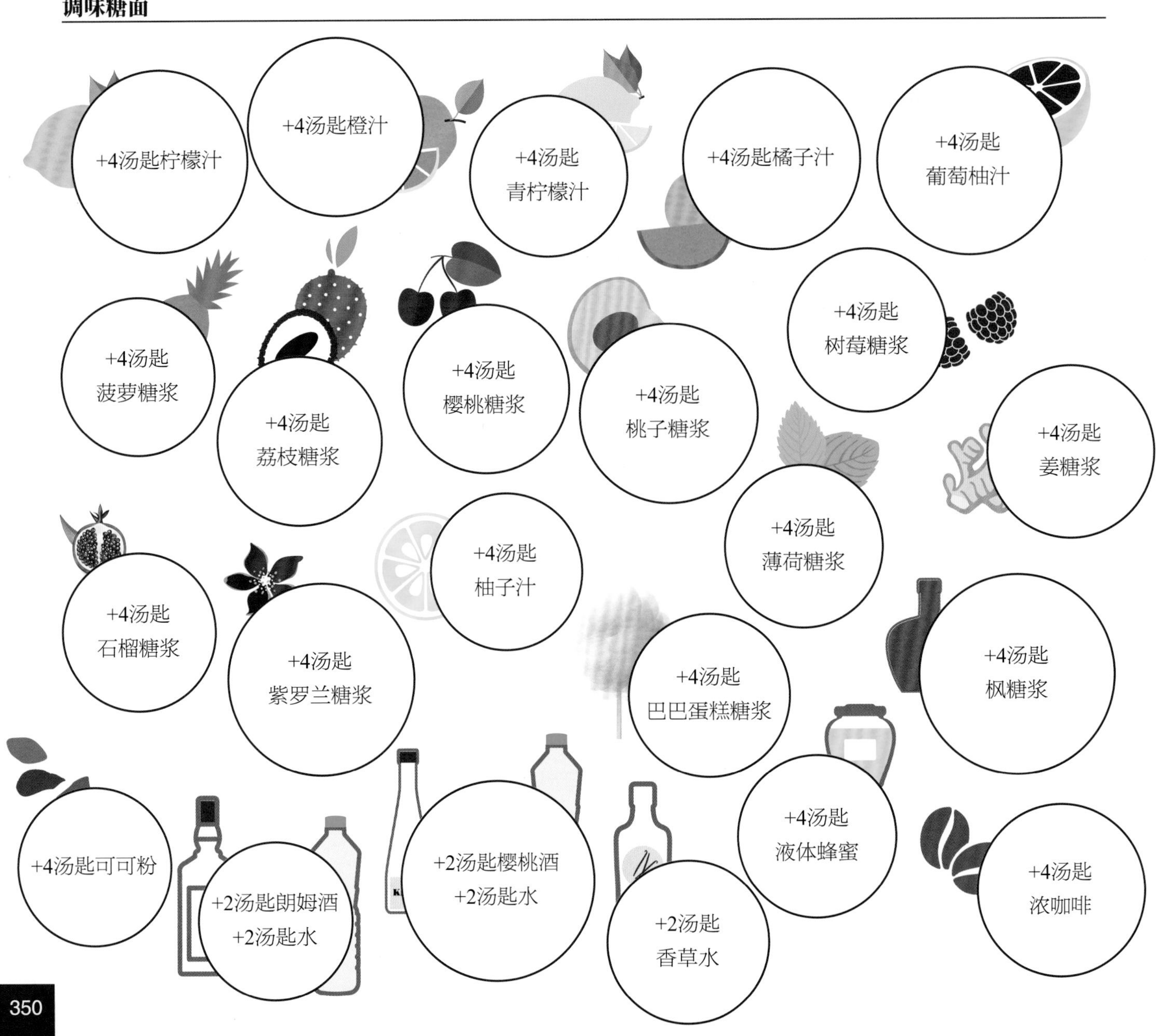

用于蛋糕文字书写的淋面

150克糖粉
+1个蛋清
+1汤匙柠檬汁
+1滴自选食用色素

1. 用叉子搅拌蛋清，并根据需要加入糖粉、柠檬汁和食用色素。
2. 将混合物倒入纸质裱花袋，然后在覆盖有巧克力糖面、杏仁酱或糖膏的蛋糕上书写文字。

玛芬蛋糕和杯子蛋糕霜糖面

125克融化的黄油
+500克糖粉
+60毫升牛奶
+60毫升柠檬汁

趣味创意

+2滴食用色素
+2滴柠檬、咖啡、开心果、橙子或朗姆酒香精
+2滴香草香精

翻糖蛋糕

制作 1 份翻糖
250克糖+75克水

- 称量配料，准备一个放入冰块的不锈钢盆。
- 将水和糖倒入锅中，煮沸，温度控制在114℃。
- 停止加热，将锅放入冰盆中，将温度降低至75℃。
- 用搅拌器搅打混合物至起泡，至混合物变硬后停止搅拌。
- 将糖膏放在面板上，用手掌揉至柔软。

建议和窍门

- 如果混合物太冷，则在搅拌前将其放入微波炉中加热。
- 使用前将糖膏隔水加热。
- 将糖膏置于密封容器中保存。
- 可用粉质调色粉为糖膏着色。
- 用抹茶粉、可可粉或咖啡粉可将糖膏调味。

请勿在糖膏中加水，这样会使糖膏无法使用。

奶油淋面

基本食谱

20克软化黄油+95克砂糖+90毫升新鲜浓奶油
+100克新鲜奶酪

将所有原料混合搅拌，加入适宜制作杯子蛋糕的奶酪。

口味建议

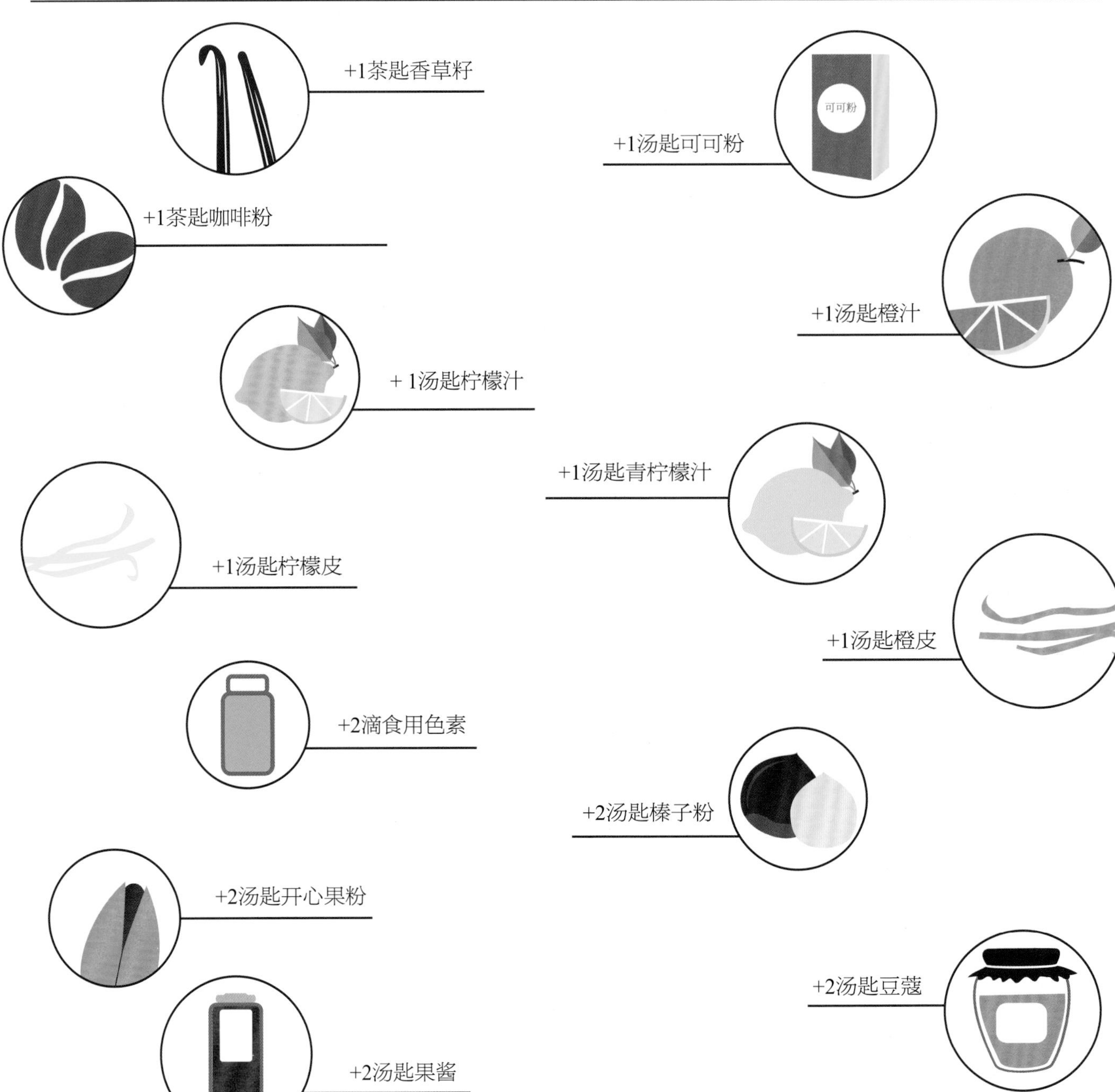

其他淋面

棉花糖淋面

300克棉花糖

小火加热棉花糖，使混合物光滑均匀。

蛋清淋面

200克糖粉+1个蛋清+1/2个柠檬榨汁

1. 用叉子搅拌蛋清，并在搅拌过程中逐渐加入糖粉。
2. 加入柠檬汁并逐渐加入糖粉，直至达到所需的浓度。

皇家淋面

1个蛋清+180克糖+自选食用色素

1. 用电动搅拌器打发蛋清，逐渐加入糖。
2. 获得柔软而有质感的混合物，加入食用色素，制成所需颜色的淋面。

草莓马斯卡彭奶酪淋面

250克草莓碎+2汤匙马斯卡彭奶酪+2汤匙糖粉+1茶匙柠檬汁

趣味创意

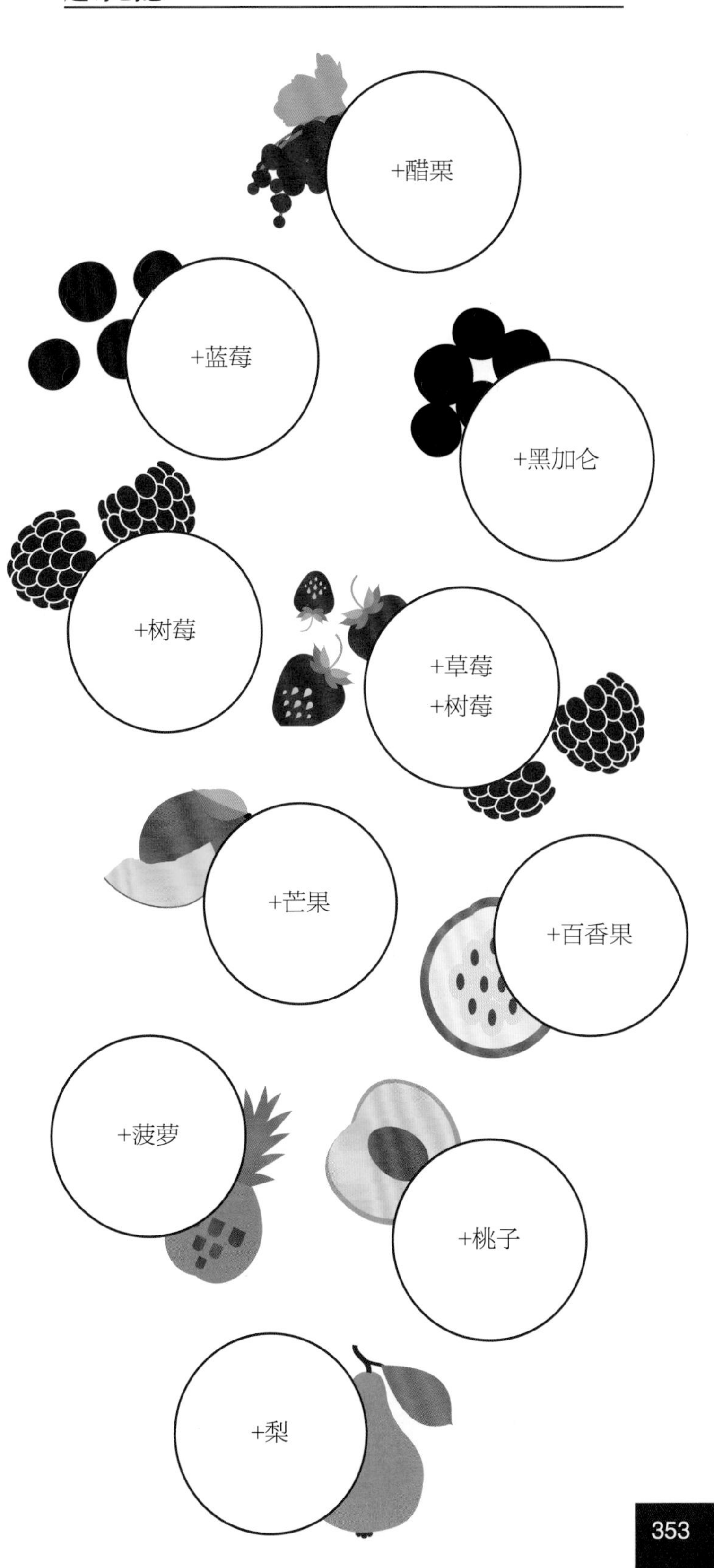

焦糖和巧克力淋面

白巧克力淋面

125克白巧克力+5～6汤匙水+125克糖粉

1 将白巧克力隔水加热至融化。
2 加入水、糖粉，轻轻搅拌，直至浓稠。

黑巧克力淋面

100克黑巧克力+50克糖粉+50克黄油+1/2汤匙水

1 将所有原料隔水加热。
2 轻轻搅拌，直至浓稠。静置冷藏。

趣味创意

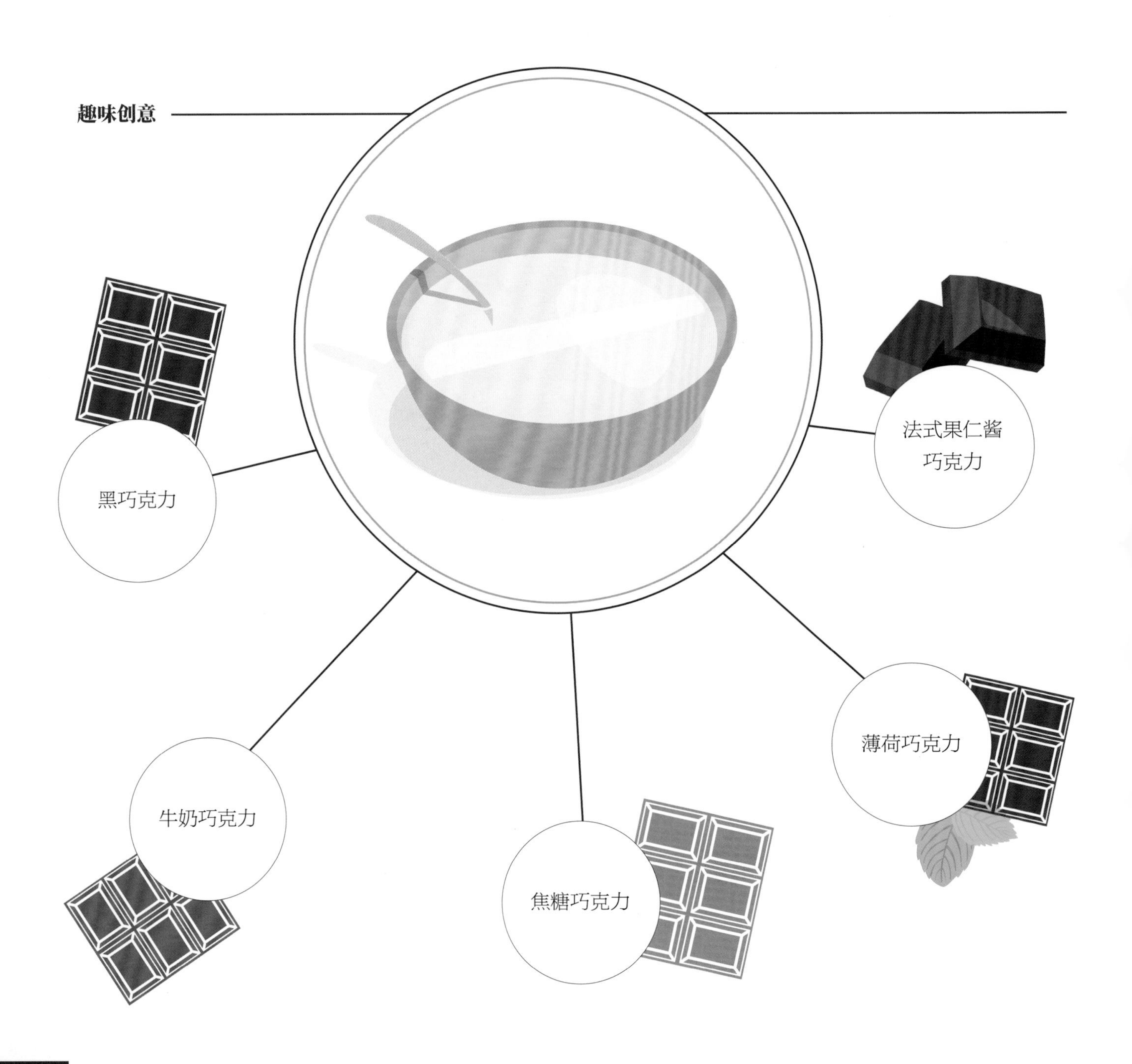

焦糖酱淋面

25块焦糖+120毫升液体奶油

1 将焦糖融于液体奶油轻轻搅拌，直至浓稠。

2 静置冷藏。

巧克力酱淋面

3汤匙水+12汤匙糖粉+6汤匙巧克力酱

1 小火融化所有原料。

2 静置冷藏。

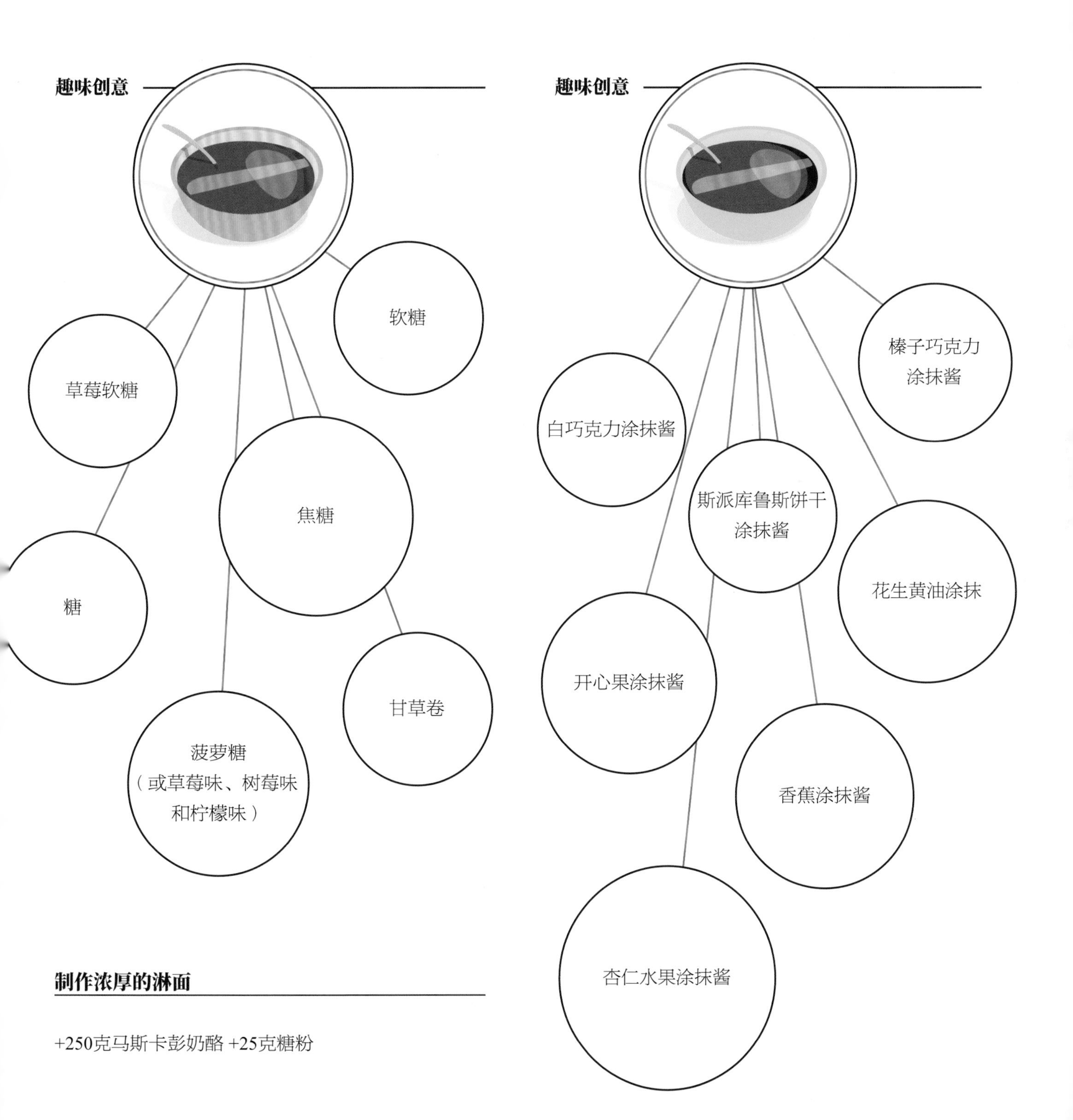

制作浓厚的淋面

+250克马斯卡彭奶酪 +25克糖粉

镜面

果冻镜面用于制作挞派和蛋糕。

225克果酱或果冻+1/2汤匙水

制作方法

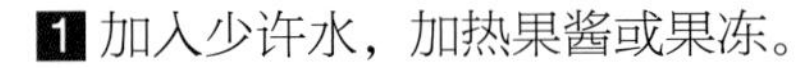

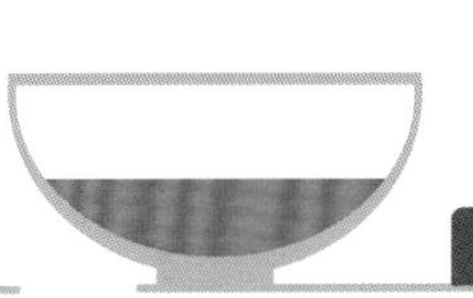

1 加入少许水，加热果酱或果冻。

2 如果酱中有果肉块，需过筛。

3 用刷子为蛋糕或饼干刷镜面。

趣味创意

杏子果酱

草莓果酱

树莓果酱

蓝莓果酱

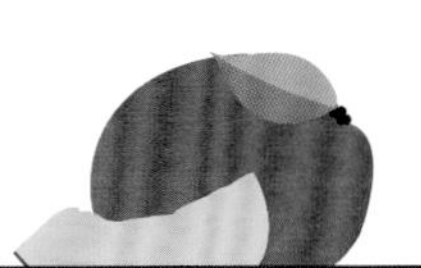
芒果果酱

生姜酱

苦橙果酱（请参阅第367页）

牛奶涂抹酱（请参阅第371页）

柠檬果酱（请参阅第367页）

三种柑橘果酱

榅桲果冻

醋栗果冻

苹果果冻

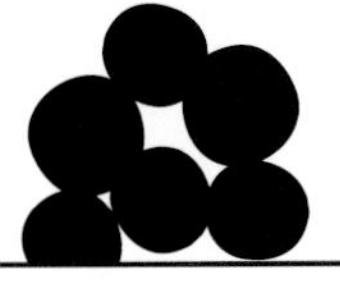
黑加仑果冻

巧克力镜面

80克可可粉+90克全脂鲜奶油+150毫升水+160克糖+1/2袋琼脂

制作方法

1 将可可粉、鲜奶油、水和糖倒入锅中。

2 煮沸并搅拌。

3 加入琼脂，搅拌，继续加热3分钟。静置冷却。

趣味创意

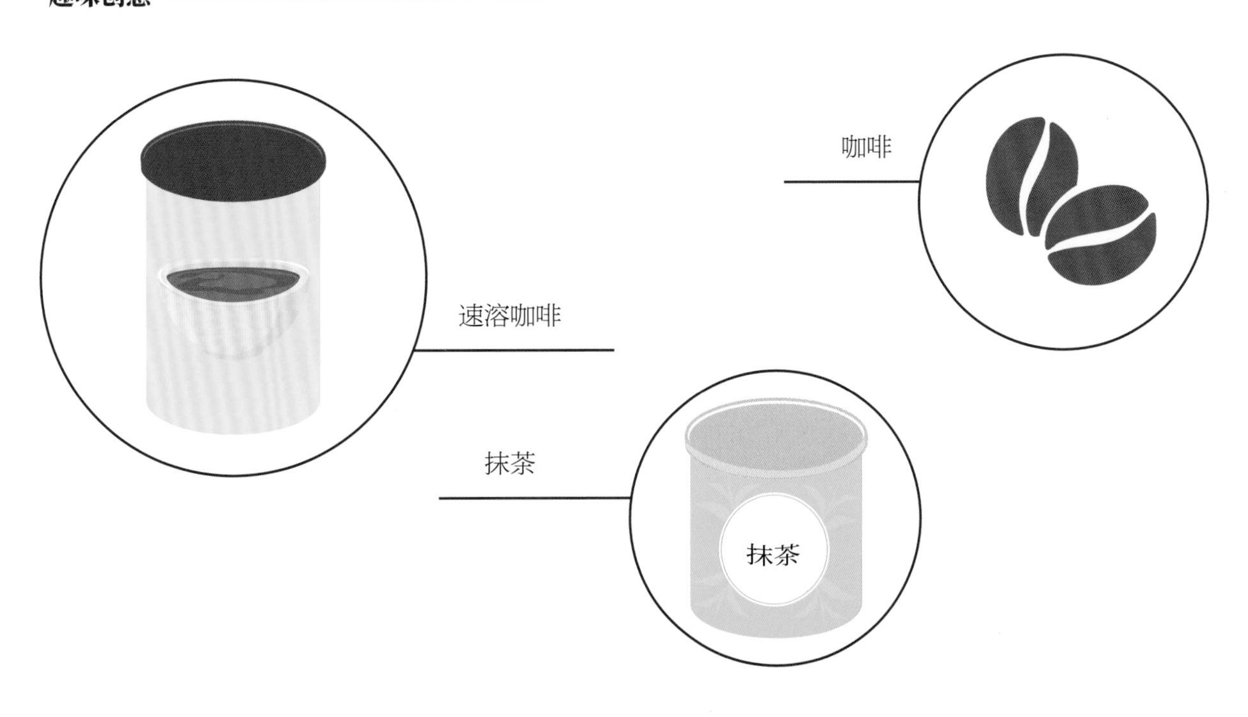

甘纳许

Ganaches

甘纳许是浓厚的巧克力混合物，用于制作挞派、蛋糕和蛋糕夹心。
甘纳许也可直接食用。这是一种煮沸液体奶油和巧克力的混合物。
加入的巧克力越多，混合物质地越浓稠。
冷藏后的甘纳许会变硬。

甘纳许基本食谱

200毫升鲜奶油
200克巧克力（黑巧克力、白巧克力或牛奶巧克力）

1 轻轻搅拌鲜奶油。
2 加入巧克力块，搅拌，直至制成质地均匀的混合物。

调味甘纳许

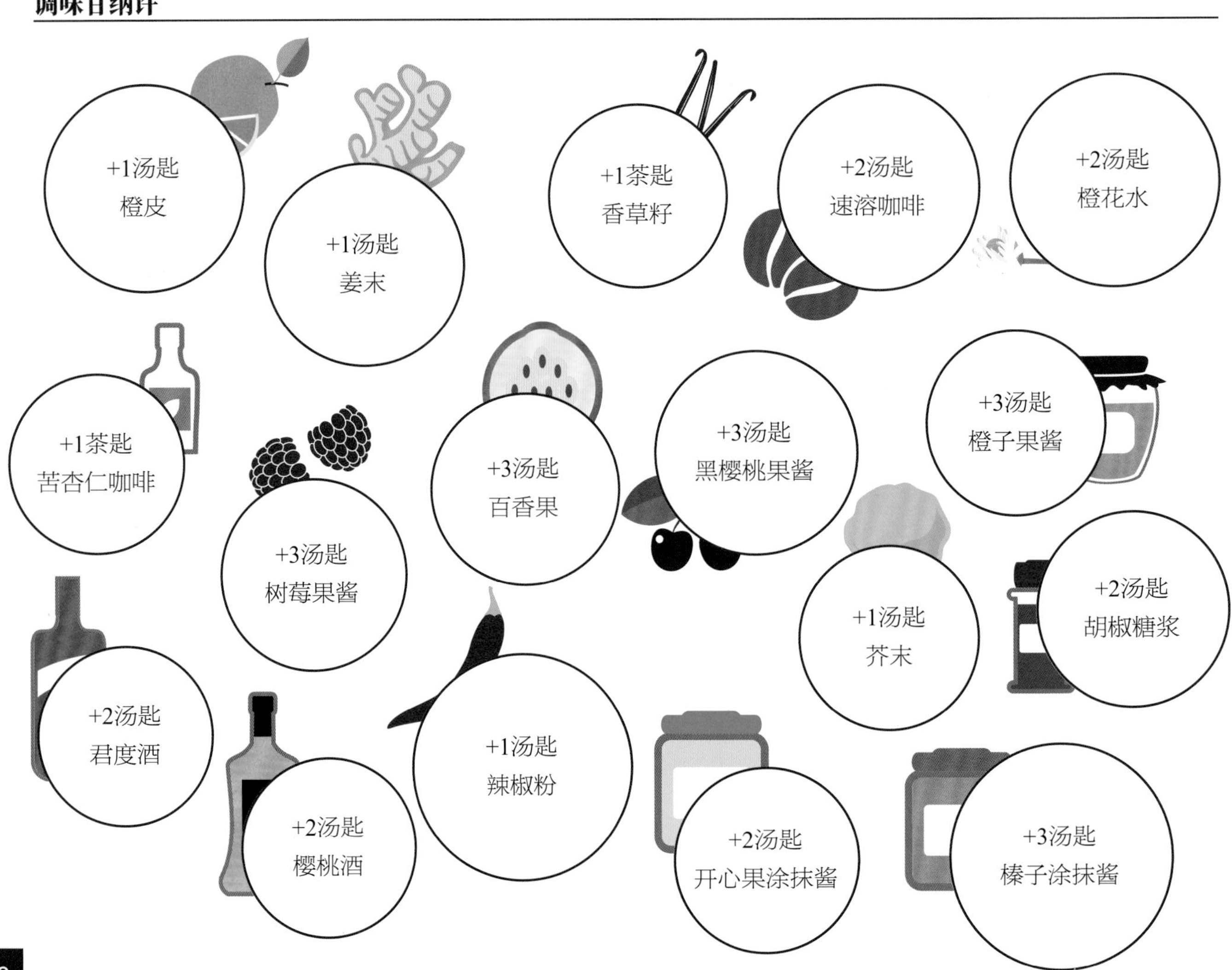

甘纳许+馅料迷你杯

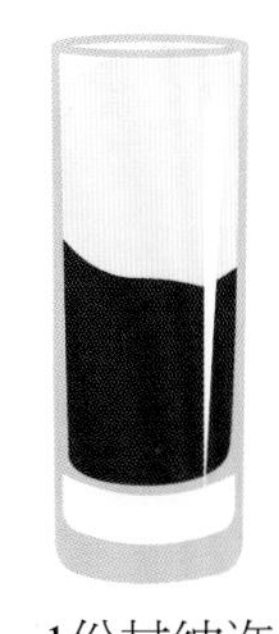

1份甘纳许
+香草英式奶油
（请参阅第338页）

1份甘纳许
+巧克力英式奶油
（请参阅第339页）

1份甘纳许
+焦糖英式奶油
（请参阅第339页）

1份甘纳许
+果酱
（请参阅第335页）

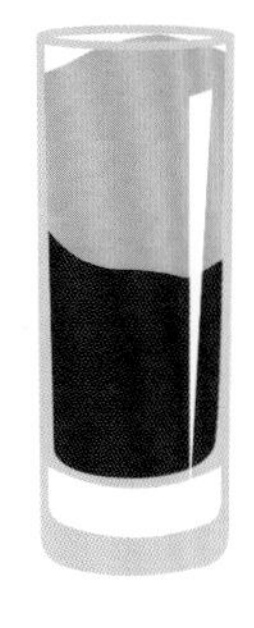

1份甘纳许
+水果慕斯
（请参阅第328页）

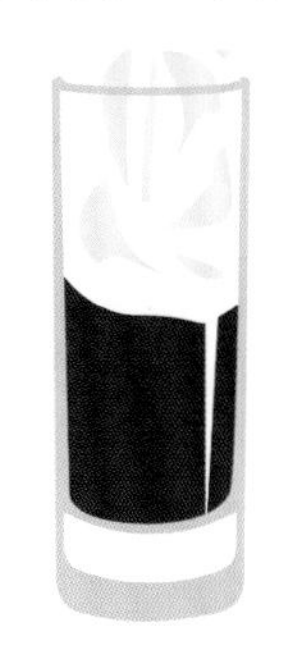

1份甘纳许
+尚蒂伊鲜奶油
（请参阅第342页）

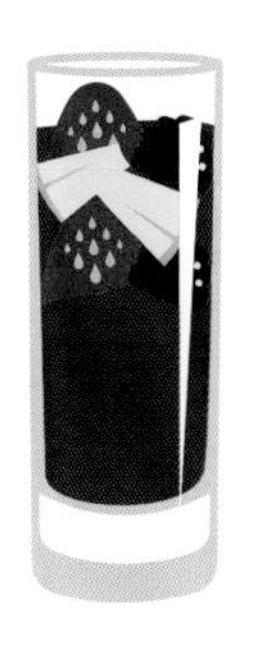

1份甘纳许
+新鲜水果

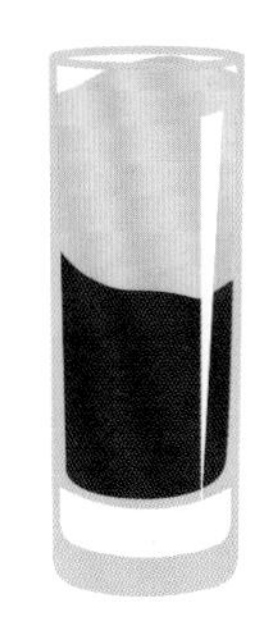

1份甘纳许
+果泥
（请参阅第366页）

甘纳许挞

1块油酥面团+1份甘纳许

1 制作油酥挞皮（请参阅第28页）。
2 在冷却的挞皮上倒入冷却的甘纳许，静置冷藏。

趣味创意

+新鲜水果
+奶酥
+蛋白酥
+掼奶油
+水果慕斯

用于制作马卡龙的甘纳许

咖啡：120克巧克力+120毫升液体奶油+20克糖+15克咖啡粉
焦糖：200克糖+50克咸黄油+160毫升奶油
特浓巧克力：230克70%巧克力+200毫升液体奶油+30克黄油
柠檬：200克白巧克力+1个柠檬榨汁+1汤匙柠檬皮+2汤匙浓奶油
椰子：100毫升液体奶油+150克白巧克力+25克椰蓉
树莓：110克牛奶巧克力+70克树莓果酱+15克糖+15克黄油+20毫升液体奶油
榛子-可可：35克榛子涂抹酱+2汤匙可可粉+70毫升液体奶油+10克黄油
开心果：35克开心果涂抹酱+60毫升液体奶油+10克黄油
法式果仁酱：50克牛奶巧克力+150克法式果仁酱+10克黄油
香草：50克白巧克力+100毫升液体奶油+1茶匙香草籽+1汤匙蜂蜜

其他糕点
制作准备工作

冰淇淋、雪葩和奶油冰淇淋

Glaces, sorbets et crèmes glacées

冰淇淋、雪葩和奶油冰淇淋可以直接享用，也可以搭配巧克力酱、苹果挞、华夫饼、可丽饼、杏仁蛋糕、橙子蛋糕、马卡龙、曲奇饼干、奶油蛋卷或奶酥蛋糕。冰淇淋可以运用于许多甜点中：冰淇淋蛋糕、冰淇淋树桩蛋糕、冰淇淋夏洛特蛋糕、冰淇淋泡芙和冰淇淋马卡龙。

冰淇淋

混合蛋黄、奶油和牛奶，制成冰淇淋。
将混合物略加热，然后根据口味进行调味。

基本食谱

制作1升冰淇淋 • 烹饪时间：6 ~ 8分钟 • 离心时间：20分钟
500毫升新鲜全脂牛奶+6个蛋黄+160克糖+250毫升掼奶油

1 将牛奶倒入锅中，煮沸。
2 搅打蛋黄和糖，直至体积膨胀至2倍。
3 轻轻加入煮沸的牛奶。
4 在锅中静置，直至可粘在木勺上。请勿将混合物煮沸。调味。
5 倒入碗中，加入掼奶油。
6 冷冻后放入冰淇淋机中，离心约20分钟。

衍生食谱

顺滑冰淇淋：只使用纯稀奶油。
轻食冰淇淋：使用低脂原料（脱脂牛奶、脱脂液体奶油和巧克力甜叶菊）。
无鸡蛋冰淇淋：用2汤匙玉米淀粉代替鸡蛋。
糖类创意：用蜂蜜、枫糖浆、甜叶菊、甘蔗糖浆或椰子糖代替糖。
使用植物奶：用植物奶、豆奶、杏仁奶、椰奶代替奶油和牛奶。

简单创意

1个香草豆荚或1汤匙香草籽
5汤匙特浓咖啡粉
2茶匙肉桂粉
200克特浓黑巧克力碎
200克法式果仁酱巧克力（需根据口味适量减糖）
200克白巧克力+1个青柠檬皮
500克果泥或混合水果（草莓、树莓、黑加仑、蓝莓等）
4 ~ 5汤匙开心果涂抹酱
4 ~ 5汤匙榛子涂抹酱
160克糖渍水果+3汤匙樱桃酒

美式混合冰淇淋

香草冰淇淋+焦糖杏仁+巧克力酱
香草冰淇淋+焦糖山核桃+香蕉碎+糖碎
巧克力冰淇淋+曲奇块+法式果仁酱
巧克力冰淇淋+糖渍橙子块+香橙力娇酒+奶酥
草莓冰淇淋+草莓果酱
咖啡冰淇淋+黑巧克力碎+浓咖啡糖浆
白巧克力冰淇淋+糖渍姜+草莓果酱
开心果冰淇淋+焦糖开心果+树莓果酱
榛子冰淇淋+巧克力酱+麦片
柠檬冰淇淋+意式杏仁饼+柠檬酒酱

雪葩

准备冰糖浆和水果果肉，在混合物中加入柠檬汁。

基本食谱

制作1升雪葩 • 准备时间：15分钟 • 离心时间：20分钟
400克水果+300克糖+300毫升水+1/2个柠檬榨汁

1 将水果洗净去皮并切块。
2 将糖和水倒入锅中，制作糖浆。煮2分钟，直至糖完全溶解。
3 混合水果、糖浆和柠檬汁。
4 放入雪葩机，离心约20分钟。

建议和窍门

- 加入与糖等量的水（1千克糖对应1升水），加热2分钟，使糖完全溶解。
- 可用香料为糖浆调味：香草豆荚、肉桂、豆蔻、甘草、八角、橙皮、柠檬皮。
- 可用肉桂糖浆代替糖浆。

水果味雪葩

草莓+罗勒糖浆
树莓+紫罗兰糖浆
芒果+糖浆+1汤匙朗姆酒
桃子+马鞭草糖浆
黑加仑+肉桂糖浆
醋栗+原味糖浆
樱桃+紫罗兰糖浆
红色浆果+香草糖浆
菠萝+姜糖浆
哈密瓜+八角糖浆

无水果雪葩

黑巧克力雪葩

200克70%黑巧克力+30克可可粉+500毫升糖浆

香草雪葩

700糖浆+3汤匙香草籽

薄荷雪葩

500毫升薄荷味糖浆

速成雪葩

500毫升糖浆+4汤匙特浓速溶咖啡粉

速成滑腻雪葩

1碗水果糖浆（菠萝、荔枝、桃子、梨等）

- 将1碗水果糖浆冷冻。
- 在制作甜点当天放入搅拌机，搅碎。
- 制成滑腻雪葩。

创意

梨+1汤匙姜末
菠萝+2汤匙朗姆酒
荔枝+125克新鲜树莓
桃子+1茶匙香草籽
什锦水果+1汤匙樱桃酒

奶油冰淇淋

奶油冰淇淋的原料包括液体奶油、牛奶和糖。可进行调味。

基本食谱

制作4～6人份 • 准备时间：5分钟 • 离心时间：20分钟

250毫升全脂鲜奶油+250毫升全脂鲜牛奶+80克糖

1 将所有原料倒入碗中，搅拌均匀。
2 冷冻后放入冰淇淋机，离心约20分钟。

衍生食谱

杏仁雪葩：250毫升杏仁奶+250毫升杏仁奶油+2汤匙龙舌兰。
椰子雪葩：250毫升椰奶+250毫升椰子奶油+80克椰子糖。
大豆雪葩：250毫升豆奶+250毫升大豆奶油+80克糖。
轻食雪葩：250毫升轻食液体奶油+250毫升轻食奶油+50克甜菊。
酸奶雪葩：400毫升酸奶+100毫升全脂奶油+80克糖。
马斯卡彭奶酪雪葩：用马斯卡彭奶酪代替奶油。

速成雪葩创意

500毫升原味或水果味酸奶
500毫升巧克力或水果牛奶
500毫升巧克力、香草、法式果仁酱或开心果奶油

1 搅打酸奶。
2 冷冻后放入雪葩机，离心约20分钟。

不使用雪葩机的制作小窍门

1. 将混合物倒入碗中，冷冻。
2. 冷冻4～5小时，每小时取出搅拌一次，以避免冻成冰块。

- 也可在搅拌机中搅拌混合物。
- 使用金属容器，以便尽快冷冻。
- 在混合物中加入蛋清可使雪葩口感更加顺滑。
- 建议使用蜂蜜或糖浆代替糖，这样可以避免结晶。
- 酒很难冻硬，加入酒可以避免雪葩过硬。制作500毫升混合物可加入4汤匙酒。

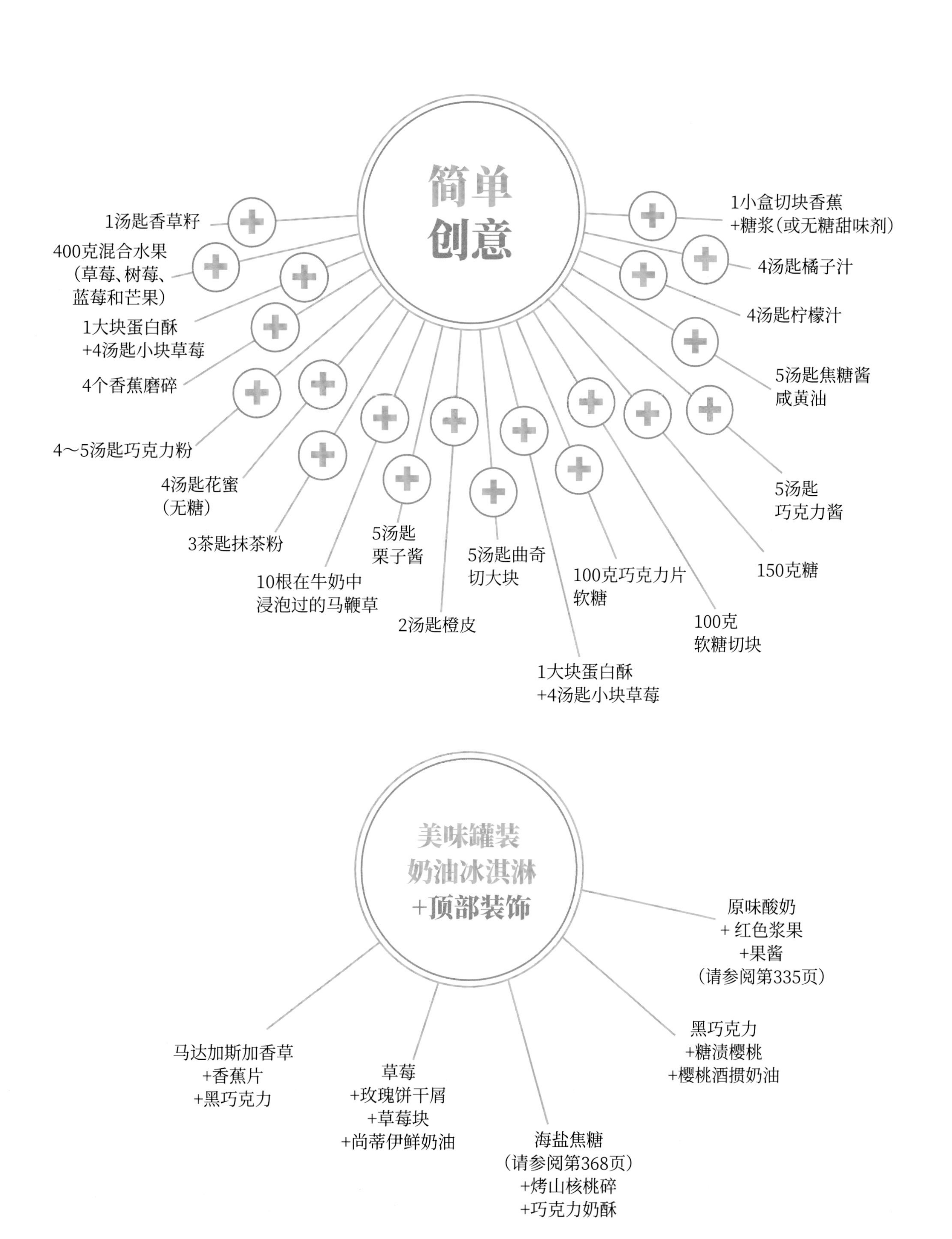
简单
创意
1汤匙香草籽
400克混合水果
（草莓、树莓、
蓝莓和芒果）
1大块蛋白酥
+4汤匙小块草莓
4个香蕉磨碎
4～5汤匙巧克力粉
4汤匙花蜜
（无糖）
3茶匙抹茶粉
10根在牛奶中
浸泡过的马鞭草
5汤匙
栗子酱
2汤匙橙皮
5汤匙曲奇
切大块
1大块蛋白酥
+4汤匙小块草莓
100克巧克力片
软糖
100克
软糖切块
150克糖
5汤匙
巧克力酱
5汤匙焦糖酱
咸黄油
4汤匙柠檬汁
4汤匙橘子汁
1小盒切块香蕉
+糖浆（或无糖甜味剂）
美味罐装
奶油冰淇淋
+顶部装饰
原味酸奶
+红色浆果
+果酱
（请参阅第335页）
黑巧克力
+糖渍樱桃
+樱桃酒掼奶油
海盐焦糖
（请参阅第368页）
+烤山核桃碎
+巧克力奶酥
草莓
+玫瑰饼干屑
+草莓块
+尚蒂伊鲜奶油
马达加斯加香草
+香蕉片
+黑巧克力

果泥、果酱和果冻

Compotes, confitures et gelées

果泥、果酱和果冻常用于甜点和糕点制作。
果泥能够使蛋糕、挞派等糕点更柔软。果酱和果冻能够为糕点赋予水果的香味。
它们可用于馅饼、蛋糕卷或小点心，也可以用于茶点装饰。
用刷子将温热的果冻刷在糕点上，有闪闪发光的装饰效果。

果泥

新鲜水果泥基本食谱

1千克水果+糖（根据个人口味添加）+1～3汤匙水

1. 将水果洗净晾干并去核切块。
2. 将水果放入锅中，用少许水和糖烹煮。
3. 炖煮约20分钟，在炖煮过程中需进行搅拌。

建议和窍门

- 使用当季水果，这样可以减少糖的用量，并获得良好的味道。
- 加入香料，用于提味。
- 可使用其他甜味剂：蜂蜜、水果糖浆、龙舌兰糖浆、枫糖浆、红糖、黄糖、粗糖、椰子糖、甜菊、蔗糖。

香料创意

黄香李+香草
紫李+肉桂
红色浆果+蜂蜜
苹果+姜末
梨+八角
香蕉+枫糖浆
杏子+马鞭草
芒果+胡椒
树莓+紫罗兰
桃子+八角

水果组合

草莓+大黄+苹果
苹果+梨+榅桲
苹果+树莓
苹果+栗子
苹果+大黄
芒果+百香果
香蕉+芒果
蓝莓+覆盆子
红色水果：樱桃+树莓+醋栗+草莓+黑加仑
黄色水果：杏子+桃子+黄香李

果干泥基本食谱

250克果干+水+糖

1. 将果干放入锅中，加水加盖炖煮。
2. 炖煮约20分钟。
3. 按口味加糖。

建议和窍门

- 可预先浸渍水果：香草茶、佛手柑茶、绿茶、水果茶、马鞭草茶、百里香茶、木槿茶、博姆-威尼斯麝香白葡萄酒、科西嘉红葡萄酒等。
- 可在炖煮的水中加调味料：2～3汤匙朗姆酒、2～3汤匙樱桃酒、2根肉桂棒+1个香草豆荚+丁香粒、橘皮、2～3个豆蔻、2汤匙姜末、蜂蜜、大麦糖浆等。
- 为增加酥脆感，最后克加入杏仁、核桃、榛子或开心果。

诱人的搭配组合

马鞭草杏干
杏干+葡萄干+香草
杏干+绿茶
红酒渍西梅+肉桂
李子+橙皮+朗姆酒
无花果+小豆蔻
无花果+李子+葡萄+杏子+佛手柑茶
葡萄+甜酒

果酱和果冻

果酱中包含果肉，果冻则由水果汁制成。
在糕点制作中，常使用榅桲、苹果或醋栗果冻。

果酱基本食谱

1千克水果+650克砂糖+1个柠檬榨汁

1 清洗水果并去蒂。
2 将水果在砂糖和柠檬汁中浸渍一晚。
3 大火煮10分钟，然后转小火煮15～20分钟。
4 将混合物取出，倒入盘中，待果酱凝固。
5 将果酱倒入干净的广口瓶中，拧紧广口瓶，密封，在阴凉避光处保存。

建议和窍门

- 用浸泡过的水果制作果酱会更具风味。
- 根据水果的甜度加糖。
- 加入柠檬汁，酸有利于果酱保存。
- 加入用纱布包裹的苹果核，可加速果酱凝固。
- 制作果酱时，可先用搅拌机将水果搅碎。
- 使用果酱用糖。
- 可将水果与香料混合：3种红色浆果、桃子/杏子/黄香李+肉桂、生姜大黄、草莓/紫罗兰、梨/榅桲、蓝莓/香草。

用于糕点的果酱

草莓果酱：1千克草莓+650克砂糖
黑樱桃果酱：1千克去核黑樱桃+750克糖
杏子果酱：1千克杏子+1千克糖

果冻基本食谱

1千克果汁（黑加仑、醋栗、树莓、苹果和榅桲）+1千克糖

1 将水果倒入锅中，加入一杯水，煮几分钟。
2 冷却后过筛，制成果汁。
3 将200毫升水和1千克糖倒入锅中，制作糖浆并煮沸，用漏勺撇渣，煮至出现气泡。
4 然后慢慢加入果汁并再次煮10分钟。
5 煮熟，放入罐中。

速成基本食谱

1升果汁+自选糖+琼脂

1 按照上面的基本食谱制作果汁。
2 加糖，煮沸。
3 根据包装说明添加琼脂，煮几分钟，然后放入罐子。

苦橙果酱

1千克苦橙+1千克冰糖（或果酱用糖）

1 洗净苦橙并切片。将苦橙放入锅中。去籽，加入 2 升水浸泡一晚。
2 次日，将苦橙炖煮 20 分钟，静置一晚。
3 将混合物称重，放入与水果等量的糖（约 1 千克）。
4 煮 90 分钟。
5 制成果酱后，倒入罐中密封保存。

焦糖

Caramel

将糖熬煮成琥珀色的液体可制成焦糖。
焦糖浆常用于装饰蛋糕和甜点，同时有调味的作用。
焦糖可用作冰淇淋、慕斯、可丽饼或各类甜点的浇汁，还可为水果覆上一层漂亮的装饰层。

制作糕点的焦糖浆

建议焦糖浆

制作500毫升焦糖浆 • 准备时间：2分钟 • 烹饪时间：10 ~ 12分钟
500克糖+300毫升水

1. 将糖和100毫升水倒入锅中煮沸。
2. 晃动锅，不要接触焦糖。
3. 小火煮糖浆，直至呈现琥珀色。
4. 加入剩余的水，小心糖浆溅出。
5. 再次煮沸并搅拌，离火。
6. 倒入碗中，冷却。

建议和窍门

- 加入1汤匙柠檬汁或白醋。
- 让焦糖色变成琥珀色将使焦糖具有浓郁的香味。颜色太深会使焦糖变苦，而颜色太浅则会使焦糖缺少香味。
- 根据焦糖的用途确定加水量，以便调整焦糖的浓度。

其他食谱

将糖倒入热平底锅中，小火加热。

焦糖酱汁

基本食谱

200克砂糖+300毫升全脂掼奶油+100克黄油
+1茶匙海盐

1. 将砂糖倒入热平底锅中。
2. 焦糖呈现琥珀色后，停止加热，加入掼奶油，然后加入切成小块的黄油。
3. 加入海盐，混合搅拌并倒入碗中。

简单创意

+1茶匙香草籽
+1茶匙埃斯佩莱特辣椒粉
+1汤匙鲜姜末
+2汤匙可可粉
+2汤匙速溶咖啡
+2克顿加豆
+1茶匙小豆蔻
+2汤匙朗姆酒

焦糖酱汁+200毫升掼奶油=涂抹酱
焦糖酱汁+350毫升掼奶油=焦糖酱

焦糖浆简单装饰

- 在烤盘上铺上烘焙纸，用勺子将焦糖液画出圆圈、之字形、花朵、树枝、鸟巢等形状。
- 将焦糖倒入纸锥中，制作其他装饰图案和文字。
- 用烘焙纸覆盖半球模具或瓶子，可制成异形焦糖装饰。
- 可将水果蘸上焦糖浆，待其晾干变硬。

焦糖糖果

软焦糖

基本食谱

制作约30块焦糖糖果 • 准备时间：5分钟 • 烹饪时间：35分钟

160毫升全脂牛奶+20克蜂蜜+250克砂糖+160克黄油

1. 将牛奶、蜂蜜和砂糖倒入锅中。
2. 煮沸。
3. 加入黄油块，煮30分钟，直至混合物浓稠滑腻（温度约118°C）。
4. 将混合物倒入20厘米×15厘米的模具中，冷藏。
5. 焦糖脱模，切成方块。

简单创意

+1茶匙海盐
+120克整颗榛子
+1茶匙香草籽
+100克巧克力碎
+120克焦糖杏仁

速成创意

200克炼乳+180克特浓黑巧克力+15克黄油+80克焦糖杏仁

1. 加热除杏仁外的所有原料。用打蛋器搅打，直到混合物搅拌均匀。
2. 加入杏仁，将混合物倒入涂过黄油的模具中。
3. 静置一晚，脱模后切成方块。

建议和窍门

- 将焦糖切成小方块，可用于制作曲奇饼干、玛芬蛋糕、棒棒糖蛋糕、翻糖蛋糕、冰淇淋或英式奶油。
- 将焦糖切丝或切成小颗粒可用于覆盖或装饰各种糕点：树桩蛋糕、玛芬蛋糕、夏洛特蛋糕、慕斯、挞派或奶油。
- 可用模具切成字母或数字，用于庆祝生日。
- 加热的曲奇软糖可用于制作糕点糖面：泡芙、闪电泡芙、杯子蛋糕、迷你蛋糕、夹心饼干。

硬焦糖

150克砂糖+100毫升液体奶油+50克黄油

1. 在热锅中将砂糖熬煮成焦糖浆。
2. 加入液体奶油，小火加热至145°C。
3. 停止加热并加入黄油，充分搅拌，冷却即可。
4. 倒入糖果模具中。

简单创意

+1茶匙海盐
+2汤匙可可粉
+2滴橙子香精
+2克胡椒
+1汤匙摩卡咖啡

涂抹酱

pâtes à tartiner

涂抹酱可涂抹或填充蛋糕，用于制作迷你挞、棒棒糖蛋糕、无比派、杯子蛋糕或马卡龙。
可以自制涂抹酱，也可以直接从商店购买。
自制涂抹酱制作建议，在没有加入添加剂和棕榈油时，可冷藏保存一周。
使用时，需要提前将其从冰箱中取出，以便使其略微软化。

黑巧克力涂抹酱

制作1罐涂抹酱 • 准备时间：5分钟 • 烹饪时间：5分钟
可冷藏保存一周

100克70%黑巧克力+100克淡黄油+200毫升炼乳

1 小火融化黑巧克力和黄油。
2 离火，加入炼乳，搅拌均匀。
3 倒入罐中，冷却。

简单创意

- 牛奶巧克力
- 白巧克力
- 法式果仁酱巧克力
- 焦糖巧克力+2克海盐
- 橙味巧克力

榛子巧克力涂抹酱

制作1罐涂抹酱 • 准备时间：5分钟 • 烹饪时间：10分钟
可冷藏保存一周

125克牛奶巧克力+100克淡黄油+250毫升炼乳
+1茶匙烤榛子油+60克烤榛子粉

1 小火融化牛奶巧克力和黄油。
2 加入炼乳、烤榛子油和烤榛子粉，搅拌均匀。
3 倒入罐中，冷却。

榛子的替代创意

- 开心果粉
- 花生粉
- 核桃粉
- 山核桃粉
- 坚果粉
- 椰子粉

焦糖涂抹酱

制作1罐涂抹酱 • 准备时间：5分钟 • 烹饪时间：10分钟
可冷藏保存一周

200克糖+10克半咸黄油+400毫升掼奶油

1 将糖在平底锅中加热。
2 熬成焦糖后，加入黄油，混合搅拌。
3 倒入掼奶油，搅拌均匀。
4 继续加热几分钟，直至混合物变浓稠。
5 倒入罐中，冷却。

简单创意

巧克力涂抹酱：加入2块黑巧克力。
顿加豆涂抹酱：加入2克顿加豆。
香草涂抹酱：加入1茶匙香草籽。
姜涂抹酱：加入1汤匙鲜姜末。
咖啡涂抹酱：加入1汤匙速溶咖啡。

斯派库鲁斯饼干涂抹酱

制作1罐涂抹酱 • 准备时间：5分钟 • 静置时间：4小时
可冷藏保存一周

220克斯派库鲁斯饼干+200毫升炼乳+1汤匙蜂蜜+2克海盐

1 将所有原料在搅拌皿中混合。
2 搅拌均匀。
3 倒入罐中，冷却4小时后品尝。

趣味创意

+2克肉桂
+2克香草
+1汤匙可可粉
+1汤匙姜末
+1汤匙速溶咖啡

斯派库鲁斯饼干替代创意

- 兰斯玫瑰饼干
- 咖啡饼干
- 原味或巧克力味迷你千层酥
- 黄油饼干

杏仁水果涂抹酱

制作1罐涂抹酱 • 准备时间：15分钟 • 烹饪时间：12分钟 • 静置时间：1晚
可冷藏保存一周

180克杏仁+120毫升水+120克糖+150糖渍哈密瓜+25克糖渍杏+15克糖渍橙子+1汤匙橙花水+1汤匙苦杏仁香精

1 将杏仁在烤箱中烘焙10分钟。
2 制作糖浆：将水和糖倒入锅中，煮沸，离火。
3 将糖渍水果切丁，放入搅拌机，加入烤杏仁，搅拌成糊状。
4 加入橙花水和苦杏仁香精。
5 将混合物倒入罐中，静置一晚，次日享用。

榛子涂抹酱

制作1罐涂抹酱 • 准备时间：10分钟
可冷藏保存2～3个月

200克烤榛子+200克糖粉

1 将烤榛子和糖粉放入搅拌机中。
2 搅拌10分钟，获得搅拌均匀的榛子糊。
3 倒入罐中，密封冷藏保存。

趣味创意

- 开心果
- 核桃
- 山核桃
- 玫瑰果仁糖
- 杏仁

牛奶涂抹酱

制作1罐涂抹酱 • 准备时间：5分钟 • 烹饪时间：2小时20分钟
可冷藏保存2～3个月

1升全脂鲜牛奶+500克糖+1茶匙香草籽

1 将牛奶和糖倒入锅中，煮沸。
2 加入香草籽，小火煮约2小时，烹煮过程中进行搅拌。
3 混合物的质地将越来越浓稠，煮至浓度接近英式奶油或白酱。
4 倒入罐中，密封冷藏保存。在使用前需静置3～4天。

速成创意

1罐甜炼乳

1 煮沸后小火加热炼乳约50分钟。
或
1 将炼乳罐水浴加热2小时30分钟，注意将炼乳罐一直放在水中。
2 倒入罐中，密封冷藏保存。

提示和技巧以及补救措施

提示和技巧

饼干	放入烤盘时需留出间隔，因为饼干在烘烤过程中会膨胀
蛋清	在蛋清中加盐或在微波炉中加热1秒能使蛋清变硬
焦糖	小火加热糖，请勿搅拌
尚蒂伊鲜奶油	用冷藏过的碗和打蛋器搅拌15分钟
巧克力	为防止焦煳，需小火加热
果酱	为使果酱更香甜，可将水果用糖浸渍一晚
曲奇饼干	迅速搅拌面团，并使用未涂抹黄油的烘焙纸
英式奶油	必须使用掼奶油或全脂牛奶的混合物
黄油奶油	需用掼奶油冲淡糖浆
卡仕达酱	在酱料表面加黄油，以避免表层变硬
脱模	在填充模具前涂抹黄油或撒糖粉，在脱模前冷却
甘纳许	将巧克力切小块，以便迅速融化
蛋糕	如制作彩色蛋糕，需将铝箔纸盖在蛋糕上
蛋糕果冻面	需待果冻冷却后上色
意式海绵蛋糕	从烤箱中取出后浸渍糖浆。在糖浆中滚过，以免蛋白破碎
杯子蛋糕	蛋糕淋面通常为糖面，根据个人口味确定糖量
皇家糖霜挞	使用着色粉，因为液体着色剂会使糖霜挞变软
淋面	可加入几滴葡萄糖以避免着色不均
冰淇淋	将混合物倒入冷冻过的离心机搅拌皿中，可更快完成制作
马卡龙	需提前一晚分开蛋黄和蛋清，冷藏保存。从烤箱中取出几个小时后享用
蛋白酥	在蛋白酥烘焙膨胀前，在蛋白酥上撒糖粉
巧克力慕斯	餐前可将巧克力慕斯冷冻4小时
糖慕斯	不要加入打发的蛋清
泡芙面团	需将面团晾干
水油酥面团	在填馅前可将面团用扦子穿起来
巧克力屑	如不即刻使用，在制作巧克力屑时可撒上面粉
酥饼碎	烘焙时需统一尺寸
雪葩	可加入几滴葡萄糖以避免着色不均
水果派	将水果依次排列，在烘焙前放上黄油片

补救措施

制作提拉米苏或三层蛋糕

倒入少许柠檬汁，先轻轻搅拌，然后用力搅打

为搅拌均匀，可加入几滴柠檬汁

如没有打发，可先冷藏

如果太硬，可加入3汤匙热水

如果酱太湿，可加入果胶使其质地更黏稠

如面团太硬或太干，可加入黄油；如面团太软或太黏，可加入面粉

如不能成形，倒入搅拌机

小火加热，加入1汤匙玉米淀粉

将奶油倒入瓶中并摇匀，重新小火加热

如不能成功脱模，可撒上可可粉和糖粉

如甘纳许分层，重新搅拌

如果蛋糕烤煳了，去掉黑色的部分，与蛋糕粉混合，加入涂抹酱制成棒棒糖蛋糕

如果蛋糕太硬，先将果冻部分切开

将蛋糕切碎制成蛋糕杯

如糖面太湿，可加入新鲜奶酪

加入糖粉或水以改变制备物的质地

撒上巧克力、法式果仁等，来调整不成功的糖面

如果冰淇淋不成形，重新搅拌并冷冻。在品尝时浇上冷冻的英式奶油

将制作失败的马卡龙制成冰淇淋或奶酥

将蛋白酥搅碎制成蛋白酥奶酥冰淇淋

如慕斯太湿，可加入几汤匙尚蒂伊鲜奶油

加入明胶

如泡芙形状不佳，加入大量巧克力制成巧克力夹心酥球

如面团结块，加入少许热水在大碗中揉和面团

如巧克力屑结块，用于制作巧克力蛋糕夹心或冷冻处理

擀平用于制作棒棒糖蛋糕、奶酥蛋糕或速成挞

如雪葩不成形，制成果酱

为使水果挞颜色明快，可浇上果冻

度量和换算

原料称量

原料	1茶匙	1汤匙	1芥末杯
黄油	7克	20克	—
可可粉	5克	10克	90克
浓奶油	15毫升	40毫升	200毫升
液体奶油	7毫升	20毫升	200毫升
面粉	3克	10克	100克
液体水、油、醋、酒精	7毫升	20毫升	200毫升
玉米淀粉	3克	10克	100克
杏仁粉	6克	15克	75克
葡萄干	8克	30克	110克
米	7克	20克	150克
盐	5克	15克	—
玉米粉、粗面粉	5克	15克	150克
砂糖	5克	15克	150克
糖粉	3克	10克	110克

提示信息

1 个鸡蛋 = 50 克

1 小块黄油 = 5 克

1 大块黄油 = 15 ~ 20 克

液体称量

1利口酒杯=30毫升
1茶匙=80 ~ 100毫升
1芥末杯=200毫升
1马克杯=250毫升

烤箱控温

温度（℃）	控温挡位
30	1
60	2
90	3
120	4
150	5
180	6
210	7
240	8
270	9

1茶匙相当于

5毫升液体
5克盐、糖或黄油
4克面粉、橄榄油或玉米粉
3克胡椒粉、可可粉、淀粉、糖粉或玉米淀粉

1汤匙相当于

15毫升
3茶匙
5 克麦片、茶叶、奶酪碎
8 克可可粉、咖啡豆
10克咖啡粉、水
12克面粉、淀粉
13克菊苣
15克黄油、砂糖、鲜奶油、橄榄油
18克牛奶或米
20克冰糖或粗盐
25克糖浆